普通高等教育“十二五”规划教材

有机化学习题集

赵建庄　吴昆明　主编

中国林业出版社

内容简介

本书是普通高等教育“十二五”规划教材《有机化学》的配套用书，书中的章节顺序与主教材保持一致，但又自成体系。每章主要含思考题、习题、解题示例和参考答案4部分。书后列有6套综合练习，供学生自测时使用。

本书可作为植物生产类、动物生产类、生命科学类和食品科学与工程类等专业本科生的教材习题集，也可供相关科技工作者参考。

图书在版编目（CIP）数据

有机化学习题集/赵建庄，吴昆明主编．—北京：中国林业出版社，2014.1（2016.1重印）
普通高等教育“十二五”规划教材
ISBN 978-7-5038-7249-5

Ⅰ.①有…　Ⅱ.①赵…②吴…　Ⅲ.①有机化学-高等学校-习题集
Ⅳ.①062-44

中国版本图书馆CIP数据核字（2013）第254052号

中国林业出版社·教材出版中心
策划编辑：康红梅　高红岩　　责任编辑：高红岩
电话：83143551　　传真：83143516

出版发行　中国林业出版社（100009　北京市西城区德内大街刘海胡同7号）
E-mail: jiaocaipublic@163.com　电话：(010) 83143500
http: //lycb.forestry.gov.cn
经　　销　新华书店
印　　刷　北京市昌平百善印刷厂
版　　次　2014年1月第1版
印　　次　2016年1月第3次印刷
开　　本　850mm×1168mm　1/16
印　　张　13.75
字　　数　350千字
定　　价　30.00元

《有机化学习题集》编写人员

主　编　赵建庄　吴昆明

副主编　（按姓氏拼音排序）

贾临芳　李　萍　徐晓萍　尹立辉

编　者　（按姓氏拼音排序）

次仁德吉（西藏大学农牧学院）

韩兴年（西藏大学农牧学院）

贾临芳（北京农学院）

李　萍（天津农学院）

刘　涛（西藏大学农牧学院）

明　媚（天津农学院）

潘　虹（天津农学院）

吴昆明（北京农学院）

徐晓萍（天津农学院）

尹立辉（天津农学院）

赵建庄（北京农学院）

主　审　夏宗建（北京农学院）

Preface

本书是普通高等教育“十二五”规划教材《有机化学》的配套用书，是按照我国《高等教育面向 21 世纪教育内容和课程体系改革计划》的基本要求，并结合学生的实际学习情况而编写的。为了有助于学生加深理解和牢固掌握所学内容，同时让各院校在教学上有选择余地，本书所列习题较多，既注意了一定的深度和广度，又控制了所选内容原则上不超出大纲的范围。

目前，农业院校多采用考教分离的教改形式，学生勤学苦练、独立思考，加上必要的模拟训练，本书具有较强的针对性。此外，本书对自学考生和函授生以及有机化学工作者也有一定的帮助。

本书中的系统、章节顺序与主教材相同，但又自成体系。兼有习题集和参考书的双重功能，既便于教师备课，又可引导学生学习有机化学的思路。本书按章划分指导性内容，包括以下 4 部分：①思考题，针对每一章的教学要求和教学重点、难点，帮助学生对全章内容有一个整体的把握。②习题，重点突出，结合考试的常见题型，选择适量的练习题，应用相关的知识理论，对物质的主要化学性质进行针对性训练，有利于学生很好地掌握每章的重要反应。③解题示例，精选了有代表性、综合性强及有一定难度的例题，给予详细解答。对于知识点给予重点说明，对学生确立解题思路，提高解题能力有很大帮助。④参考答案。

参加本书编写的教师来自北京农学院、天津农学院、西藏大学农牧学院。

本书在编写过程中参阅了大量的教科书和学习指导书，在此对相关书籍的作者表示感谢。在编写和出版中得到相关学校领导和部门以及中国林业出版社的大力支持，受到北京高等学校青年英才计划项目（Bei jing Higher Education Young Elite Teacher Project）（YETP 1725）的资助，在此一并表示感谢。

由于编者水平有限，书中错误和不妥之处在所难免，恳请广大读者批评指正。

编　者

2013 年 12 月

目　录

Contents

前　言

第 1 章　绪　论 …… 1
1.1　思考题 …… 1
1.2　习题 …… 1
1.3　解题示例 …… 2
1.4　参考答案 …… 3

第 2 章　饱和脂肪烃 …… 5
2.1　思考题 …… 5
2.2　习题 …… 5
2.3　解题示例 …… 7
2.4　参考答案 …… 8

第 3 章　不饱和烃 …… 11
3.1　思考题 …… 11
3.2　习题 …… 11
3.3　解题示例 …… 14
3.4　参考答案 …… 16

第 4 章　环　烃 …… 21
4.1　思考题 …… 21
4.2　习题 …… 21
4.3　解题示例 …… 26
4.4　参考答案 …… 31

第 5 章　卤代烃 …… 46
5.1　思考题 …… 46

5.2 习题 …… 46
5.3 解题示例 …… 51
5.4 参考答案 …… 53

第6章 旋光异构 …… 60
6.1 习题 …… 60
6.2 解题示例 …… 62
6.3 参考答案 …… 63

第7章 醇、酚、醚 …… 66
7.1 思考题 …… 66
7.2 习题 …… 66
7.3 解题示例 …… 69
7.4 参考答案 …… 73

第8章 醛、酮、醌 …… 78
8.1 思考题 …… 78
8.2 习题 …… 78
8.3 解题示例 …… 83
8.4 参考答案 …… 84

第9章 羧酸及其衍生物和取代酸 …… 96
9.1 思考题 …… 96
9.2 习题 …… 96
9.3 解题示例 …… 100
9.4 参考答案 …… 101

第10章 含氮及含磷有机化合物 …… 110
10.1 思考题 …… 110
10.2 习题 …… 111
10.3 解题示例 …… 117
10.4 参考答案 …… 123

第11章 杂环化合物及生物碱 …… 137
11.1 思考题 …… 137
11.2 习题 …… 137
11.3 解题示例 …… 142

11.4 参考答案 …… 146

第 12 章 油脂和类脂化合物 …… 151
12.1 思考题 …… 151
12.2 习题 …… 151
12.3 参考答案 …… 152

第 13 章 糖 类 …… 155
13.1 思考题 …… 155
13.2 习题 …… 155
13.3 解题示例 …… 159
13.4 参考答案 …… 161

第 14 章 氨基酸、蛋白质与核酸 …… 168
14.1 习题 …… 168
14.2 解题示例 …… 168
14.3 参考答案 …… 169

第 15 章 有机化合物波谱知识简介 …… 170
15.1 习题 …… 170
15.2 解题示例 …… 171
15.3 参考答案 …… 172

第 16 章 综合练习及参考答案 …… 174
16.1 综合练习 …… 174
16.2 综合练习答案 …… 191

参考文献 …… 208

第1章 绪论

1.1 思考题

1. 什么是有机化学？有机化合物有哪些特性？

2. 简要解释什么是价电子、内层电子、成键电子。

3. 试解释原子轨道、分子轨道、成键轨道和反键轨道。

4. 什么是共价键的属性？共价键有哪些属性？

5. 什么是布朗斯特酸碱？什么是路易斯酸碱？

6. CO_2 的偶极矩 $\mu=0$，而 H_2O 的 $\mu=1.84\times3.33\times10^{-30}\,C\cdot m$。试判断 CO_2 和 H_2O 分子的立体形状。CH_4 分子中 H—C—H 键的键角为多少？在水分子中 H—O—H 键的键角为多少？在 CCl_4 分子中的 Cl—C—Cl 键的键角为多少？

1.2 习题

1. 指出下列化合物中带 * 原子的杂化方式。

(1) $\overset{*}{C}H_3—CH═\overset{*}{C}H—C≡\overset{*}{C}H$　(2) $CH_2═\overset{*}{C}═CH_2$　(3) 苯环（环上碳原子带 *）

(4) $CH_3—\overset{O}{\overset{\|}{C^*}}—H$　(5) 环戊二烯负离子（带负电荷的碳原子标 *）　(6) $CH_2═CH—\overset{*}{\bar{C}}H_2$

2. 用路易斯电子式表示下列化合物的经典结构。

(1) H_2SO_4　(2) HNO_2　(3) C_2H_6

(4) C_2H_4　(5) C_2H_2　(6) CH_2O

3. 比较下列化合物中 C—C 单键的键长。

(1) $CH_3—CH_3$　(2) $CH_3—CH═CH_2$

(3) $CH_3—C≡CH$　(4) $CH_2═CH—C≡CH$

4. 根据下列每种化合物的分析值（质量分数），写出它们的实验式。

(1) 己醇：70.4% C，13.9% H　(2) 苯：92.1% C，7.9% H

5. 根据键能计算下列两个反应式哪个更容易进行。

(1) $CH_4+Cl\cdot\longrightarrow CH_3\cdot+HCl$　(2) $CH_4+Cl\cdot\longrightarrow CH_3Cl+H\cdot$

6. 判断下列化合物有无极性。

(1) $(CH_3)_3N$　　(2) CF_2Cl_2

(3) CF_4　　(4) $CH_3—C≡N$

7. 比较下列各组化学键的极性大小。

(1) $CH_3CH_2—NH_2$　　(2) $CH_3CH_2—OH$　　(3) $F—CF_3$

8. 某化合物的元素的质量分数为 C 46.38%，H 5.90%，N 27.01%，相对分子质量为158±5，写出它的实验式和分子式。

9. 下列分子或离子哪些是路易斯酸？哪些是路易斯碱？

H^+，X^-，OH^-，R^+，HOH，RO^-，$AlCl_3$，ROR，SO_3，ROH，$^+NO_2$，$SnCl_2$

10. 下列化合物有无偶极矩？如有，以箭头标明方向。

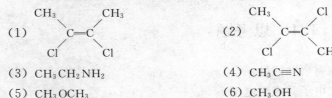

(3) $CH_3CH_2NH_2$　　(4) $CH_3C≡N$

(5) CH_3OCH_3　　(6) CH_3OH

1.3 解题示例

1. 比较下列各组化学键极性的大小。

(1) $H_3C—Br$　　(2) $H_3C—F$　　(3) $H_3C—Cl$

解： 键的极性大小主要决定于两原子的电负性之差。查表得：F，Cl，Br 的电负性依次为4.0，3.0，2.8。故键的极性依次为(2)>(3)>(1)。

2. CCl_4 是否为极性分子？

解： C—Cl 键为极性键，但 CCl_4 分子为正四面体，分子的偶极矩为零，故是非极性分子。

3. 画出激发态时 C 的核外电子排布式及 sp^2 杂化态电子排布式。

解：

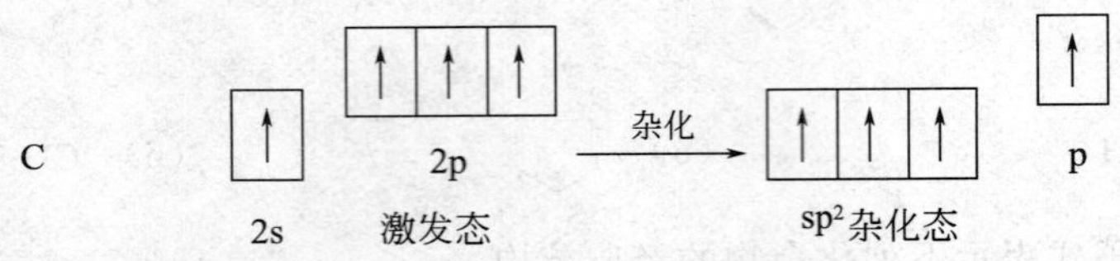

4. 下列离子和化合物中哪些是路易斯酸？哪些是路易斯碱？

(1) Cl^+　　(2) Cl^-　　(3) CN^-　　(4) OH^-

(5) $FeCl_3$　　(6) $CH_3—O—CH_3$

解： 路易斯酸是能接受电子对的电子接受体，有 (1)，(5)；路易斯碱是能给出电子对的电子给予体，有 (2)，(3)，(4)，(6)。

5. 某化合物 6.51 mg，燃烧分析得 20.47 mg CO_2 和 8.34 mg H_2O，其相对分子质量为84，求该化合物的实验式和分子式。

解：

$$\text{样品中碳的质量分数}=\frac{\text{样品中碳质量}}{\text{样品质量}}\times 100\%=\frac{20.47\ \text{mg}\times\frac{12}{44}}{6.51\ \text{mg}}\times 100\%=85.8\%$$

$$氢的质量分数=\frac{8.34\ \text{mg}\times\frac{2}{18}}{6.51\ \text{mg}}\times100\%=14.2\%$$

碳氢质量分数之和为 100%，故不含其他元素。

$$C:H=\frac{85.8}{12}:\frac{14.2}{1}=1:2$$

实验式为 CH_2。

实验式量=12×1+1×2=14。已知相对分子质量为 84，是实验式量的 6 倍，故该化合物分子式为 C_6H_{12}。

1.4　参考答案

1.4.1　思考题

1. 有机化学是碳化合物或碳氢化合物及其衍生物的化学。有机化合物一般易燃、熔点较低、易溶于有机溶剂、反应速率慢，通常要加热或加催化剂，而且副反应较多。

2. 外层电子称为价电子。非价电子为内层电子。有效成键的价电子称为成键电子。

3. 在原子中用波函数 ψ 来描述每个电子的运动状态，这种状态函数称为原子轨道。分子中每个电子的状态函数，称为分子轨道。分子轨道是构成分子的原子的原子轨道的线性组合，其轨道的数目为各原子的原子轨道数目之和。如氢分子由两个氢原子组成，每个氢原子有一个原子轨道，氢分子的轨道则线性组合成两个分子轨道，其中一个能量较低，称为成键轨道，另一个能量较高，称为反键轨道。基态时形成共价键的一对电子是自旋反平行地处于成键轨道，反键轨道是空着的。

4. 共价键的属性又称共价键的键参数，是描述共价键性质的物理量。包括键长、键能、键角和键的极性。

5. 布朗斯特质子酸碱概念为：能释放质子的物种称为酸；能接受质子的物种称为碱。而路易斯电子论酸碱概念为能接受电子对的物种为酸；能供给电子对的物种为碱。酸和碱的加合物叫作酸碱络（配）合物。

6. CO_2 分子中碳氧键是极性键 $\overset{\delta+}{C}—\overset{\delta-}{O}$，但 CO_2 分子 $\mu=0$，分子只能是直线形分子，这样才能使两个碳氧键的极性相互抵消，而使 $\mu=0$。

在 H_2O 分子中，$\overset{\delta-}{O}—\overset{\delta+}{H}$ 是极性键，$\mu=1.84\times3.33\times10^{-30}\ C\cdot m$，不为零，说明 H—O—H 键角不可能为 180°，即不在一条直线上，而是弯曲的。

CH_4 分子中，H—C—H 键角为 109.5°；在 H_2O 分子中 H—O—H 键角为 104.5°；在 CCl_4 分子中 4 个 $\overset{\delta+}{C}—\overset{\delta-}{Cl}$ 键为极性键，但其偶极矩 $\mu=0$，必然为正四面体结构，所以，C—Cl—C 键角也为 109.5°。

1.4.2　习题

1. (1) sp^3，sp^2，sp　(2) sp　(3) sp^2　(4) sp^2　(5) sp^2　(6) sp^2

2. (1) H :O: S :O: H（S 上下各连一个 :O:）　(2) H:O:N::O:　(3) H:C:C:H（每个 C 上下各连一个 H）

(4) C::C（每个 C 上下各连一个 H）　(5) H :C:::C: H　(6) C::O（C 上下各连一个 H）

3. 各化合物中形成 C—C 单键的杂化轨道分别为 (1) sp^3-sp^3，(2) sp^3-sp^2，(3) sp^3-sp，(4) sp^2-sp，

杂化轨道中，s成分越大，核对电子的吸引力越大，键长越短。因此键长顺序为(1)>(2)>(3)>(4)。

4. (1) 己醇：70.4% C，13.9% H，则

$$w(\mathrm{O})=100\%-(70.4\%+13.9\%)=15.7\%$$

C：$\frac{70.4\%}{12}=5.87\%$　　H：$\frac{13.9\%}{1}=13.9\%$　　O：$\frac{15.7\%}{16}=0.98\%$

C：$\frac{5.87\%}{0.98\%}=5.99$　　H：$\frac{13.9\%}{0.98\%}=14.18$　　O：$\frac{0.98\%}{0.98\%}=1$

即实验式为 $C_6H_{14}O$。

(2) 苯：92.1% C，7.9% H，则

C：$\frac{92.1\%}{12}=7.68\%$　　H：$\frac{7.9\%}{1}=7.9\%$

C：$\frac{7.68\%}{7.68\%}=1$　　H：$\frac{7.9\%}{7.68\%}=1.03$

即实验式为 C_1H_1。

5. 根据键能计算可知反应（1）比反应（2）容易进行。

6. (1)，(2)，(4) 有极性。

7. 键的极性顺序(3)>(2)>(1)。

8. 实验式和分子式均为 $C_6H_9N_3O_2$。

9. 路易斯酸：H^+，R^+，$AlCl_3$，SO_3，$^+NO_2$，$SnCl_2$；

路易斯碱：X^-，OH^-，HOH，RO^-，ROR，ROH。

10. (1) CH_3 CH_3 C=C Cl Cl　　(2) CH_3 Cl C=C Cl CH_3 (μ=0)　　(3) CH_3CH_2—NH_2

(4) CH_3—C≡N　　(5) CH_3 O CH_3　　(6) CH_3 O H

1.4.3 教材习题

1. 根据键能计算可知反应（1）比反应（2）容易进行。

2. (1)，(2)，(4) 有极性；(3) 无极性。

3. 键的极性顺序(3)>(2)>(1)。

4. 路易斯酸：H^+，R^+，$AlCl_3$，SO_3，$^+NO_2$，$SnCl_2$；

路易斯碱：X^-，OH^-，HOH，RO^-，ROR，ROH。

第 2 章

饱和脂肪烃

2.1 思考题

1. 什么叫同分异构体？写出己烷的各种同分异构体的结构式，并用系统命名法及普通命名法进行命名。

2. 丙烷进行氯代反应时可得到的二氯代产物有几种？写出它们的结构式。

3. 产生构象的原因是什么？用纽曼投影式表示出 $BrCH_2CH_2Cl$ 的各种典型构象，写出构象名称并指出其优势构象。

4. 烷烃分子的结构特点是什么？由此推导烷烃的化学性质是否活泼。

5. 已知甲基自由基中的碳原子为 sp^2 杂化，那么乙基自由基 $CH_3CH_2\cdot$（一级自由基）中带自由基的碳原子是什么杂化类型？写出一个二级自由基与一个三级自由基。排出以上几种自由基的稳定次序。

2.2 习题

1. 用系统命名法命名下列化合物，并指出（1）中碳原子的类型。

（1）$H_3C-CH(CH_3)-CH_2-C(CH_3)(CH_2CH_3)-CH_2-CH_3$

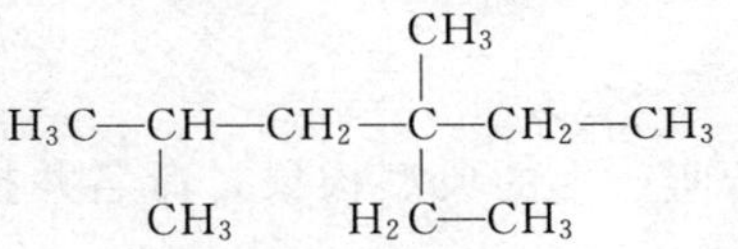

（2）$H_3C-CH_2-CH(CH_3)-CH_2-CH_3$

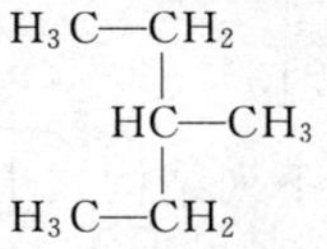

（3）$CH_3CH_2C(CH_3)_3$

（4）$(CH_3)_2CHC(CH_3)_3$

（5）

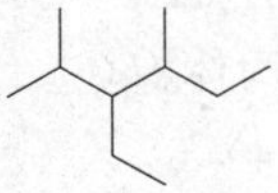

（6）

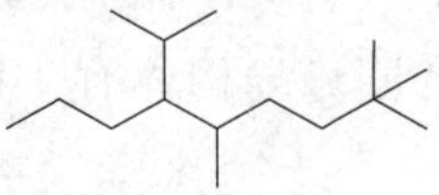

（7）$CH(CH_3)_2$，CH_3，H，H，CH_3，C_2H_5

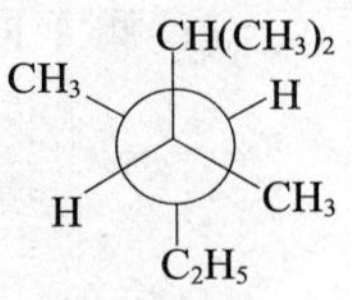

（8）$CH_3CH_2CHCH(CH_3)_2$
$\quad\quad\quad\quad|$
$\quad\quad CH(CH_3)_2$

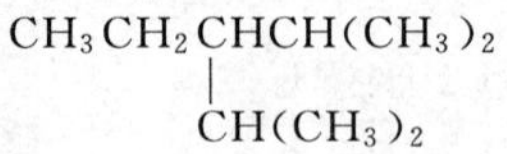

（9）$(CH_3CH_2)_2CHCH_3$

（10）C_2H_5，CH_3，H_3C，C_2H_5

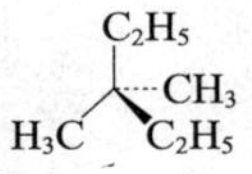

2. 写出下列化合物的结构式，如有错误予以更正。

（1）2,3,4-三甲基-3-乙基戊烷　　（2）2,3,3-三甲基丁烷

（3）2,4-二乙基-4-异丙基己烷　　（4）3,3-二甲基丁烷

（5）2,3-二甲基-2-乙基丁烷　　（6）2,4-二甲基-3-丙基戊烷

3. 某烃与 Cl_2 反应只能生成一种一氯代物，该烃的分子式是（　　）。

（1）C_3H_8　　（2）C_4H_{10}　　（3）C_5H_{12}　　（4）C_6H_{14}

4. 将下列烷烃的沸点由高至低排列成序。

（1）正己烷　　（2）正辛烷　　（3）正庚烷　　（4）2-甲基庚烷

（5）2,3-二甲基戊烷

5. 写出下列烷烃的可能结构式。

（1）由一个异丁基和一个仲丁基组成的烷烃

（2）由一个异丙基和一个叔丁基组成的烷烃

（3）含有四个甲基且摩尔质量为 86 g·mol^{-1}的烷烃

（4）摩尔质量为 100 g·mol^{-1}，同时含有一级、三级、四级碳原子的烷烃

6. 下列哪对结构式表示的化合物是等同的（式中所表示的 C—C 单键可以自由旋转）？

（1）

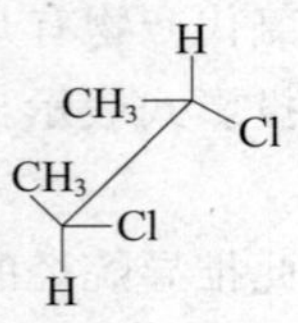

（2）

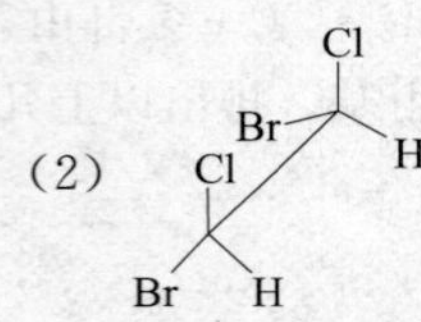

（3）

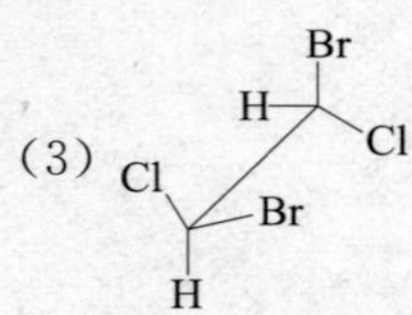

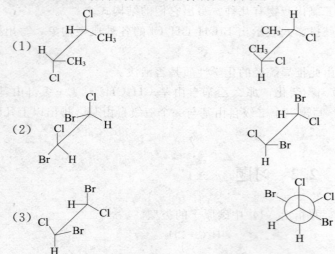

7. 用纽曼投影式画出下列结构式中围绕指出键旋转所产生的典型构象，命名并指出优势构象。

（1）$BrCH_2—CH_2Br$　（2）$(CH_3)_2CH—CH(CH_3)_2$　（3）$CH_3CH_2—CH_2CH_2CH_3$

8. 已知二氯丙烷的同分异构体有 4 种，从而可推知六氯丙烷的同分异构体有（　　）种。

（1）3　　（2）4　　（3）5　　（4）6

9. 下列烷烃中属于同分异构体的是（　　）；属于同种物质的是（　　）；属于同系列的是（　　）。

（1）$CH_3CH_2CH_2CH_2CH_3$

（2）$CH_3CH(CH_3)CH_2CH_3$

（3）$CH_3CH(CH_3)CH_2CH_2CH_3$

（4）$CH_3CH_2CH(CH_3)CH_2CH_3$

（5）$(CH_3)_2CHCH_2CH_2CH_3$

A. (1)(2)　　B. (1)(3)　　C. (3)(5)　　D. (4)(5)

2.3　解题示例

1. 用系统命名法命名下列化合物，并标出化合物中的伯、仲、叔、季碳原子。

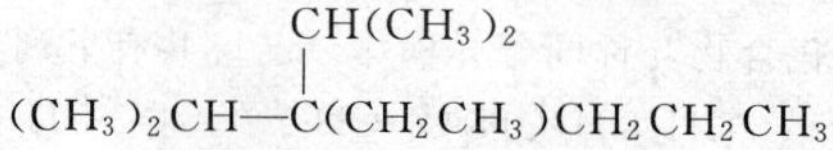

$$(CH_3)_2CH-\underset{}{\overset{CH(CH_3)_2}{\overset{|}{C}}}(CH_2CH_3)CH_2CH_2CH_3$$

解：此化合物可写成

$$H_3\overset{1°}{C}-\underset{\underset{H_3C}{|}}{\overset{3°}{CH}}-\overset{\overset{H_3\overset{1°}{C}-\overset{3°}{CH}-\overset{1°}{CH_3}}{|}}{\underset{\underset{H_2\overset{2°}{C}-\overset{1°}{CH_3}}{|}}{\overset{4°}{C}}}-\overset{2°}{CH_2}-\overset{2°}{CH_2}-\overset{1°}{CH_3}$$

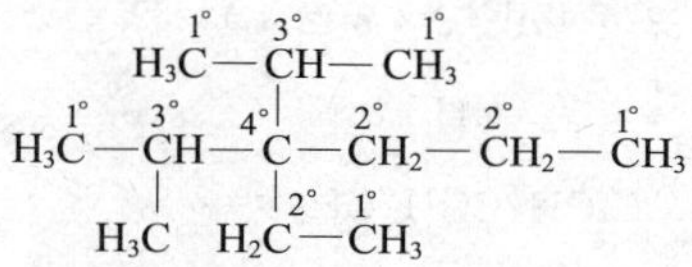

2-甲基-3-乙基-3-异丙基己烷

2. 用系统命名法命名下列烷烃：

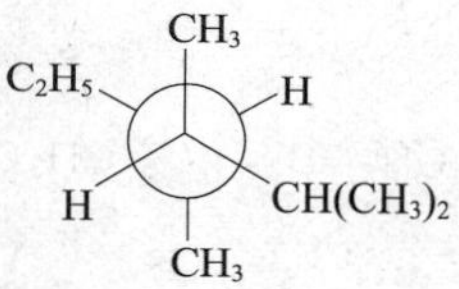

（纽曼投影式：前碳上连 CH_3、C_2H_5、H 中的基团，后碳上连 H、$CH(CH_3)_2$、CH_3；图中标注：CH_3、C_2H_5、H、H、$CH(CH_3)_2$、CH_3）

解：解此类题必须掌握书写纽曼投影式的要点。圆心和圆各代表一个碳原子，圆心表示前碳原子，圆表示后碳原子。然后将纽曼投影式由前向后展开。

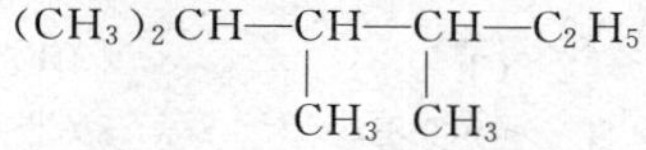

$$(CH_3)_2CH-\underset{\underset{CH_3}{|}}{CH}-\underset{\underset{CH_3}{|}}{CH}-C_2H_5$$

2,3,4-三甲基己烷

3. 下列两种结构式表示的化合物是否等同（式中的 C—C 单键可以自由旋转）？

(1)（锯架式：上碳连 Cl、F、H；下碳连 Cl、H、F）　　(2)（纽曼投影式：F、F、Cl、Cl、H、H）

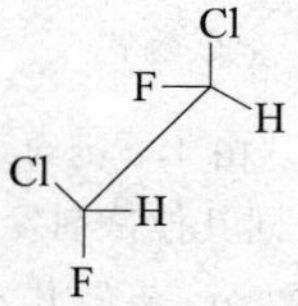

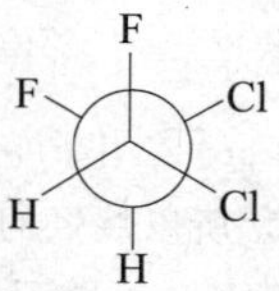

解：解此类题时，应分两步进行。

第一步，固定一个碳原子不动，让另一个碳原子旋转到重叠时为止。如让（1）式中的后碳原子不动，前碳原子顺时针旋转 60°，让（2）式中的前碳原子不动，后碳原子顺时针旋转 60°，则分别得到下列表达式：

(1)（锯架式：上碳连 Cl、F、H；下碳连 Cl、F、H）　　(2)（重叠式纽曼投影式：F F、H H、Cl Cl）

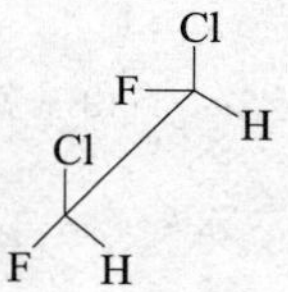

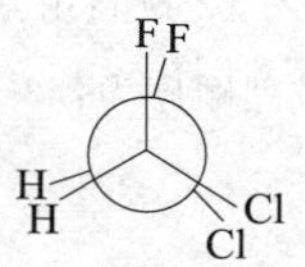

第二步，比较两个重叠式：若两个重叠式相同，则两种结构式表示的化合物等同；若两个重叠式不同，则两种结构式表示的化合物不等同。通过对比可以发现，这两种重叠式是相同

的，所以二者是等同的。

2.4 参考答案

2.4.1 思考题

1. 分子式相同而结构式不同的化合物互称同分异构体。己烷共有下列 5 种异构体：

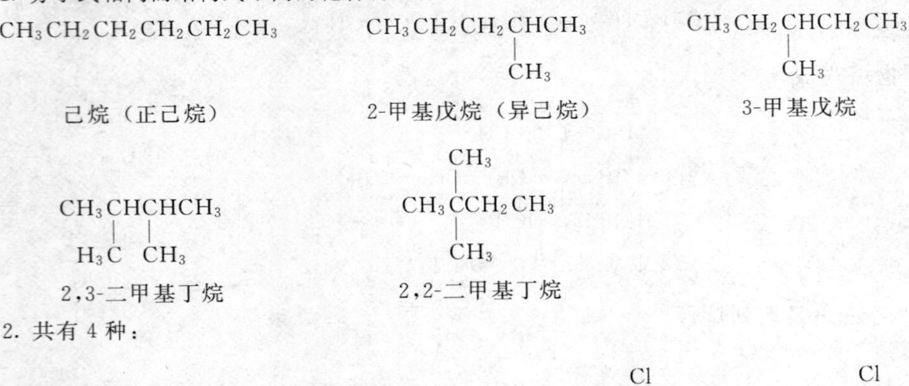

2. 共有 4 种：

$CH_3CHClCH_2Cl$ $CH_2ClCH_2CH_2Cl$ $CH_3CCl_2CH_3$ $CH_3CH_2CHCl_2$

3. 由于 C—C 单键为 σ 键，成键电子云为轴对称分布在两个成键碳原子的轴线上。由于 C—C 单键可以自由旋转，就产生了构象，从一种构象变为另一种构象不需要经过化学反应。

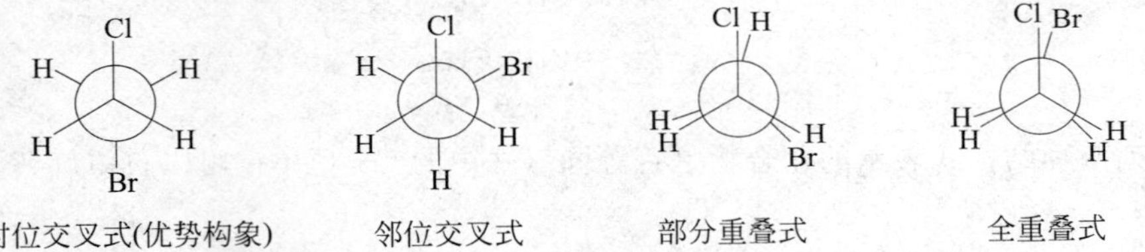

对位交叉式(优势构象)　　邻位交叉式　　部分重叠式　　全重叠式

4. 烷烃分子中的碳原子均为 sp^3 杂化，它所形成的 C—C 键与 C—H 键均为 σ 键。由于 σ 键轨道重叠程度大，不易极化和断裂，比较牢固，所以烷烃的化学性质不活泼，在一般情况下，很难同其他试剂发生反应。

5. 乙基自由基 $CH_3CH_2\cdot$ 中的 1°碳原子与甲基自由基中的碳原子一样，也采取 sp^2 杂化方式，以此类推，所有自由基的碳原子均为 sp^2 杂化。

$CH_3—\dot{C}H—CH_3$（2°碳自由基）　　$(CH_3)_3C\cdot$（3°碳自由基）

自由基稳定性由大到小的排列顺序为：3°＞2°＞1°＞·CH_3。自由基上带的甲基越多，自由基就越稳定。

2.4.2 习题

1. （1）2,4-二甲基-4-乙基己烷　$H_3C^{1°}—C^{3°}H(C^{1°}H_3)—C^{2°}H_2—C^{4°}(C^{1°}H_3)(C^{2°}H_2—C^{1°}H_3)—C^{2°}H_2—C^{1°}H_3$

(2) 3-甲基戊烷　　(3) 2,2-二甲基丁烷

(4) 2,2,3-三甲基丁烷　　(5) 2,4-二甲基-3-乙基己烷

(6) 2,2, 5-三甲基-6-异丙基壬烷　　(7) 2,3,4-三甲基己烷

(8) 2,4-二甲基-3-乙基戊烷　　(9) 3-甲基戊烷

(10) 3,3-二甲基戊烷

2. (1)

$$\begin{array}{c} \quad\quad H_2C—CH_3 \\ \quad\quad | \\ H_3C—CH—C—CH—CH_3 \\ \quad | \quad\; | \quad\; | \\ \quad CH_3 \; CH_3\, CH_3 \end{array}$$

(2)

$$\begin{array}{c} \quad CH_3 \; CH_3 \\ \quad | \quad\; | \\ H_3C—CH—C—CH_3 \\ \quad\quad | \\ \quad\quad CH_3 \end{array}$$

(错，应为 2,2,3-三甲基丁烷)

(3)

$$\begin{array}{c} \quad\quad\quad H_3C—HC—CH_3 \\ \quad\quad\quad | \\ H_3C—CH—CH_2—C—CH_2—CH_3 \\ | \quad\quad\quad | \\ H_2C—CH_3 \quad H_2C—CH_3 \end{array}$$

(错，应为 2,5-二甲基-3,3-二乙基庚烷)

(4)

$$\begin{array}{c} CH_3 \\ | \\ CH_3CH_2CCH_3 \\ | \\ CH_3 \end{array}$$

(错，应为 2,2-二甲基丁烷)

(5)

$$\begin{array}{c} \quad\quad CH_3 \\ \quad\quad | \\ H_3C—CH—C—CH_2—CH_3 \\ | \quad\; | \\ CH_3 \; CH_3 \end{array}$$

(错，应为 2,3,3-三甲基戊烷)

(6)

$$\begin{array}{c} \quad\quad H_2C—CH_2—CH_3 \\ \quad\quad | \\ H_3C—CH—CH—CH—CH_3 \\ | \quad\quad\quad | \\ CH_3 \quad\quad CH_3 \end{array}$$

(错，应为 2-甲基-3-异丙基己烷)

3. (3)。

4. (2)＞(4)＞(3)＞(5)＞(1)。

5. (1)

$$\begin{array}{c} H_3C—CH—CH_2—CH—CH_2—CH_3 \\ | \quad\quad\quad\quad | \\ CH_3 \quad\quad\quad CH_3 \end{array}$$

(2)

$$\begin{array}{c} \quad\quad CH_3 \\ \quad\quad | \\ H_3C—CH—C—CH_3 \\ | \quad\; | \\ CH_3 \; CH_3 \end{array}$$

(3)

$$\begin{array}{c} H_3C—CH—CH—CH_3 \\ | \quad\; | \\ CH_3 \; CH_3 \end{array} \quad 或 \quad \begin{array}{c} CH_3 \\ | \\ H_3C—C—CH_2—CH_3 \\ | \\ CH_3 \end{array}$$

(4)

$$\begin{array}{c} CH_3 \\ | \\ H_3C—C—CH—CH_3 \\ | \quad\; | \\ CH_3\,CH_3 \end{array}$$

6. (1), (3)。

7. (1)

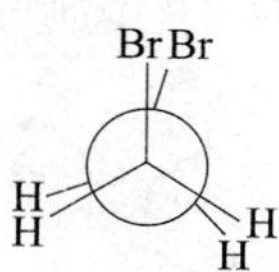

对位交叉式(优势构象)　　邻位交叉式　　部分重叠式　　全重叠式

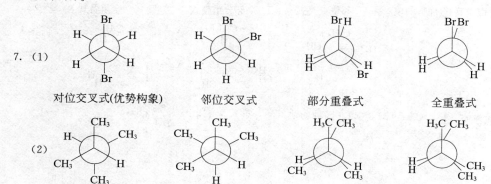

(2)

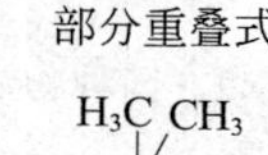

(3)

8. (2)。

9. A，D；C；B。

2.4.3 教材习题

1. (1) 2，4-二甲基-4-乙基己烷　　(2) 3-甲基戊烷

(3) 2,4-二甲基-3-乙基戊烷　　(4) 2,2,3-三甲基丁烷

(5) 2,3,4-三甲基己烷　　(6) 2,2,5-三甲基-6-异丙基壬烷

2. (1) $H_3C-CH(CH_3)-C(CH_3)(CH_2-CH_3)-CH(CH_3)-CH_3$

(2) $H_3C-CH(CH_3)-C(CH_3)_2-CH_3$ （错，应为 2,2,3-三甲基丁烷）

(3) $H_3C-CH(H_2C-CH_3)-CH_2-C(CH(CH_3)-CH_3)(H_2C-CH_3)-CH_2-CH_3$ （错，应为 2,5-二甲基-3,3-二乙基庚烷）

(4) $H_3C-CH(CH_3)-CH(H_2C-CH_2-CH_3)-CH(CH_3)-CH_3$ （错，应为 2-甲基-3-异丙基己烷）

3. (3)。

4. (2)＞(4)＞(3)＞(1)。

5. (1)，(2)。

6. (1)

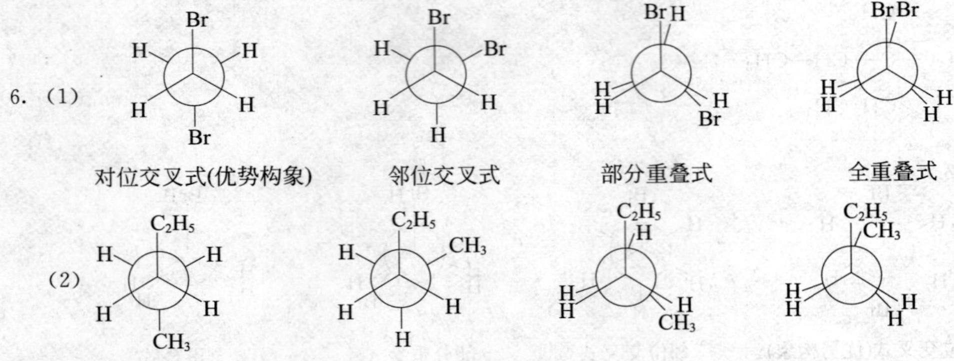

对位交叉式(优势构象)　邻位交叉式　部分重叠式　全重叠式

(2)

7. 同分异构体 (1)，(2)；(3)，(4)。同种物质 (5)，(6)。

第 3 章

不饱和烃

3.1 思考题

1. 一种既有双键又有三键的不饱和化合物如何命名？

2. 烷烃、烯烃、炔烃分子中 C—H 键的键长及∠HCC 的夹角为何不同？试用杂化轨道理论加以解释。

3. 不对称烯烃与 HBr 的加成在何种情况下不遵守马氏规则？

4. 某烯烃用顺反命名法标记时，其构型为顺式，若用 Z，E 命名法标记，其构型一定为 Z 型吗？

5. 乙烯与 Br_2 在 NaCl 溶液中加成时，除生成 1,2-二溴乙烷外，还能得到什么产物？

3.2 习题

1. 写出下列化合物的结构式。

(1) 2,4-二甲基-3-己烯　　(2) 1-戊烯-4-炔

(3) 3-乙基-2-戊烯　　(4) 异丁烯

(5) 乙烯基乙炔　　(6) 顺-2-甲基-3-乙基-3-己烯

(7) (2Z,4E)-3,4-二甲基-2,4-庚二烯　　(8) 4-甲基-2-戊炔

2. 写出下列化合物的结构式，若名称有错，予以更正。

(1) 4，5-二乙基-5-己烯-2-炔　　(2) 2-甲基-4-乙基-2-戊烯

(3) 1,4-二甲基-1-丁烯　　(4) 2-乙基-2-戊烯

(5) 3-甲基-4-戊炔　　(6) 2-甲基-3,4-戊二烯

3. 用系统命名法命名下列化合物。

(1) $H_2C{=}C{=}CH{-}CH_3$

(2) $HC{\equiv}C{-}C{\equiv}C{-}CH_3$

(3) 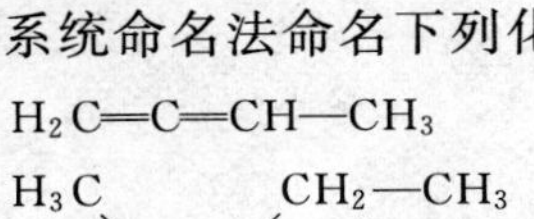 $(H_3C)_2C{=}C(CH_2{-}CH_3)_2$ （左侧两个 H_3C，右侧两个 $CH_2{-}CH_3$）

(4) 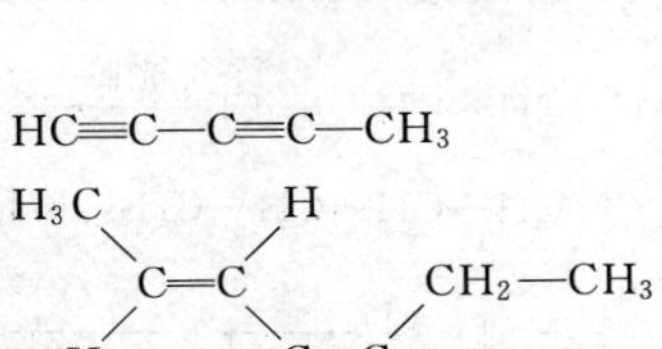 $H_3C{-}CH{=}CH{-}CH{=}CH{-}CH_2{-}CH_3$ （H_3C 与 H 在第一个 C=C 上，各 H 标出）

(5) 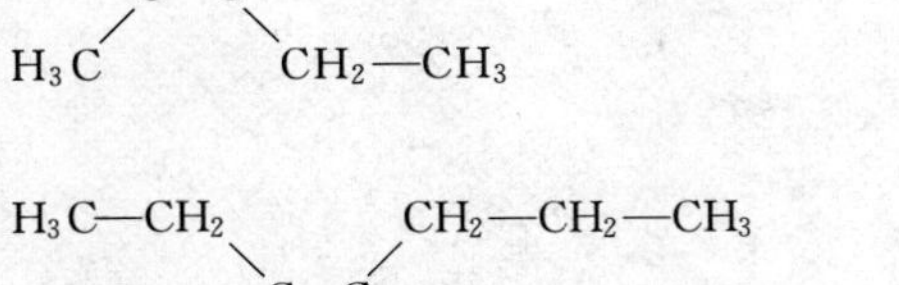 $(H_3C{-}CH_2)(H_3C)C{=}C(CH_2{-}CH_2{-}CH_3)(CH_2{-}CH_2{-}CH_2{-}CH_3)$

(6) 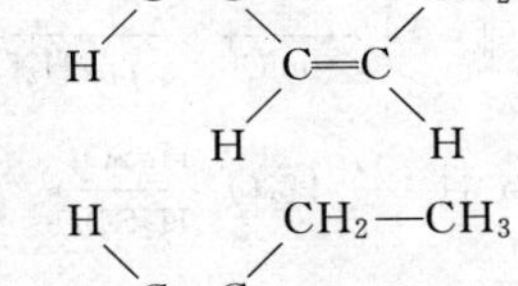 $(H)(H_3C)C{=}C(CH_2{-}CH_3)(CH_3)$

(7) $H_3C-CH(CH_3)-CH=CH-CH_2-CH(CH_3)-CH_3$

(8) $H_3C-CH_2-CH_2-C(=CH-CH_3)-CH_2-CH_2-CH_3$

(9) $H_3C-CH=CH-C\equiv C-CH_3$

(10) $H_3C-C\equiv CAg$

(11) $H_3C-CH(CH_3)-CH=CH-CH=CH_2$

4. 写出下列反应的主要产物。

(1) 2-丁烯与冷高锰酸钾反应

(2) 乙炔与硝酸银的氨溶液发生反应

(3) 丙炔与氯化亚铜的氨溶液发生反应

(4) 2-戊炔在硫酸汞和硫酸催化作用下与水加成

5. 完成下列反应。

(1) $H_3C-C\equiv CH + 1Cl_2 \longrightarrow ? \xrightarrow{HCl}$

(2) $H_2C=CH-CH=CH_2 + Cl_2 \xrightarrow{0℃}$

(3) $H_3C-CH=CH_2 + HCl \longrightarrow$

(4) 1-甲基环戊烯（环戊烯环上带 CH_3） $+ H_2O \xrightarrow{H^+}$

(5) $H_3C-C\equiv C-CH_2-CH_3 + H_2 \xrightarrow[液氨]{Na}$

(6) $H_3C-CH=CH_2 + KMnO_4 \xrightarrow{H_2SO_4}$

(7) $(H_3C)_2C=CH-CH_3 \xrightarrow{O_3} ? \xrightarrow{Zn/H_2O}$

(8) $CH_2=CH-CH=CH_2$ + $CH_3-CH=CH-CH_3$ $\longrightarrow ? \xrightarrow{KMnO_4/H^+}$

(9) $HC\equiv C-CH_2-CH=CH_2 + Br_2 \longrightarrow$

(10) $H_3C-C\equiv C-CH_2-CH_3 \xrightarrow{KMnO_4/H^+}$

(11) $H_3C-C\equiv CH + 2HCl \longrightarrow$

(12) $H_3C-CH=CH_2 + Cl_2 \xrightarrow{光照}$

(13) $H_2C=CH-CH=CH-CH_3 + HCl \longrightarrow$

(14) 1,3-环己二烯 + 环己烯 $\xrightarrow[100℃]{苯} ? \xrightarrow[Zn/H_2O]{O_3}$

(15) $HC\equiv C-CH_3 + H_2O \xrightarrow[H_2SO_4]{HgSO_4}$

(16) $H_2C=C(CH_3)-CH_3 + HBr \xrightarrow{过氧化物}$

(17) $H_2C{=}\overset{\overset{\large CH_3}{|}}{C}{-}CH_3 + HO{-}Br \longrightarrow$

(18) $H_2C{=}CH{-}CH_3 + H_2SO_4 \longrightarrow ? \xrightarrow{H_2O}$

(19) $H_2C{=}CH{-}CH{=}CH_2 \xrightarrow[Zn/H_2O]{O_3}$

(20) (环己亚基)$={CH}{-}CH_3 \xrightarrow{KMnO_4/H^+}$

6. 用化学方法区别丙烷、丙烯、丙炔。

7. 单项选择。

(1) 下列化合物最易发生亲电加成反应的是（ ）。

A. 1-丁烯 B. 2-甲基-2-丁烯 C. 2-丁烯 D. 正丁烷

(2) 下列碳正离子，稳定性最大的是（ ）。

A. 叔丁基碳正离子 B. 异丙基碳正离子 C. 乙基碳正离子 D. 甲基碳正离子

(3) 用化学方法区别1-丁炔和2-丁炔，应采用的试剂是（ ）。

A. 浓硫酸 B. 酸性高锰酸钾 C. 氯化亚铜的氨溶液 D. 溴水

(4) 下列化合物中碳原子电负性最大的是（ ）。

A. 丙烷 B. 1,3-丁二烯 C. 乙烯 D. 乙炔

(5) 下列化合物离域能最大的是（ ）。

A. 1,5-己二烯 B. 1,4-己二烯 C. 1,3,5-己三烯 D. 1,3-己二烯

8. 多项选择。

(1) 用化学方法区别乙烯和乙烷，可选用的试剂有（ ）。

A. 溴水 B. 浓硫酸 C. 酸性高锰酸钾 D. 银氨溶液

(2) 在酸性条件下，用硫酸汞作催化剂时，下列化合物可与水发生加成反应生成2-丁酮的是（ ）。

A. 1-丁烯 B. 2-丁烯 C. 1-丁炔 D. 2-丁炔

(3) 下列基团中，具有斥电子诱导效应的是（ ）。

A. 硝基 B. 甲基 C. 叔丁基 D. 磺酸基

(4) 丙烯与溴化氢的加成，（ ）可得到1-溴丙烷。

A. 在氯化钠溶液中 B. 在光照条件下

C. 在过氧化物存在下 D. 在水溶液中

(5) 下列化合物被酸性高锰酸钾氧化后可得到乙酸的是（ ）。

A. 丙炔 B. 2-丁烯 C. 丙烯 D. 2-丁炔

9. 分子式为 C_4H_8 的两种烯烃，与HBr加成后都得到2-溴丁烷，写出这两种烯烃的构造式。

10. 判断下列说法是否正确，在正确的题后打“√”，在错误的题后打“×”。

(1) 所有的烯烃都有顺反异构体。（ ）

(2) 乙烯与乙炔具有相似的结构，乙炔可以与硝酸银的氨溶液反应生成乙炔银，因此，乙烯也可以与硝酸银的氨溶液反应生成乙烯银。（ ）

(3) 1,3-戊二烯与1 mol HCl加成，产物只有一种。（ ）

(4) 炔烃的三键碳原子电负性强于烯烃与烷烃碳原子，因而容易解离出氢质子。(　　)

11. 制备2-甲基-2-氯丙烷有以下两种方法，试比较哪一种方法较好。为什么？

(1) $H_3C-CH(CH_3)-CH_3 + Cl_2 \longrightarrow H_3C-CCl(CH_3)-CH_3 + HCl$

(2) $H_3C-C(CH_3)=CH_2 + HCl \longrightarrow H_3C-CCl(CH_3)-CH_3$

12. 某烯烃的分子式为 C_8H_{16}，被臭氧氧化并在 Zn 存在下水解只得到一种产物，试写出其所有可能的构造式。

13. 有两种分子式相同的化合物 A 和 B，它们均能使溴的四氯化碳溶液褪色。A 与硝酸银的氨溶液作用生成白色沉淀，B 则不能。若用酸性高锰酸钾氧化时，A 得到丁酸和二氧化碳；B 得到乙酸和丙酸。试写出 A，B 的构造式。

14. 某化合物的摩尔质量为 82 g·mol^{-1}，1 mol 该化合物可吸收 2 mol H_2，该化合物不能与硝酸银的氨溶液反应，当它与 1 mol H_2 反应时得到 2,3-二甲基-1-丁烯，试写出其构造式。

15. 排出下列化合物与溴发生亲电加成反应的活性顺序。

(1) $H_2C=CH-CH=CH-CH_3$　　(2) $H_2C=CH-CH=CH_2$

(3) $H_2C=C(CH_3)-C(CH_3)=CH_2$

16. 分子式为 C_5H_8 的化合物，被臭氧氧化、锌还原水解得到甲醛和丙二醛（$OHC-CH_2-CHO$），试写出其构造式。

17. 化合物 A 的分子式为 C_6H_{10}，与乙烯反应得到 $B(C_8H_{14})$，B 被酸性高锰酸钾氧化得到 2,7-辛二酮，试写出 A，B 的构造式。

18. 下列化合物哪些具有顺反异构？

(1) $H_2C=CH-CH=CH-CH_3$　　(2) $H_2C=CH-CH_2-CH=CH_2$

(3) $H_2C=C(CH_3)-C(CH_3)=CH_2$　　(4) $(H_3C)_2C=CH-CH_3$

(5) $H_3C-CH=CH-CH_2-CH_3$　　(6) $H_3C-CH=CH-CH=CH-CH_3$

19. 两瓶没有标签的无色液体，一瓶为正己烷，另一瓶为1-己烯，试用简便的方法鉴别，并给它们贴上正确的标签。

3.3 解题示例

1. 写出分子式为 C_5H_8 的二烯烃的各种异构体。

解：第一步，由已知分子式的二烯烃推写其构造式时，首先写出其最长碳链，

$$C-C-C-C-C$$

然后在碳链上加上双键。两个双键可以在 1,2 位、1,3 位、1,4 位、2,3 位、2,4 位：

(1) $H_2C{=}C{=}CH{-}CH_2{-}CH_3$　　(2) $H_2C{=}CH{-}CH{=}CH{-}CH_3$

(3) $H_2C{=}CH{-}CH_2{-}CH{=}CH_2$　　(4) $H_3C{-}CH{=}C{=}CH{-}CH_3$

(5) $H_3C{-}CH{=}CH{-}CH{=}CH_2$

第二步，将主链缩短一个碳原子，另一个碳原子作为甲基，将这个甲基依次连在不同的碳原子上（碳原子上至少有一个氢原子）。

(6) $\overset{CH_3}{\overset{|}{CH}}{=}C{=}CH{-}CH_3$　　(7) $H_2C{=}C{=}\overset{CH_3}{\overset{|}{C}}{-}CH_3$

(8) $H_2C{=}C{=}CH{-}\overset{CH_3}{\overset{|}{CH_2}}$　　(9) $\overset{CH_3}{\overset{|}{CH}}{=}CH{-}CH{=}CH_2$

(10) $H_2C{=}\overset{CH_3}{\overset{|}{C}}{-}CH{=}CH_2$　　(11) $H_2C{=}CH{-}\overset{CH_3}{\overset{|}{C}}{=}CH_2$

(12) $H_2C{=}CH{-}CH{=}\overset{CH_3}{\overset{|}{CH}}$

第三步，再将主链缩短一个碳原子，去掉的这两个碳原子可以是两个甲基，也可以是一个乙基，分别连在不同的碳原子上，依此类推。

第四步，比较得到的构造式，结构相同的只保留一个。分析上述得到的构造式，可以看出：(2)，(5)，(9)，(12) 相同；(4)，(6) 相同；(10)，(11) 相同；(1)，(8) 相同。可以看出，其异构体共有 6 种。

2. 用系统命名法命名下列化合物：

(1) $H_3C{-}\overset{CH_3}{\overset{|}{CH}}{-}CH{=}CH{-}CH_3$　　(2) $H_3C{-}C{\equiv}C{-}\overset{CH_3}{\overset{|}{C}}{=}CH_2$

解：用系统命名法命名烯烃时，首先选择包括双键在内有最长碳链为主链，编号时从靠近双键的一端开始，如果从左右两个方向编号，双键的位次相同，则应使取代基的位次尽可能小。命名时，将取代基写在前面（取代基的排列按优先次序规则，较优基团后列出），并用阿拉伯数字标出双键的位置。如果有顺反异构，并且题目有要求时，还应标出其构型。

$$\underset{5}{H_3C}{-}\underset{4}{\overset{CH_3}{\overset{|}{CH}}}{-}\underset{3}{CH}{=}\underset{2}{CH}{-}\underset{1}{CH_3}$$

4-甲基-2-戊烯

对于既有双键又有三键的不饱和烃，命名时选择包括双键和三键在内的最长碳链为主链，编号时应使不饱和键的位次和尽可能小，以炔为母体，命名时把取代基写在前面，并用阿拉伯数字分别标出不饱和键的位置。若双键、三键处在相同的位次，则给双键最低编号。

$$\underset{5}{H_3C}{-}\underset{4}{C}{\equiv}\underset{3}{C}{-}\underset{2}{\overset{CH_3}{\overset{|}{C}}}{=}\underset{1}{CH_2}$$

2-甲基-1-戊烯-3-炔

3. 化合物 A，B，C 三种烯烃异构体，它们能使酸性高锰酸钾水溶液褪色，A 生成戊酸和二氧化碳，B 生成丙酸，C 生成 2-戊酮和二氧化碳，试推测 A，B，C 的构造式。

解：化合物 A 氧化后生成戊酸和二氧化碳，说明它是 C═C 双键在链端，而且是一种六碳原子的不对称烯烃，即 $CH_3CH_2CH_2CH_2CH{=}CH_2$。

化合物B氧化后只生成丙酸，说明它的C═C双键在链中间，是含有六个碳原子的对称烯烃，即 $CH_3CH_2CH{=}CHCH_2CH_3$。

化合物C氧化后生成2-戊酮和二氧化碳，说明它的C═C双键在链端，而且双键另一端的碳原子上连接有两个烷基（正丙基和甲基），即 $H_2C{=}C(CH_3){-}CH_2{-}CH_2{-}CH_3$。

4. 用化学方法鉴别丙烷、丙烯和丙炔。

解：用于物质鉴别的化学反应要具备以下几个特点：①反应的现象要明显（气体放出，颜色变化，沉淀生成等）；②反应步骤要简单（最好一步完成）；③反应的条件要温和（常温、常压，不需特殊催化剂）；④反应具有相对专一性（至少与一种物质反应或不反应）。用化学方法鉴别几种化合物时，首先应分析它们化学性质的差异，然后进行鉴别。

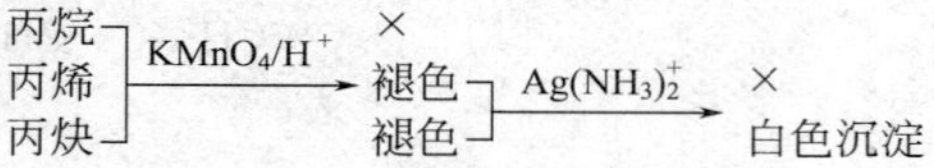

丙烷、丙烯、丙炔 $\xrightarrow{KMnO_4/H^+}$ 丙烷：×；丙烯：褪色；丙炔：褪色

丙烯、丙炔 $\xrightarrow{Ag(NH_3)_2^+}$ 丙烯：×；丙炔：白色沉淀

3.4 参考答案

3.4.1 思考题

1. 既有双键又有三键的不饱和烃的命名原则是：选择包括双键和三键在内的最长碳链为主链，编号时应使不饱和键的位次和保持较小，若从两个方向编号不饱和键的位次和相等，则给双键较小的位次，命名时以炔为母体，书写时要标明双键和三键的位次。

2. 烷烃、烯烃、炔烃分子中碳原子分别为 sp^3，sp^2，sp杂化，这三种不同杂化的碳原子电负性不同，sp杂化碳原子因其s成分较多，电负性最大，sp^3 杂化碳原子的电负性最小。当它们与氢原子形成C—Hσ键时，sp杂化碳原子与氢原子所形成的价键最强，键长也最短，sp^2 杂化碳原子次之，sp^3 杂化碳原子与氢原子形成的价键最弱，键长最长。因为 sp^3，sp^2，sp杂化轨道之间的夹角分别为109.5°，120°，180°，因此其键角也不相同。

3. 不对称烯烃与不对称试剂的加成为亲电加成反应，多数情况下，其产物遵循马氏规则。但在过氧化物存在或光照条件下，不对称烯烃与溴化氢等不对称试剂加成时，由于其反应历程是自由基反应，其产物不遵循马氏规则。

4. 不一定。顺反命名法和 *Z*，*E* 命名法是标记烯烃立体构型的两种不同方法，这二者之间没有必然联系。顺反命名法是根据两个双键碳原子上所连的相同基团在双键的同侧或异侧进行标记，而 *Z*，*E* 命名法则是根据两个双键碳原子上所连的优先基团是在同侧或异侧进行标记的。

5. 还能得到1-氯-2-溴乙烷。这是因为烯烃与溴的加成反应历程为亲电加成反应，是分步进行的。首先是溴分子解离为溴正离子和溴负离子，然后溴正离子进攻乙烯得到乙基碳正离子，最后溴负离子再与乙基碳正离子结合得到1,2-二溴乙烷。当反应在氯化钠溶液中进行时，溶液中除有溴负离子外，还有氯负离子，因此氯负离子也可以进攻乙基碳正离子得到1-氯-2-溴乙烷。

3.4.2 习题

1. (1) $H_3C{-}CH(CH_3){-}CH{=}C(CH_3){-}CH_2{-}CH_3$　(2) $H_2C{=}CH{-}CH_2{-}C{\equiv}CH$

(3) $H_3C{-}CH{=}C(CH_2{-}CH_3){-}CH_2{-}CH_3$　(4) $H_3C{-}C(CH_3){=}CH_2$

(5) $HC\equiv C-CH=CH_2$　　(6) $(H_3C-H_2C)[(H_3C)_2CH]C=C(H)(CH_2-CH_3)$

(7) $H_3C-CH=C(CH_3)-C(H_3C)=CH-CH_2-CH_3$　　(8) $H_3C-CH(CH_3)-C\equiv C-CH_3$

2. (1) $H_2C=C(CH_2-CH_3)-CH(CH_2-CH_3)-C\equiv C-CH_3$　　(2) $H_3C-C(CH_3)=CH-CH(CH_2-CH_3)-CH_3$

（错误。应为：2,3-二乙基-1-己烯-4-炔）　（错误。应为：2,4-二甲基-2-己烯）

(3) $CH(CH_3)=CH-CH_2-CH_2(CH_3)$　　(4) $H_3C-C(CH_2-CH_3)=CH-CH_2-CH_3$

（错误。应为：2-己烯）　（错误。应为：3-甲基-3-己烯）

(5) $HC\equiv C-CH(CH_3)-CH_2-CH_3$　　(6) $H_3C-CH(CH_3)-CH=C=CH_2$

（错误。应为：3-甲基-1-戊炔）　（错误。应为：4-甲基-1,2-戊二烯）

3. (1) 1,2-丁二烯　　(2) 1,3-戊二炔
(3) 2-甲基-3-乙基-2-戊烯　　(4) (2*E*，4*Z*)-2,4-庚二烯
(5) (*E*)-3-甲基-4-丙基-3-辛烯　　(6) (*E*)-3-甲基-2-戊烯
(7) 2,6-二甲基-3-庚烯　　(8) 3-丙基-2-己烯
(9) 2-己烯-4-炔　　(10) 丙炔银
(11) 5-甲基-1,3-己二烯

4. (1) $H_3C-CH=CH-CH_3 \xrightarrow{\text{冷高锰酸钾}} H_3C-CH(OH)-CH(OH)-CH_3$

(2) $HC\equiv CH + Ag(NH_3)_2^+ \longrightarrow AgC\equiv CAg$

(3) $HC\equiv C-CH_3 + Cu(NH_3)_2^+ \longrightarrow CuC\equiv C-CH_3$

(4) $H_3C-CH_2-C\equiv C-CH_3 + H_2O \xrightarrow[H_2SO_4]{HgSO_4}$

$$H_3C-CH_2-\overset{O}{\overset{\|}{C}}-CH_2-CH_3 + H_3C-CH_2-CH_2-\overset{O}{\overset{\|}{C}}CH_3$$

5. (1) $H_3C-C(Cl)=CH(Cl)$，$H_3C-C(Cl)_2-CH_2(Cl)$　　(2) $H_2C=CH-CH(Cl)-CH_2(Cl)$

(3) $H_3C-CH(Cl)-CH_3$　　(4) $C_5H_8(CH_3)(OH)$（环戊烷，同一碳上连 CH_3 和 OH）

(5) $H_3C-CH=CH-CH_2-CH_3$（H 与 H 处于反式）　　(6) $H_3C-COOH$

(7) 2,2-二甲基-5-甲基臭氧化物 (H_3C, H_3C—C(—O—)(—O—O—)CH—CH_3)，H_3C—C(=O)—CH_3 ＋ H_3C—CHO

(8) 4,5-二甲基环己烯（环己烯环上两个 CH_3），HOOC—CH_2—CH(CH_3)—CH(CH_3)—CH_2—COOH

(9) HC≡C—CH_2—CH(Br)—CH_2(Br)

(10) CH_3—CH_2—COOH＋CH_3—COOH

(11) H_3C—C(Cl)(Cl)—CH_3

(12) H_2C═CH—CH_2(Cl)

(13) H_3C—CH(Cl)—CH═CH—CH_3

(14) （桥环烯烃），（两个 CHO 取代的十氢萘）

(15) H_3C—C(=O)—CH_3

(16) Br—CH_2—CH(CH_3)—CH_3

(17) Br—CH_2—C(CH_3)(OH)—CH_3

(18) H_3C—CH(OSO_3H)—CH_3，H_3C—CH(OH)—CH_3

(19) OHC—CHO＋HCHO

(20) 环己酮（环己基═O）＋ H_3C—COOH

6.

丙烷、丙烯、丙炔 $\xrightarrow{KMnO_4/H^+}$ 丙烷 ×；丙烯 褪色；丙炔 褪色

褪色的两者 $\xrightarrow{Ag(NH_3)_2^+}$ 丙烯 ×；丙炔 白色沉淀

7. (1) B　(2) A　(3) C　(4) D　(5) C

8. (1) ABC　(2) CD　(3) BC　(4) BC　(5) ABCD

9. 其构造式为

H_2C═CH—CH_2—CH_3　　H_3C—CH═CH—CH_3

10. (1) ×　(2) ×　(3) √　(4) √

11. 方法（2）较好。因方法（1）的反应历程是自由基取代，异丁烷与氯反应时，不但仲氢原子可被取代，伯氢原子也可以被取代，因此得到的是2-甲基-2-氯丙烷和2-甲基-1-氯丙烷的混合物。而方法（2）的反应历程是亲电加成，反应时遵循马氏规则，主要得到2-甲基-2-氯丙烷。

12. 可能的构造式为

CH_3—CH_2—CH_2—CH═CH—CH_2—CH_2—CH_3

H_3C—CH(CH_3)—CH═CH—CH(CH_3)—CH_3　　H_3C—CH_2—C(CH_3)═C(CH_3)—CH_2—CH_3

13. A，B的构造式分别为

HC≡C—CH_2—CH_2—CH_3　　H_3C—C≡C—CH_2—CH_3

14. 其构造式为

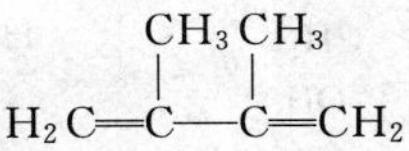

$$H_2C{=}C(CH_3){-}C(CH_3){=}CH_2$$

15. (3)>(1)>(2)。

16. 其构造式为

$$H_2C{=}CH{-}CH_2{-}CH{=}CH_2$$

17. A，B的构造式分别为

$$H_2C{=}C(CH_3){-}C(CH_3){=}CH_2 \qquad \text{1,2-二甲基环己烯（环上双键碳各连 }H_3C\text{、}CH_3\text{）}$$

18. (1)，(5)，(6) 有顺反异构。

19. 分别从两个试剂瓶中各取少量样品于试管中，加入酸性高锰酸钾溶液或者溴的四氯化碳溶液，褪色的一瓶是1-己烯，另一瓶为正己烷。

3.4.3 教材习题

1. (1) 3,4-二甲基-1,3-戊二烯　　(2) 5-甲基-2-己烯-1-炔
   (3) (*E*)-3-甲基-2-戊烯　　(4) (*Z*)-2-甲基-3-乙基-3-己烯
   (5) 2,6-二甲基-2-庚烯　　(6) 丙炔银
   (7) 3,3-二甲基-1-戊烯　　(8) 4-甲基-2-戊炔

2. (1) $H_3C{-}CH{=}CH{-}CH_3 \xrightarrow{\text{冷高锰酸钾}} H_3C{-}CH(OH){-}CH(OH){-}CH_3$

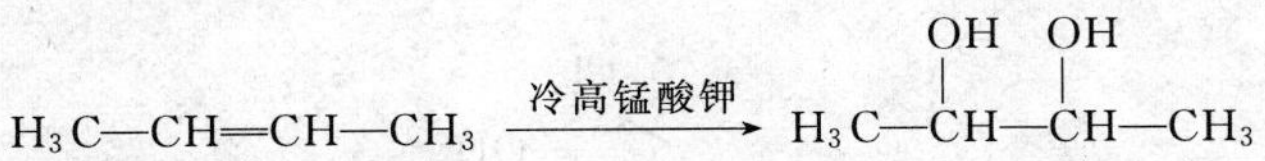

   (2) $H_2C{=}CH{-}C{\equiv}CH + 1Br_2 \longrightarrow H_2C(Br){-}CH(Br){-}C{\equiv}CH$

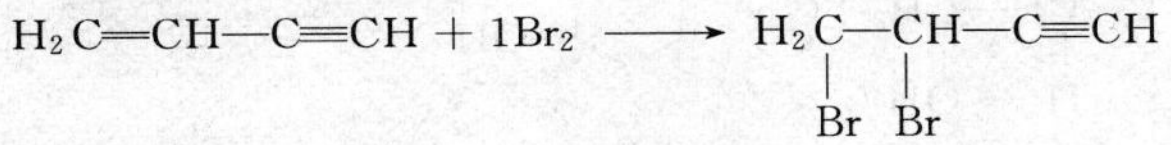

   (3) $HC{\equiv}CH + Ag(NH_3)_2^+ \longrightarrow AgC{\equiv}CAg$

   (4) $HC{\equiv}C{-}CH_3 + Cu(NH_3)_2^+ \longrightarrow CuC{\equiv}C{-}CH_3$

   (5) $CH_3{-}C{\equiv}C{-}CH_3 + H_2O \xrightarrow[H_2SO_4]{HgSO_4} H_3C{-}C(=O){-}CH_2{-}CH_3$

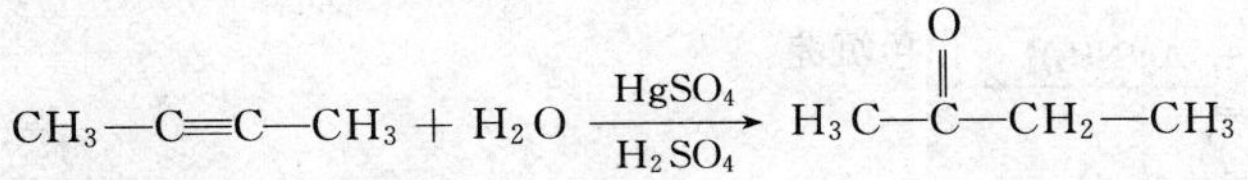

3. 有顺反异构体的化合物为：(2)，(3)

2-丁烯： 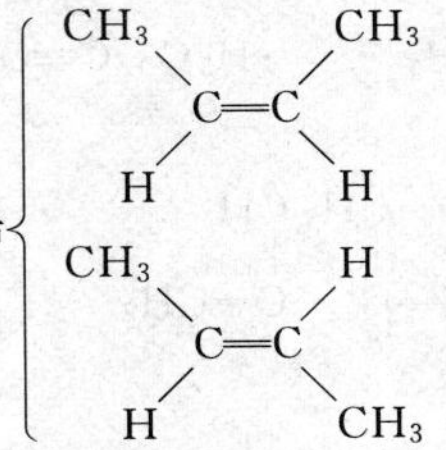
- $\ce{(CH_3)(H)C=C(CH_3)(H)}$（两个 CH_3 同侧）　顺式或 *Z* 式
- $\ce{(CH_3)(H)C=C(H)(CH_3)}$（两个 CH_3 异侧）　反式或 *E* 式

1,3-戊二烯： 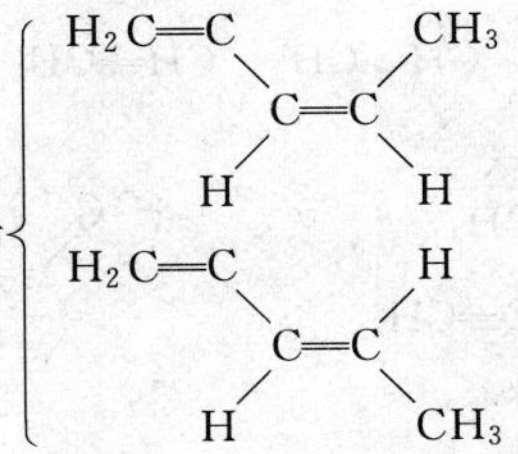
- $H_2C{=}C$ 与 CH_3 同侧，H 与 H 同侧　顺式或 *Z* 式
- $H_2C{=}C$ 与 CH_3 异侧　反式或 *E* 式

4. (1) $H_3C{-}C(Cl){=}CH(Cl)$ ，$H_3C{-}CCl_2{-}CHCl_2$　　(2) $H_2C{=}CH{-}CH(Br){-}CH(Br)$

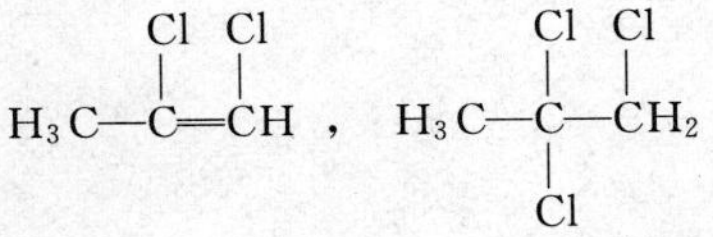

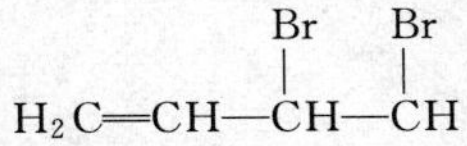

(3) $H_3C-\underset{\displaystyle Cl}{CH}-CH_3$ (Cl above CH)

(4) 1-甲基环戊醇（环戊烷，同一碳上连 CH_3 和 OH）

(5) $\underset{H}{\overset{H_3C-CH_2}{}}C=C\underset{CH_3}{\overset{H}{}}$

(6) 双环缩酮（含两个 O 桥，连两个 CH_3）, $H_3C-\overset{O}{\overset{\|}{C}}-CH_2-CH_2-CH_2-CH_2-\overset{O}{\overset{\|}{C}}-CH_3$

(7) $H_3C-CH_2-\overset{O}{\overset{\|}{C}}OH$, $CH_3-\overset{O}{\overset{\|}{C}}OH$

(8) $H_3C-\underset{H}{\underset{|}{CH}}-\underset{Br}{\underset{|}{CH_2}}$

(9) $H_3C-\overset{CH_3}{\overset{|}{\underset{OH}{\underset{|}{C}}}}-\underset{Br}{\underset{|}{CH_2}}$

(10) $H_3C-\overset{OSO_3H}{\overset{|}{CH}}-CH_3$, $H_3C-\overset{OH}{\overset{|}{CH}}-CH_3$

(11) $H_3C-\overset{O}{\overset{\|}{C}}-CH_3$

(12) 4,5-二甲基环己烯（环己烯，相邻两碳各连 CH_3）

(13) $H_2\underset{Cl}{\underset{|}{C}}-CH=CH_2$

(14) $(H_3C-CH_2CH_2)_3B$, $H_3C-\underset{H}{\underset{|}{CH}}-\underset{OH}{\underset{|}{CH_2}}$

(15) 1,2-环己二醇（环己烷，相邻两碳各连 OH）

5. (1) 丙炔、丙烯、丙烷 $\xrightarrow{KMnO_4/H^+}$ 丙炔：褪色，丙烯：褪色，丙烷：× ；褪色者 $\xrightarrow{Ag(NH_3)_2^+}$ 丙炔：白色沉淀，丙烯：×

(2) 1-丁炔、2-丁炔、丁烷 $\xrightarrow{Br_2/CCl_4}$ 1-丁炔：褪色，2-丁炔：褪色，丁烷：× ；褪色者 $\xrightarrow{Ag(NH_3)_2^+}$ 1-丁炔：白色沉淀，2-丁炔：×

6. A，B 的构造式分别为

$$HC\equiv C-CH_2CH_3 \qquad H_3C-C\equiv C-CH_3$$

7. 其构造式为

$$H_2C=\overset{CH_3}{\overset{|}{C}}-\overset{CH_3}{\overset{|}{C}}=CH_2$$

8. 活性顺序为 (2) > (3) > (1)。

9. 其构造式为

$$H_2C=CH-CH_2-CH=CH_2$$

10. A，B 的构造式分别为

$$H_2C=\overset{CH_3}{\overset{|}{C}}-\overset{CH_3}{\overset{|}{C}}=CH_2$$

1,2-二甲基环己烯（环己烯双键两碳各连 CH_3，H_3C、CH_3）

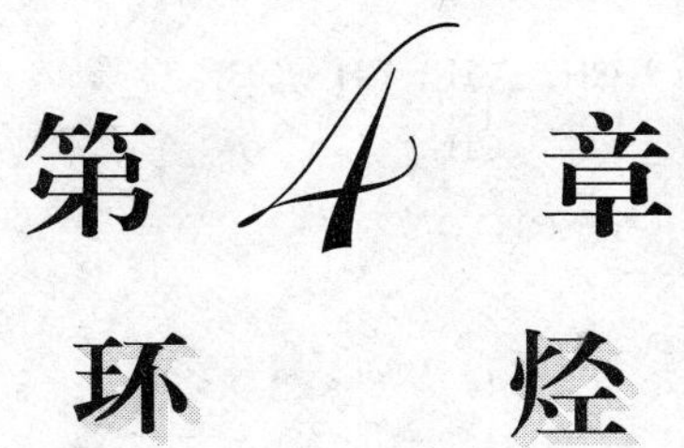

第4章 环烃

4.1 思考题

1. 各脂环烃（环烷烃、环烯烃、桥环烃、螺环烃）命名时，环上碳原子如何编号？
2. 环丙烷分子中均为 σ 键，为什么能与 H_2，Br_2，HBr 等试剂发生开环加成反应？
3. 试比较环丙烷、环丁烷、环戊烷、环己烷的化学性质，由此得出什么结论？
4. 环己烷有哪两种典型构象？哪种构象较稳定？为什么？
5. 芳烃命名时，芳环何时作母体？何时作取代基？
6. 苯的分子结构有何特点？何谓芳香性？
7. 苯为高度不饱和化合物，它为什么不易发生加成反应而易于发生取代反应？
8. 苯的加卤和卤代在反应条件上有何不同？
9. 何谓苯环取代的定位规律？何谓定位基？定位规律有何实际意义？
10. 何谓休克尔规则？含有 $4n+2$ 个 π 电子的化合物是否均具有芳香性？

4.2 习题

1. 命名下列化合物。

(1) —CH_3　(2) H CH_3 / CH_3 H　(3) H_3C H_3C —CH—CH_3 CH_3

(4) —CH_3　(5) CH═CH—CH_3　(6)

(7) CH_3　(8) —CH_3　(9) H_3C—⟨苯环⟩—CH_2CH_3

(10) $CH_2CH(CH_3)_2$　(11) H_3C—CH═CH—CH—CH_3　(12) CH═CH_2

(13) NO_2 CH_3　(14) CH_3 —CH—　(15) —SO_3H Br

(16) 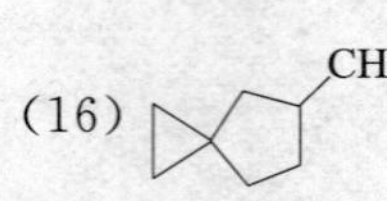

(17) 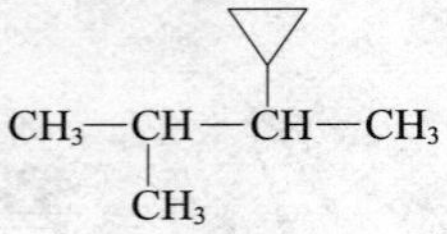 $CH_3—CH—CH—CH_3$（CH_3，环丙基）

(18) 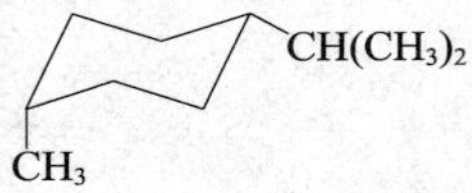 $CH(CH_3)_2$ CH_3

(19) 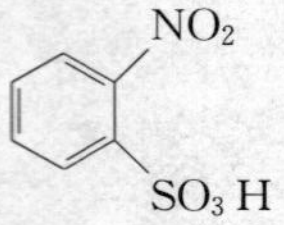 NO_2 SO_3H

(20) 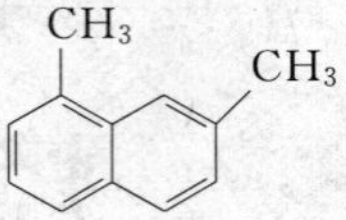 CH_3 CH_3

(21) 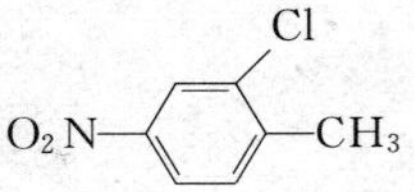 O_2N— Cl —CH_3

(22) 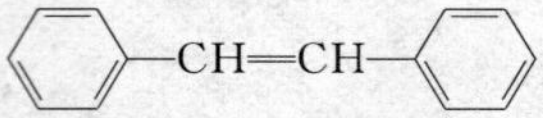 —CH═CH—

2. 写出下列化合物的结构式。

(1) 甲基环丙烷　　(2) 异丙基环戊烷

(3) 顺-1-甲基-4-叔丁基环己烷　　(4) 十氢化萘

(5) 1,6-二甲基环己烯　　(6) 环戊二烯

(7) 3-环丙基戊烷　　(8) 二环［4.1.0］庚烷

(9) 8-氯二环［3.2.1］辛烷　　(10) 8-甲基螺［4.5］癸烷

(11) 叔丁基苯　　(12) 2-甲基-3-苯基戊烷

(13) 间溴甲苯　　(14) 2-苯丙烯

(15) 三苯甲烷　　(16) 5-对甲苯基-2-己炔

(17) 反二苯基乙烯　　(18) 1,5-二甲基萘

(19) β-萘磺酸　　(20) 9-硝基蒽

3. 写出芳烃 C_9H_{12} 所有异构体的构造式，并命名。

4. 写出分子式为 C_6H_{12} 的脂环烃异构体，并命名。

5. 写出下列化合物的优势构象。如有顺反异构体，请指出是顺式还是反式。

(1) 1,1-二甲基环己烷　　(2) 1,2-二甲基环己烷

(3) 1,3-二甲基环己烷　　(4) 1,4-二甲基环己烷

6. 按照休克尔规则，判断下列化合物是否具有芳香性。

(1) 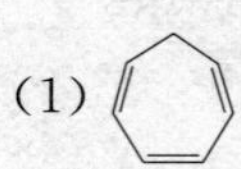
(2) 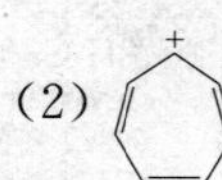

(3) 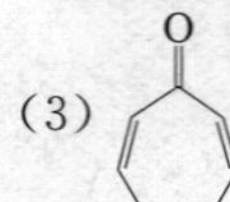

(4) 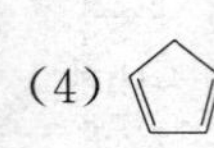

(5) 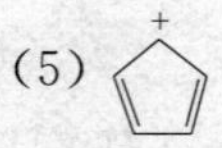

(6) 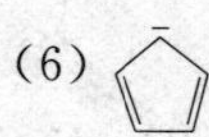

(7) +
(8) 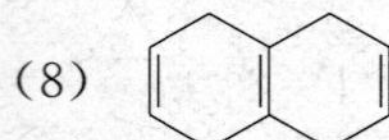

7. 完成下列反应。

(1) 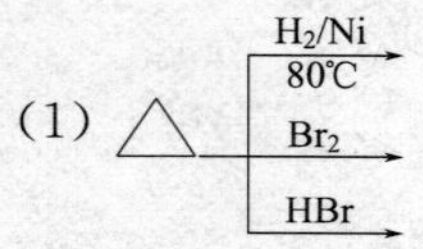

(2) 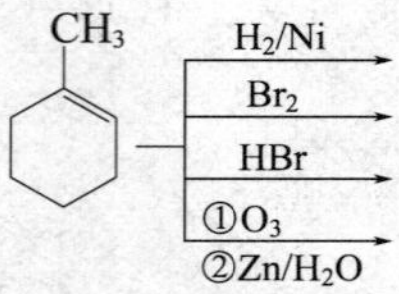 CH_3 H_2/Ni Br_2 HBr ①O_3 ②Zn/H_2O

(3) H_2/Ni 300℃ Br_2 300℃

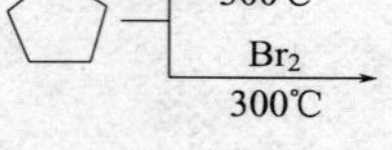

(4) 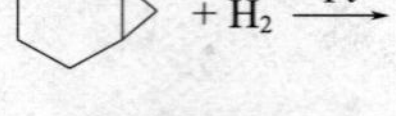 $+ H_2 \xrightarrow{Pt}$

(5) $(H_3C)_2$-cyclopropane-$CH_3 + HBr \longrightarrow$

(6) cyclopropane-$CH_2CH=CH_2$ $\xrightarrow{HBr(过量)}$；$\xrightarrow{KMnO_4(冷)}$；$\xrightarrow{①O_3\ ②Zn/H_2O}$；$\xrightarrow{Br_2}$

(7) H_3C-cyclopropane-$CH=C(CH_3)_2 \xrightarrow{KMnO_4}$

(8) $C_6H_5CH_3 + Cl_2 \xrightarrow{光} ? \xrightarrow[AlCl_3]{C_6H_6}$

(9) $C_6H_5C_2H_5 + Br_2 \xrightarrow{Fe}$

(10) $C_6H_5CH=CH_2 + Br_2 \longrightarrow$

(11) $C_6H_6 + $ cyclohexyl-Cl $\xrightarrow{AlCl_3}$

(12) $H_3C-C_6H_4-C(CH_3)_3 \xrightarrow[\triangle]{KMnO_4}$

(13) $C_6H_6 + (CH_3)_2CHCH_2Cl \xrightarrow{AlCl_3}$

(14) $C_6H_5CH=CH_2 + H_2 \xrightarrow[高温、高压]{Ni}$

(15) 萘 $+ H_2SO_4$ $\xrightarrow{80℃}$；$\xrightarrow{160℃}$

(16) 1-甲基环己烯-$CH_3 + H_2O \xrightarrow{H^+}$

(17) $C_6H_5CH_3 + (CH_3CO)_2O \xrightarrow{AlCl_3}$

(18) $C_6H_6 + CH_3CH_2CH_2Cl \xrightarrow{AlCl_3} ? \xrightarrow{KMnO_4} ?$

(19) $C_6H_6 \xrightarrow[CH_3I]{AlCl_3} ? \xrightarrow[H_2SO_4]{HNO_3} ? \xrightarrow{KMnO_4} O_2N-C_6H_4-COOH$

8. 试用简单方法区别下列各组化合物。

(1) $CH_3CH_2CH_2CH_3$　$CH_3CH_2CH=CH_2$　cyclopropane-CH_3

(2) cyclohexyl-CH_2CH_3　cyclohexyl-$CH=CH_2$　cyclohexyl-$C\equiv CH$

(3) $C_6H_5CH_2CH_3$　$C_6H_5C(CH_3)_3$　$C_6H_5CH=CH_2$　$C_6H_5C\equiv CH$

(4) 环丙烷　　环戊烷　　环戊烯

(5) 1,2-二甲基环丙烷　　2-戊炔　　1-戊炔

9. 比较下列各组化合物发生亲电取代反应的难易。

(1) C_6H_5Cl　$C_6H_5CH_3$　$C_6H_5CF_3$　$C_6H_5NH_2$

(2) $C_6H_5COOCH_3$　$C_6H_5OCOCH_3$　$C_6H_5OCH_3$

(3) p-$CH_3C_6H_4CH_3$　$C_6H_5CH_3$　p-$CH_3C_6H_4NO_2$　p-$CH_3C_6H_4Cl$

(4) C_6H_5COOH　C_6H_6　p-$HOOCC_6H_4NO_2$　2,4-$(NO_2)_2C_6H_3COOH$

10. 按硝化反应从易到难的顺序排列下面各组化合物。

(1)
CH_3
CH_3
CH_3
CH_3
CH_3
CH_3
CH_3
CH_3

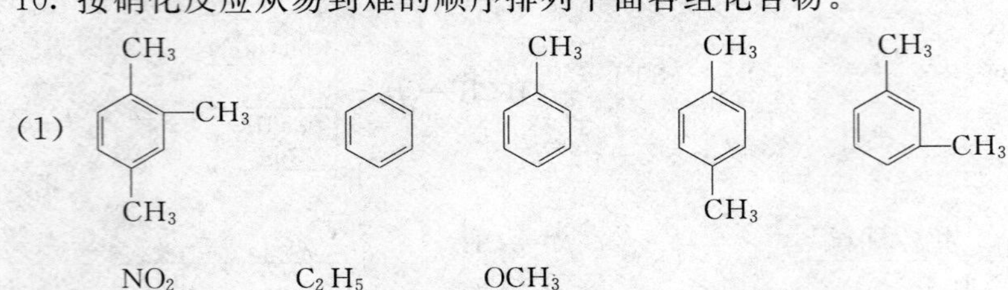

(2)
NO_2
C_2H_5
OCH_3
NO_2
NO_2

(3)
OCH_3
$COCH_3$
Cl

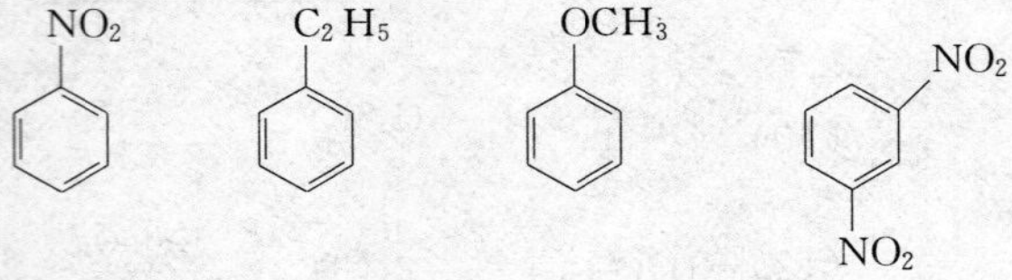

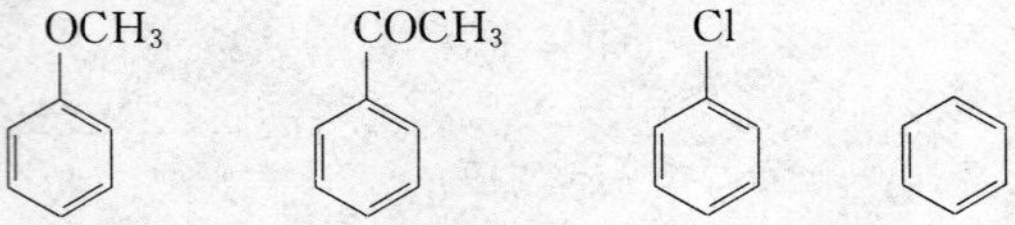

(4)
CH_3
$\overset{+}{N}H_3$
$COOCH_3$
O^-

11. 写出下列化合物进行一元氯代时的主要产物。

(1)
Cl
(2)
COOH
(3)
CN

(4)
$NHCOCH_3$
(5)
SO_3H
(6)
OCH_2CH_3

(7)
$NHCH_3$
(8)
$COOC_2H_5$
(9)

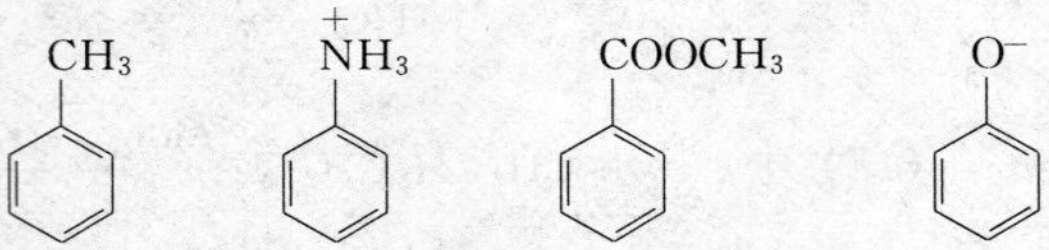

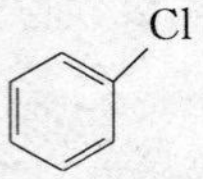

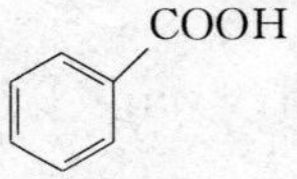

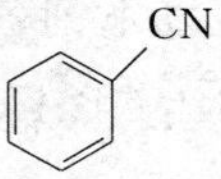

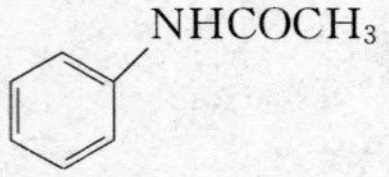

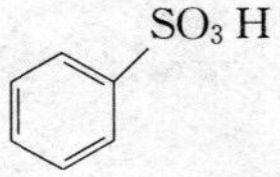

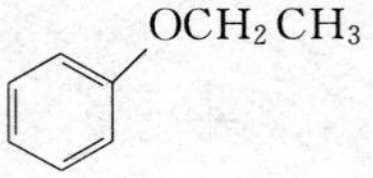

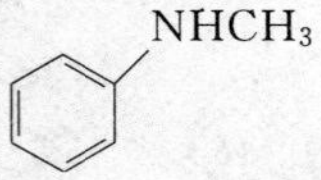

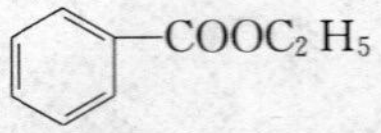

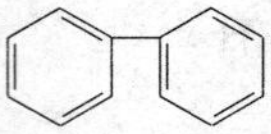

12. 用箭头表示下列化合物起硝化反应时主要产物中硝基的位置。

(1)
CH_3
OH
(2)
$NHCOCH_3$
CH_3
(3)
CH_3
SO_3H

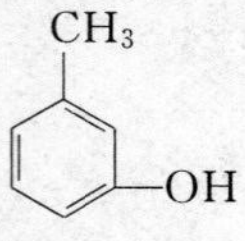

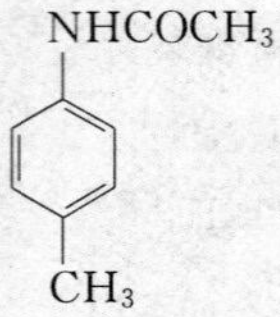

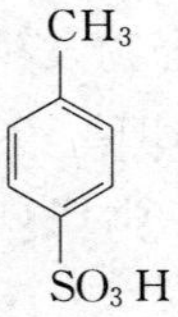

(4)
NO_2
CH_3
(5)
H_3C
CH_3
(6)
O_2N
COOH

(7)
NO_2
H_3C
(8)
H_3C
OCH_3
(9)
OH
CH_3

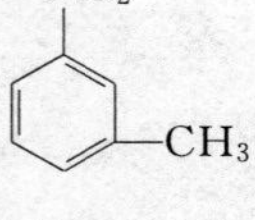

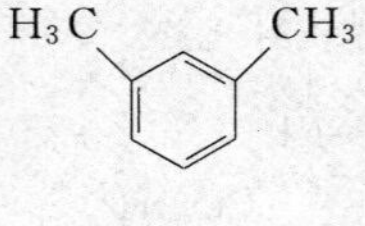

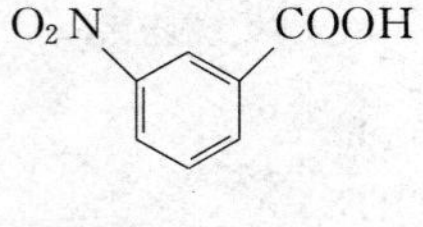

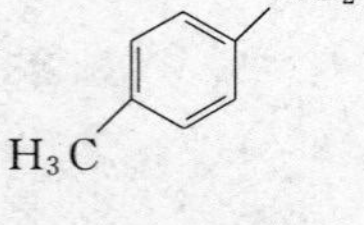

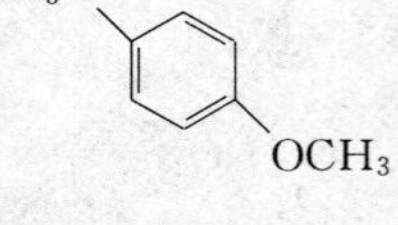

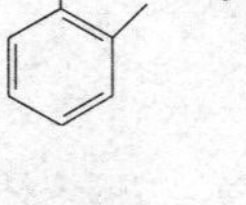

(10) ⌬—CH_3

13. 写出下列化合物进行溴代时可能得到的主要一溴代物。

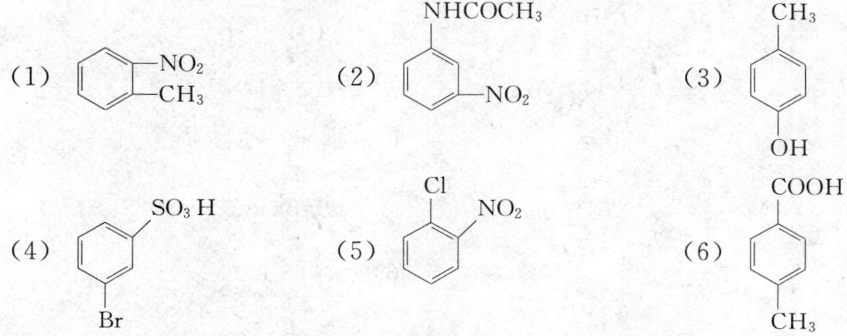

14. 写出正丙苯在下列条件下反应所得到的主要有机化合物。

(1) H_2，Ni，10^4 kPa，200℃　　(2) 浓 H_2SO_4

(3) $K_2Cr_2O_7$，H_2SO_4，△　　(4) HNO_3，H_2SO_4

(5) Cl_2，光照　　(6) Cl_2，Fe

(7) 热 $KMnO_4$　　(8) CH_3Cl，无水 $AlCl_3$

(9) $(CH_3CO)_2O/AlCl_3$

15. 下面哪些化合物在三氯化铝存在下，能与溴代甲烷发生傅-克烷基化反应？并写出反应式。

(1) 甲苯　(2) 溴苯　(3) 苯腈　(4) 苯甲醚

(5) 苯乙酮　(6) 苯甲酸甲酯　(7) 乙酸苯酯　(8) 叔丁苯

16. 推测结构：

(1) 某烃 (C_7H_{12}) 经酸性高锰酸钾氧化后，得到化合物 $HOOC—CH_2—\underset{CH_3}{\underset{|}{CH}}—\underset{CH_3}{\underset{|}{CH}}—COOH$，试写出该烃的构造式。

(2) 化合物 A 分子式为 C_4H_8，常温下它能使溴水褪色，1 mol A 和 1 mol HI 作用生成化合物 B，B 也可以从 A 的同分异构体 C 和 HI 作用得到。化合物 C 能使溴水和高锰酸钾溶液褪色。试写出 A，B 和 C 可能有的构造式及有关反应式。

(3) 某烃 A 分子式为 $C_{10}H_{14}$，A 经酸性高锰酸钾氧化后得分子式为 $C_8H_6O_4$ 的二元酸 B。将 A 在三氯化铁的催化下进行氯代时，其一元氯代物只有两种异构体；而 A 进行光氯代时，其一元取代物可得到三种异构体 (C，D，E)，其产物比例为 C>D>E，试写出 A～E 的构造式。

(4) 某芳烃 A，其相对分子质量为 120，A 硝化后生成两种一硝基化合物，将这两种硝基化合物分离提纯后，进行元素分析，得知它们均含 N 8.4%；将它们分别在碱性高锰酸钾溶液中加热，结果都溶解，并有二氧化锰沉淀生成；滤去二氧化锰，滤液中加盐酸酸化，分别生成沉淀物 B 和 C，而 B 和 C 熔点相同，二者混合后熔点不变。试写出 A，B，C 的构造式，并用反应式表示转变过程。

(5) 有一个分子式为 $C_{10}H_{16}$ 的烃，能吸收 1 mol H_2，分子中不含甲基、乙基和其他烷基，用酸性高锰酸钾溶液氧化，得到一种对称二酮，分子式为 $C_{10}H_{16}O_2$。试写出该烃的构造式。

（6）某芳烃的分子式为 C_9H_{12}，用高锰酸钾的硫酸溶液氧化后得到一种二元酸。将原芳烃进行硝化时所得的一元硝化产物只可能有两种，试写出该芳烃的构造式，并写出有关反应式。

17. 以苯、甲苯或萘为原料合成下列化合物。

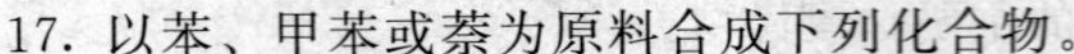

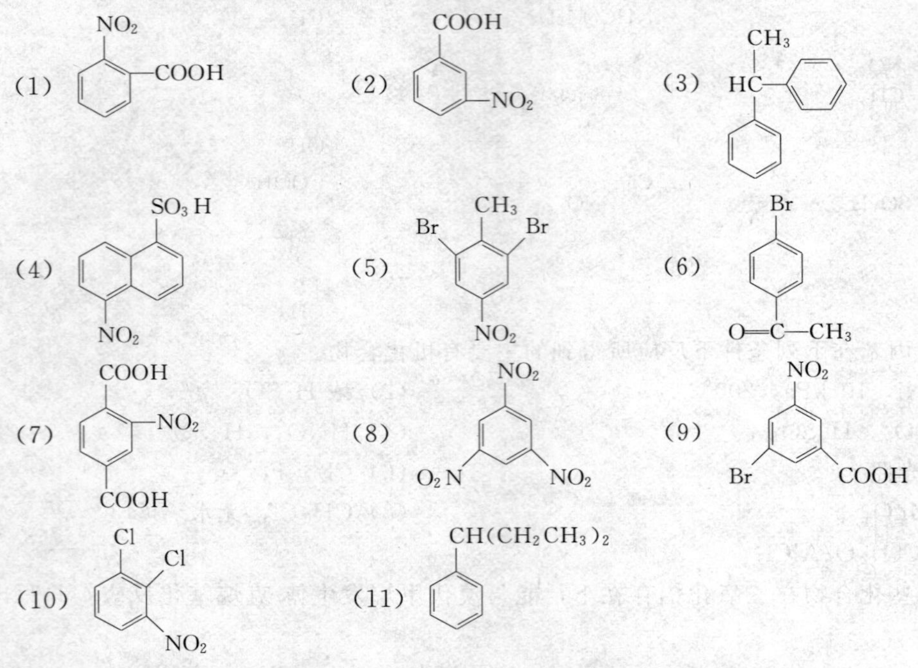

18. 下列化合物中的取代基或环的并联方式是顺式还是反式？

(1) 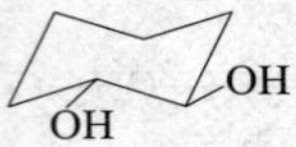 OH OH　(2) 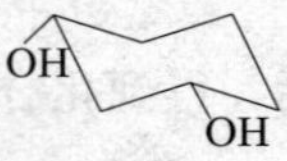 OH OH　(3) CH_3 CH_3

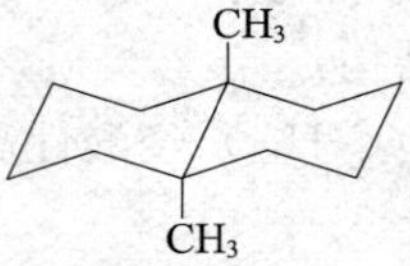

19. 画出甲基环己烷优势构象的透视式和纽曼投影式。

4.3　解题示例

1. 命名下列化合物。

(1) 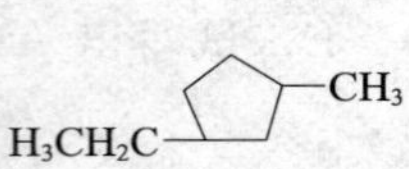 H_3CH_2C—⬠—CH_3　(2) H_3C—C(=CH_2)—环丙基　(3) —CH_3

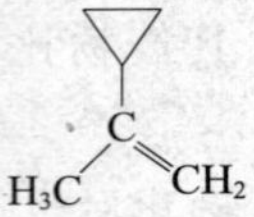

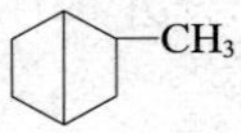

(4) —CH_3　(5)

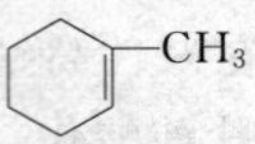

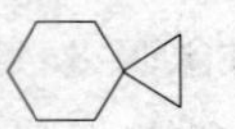

解：（1）1-甲基-3-乙基环戊烷

取代环烷烃命名时，应使取代基位次尽可能小；环上若有两个以上取代基，则含碳原子较少的取代基为 1 位。

（2）2-环丙基丙烯

环上连有较长的碳链或侧链含不饱和键时，通常将环作为取代基命名。

(3) 2-甲基二环［2.2.0］己烷

在有等长桥的情况下，从有支链的桥先编号，并使取代基的位次尽量小。

(4) 1-甲基环己烯

不饱和环烃的编号要从不饱和键开始，同时使取代基的位次尽可能小（因为编号是从不饱和键开始的。不饱和键位次“1”可省略，这一点同开链不饱和烃有所不同）。

(5) 螺［2.5］辛烷

螺环化合物的编号顺序是先小环后大环。

2. 讨论 1-甲基-4-氯环己烷有几种椅型典型构象和顺反异构体。

解：按照—CH_3 和—Cl 在 1,4 位置的 *a*，*e* 键的不同空间配置，它有以下四种椅型典型构象：

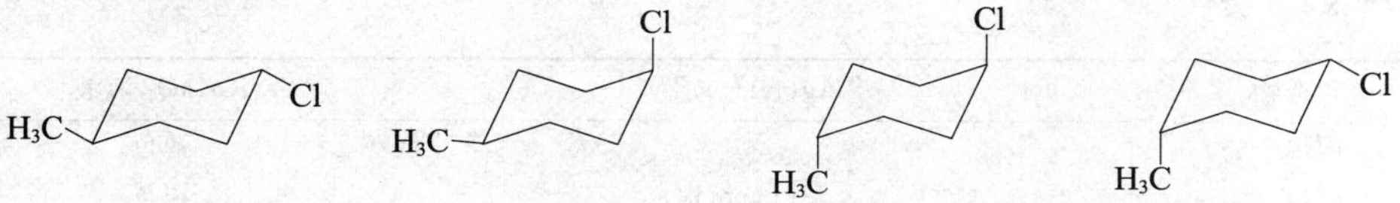

(Ⅰ) *ee* 型　(Ⅱ) *ea* 型　(Ⅲ) *aa* 型　(Ⅳ) *ae* 型

在这四种典型构象中，按照—CH_3 和—Cl 分别处于环的同侧和异侧，（Ⅰ）和（Ⅲ）为反式构型，（Ⅱ）和（Ⅳ）为顺式构型。由于分子的热运动，通过环的翻转，（Ⅰ）由 *ee* 型转环为 *aa* 型，或（Ⅲ）由 *aa* 型转环为 *ee* 型，均仍为反式构型。同样，（Ⅱ）和（Ⅳ）亦可转环，但转环之后，均仍为顺式构型。因此，作为 1-甲基-4-氯环己烷的顺反异构体只有两种。如果不考虑构象的话，为简便起见，环己烷衍生物的顺反异构体可以使用平面六边形表示如下：

反-1-甲基-4-氯环己烷　顺-1-甲基-4-氯环己烷

3. 在顺-1,2-二甲基环己烷、反-1,2-二甲基环己烷、顺-1,3-二甲基环己烷及反-1,3-二甲基环己烷四种异构体中，推测哪一种的燃烧热最大？哪一种最小？为什么？

解：顺-1,2-二甲基环己烷、反-1,2-二甲基环己烷、顺-1,3-二甲基环己烷及反-1,3-二甲基环己烷的最稳定的构象分别如（Ⅰ），（Ⅱ），（Ⅲ），（Ⅳ）所示：

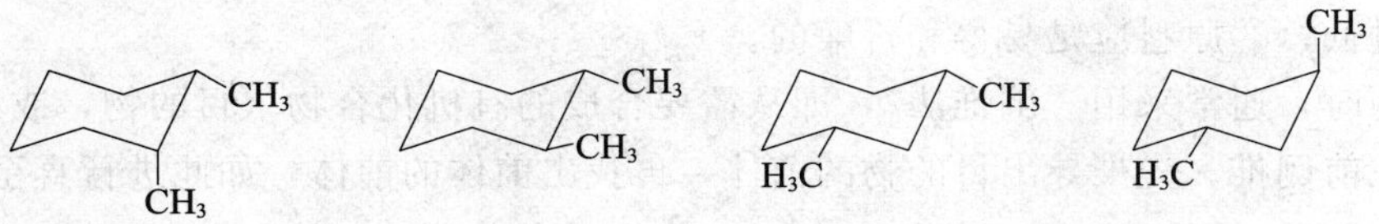

(Ⅰ)　(Ⅱ)　(Ⅲ)　(Ⅳ)

因为甲基处于 *e* 键的越多且相距越远者能量越低，所以它们分子能量从低到高的顺序排列为：(Ⅲ)<(Ⅱ)<(Ⅳ)<(Ⅰ)。能量越低者，燃烧热越小。因此，燃烧热最大的为（Ⅰ），最小的为（Ⅲ）。

说明：最稳定构象即它们各自的优势构象，亦即在它们各自的构象异构体的混合物中占比例最高者，因此讨论它们的性质包括燃烧热在内的其他理化性质时，可根据它们最稳定的构象来判断。

4. 试用化学方法鉴别下列化合物：丙烯、丙炔、环丙烷。

解：化学方法鉴别是根据化合物性质上的不同，用化学实验的方法做鉴别。不同类型的化合物通常是根据不同官能团的典型性质来鉴别，同一类型的化合物是根据化合物在某些方面的特性来鉴别。一般的说，只要能达到识别物质的目的，所采用的方法应尽可能简单方便，所选用的反应现象明显，其结果应准确可靠。

对题目解答可以采用如下三种不同表达方式（以本题为例）。

（1）文字叙述：将三种气体分别通入硝酸银的氨溶液中，有灰白色沉淀生成的为丙炔，无此现象的为丙烯和环丙烷。再将丙烯和环丙烷分别通入高锰酸钾溶液中，能使高锰酸钾溶液褪色的为丙烯，反之为环丙烷。

（2）列表：

化合物	$[Ag(NH_3)_2]^+$	$KMnO_4$ 溶液
丙烯	×	褪色
丙炔	灰白色沉淀	褪色
环丙烷	×	×

（3）画出鉴别流程图：

丙炔、丙烯、环丙烷 $\xrightarrow{[Ag(NH_3)_2]^+}$ 丙炔：灰白色沉淀；丙烯：×；环丙烷：×

丙烯、环丙烷 $\xrightarrow{KMnO_4}$ 丙烯：褪色；环丙烷：×

上述三种方法中，以方法（3）比较方便醒目，故常被采用。

5. 由苯和甲苯为主要原料合成：

COOH
NO_2
Br

解：有机合成是指从元素、简单的无机化合物或有机化合物，通过化学反应制取比较复杂的有机化合物的过程。它通常要经过一系列的反应和步骤，对所使用的反应和步骤要符合以下几点：①应采用尽可能有效的（产率高的）反应；②要尽可能减少反应步骤，以避免合成周期过长和产率过低；③原料应是易得和价廉的。

解合成题时，通常采用“倒推法”，即从需要合成的有机化合物（目的物，或称目标分子）出发，由后往前倒推。先推导出目的物的前体，再找出前体的前体，如此进行直至到起始的原料为止。

对于一个简单的有机合成，如果能推导出不同的合成路线，而要判断究竟哪条路线好，除根据上述三点外，还要根据具体情况而定。

本题所要合成的目的物 NO_2 Br— —COOH ，起始原料为苯或甲苯。因为—Br 和—NO_2 可分别通过溴代和硝化引入，—COOH 可由—CH_3 氧化获得，因此用甲苯作原料是适宜的（如用苯作原料，则多一步傅-克烷基化反应）。至于反应步骤，先氧化是不适当的，因为—COOH 是间位定位基，不利于对位溴原子的引入，应该是先溴代，从产物中分离出 Br—C₆H₄—CH₃ 。再下一步是硝化还是氧化呢？如果是硝化，因为$-CH_3$ 是比 Br 原子强的邻对位定位基，得到的主要产物是 Br—C₆H₃(NO_2)—CH_3 ，不是合成所需要的，因此应该是先氧化后硝化。整个合成步骤用反应式表示如下：

$$C_6H_5CH_3 \xrightarrow[FeBr_3]{Br_2} o\text{-}CH_3C_6H_4Br + p\text{-}CH_3C_6H_4Br$$

$$p\text{-}CH_3C_6H_4Br \xrightarrow[H^+]{KMnO_4} p\text{-}HOOCC_6H_4Br \xrightarrow[H_2SO_4(浓),\triangle]{HNO_3(浓)} \text{3-}NO_2\text{-4-}Br\text{-}C_6H_3COOH$$

6. 比较下列化合物进行硝化反应时的难易：

$C_6H_5CH_3$　　C_6H_5Cl　　C_6H_6　　$C_6H_5NO_2$

解：硝化反应是亲电反应，由苯环上电子云密度的高低可判断出硝化反应的难易，甲基是给电子（$+I$）基团，使苯环活化；$-$Cl($-I>+C$) 有弱的致钝作用；而硝基($-I$，$-C$)是强的致钝基团，故它们硝化反应由难到易的次序为：

$$C_6H_5NO_2 > C_6H_5Cl > C_6H_6 > C_6H_5CH_3$$

7. 用箭头指出下列二取代苯最可能发生亲电取代反应的位置。

(1) 间二甲苯（1,3-$(CH_3)_2C_6H_4$）　(2) 对硝基甲苯（CH_3、NO_2 对位）　(3) 间氯硝基苯（Cl、NO_2 间位）

(4) 对甲基苯甲醚（OCH_3、CH_3 对位）　(5) 间硝基苯甲酸（COOH、NO_2 间位）　(6) 邻甲基苯酚（OH、CH_3 邻位）

解：根据二取代苯的定位规律判断此亲电取代反应发生的位置。

二元取代苯的定位规律：

(1) 如一个为邻对位定位基而另一个为间位定位基，则由邻对位定位基控制定位。

(2) 当较强的致活基团与较弱的致活基团竞争时，由较强的致活基团控制定位。

(3) 第三个基团很少进入空间阻碍作用较大的两个基团之间。

故各化合物最可能发生亲电取代反应的位置为：

(1) 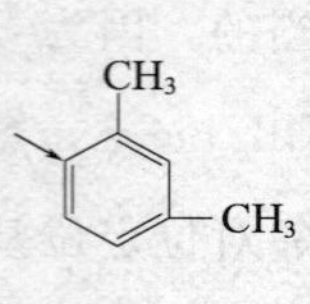 [结构式：间二甲苯，箭头标出取代位置] 和少量 [结构式：1,2,3-三甲基苯相关，箭头标出取代位置] (2) [结构式：对硝基甲苯，箭头标出取代位置]

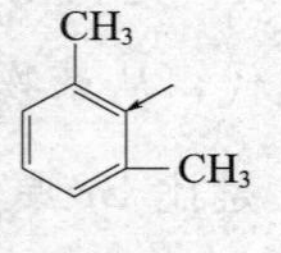

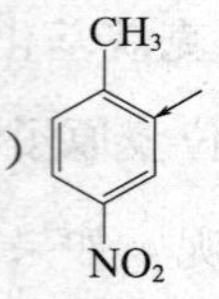

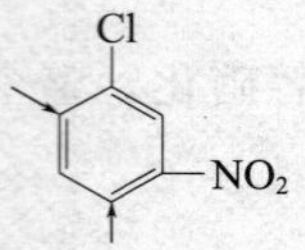

(3) [结构式：Cl, NO_2 取代苯，箭头标出取代位置] (4) 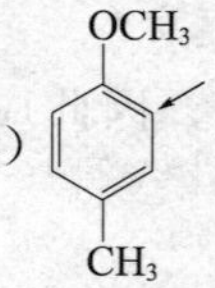 [结构式：OCH_3, CH_3 取代苯，箭头标出取代位置] (5) 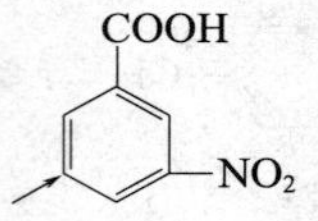 [结构式：COOH, NO_2 取代苯，箭头标出取代位置]

(6) 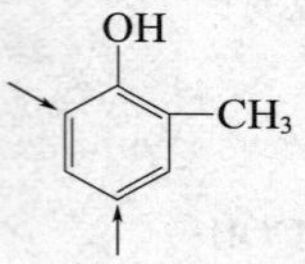 [结构式：OH, CH_3 取代苯，箭头标出取代位置]

8. 某烃 A 的实验式为 CH，相对分子质量为 208，用热的高锰酸钾氧化得苯甲酸，而经臭氧氧化后还原水解的产物也只有一种苯乙醛，推测 A 的构造式，并写出各步反应式。

解：(1) 根据实验式和相对分子质量求算 A 的分子式。

$$(CH)_n=208，13n=208，n=16$$

故 A 的分子式为 $C_{16}H_{16}$。

(2) 根据分子式和 A 的性质推测构造式。

A 经臭氧氧化后还原水解只生成一种苯乙醛，而苯乙醛含 8 个碳原子，是 A 含碳原子数的一半，所以 A 的构造式可能为：

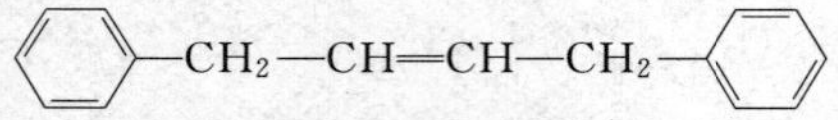

$$C_6H_5-CH_2-CH=CH-CH_2-C_6H_5$$

核查该化合物的分子式与性质，和 A 相同，故 A 的构造式即为上式。

(3) 写出有关反应式。

① $C_6H_5-CH_2-CH=CH-CH_2-C_6H_5 \xrightarrow[\triangle]{KMnO_4} 2\ C_6H_5COOH$

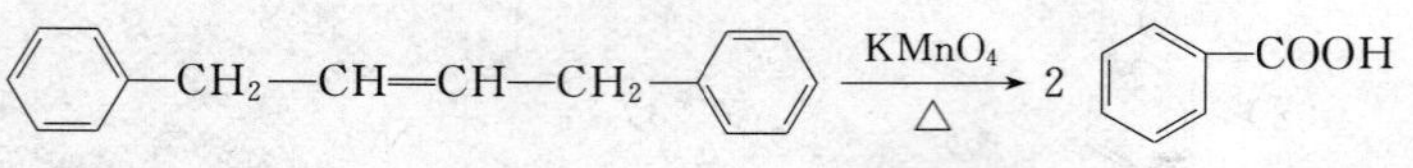

② $C_6H_5-CH_2-CH=CH-CH_2-C_6H_5 \xrightarrow[\triangle]{O_3}$ $C_6H_5CH_2CH(-O-)(O-O)CHCH_2C_6H_5$ （臭氧化物）

$\xrightarrow[H_2O]{Zn} 2\ C_6H_5CH_2CHO$

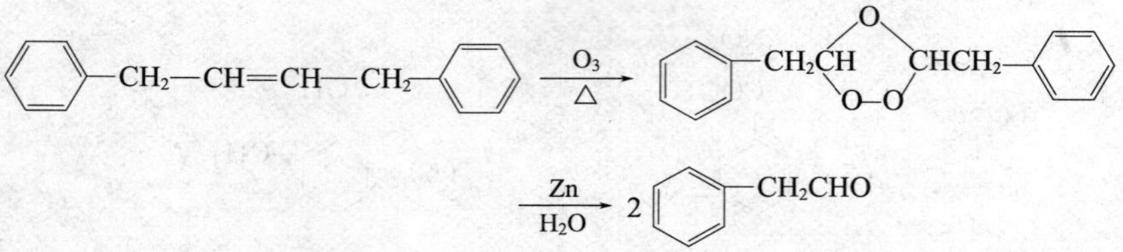

9. 环戊二烯、环戊二烯负离子、环戊二烯自由基以及［10］轮烯，何者具有芳香性？何者不具有芳香性？并做解释。

解：根据休克尔规则，在单环化合物中，当成环原子处在同一平面上，并都有互相平行的 p 轨道，且 π 电子数为 $4n+2$ 时（$n=0,1,2,3,\cdots$），化合物具有芳香性（此两条件缺一不可）。

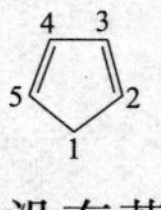

[环戊二烯结构式，编号 1–5] C_1 碳原子为 sp^3 杂化状态，没有 p 轨道，且 π 电子数只有 4 个，不符合休克尔规则，没有芳香性。

所有碳原子均为 sp^2 杂化态、共平面，C_1 碳原子的 p 轨道里有一对自旋反向的 p 电子，π 电子数共 6 个，构成稳定的闭合共轭体系，符合休克尔规则，具有芳香性。

所有碳原子均为 sp^2 杂化态、共平面，但 C_1 碳原子的 p 轨道里只有 1 个 p 电子，π 电子数共 5 个，不符合休克尔规则，不具有芳香性。

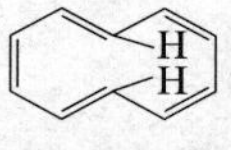

所有碳原子均为 sp^2 杂化态，π 电子数为 10 个，但由于环内两个氢原子相距很近（距离小于 2 个 H 原子的范德华半径之和），产生强烈的排斥作用，致使 10 个碳原子不能共平面，破坏了共轭，没有芳香性。

4.4　参考答案

4.4.1　思考题

1. 环烷烃：环上碳原子编号应使取代基具有最小的位次，若环上具有多个不同的取代基时，编号采用"小优先"的原则，使取代基最小者位次最低。

环烯烃：编号要从不饱和碳原子开始，使环上双键位次最小。同时使取代基的位次尽可能小。

桥环烃：编号从一个桥头碳原子开始沿最长桥到另一个桥头碳原子，再沿次长的桥回到第一个桥头碳原子，最短桥上的碳原子最后编号。在有等长桥的情况下，有支链的桥先编号，并照顾到使取代基的位次尽量小。

螺环烃：编号是从较小环中与螺原子相邻的一个碳原子开始。由小环经过螺原子再编到较大的环。

2. 虽然环丙烷分子中的 C—C 键均为 sp^3 杂化轨道构成的 σ 键，但在形成 C—C σ 键时，两个 sp^3 杂化轨道没有达到最大程度的重叠，而是以弯曲方式部分重叠，形成了具有一定张力的弯曲键。由于弯曲键的形成，不仅使杂化轨道间电子云重叠程度减小，而且使电子分布在连接两个碳原子的直线的外侧，提供了被亲电试剂进攻的位置，从而使其具有一定的烯烃的性质，因此可与 H_2，Br_2，HBr 等试剂发生开环加成反应。

3.

	H_2	Br_2	HBr	$KMnO_4$
△	Ni，80℃ 开环加成	常温 开环加成	开环加成	×
□	Ni，120℃ 开环加成	加热 开环加成	×	×
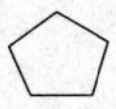 ⬠	Pt，300℃ 开环加成	300℃ 自由基取代	×	×
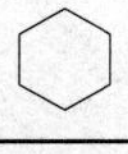 ⬡	×	自由基取代	×	×

从上述各反应可以看出：环丙烷和环丁烷都是不稳定的环烷烃，环戊烷和环己烷属于稳定的环烷烃。小环的性质与烯烃相似，能发生加成反应；又与烷烃相似，难被高锰酸钾等氧化剂氧化。普通环（C_5，C_6）的性质与烷烃基本相似。

4. 环己烷有船型和椅型两种典型构象；其中椅型构象稳定，为优势构象。因为在椅型构象中，每两个相邻碳原子都处于邻位交叉式的状况，而在船型构象中 C_2—C_3 和 C_5—C_6 是两个全重叠式，且船头与船尾距离较近，斥力较大，能量高，故椅型构象比船型构象稳定。

5. 芳环与简单烷基相连时，芳环作母体，烷基作取代基；芳环上连有较复杂的烷基或不饱和烃基时，则复杂烷基或不饱和烃基为母体，芳环作取代基。

在芳烃衍生物中，某些取代基，如硝基（$—NO_2$）、卤素（—X）等只能作为取代基而不能作母体；而取代基为氨基（$—NH_2$）、羟基（—OH）、醛基（—CHO）、羧基（—COOH）、磺酸基（$—SO_3H$）时，则把它们各自看作一类化合物的官能团，叫作苯胺、苯酚、苯甲醛、苯甲酸和苯磺酸等。例如：

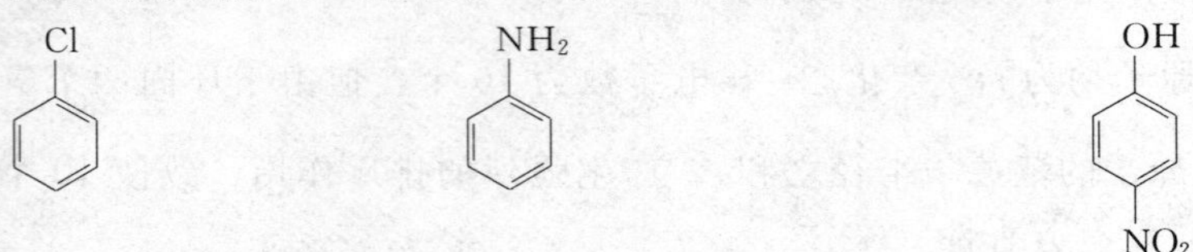

氯苯（不能叫苯氯）　　苯胺（不能叫氨基苯）　　4-硝基苯酚（不能叫 4-硝基-1-羟基苯）

6. 苯分子的结构特点如下：

（1）分子中所有碳原子均为 sp^2 杂化，分子为平面正六边形，π 电子云分布在苯环平面的上下两侧。

（2）分子高度对称，π 电子云彻底平均化，碳碳键完全等长。

（3）分子中存在一闭合共轭体系（离域大 π 键），具有较大的离域能。

所谓芳香性是指有机化合物中不饱和环状结构的特殊的稳定性：不容易发生加成反应，难发生氧化反应，易发生环上氢原子的取代反应。

7. 从组成上看，苯为高度不饱和化合物（C∶H 为 1∶1），但苯的特殊结构（见思考题 6）决定了苯环具有相当大的稳定性。由于加成反应会破坏苯环，而取代反应则保持苯环原有的结构，所以苯难以发生加成反应而易于发生取代反应。

8. 加卤在紫外线照射下进行（自由基反应），卤代则需 FeX_3（或 Fe）作催化剂（亲电反应）。

9. 取代苯进行再次取代时，取代基进入苯环的位置及反应的难易主要取决于苯环上原有取代基的结构，此规则称为苯环取代的定位规则。苯环上原有的取代基称为定位基。定位规则主要用来预测反应的主要产物和选择合适的合成路线。

10. 具有平面结构的环状分子，成环的 π 电子数必须有 $4n+2$（n 为 0,1,2,3,…）个时，分子才具有芳香性，这叫作休克尔规则。成环碳原子共平面是芳香性的充分条件，含 $4n+2$ 个 π 电子是芳香性的必要条件，由此可知，含 $4n+2$ 个 π 电子的化合物不一定都具有芳香性。

4.4.2 习题

1. （1）1-甲基环戊二烯　　（2）反-1,2-二甲基环丙烷
（3）1,1-二甲基-2-异丙基环丙烷　　（4）3-甲基环戊烯
（5）1-环丙基丙烯　　（6）1,7,7-三甲基二环［2.2.1］庚烷
（7）2-甲基二环［2.2.1］庚烷　　（8）2-甲基螺［3.4］辛烷
（9）1-甲基-4-乙基苯　　（10）异丁基苯
（11）4-苯基-2-戊烯　　（12）苯乙烯
（13）3-硝基甲苯（或间硝基甲苯）　　（14）1,1-二苯基乙烷
（15）5-溴-2-萘磺酸　　（16）5-甲基螺［2.4］庚烷
（17）2-甲基-3-环丙基丁烷　　（18）顺-1-甲基-4-异丙基环己烷
（19）2-硝基苯磺酸　　（20）1,7-二甲基萘
（21）4-硝基-2-氯甲苯　　（22）1,2-二苯乙烯

2. （1）$—CH_3$　　（2）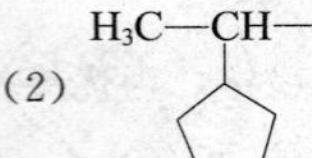

（3）H_3C　$C(CH_3)_3$　H　H

(4) 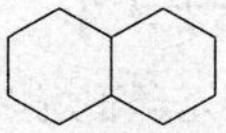　(5) 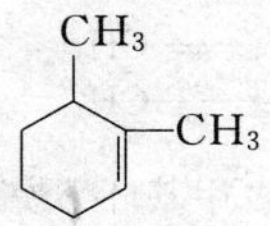 CH_3 CH_3　(6)

(7) 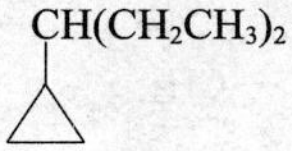 $CH(CH_2CH_3)_2$　(8) 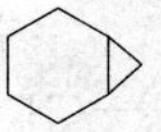　(9) 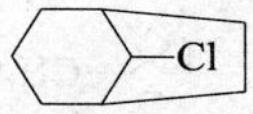 Cl

(10) 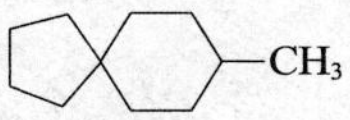 CH_3　(11) 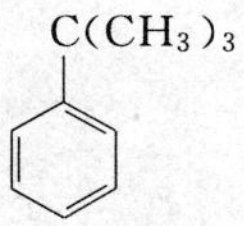 $C(CH_3)_3$　(12) 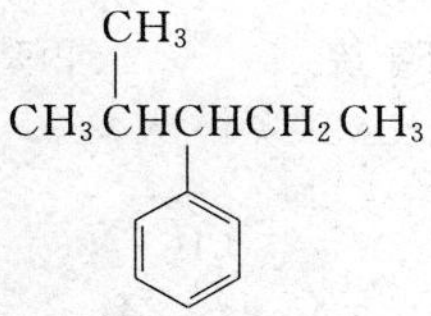 CH_3 $CH_3CHCHCH_2CH_3$

(13) 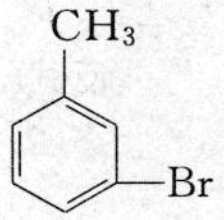 CH_3 Br　(14) 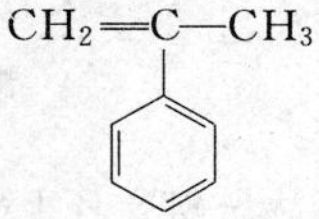 $CH_2{=}C{-}CH_3$　(15) 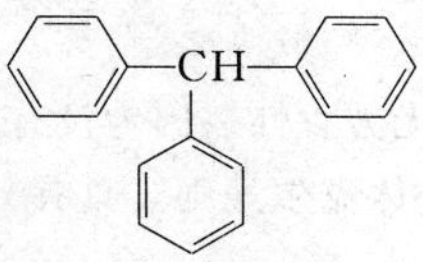 CH

(16) 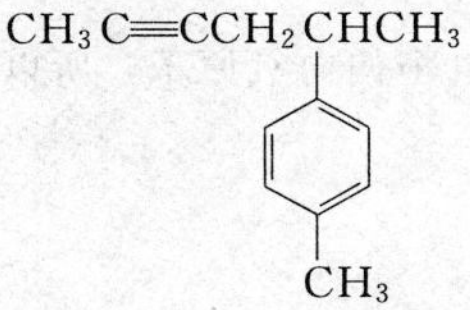 $CH_3C{\equiv}CCH_2CHCH_3$ CH_3　(17) 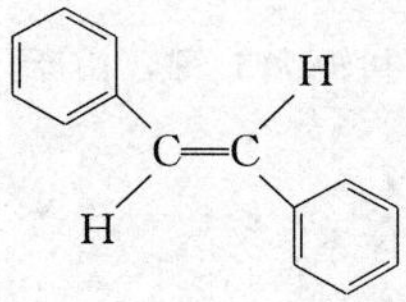 H C=C H

(18) 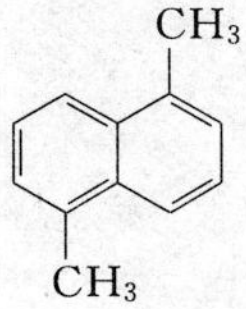 CH_3 CH_3　(19) 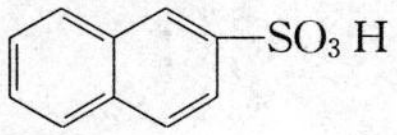 SO_3H　(20) 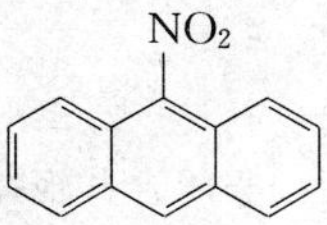 NO_2

3. CH_3 CH_3 CH_3　CH_3 CH_3 CH_3　CH_3 H_3C CH_3

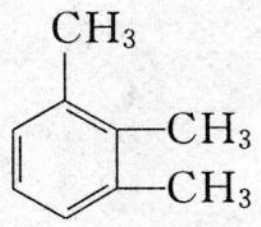

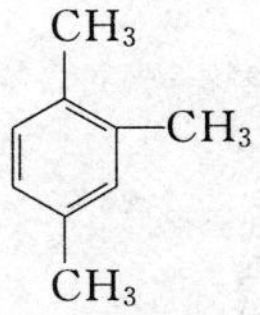

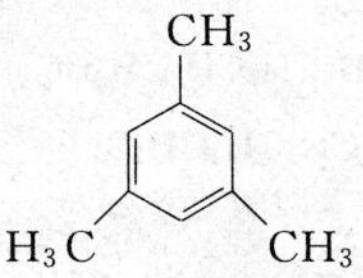

1,2,3-三甲苯(连三甲苯)　1,2,4-三甲苯(偏三甲苯)　1,3,5-三甲苯(均三甲苯)

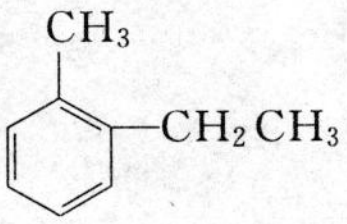

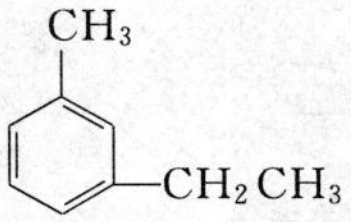

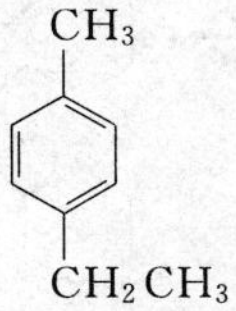

CH_3 CH_2CH_3　CH_3 CH_2CH_3　CH_3 CH_2CH_3

1-甲基-2-乙基苯　1-甲基-3-乙基苯　1-甲基-4-乙基苯

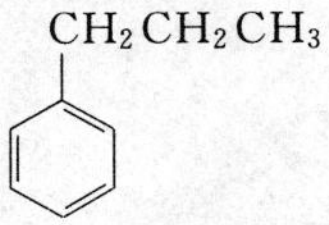

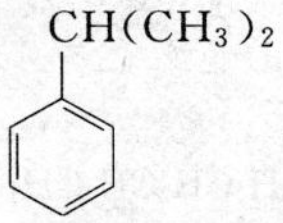

$CH_2CH_2CH_3$　$CH(CH_3)_2$

正丙苯　异丙苯

4.

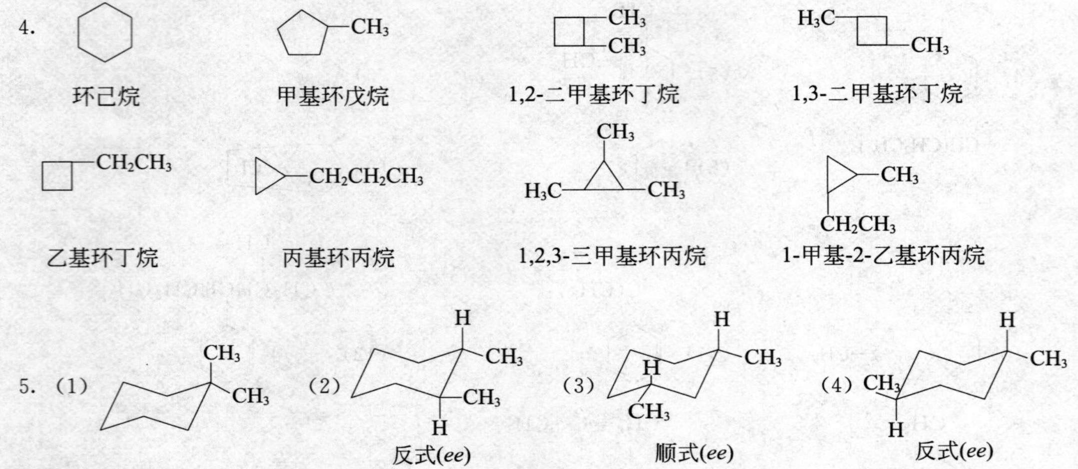

6.（1）无芳香性。因为没有形成七原子共用的大 π 键，环上碳原子不能共平面。

（2）符合休克尔规则，具有芳香性。因为形成了 6 个 π 电子被 7 个碳原子共用的大 π 键，整个环在一个平面上。

（3）有芳香性。整个环形成共轭大 π 键，由于 >C═O 碳原子上的电子偏向氧原子，所以环上 π 电子数为 6，符合休克尔规则。

（4）无芳香性。非闭合共轭体系。

（5）无芳香性。p 电子数不符合休克尔规则。

（6）有芳香性。

（7）有芳香性。

（8）无芳香性。非闭合共轭体系。

7.（1）环丙烷 $\xrightarrow[80℃]{H_2/Ni}$ $CH_3CH_2CH_3$

环丙烷 $\xrightarrow{Br_2}$ $BrCH_2CH_2CH_2Br$

环丙烷 $\xrightarrow{HBr}$ $CH_3CH_2CH_2Br$

（2）1-甲基环己烯 $\xrightarrow{H_2/Ni}$ 甲基环己烷

1-甲基环己烯 $\xrightarrow{Br_2}$ 1-甲基-1,2-二溴环己烷

1-甲基环己烯 $\xrightarrow{HBr}$ 1-甲基-1-溴环己烷

1-甲基环己烯 $\xrightarrow[②Zn/H_2O]{①O_3}$ $CH_3-\underset{\underset{O}{\|}}{C}-(CH_2)_4-CHO$

（3）环戊烷 $\xrightarrow[300℃]{H_2/Ni}$ $CH_3CH_2CH_2CH_2CH_3$

环戊烷 $\xrightarrow[300℃]{Br_2}$ 溴代环戊烷（—Br）

(4) 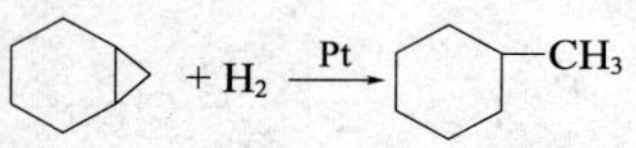 $+ H_2 \xrightarrow{Pt}$ $-CH_3$

(5) 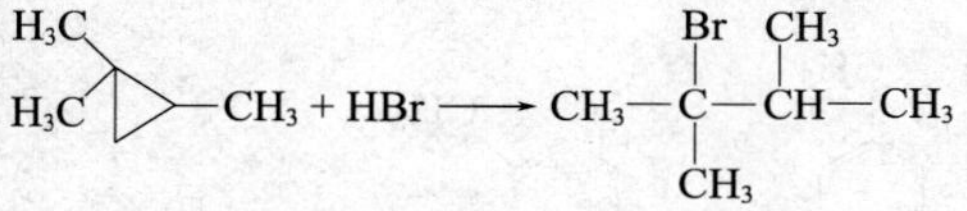 H_3C, H_3C $-CH_3 + HBr \longrightarrow CH_3-C(Br)(CH_3)-CH(CH_3)-CH_3$

(6) 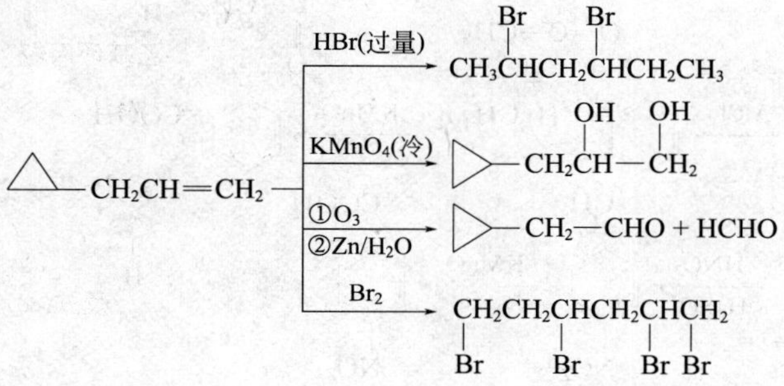 $-CH_2CH{=}CH_2$

$\xrightarrow{HBr(过量)} CH_3CH(Br)CH_2CH(Br)CH_2CH_3$

$\xrightarrow{KMnO_4(冷)}$ $-CH_2CH(OH)-CH_2(OH)$

$\xrightarrow{①O_3\ ②Zn/H_2O}$ $-CH_2-CHO + HCHO$

$\xrightarrow{Br_2} CH_2(Br)CH_2CH(Br)CH_2CH(Br)CH_2(Br)$

(7) 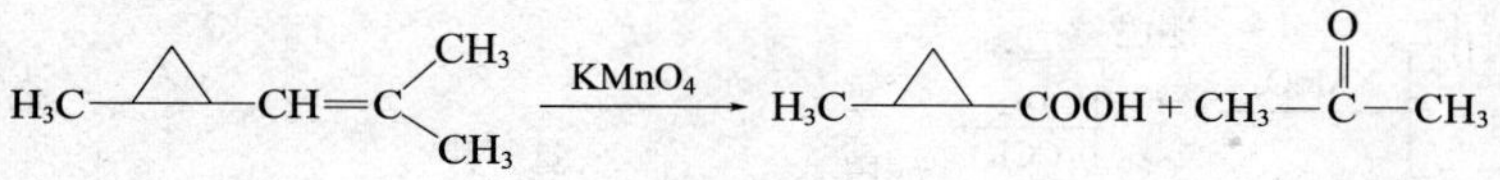 H_3C- $-CH{=}C(CH_3)_2 \xrightarrow{KMnO_4} H_3C-$ $-COOH + CH_3-\overset{O}{\overset{\|}{C}}-CH_3$

(8) 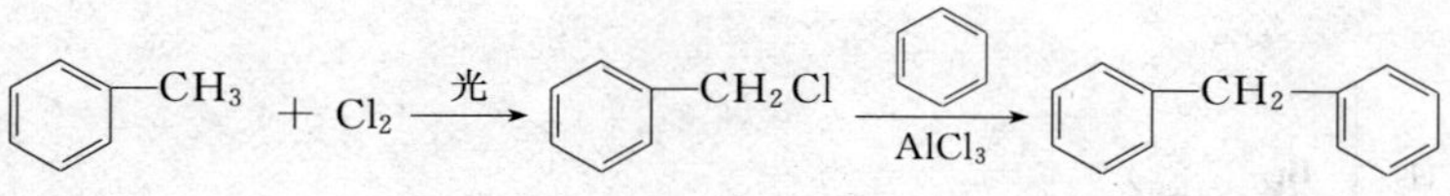 $-CH_3 + Cl_2 \xrightarrow{光}$ $-CH_2Cl \xrightarrow[AlCl_3]{}$ $-CH_2-$

(9) 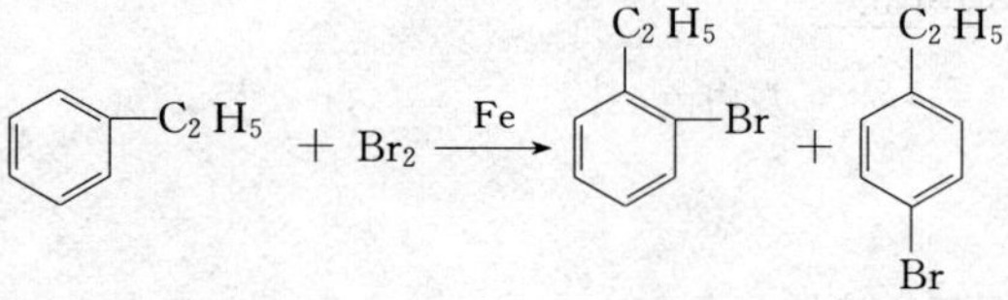 $-C_2H_5 + Br_2 \xrightarrow{Fe}$ (C_2H_5, Br) + (C_2H_5, Br)

(10) 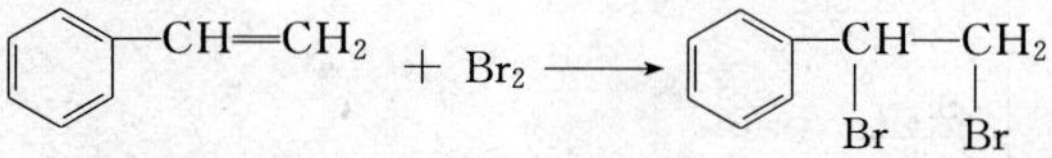 $-CH{=}CH_2 + Br_2 \longrightarrow$ $-CH(Br)-CH_2(Br)$

(11) 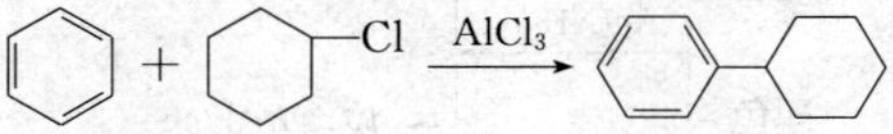 $+$ $-Cl \xrightarrow{AlCl_3}$

(12) 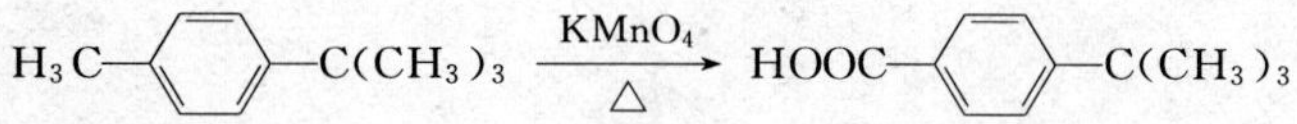 H_3C- $-C(CH_3)_3 \xrightarrow[\triangle]{KMnO_4} HOOC-$ $-C(CH_3)_3$

(13) 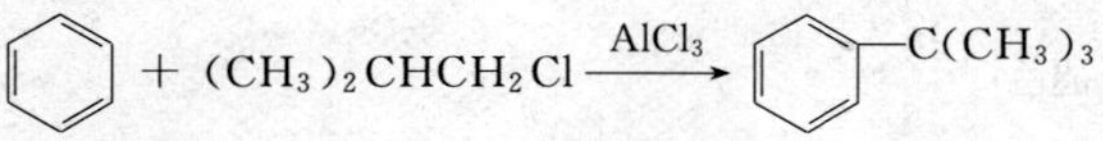 $+ (CH_3)_2CHCH_2Cl \xrightarrow{AlCl_3}$ $-C(CH_3)_3$

(14) 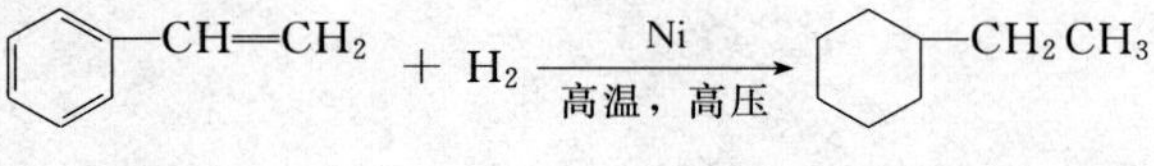 $-CH{=}CH_2 + H_2 \xrightarrow[高温，高压]{Ni}$ $-CH_2CH_3$

(15) 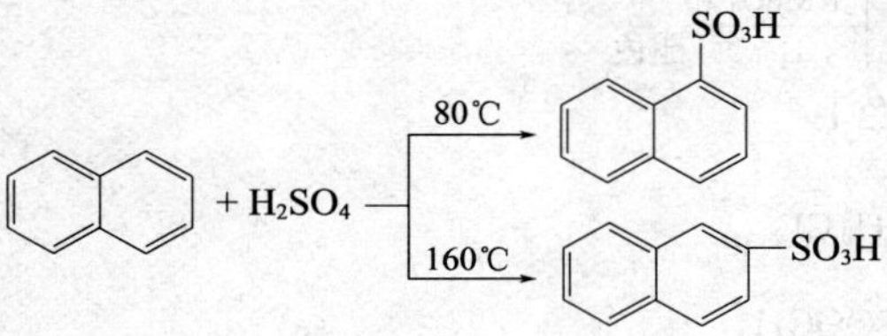 $+ H_2SO_4$ $\xrightarrow{80℃}$ SO_3H ; $\xrightarrow{160℃}$ SO_3H

(16) 1-甲基环己烯 $+ H_2O \xrightarrow{H^+}$ 1-甲基环己醇（CH_3，OH）

(17) $C_6H_5CH_3 + (CH_3CO)_2O \xrightarrow{AlCl_3}$ 对甲基苯乙酮（CH_3，$O{=}C{-}CH_3$） + 邻甲基苯乙酮（CH_3，$C(=O){-}CH_3$）

(18) $C_6H_6 + CH_3CH_2CH_2Cl \xrightarrow{AlCl_3} C_6H_5CH(CH_3)_2 \xrightarrow{KMnO_4} C_6H_5COOH$

(19) $C_6H_6 \xrightarrow[CH_3I]{AlCl_3} C_6H_5CH_3 \xrightarrow[H_2SO_4]{HNO_3}$ 对硝基甲苯（CH_3，NO_2）$\xrightarrow{KMnO_4}$ 对硝基苯甲酸（COOH，NO_2）

8. (1) $CH_3CH_2CH{=}CH_2$、$CH_3CH_2CH_2CH_3$、甲基环丙烷（$-CH_3$） $\xrightarrow{KMnO_4}$ 褪色；×、× $\xrightarrow[CCl_4]{Br_2}$ ×；褪色

(2) 乙基环己烷（$-CH_2CH_3$）、乙烯基环己烷（$-CH{=}CH_2$）、乙炔基环己烷（$-C{\equiv}CH$） $\xrightarrow[CCl_4]{Br_2}$ ×；褪色、褪色 $\xrightarrow{Ag(NH_3)_2^+}$ ×；灰白色↓

(3) 叔丁基苯（$-C(CH_3)_3$）、乙苯（$-CH_2CH_3$）、苯乙烯（$-CH{=}CH_2$）、苯乙炔（$-C{\equiv}CH$） $\xrightarrow[H^+]{KMnO_4}$ ×；褪色、褪色、褪色 $\xrightarrow[CCl_4]{Br_2}$ ×；褪色、褪色 $\xrightarrow{Ag(NH_3)_2^+}$ ×；灰白色↓

(4) 环丙烷、环戊烯、环戊烷 $\xrightarrow[CCl_4]{Br_2}$ 褪色、褪色；× ；褪色、褪色 $\xrightarrow[H^+]{KMnO_4}$ ×；褪色

(5) 1,2-二甲基环丙烷（CH_3，CH_3）、$CH_3C{\equiv}CCH_2CH_3$、$CH{\equiv}CCH_2CH_2CH_3$ $\xrightarrow{Ag(NH_3)_2^+}$ ×、×；灰白色↓；×、× $\xrightarrow[H^+]{KMnO_4}$ ×；褪色

9. (1) $C_6H_5NH_2 > C_6H_5CH_3 > C_6H_5Cl > C_6H_5CF_3$

(2) $C_6H_5OCH_3 > C_6H_5OCOCH_3 > C_6H_5COOCH_3$

(3) CH_3, CH_3 > CH_3 > CH_3, Cl > CH_3, NO_2

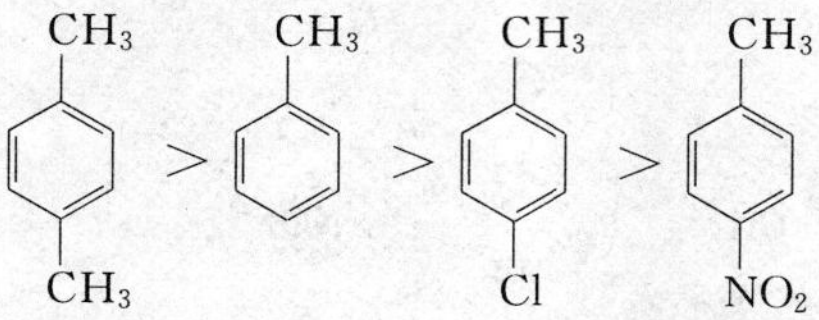

(4) > COOH > COOH, NO_2 > COOH, NO_2, NO_2

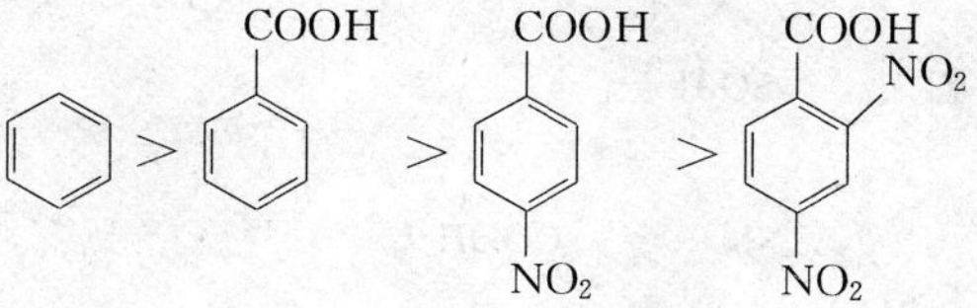

10. (1) CH_3, $-CH_3$, CH_3 > CH_3, $-CH_3$ > CH_3, CH_3 > CH_3 >

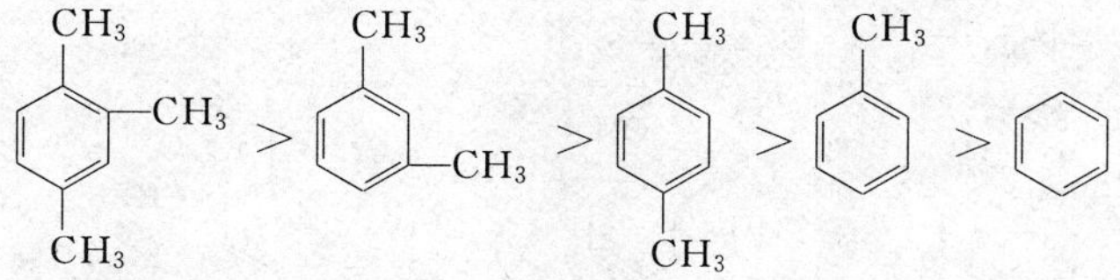

(2) OCH_3 > C_2H_5 > NO_2 > NO_2, $-NO_2$

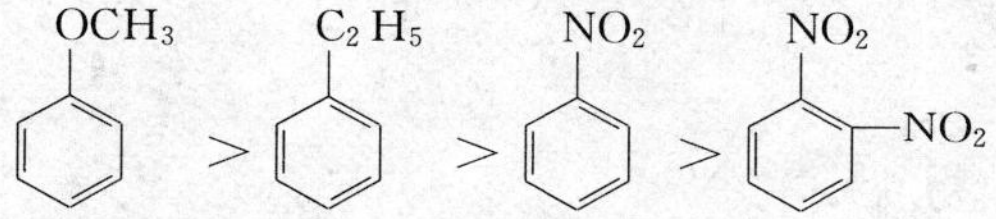

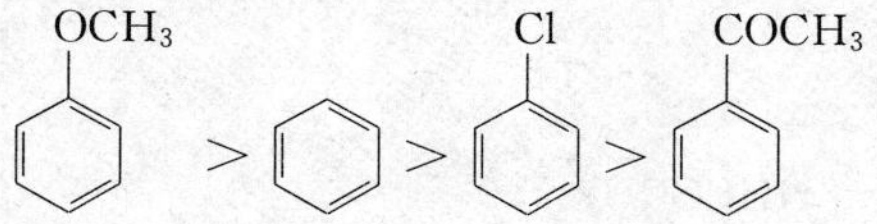

(3) OCH_3 > > Cl > $COCH_3$

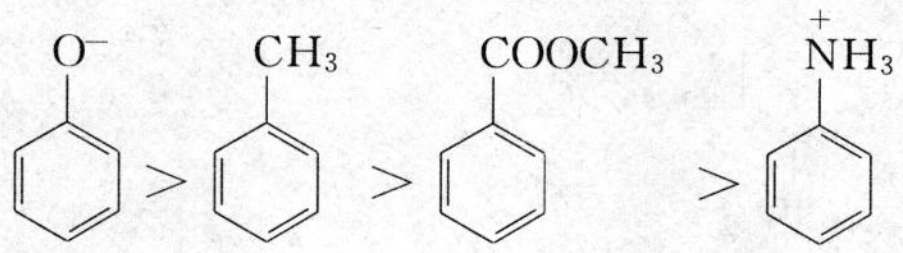

(4) O^- > CH_3 > $COOCH_3$ > $\overset{+}{N}H_3$

11. (1) Cl, -Cl 和 Cl, Cl (2) COOH, -Cl

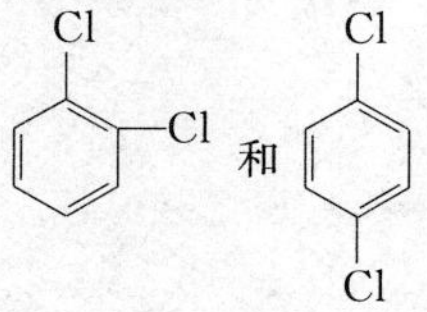

(3) CN, -Cl (4) $NHCOCH_3$, -Cl 和 $NHCOCH_3$, Cl

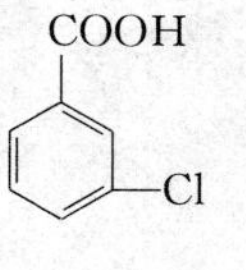

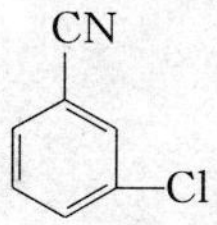

(5) SO_3H, -Cl (6) OCH_2CH_3, -Cl 和 OCH_2CH_3, Cl

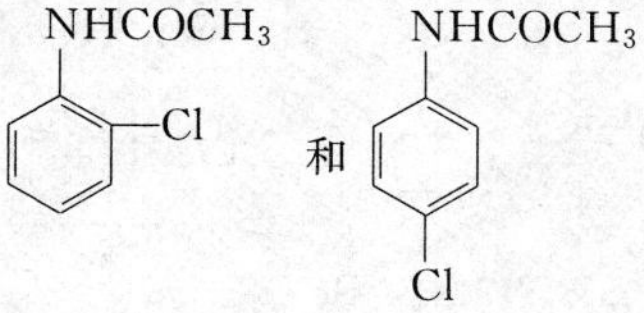

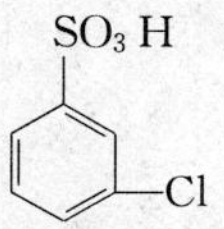

(7) $NHCH_3$, -Cl 和 $NHCH_3$, Cl (8) $COOC_2H_5$, -Cl

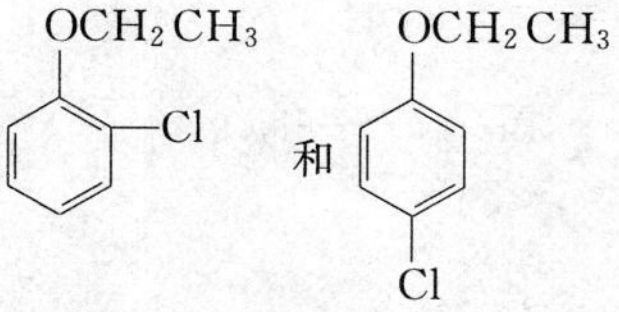

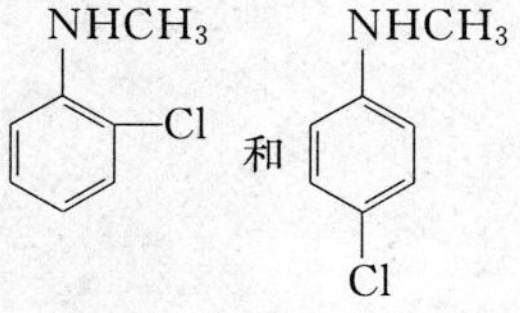

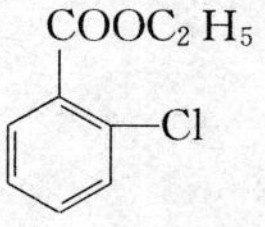

(9) 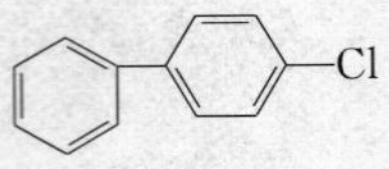 —Cl

12. (1) 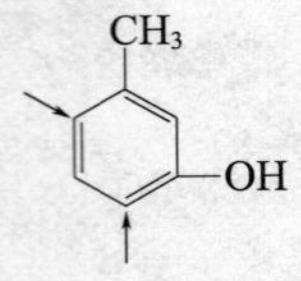 CH_3 OH (2) $NHCOCH_3$ CH_3 (3) CH_3 SO_3H (4) 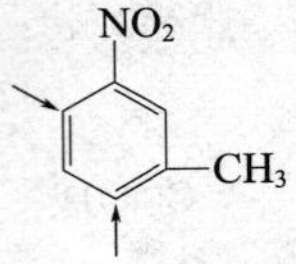 NO_2 CH_3

(5) 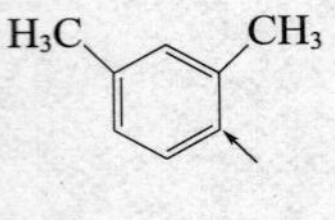 H_3C CH_3 , H_3C CH_3 少量 (6) 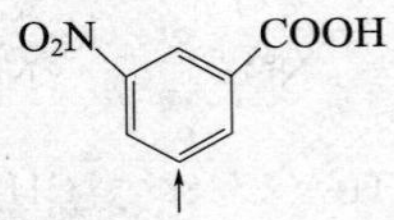 O_2N COOH

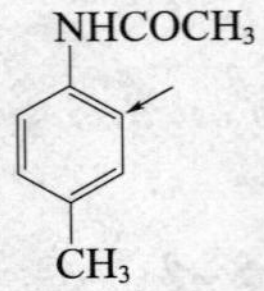

(7) 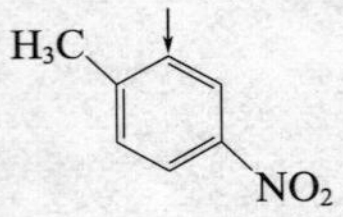 H_3C NO_2 (8) 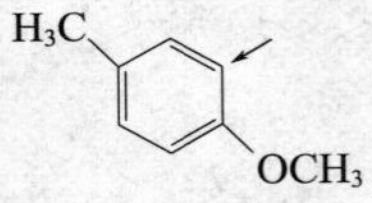 H_3C OCH_3 (9) 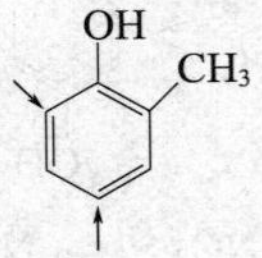 OH CH_3 (10) 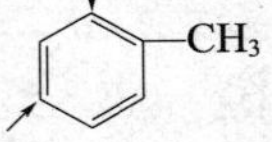 CH_3

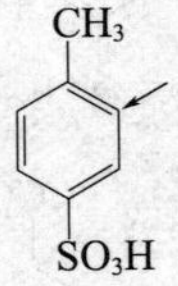

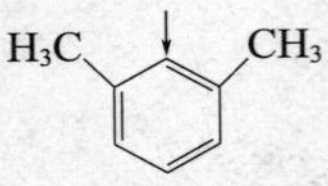

13. (1) 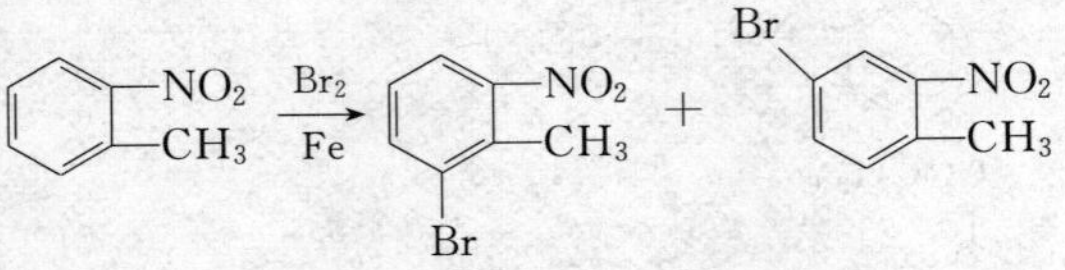 NO_2 CH_3 $\xrightarrow[Fe]{Br_2}$ NO_2 CH_3 Br + Br NO_2 CH_3

(2) $NHCOCH_3$ NO_2 $\xrightarrow[Fe]{Br_2}$ Br $NHCOCH_3$ NO_2 + $NHCOCH_3$ NO_2 Br

(3) CH_3 OH $\xrightarrow[Fe]{Br_2}$ CH_3 Br OH

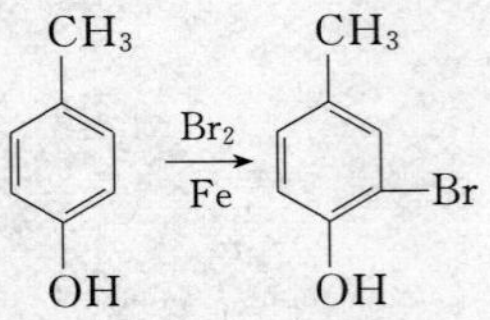

(4) 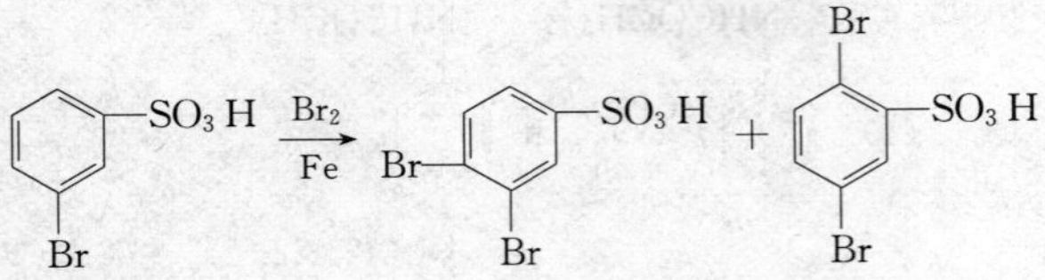 SO_3H Br $\xrightarrow[Fe]{Br_2}$ SO_3H Br Br + Br SO_3H Br

(5) 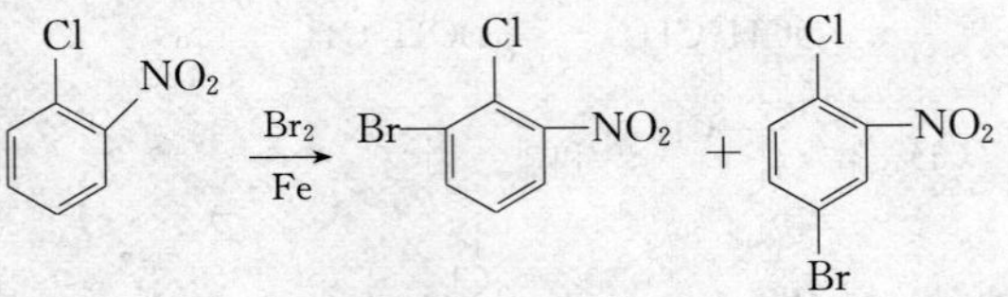 Cl NO_2 $\xrightarrow[Fe]{Br_2}$ Cl Br NO_2 + Cl NO_2 Br

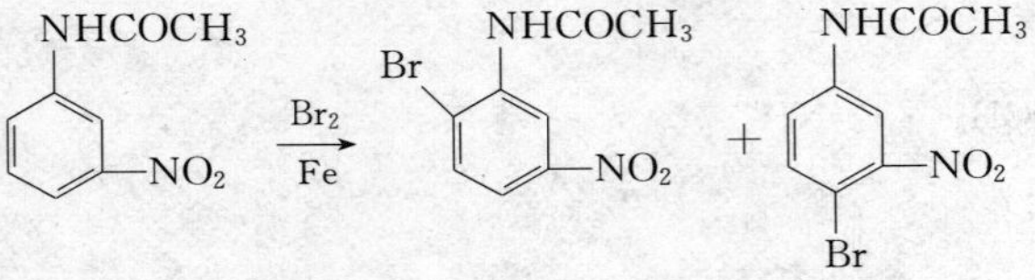

(6) 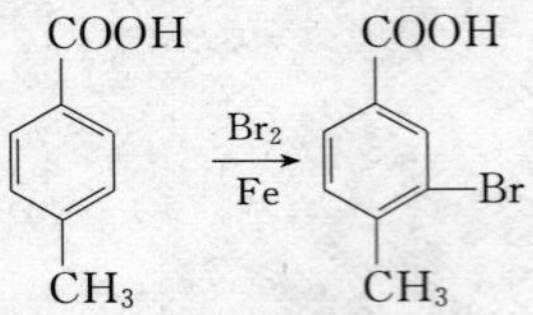 COOH CH_3 $\xrightarrow[Fe]{Br_2}$ COOH Br CH_3

14. (1) 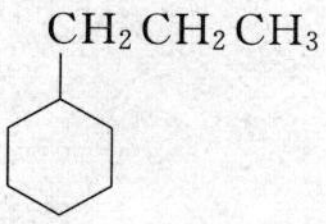 丙基环己烷（环己基上连 $CH_2CH_2CH_3$）

(2) 邻位 $CH_2CH_2CH_3$ / SO_3H 苯 和 对位 $CH_2CH_2CH_3$ / SO_3H 苯

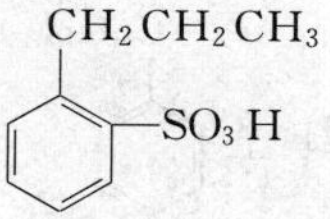

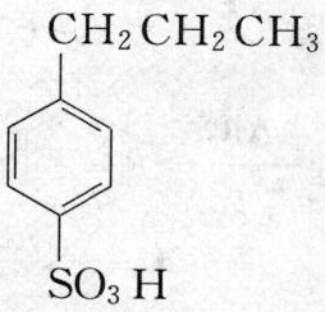

(3) C_6H_5COOH

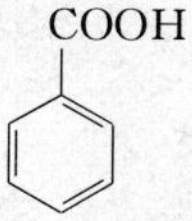

(4) 邻位 $CH_2CH_2CH_3$ / NO_2 苯 和 对位 $CH_2CH_2CH_3$ / NO_2 苯

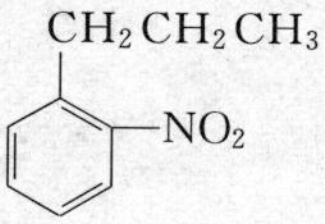

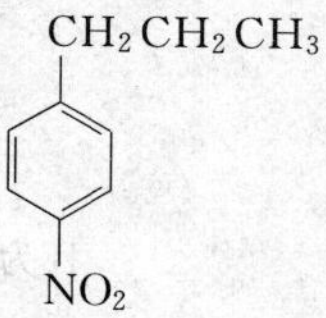

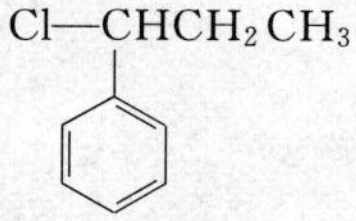

(5) C_6H_5—$CHClCH_2CH_3$（Cl—CHCH$_2$CH$_3$）

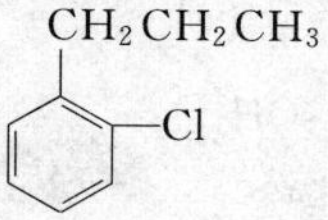

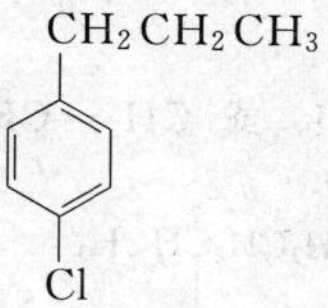

(6) 邻位 $CH_2CH_2CH_3$ / Cl 苯 和 对位 $CH_2CH_2CH_3$ / Cl 苯

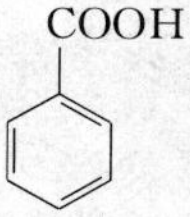

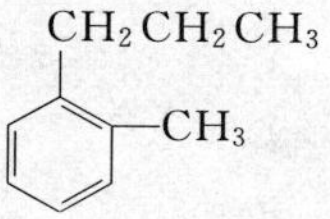

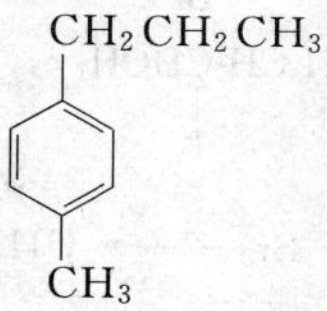

(7) C_6H_5COOH

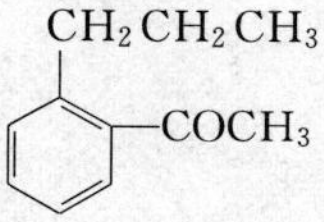

(8) 邻位 $CH_2CH_2CH_3$ / CH_3 苯 和 对位 $CH_2CH_2CH_3$ / CH_3 苯

(9) 邻位 $CH_2CH_2CH_3$ / $COCH_3$ 苯 和 对位 $CH_2CH_2CH_3$ / $COCH_3$ 苯

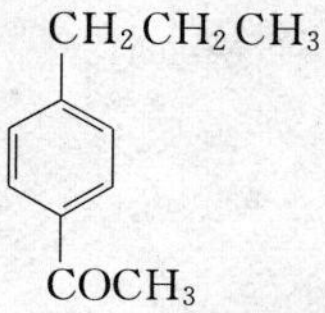

15. 化合物 (1)，(2)，(4)，(7)，(8) 能发生傅-克烷基化反应。

(1) 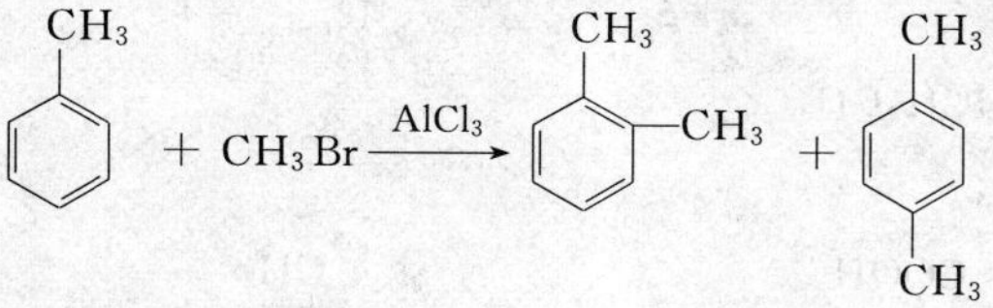 $C_6H_5CH_3 + CH_3Br \xrightarrow{AlCl_3}$ 邻位 CH_3 / CH_3 苯 + 对位 CH_3 / CH_3 苯

(2) 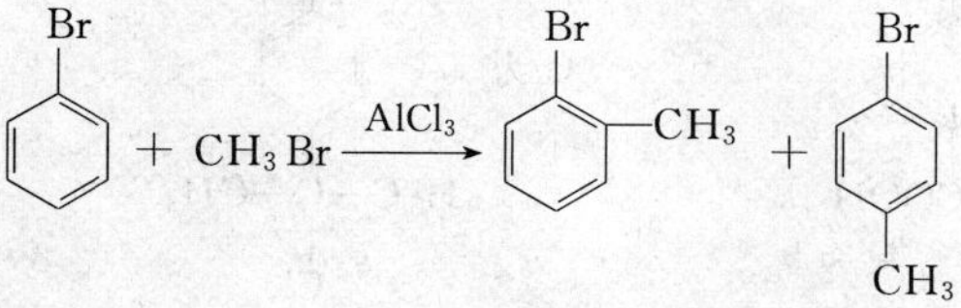 $C_6H_5Br + CH_3Br \xrightarrow{AlCl_3}$ 邻位 Br / CH_3 苯 + 对位 Br / CH_3 苯

(4) 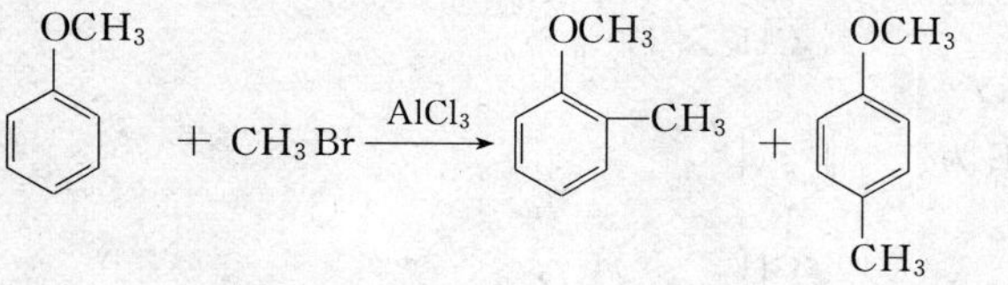 $C_6H_5OCH_3 + CH_3Br \xrightarrow{AlCl_3}$ 邻位 OCH_3 / CH_3 苯 + 对位 OCH_3 / CH_3 苯

(7) 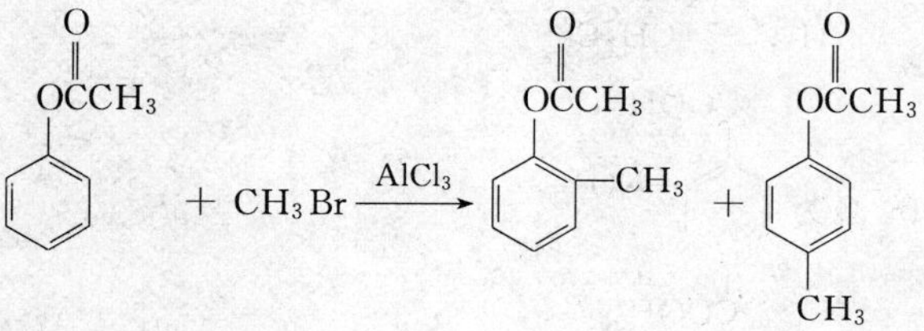 $C_6H_5OCCH_3$（O 上连 C=O）$+ CH_3Br \xrightarrow{AlCl_3}$ 邻位 $OCCH_3$（C=O）/ CH_3 苯 + 对位 $OCCH_3$（C=O）/ CH_3 苯

(8) 叔丁基苯 + $CH_3Br \xrightarrow{AlCl_3}$ 邻甲基叔丁基苯（$C(CH_3)_3$、$-CH_3$） + 对甲基叔丁基苯（$C(CH_3)_3$、CH_3）

16. (1) H_3C—环戊烯—CH_3

(2) A 为 △—CH_3　　　B 为 $CH_3CH_2\underset{|}{C}HCH_3$（I）

C 为 $CH_3CH{=}CHCH_3$ 或 $CH_2{=}CHCH_2CH_3$

△—$CH_3 + Br_2 \longrightarrow CH_2CH_2CHCH_3$（Br、Br）

△—$CH_3 + HI \longrightarrow CH_3CH_2CHCH_3$（I）

$CH_3CH{=}CHCH_3 + Br_2 \longrightarrow CH_3CHCHCH_3$（Br Br）

$CH_2{=}CHCH_2CH_3 + Br_2 \longrightarrow CH_2CHCH_2CH_3$（Br Br）

$CH_3CH{=}CHCH_3 + HI \longrightarrow CH_3CH_2CHCH_3$（I）

$CH_2{=}CHCH_2CH_3 + HI \longrightarrow CH_3CHCH_2CH_3$（I）

(3) A 为 对位 CH_3、$CH(CH_3)_2$ 取代苯　　B 为 对位 COOH、COOH 取代苯　　C 为 对位 CH_3、$H_3C-\underset{Cl}{C}-CH_3$ 取代苯

D 为 对位 CH_2Cl、$CH(CH_3)_2$ 取代苯　　E 为 对位 CH_3、$CH(CH_3)(CH_2Cl)$（H_3C、CH_2Cl）取代苯

(4) A 为 对位 CH_3、CH_2CH_3 取代苯　　B，C 为 COOH、NO_2、COOH 取代苯（1-COOH，2-NO_2，4-COOH）

（4-ethyltoluene）$\xrightarrow{\text{硝化}}$ 2-nitro and 3-nitro products $\xrightarrow[OH^-]{KMnO_4}$ COO^- salts $\xrightarrow{H^+}$ nitro-terephthalic acid ($COOH$, NO_2)

（5）（bicyclic alkene），$(CH_2)_4$ C=O / C=O $(CH_2)_4$

（6）H_5C_2—C_6H_4—CH_3

H_5C_2—C_6H_4—CH_3 $\xrightarrow[H^+]{KMnO_4}$ HOOC—C_6H_4—COOH

H_5C_2—C_6H_4—CH_3 $\xrightarrow[H_2SO_4]{HNO_3}$ H_5C_2—$C_6H_3(NO_2)$—CH_3 (with O_2N) + H_5C_2—$C_6H_3(NO_2)$—CH_3 (with NO_2)

17．（1）$C_6H_5CH_3$ $\xrightarrow[H_2SO_4]{HNO_3}$ o-$CH_3C_6H_4NO_2$ $\xrightarrow[H^+]{KMnO_4}$ o-$HOOCC_6H_4NO_2$

（2）$C_6H_5CH_3$ $\xrightarrow[H^+]{KMnO_4}$ C_6H_5COOH $\xrightarrow[H_2SO_4]{HNO_3}$ m-$HOOCC_6H_4NO_2$

（3）C_6H_6 + CH_3CH_2Cl $\xrightarrow{AlCl_3}$ $C_6H_5CH_2CH_3$ $\xrightarrow[\text{光}]{Cl_2}$ $C_6H_5CHClCH_3$ $\xrightarrow[C_6H_6]{AlCl_3}$ $C_6H_5CH(CH_3)C_6H_5$

（4）naphthalene + H_2SO_4（浓）$\xrightarrow{60\ ℃}$ 1-SO_3H naphthalene $\xrightarrow[H_2SO_4]{HNO_3}$ 5-NO_2-1-SO_3H naphthalene

（5）$C_6H_5CH_3$ $\xrightarrow[H_2SO_4]{HNO_3}$ p-$CH_3C_6H_4NO_2$ $\xrightarrow[Fe]{Br_2}$ Br, Br, CH_3, NO_2 (2,6-dibromo-4-nitrotoluene)

(6) 苯 $\xrightarrow[Fe]{Br_2}$ 溴苯 $\xrightarrow[CH_3COCl]{AlCl_3}$ 对溴苯乙酮（Br, $O{=}CCH_3$）

(7) 甲苯 $\xrightarrow[CH_3Cl]{AlCl_3}$ 对二甲苯 $\xrightarrow[H_2SO_4]{HNO_3}$ 2-硝基-1,4-二甲苯 $\xrightarrow[H^+]{KMnO_4}$ 2-硝基对苯二甲酸（COOH, NO_2, COOH）

(8) 苯 $\xrightarrow[H_2SO_4]{HNO_3}$ 硝基苯 $\xrightarrow[H_2SO_4（发烟）]{HNO_3（发烟）}$ 1,3,5-三硝基苯（O_2N, NO_2, NO_2）

(9) 甲苯 $\xrightarrow[H^+]{KMnO_4}$ 苯甲酸 $\xrightarrow[H_2SO_4]{HNO_3}$ 间硝基苯甲酸 $\xrightarrow[\triangle]{Br_2/Fe}$ 3-溴-5-硝基苯甲酸（COOH, Br, NO_2）

(10) 苯 $\xrightarrow[Fe]{Cl_2}$ 氯苯 $\xrightarrow[Fe]{Cl_2}$ 邻二氯苯 $\xrightarrow[H_2SO_4]{HNO_3}$ 1,2-二氯-3-硝基苯（Cl, Cl, NO_2）

(11) 苯 + $(CH_3CH_2)_2CHCl$ $\xrightarrow{AlCl_3}$ 苯—$CH(CH_2CH_3)_2$

18. (1) 反式　　(2) 顺式　　(3) 反式

19. 甲基环己烷椅式构象（e键 $-CH_3$）；纽曼投影式（H, H, H, H, H, H, CH_3）

4.4.3 教材习题

1. (1) 1,1-二甲基-2-异丙基环丙烷　　(2) 5-甲基螺［2,4］庚烷
   (3) 2-甲基-3-环丙基丁烷　　(4) 1-甲基-3-乙基环己烷
   (5) 2-硝基苯磺酸　　(6) 1,7-二甲基萘
   (7) 1-甲基环戊二烯　　(8) 4-硝基-2-氯甲苯
   (9) 1,2-二苯乙烯

2. (1) 环己烷（H, $C(CH_3)_3$；H_3C, H）　　(2) 萘环（SO_3H, H_3C）

   (3) 苯基—$CH{=}C(CH_3){-}CH{=}CH_2$　　(4) 双环化合物（H_3C, CH_2CH_3）

   (5) 环己基—$HC{=}CH{-}CH(CH_3){-}CH_3$

3.（1）无芳香性。非闭合共轭体系。（2）无芳香性。p 电子数不符合休克尔规则。

（3）有芳香性。（4）有芳香性。

（5）有芳香性。（6）有芳香性。

（7）无芳香性。p 电子数不符合休克尔规则。（8）无芳香性。非闭合共轭体系。

4.（1）（对二甲苯，CH_3，CH_3）>（甲苯，CH_3）>（对氯甲苯，CH_3，Cl）>（对硝基甲苯，CH_3，NO_2）

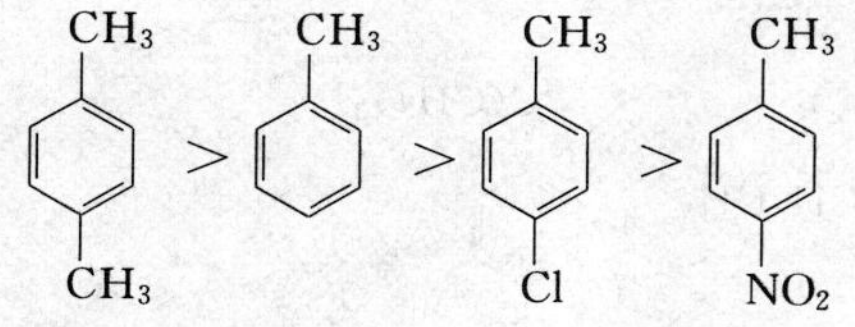

（2）（苯）>（苯甲酸，COOH）>（对硝基苯甲酸，COOH，NO_2）>（2,4-二硝基苯甲酸，COOH，NO_2，NO_2）

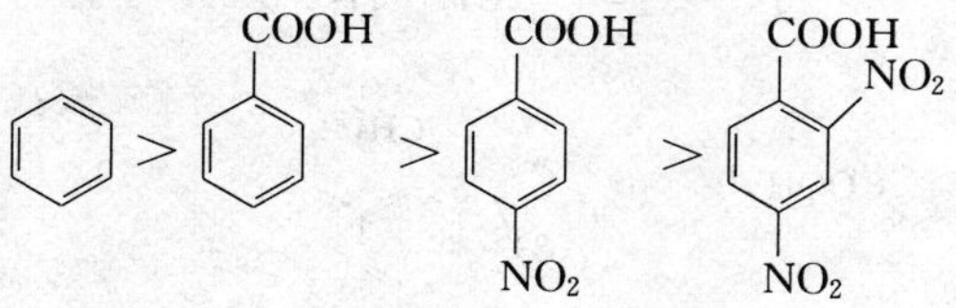

5.（1）环己烷、环己烯、甲苯（CH_3）$\xrightarrow{Br_2/CCl_4}$ 环己烷 ×，环己烯 褪色，甲苯 ×；× ×（环己烷、甲苯）$\xrightarrow[H^+]{KMnO_4}$ 环己烷 ×，甲苯 褪色

（2）环丙烷、环戊烯、环戊烷 $\xrightarrow[CCl_4]{Br_2}$ 环丙烷 褪色，环戊烯 褪色，环戊烷 ×；褪色 褪色 $\xrightarrow[H^+]{KMnO_4}$ 环丙烷 ×，环戊烯 褪色

（3）CH_3—△—CH_3、$CH_3C{\equiv}CCH_2CH_3$、$CH{\equiv}CCH_2CH_2CH_3$ $\xrightarrow{Ag(NH_3)_2^+}$ ×，×，灰白色↓；× × $\xrightarrow[H^+]{KMnO_4}$ ×，褪色

（4）甲苯（CH_3）、叔丁基苯（$C(CH_3)_3$）、苯乙烯（$CH{=}CH_2$）$\xrightarrow[CCl_4]{Br_2}$ ×，×，褪色；× × $\xrightarrow[H^+]{KMnO_4}$ 甲苯 褪色，叔丁基苯 ×

6.（1）苯甲醚（OCH_3）$+ CH_3CH_2Br \xrightarrow{AlCl_3}$ 邻乙基苯甲醚（OCH_3，CH_2CH_3）+ 对乙基苯甲醚（OCH_3，CH_2CH_3）

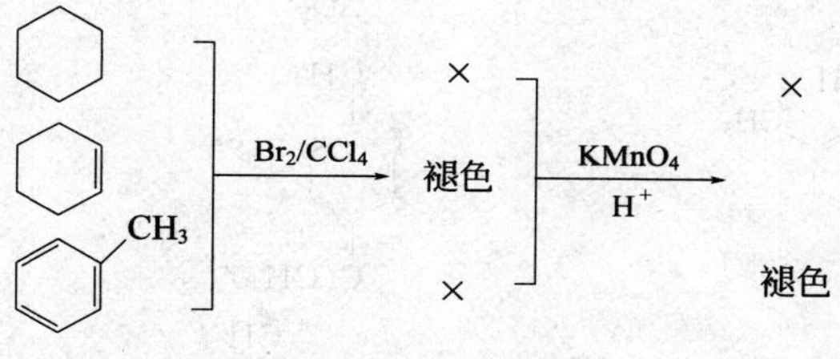

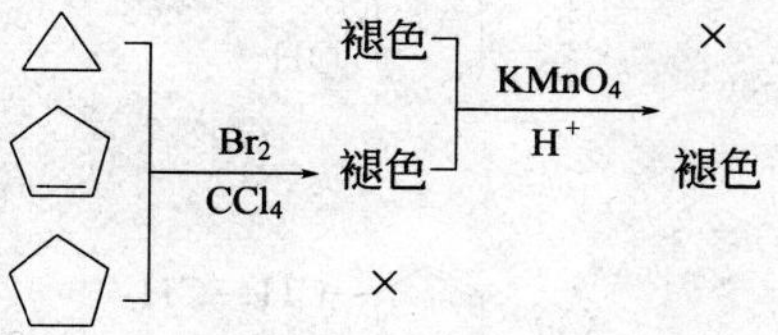

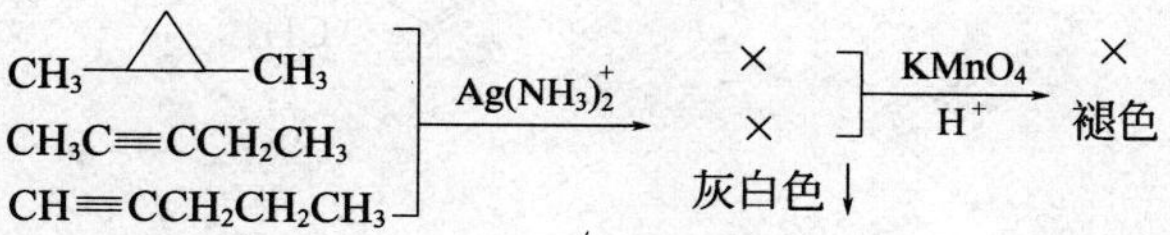

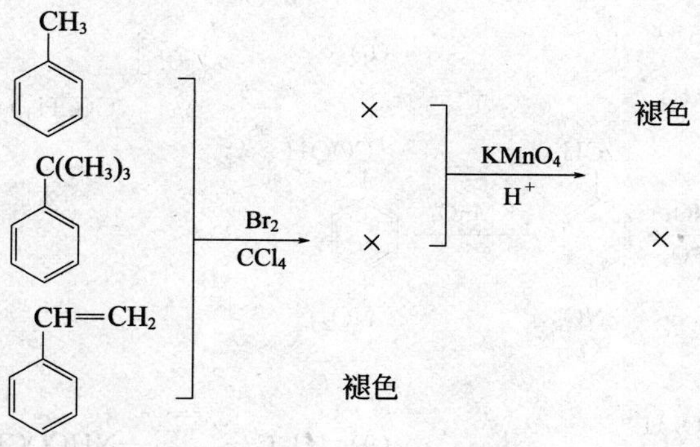

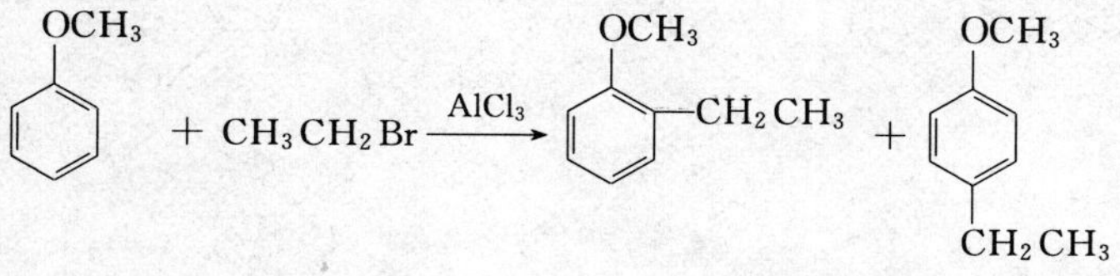

(2) 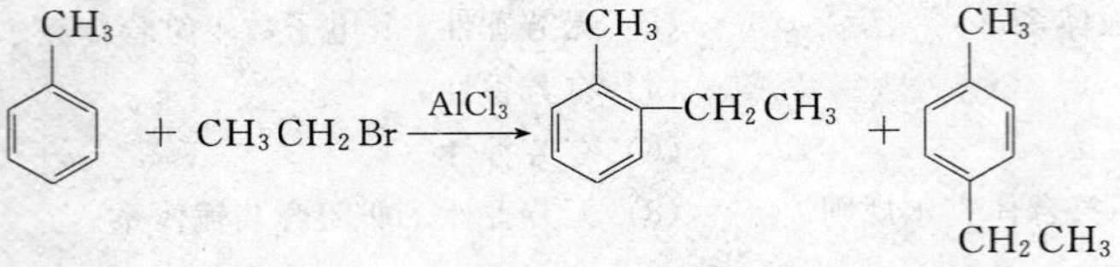 甲苯 + $CH_3CH_2Br \xrightarrow{AlCl_3}$ 邻甲基乙苯（CH_3、CH_2CH_3） + 对甲基乙苯（CH_3、CH_2CH_3）

(3) 不反应

(4) 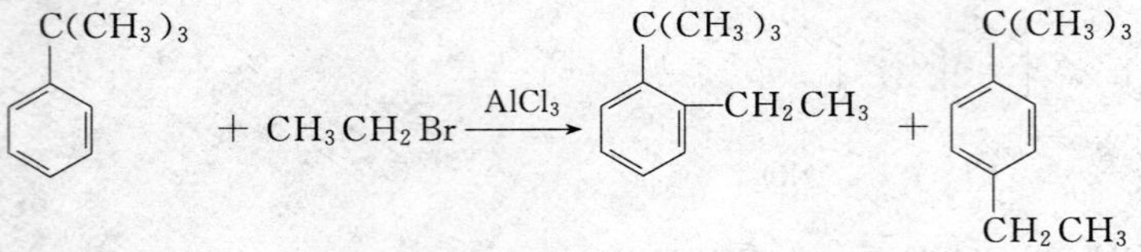 叔丁基苯（$C(CH_3)_3$） + $CH_3CH_2Br \xrightarrow{AlCl_3}$ 邻位产物（$C(CH_3)_3$、CH_2CH_3） + 对位产物（$C(CH_3)_3$、CH_2CH_3）

(5) 不反应

7. (1) 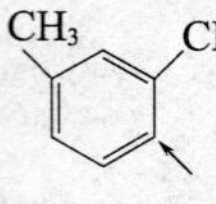 间二甲苯（CH_3，CH_3，箭头指示位置）　(2) O_2N、COOH 间位取代苯（箭头指示位置）　(3) 对硝基甲苯（CH_3，NO_2，箭头指示位置）

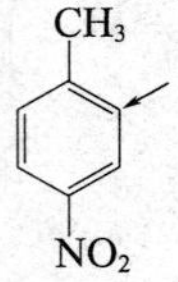

(4) 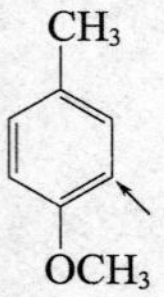 对甲基苯甲醚（CH_3，OCH_3，箭头指示位置）　(5) 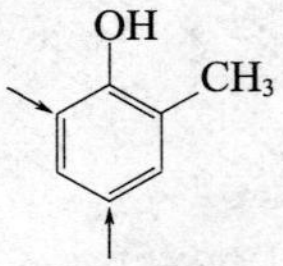 2-甲基苯酚（OH，CH_3，箭头指示位置）　(6) 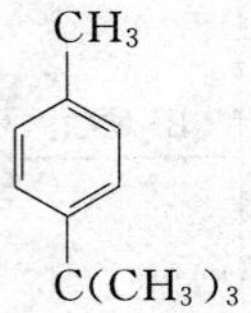 对叔丁基甲苯（CH_3，$C(CH_3)_3$）

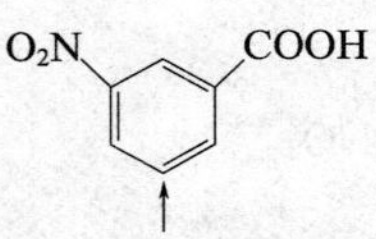

8. (1) 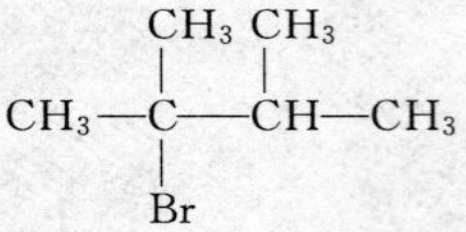 $CH_3—C(CH_3)(Br)—CH(CH_3)—CH_3$　(2) 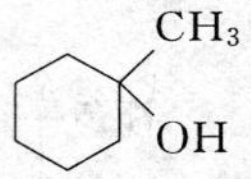 1-甲基环己醇（CH_3，OH）

(3) 对甲基苯乙酮（CH_3，$C(=O)CH_3$） + 邻甲基苯乙酮（CH_3，$C(=O)—CH_3$） 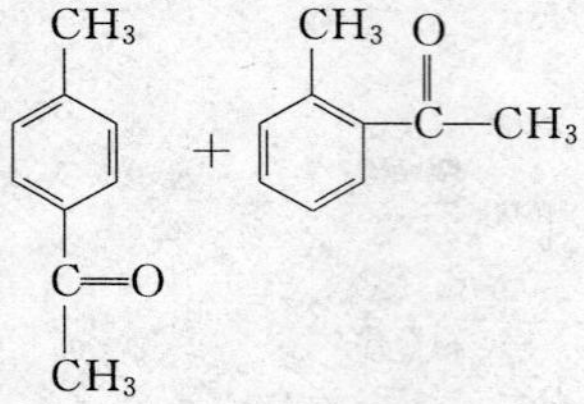　(4) 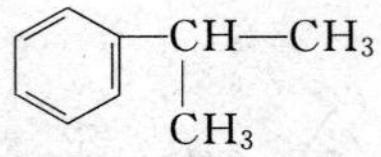 $C_6H_5—CH(CH_3)—CH_3$

(5) $C_6H_5—CH_2Cl$　(6) 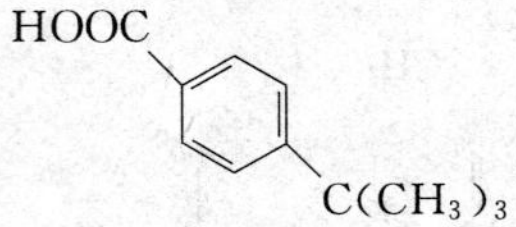 HOOC—C_6H_4—$C(CH_3)_3$（对位）

(7) 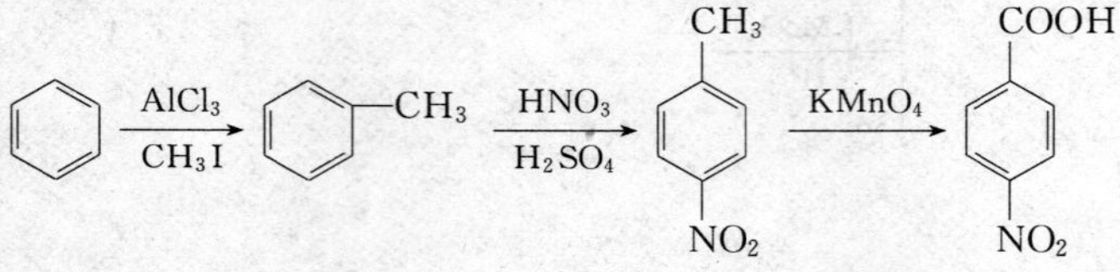 苯 $\xrightarrow[CH_3I]{AlCl_3}$ $C_6H_5—CH_3$ $\xrightarrow[H_2SO_4]{HNO_3}$ 对硝基甲苯（CH_3，NO_2） $\xrightarrow{KMnO_4}$ 对硝基苯甲酸（COOH，NO_2）

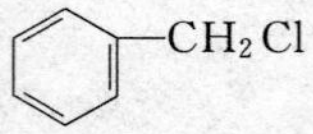

(8) 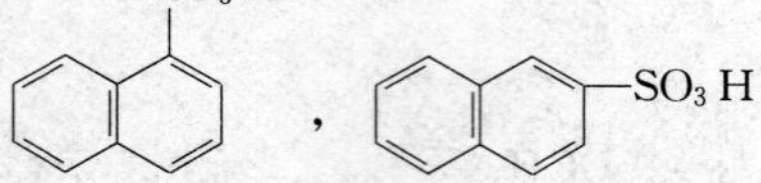 α-萘磺酸（SO_3H），β-萘磺酸（SO_3H）　(9) 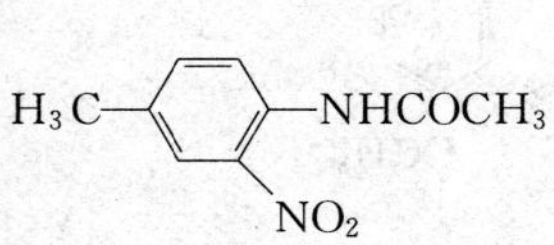 $H_3C—C_6H_3(NO_2)—NHCOCH_3$

(10) 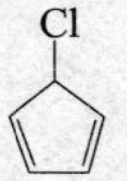 5-氯环戊二烯（Cl）

9. A 为 ▷—CH_3　　B 为 $CH_3CH_2\underset{\displaystyle Br}{\underset{|}{C}}HCH_3$

C 为 $CH_3CH{=}CHCH_3$ 或 $CH_2{=}CHCH_2CH_3$

$$▷\!-CH_3 + Br_2 \longrightarrow \underset{Br}{\underset{|}{C}}H_2CH_2\underset{Br}{\underset{|}{C}}HCH_3$$

$$▷\!-CH_3 + HBr \longrightarrow CH_3CH_2\underset{Br}{\underset{|}{C}}HCH_3$$

$$CH_3CH{=}CHCH_3 + Br_2 \longrightarrow CH_3\underset{Br}{\underset{|}{C}}H\underset{Br}{\underset{|}{C}}HCH_3$$

$$CH_2{=}CHCH_2CH_3 + Br_2 \longrightarrow \underset{Br}{\underset{|}{C}}H_2\underset{Br}{\underset{|}{C}}HCH_2CH_3$$

$$CH_3CH{=}CHCH_3 + HBr \longrightarrow CH_3CH_2\underset{Br}{\underset{|}{C}}HCH_3$$

$$CH_2{=}CHCH_2CH_3 + HBr \longrightarrow CH_3\underset{Br}{\underset{|}{C}}HCH_2CH_3$$

10. （双环结构式）

11. H_5C_2—⟨苯环⟩—CH_3

$$H_5C_2\text{—}⟨苯环⟩\text{—}CH_3 \xrightarrow[H^+]{KMnO_4} HOOC\text{—}⟨苯环⟩\text{—}COOH$$

$$H_5C_2\text{—}⟨苯环⟩\text{—}CH_3 \xrightarrow[H_2SO_4]{HNO_3} H_5C_2\text{—}⟨苯环(NO_2)⟩\text{—}CH_3 + H_5C_2\text{—}⟨苯环(NO_2)⟩\text{—}CH_3$$

12. （椅式构象）—CH_3　　（纽曼投影式：H, H, H, CH_3, H, H, H, H）

第5章 卤代烃

5.1 思考题

1. 卤代烃在化学反应中，一般发生哪些共价键的断裂？各属何种类型的反应？

2. 在卤代烃中，Cl，Br，I所形成的C—X键哪一个极性最强？哪一个最弱？为什么在发生亲核取代时C—X键的极性强弱顺序和其反应的活性顺序不一致？试以电子理论的观点说明。

3. 影响卤代烃亲核取代反应历程的主要因素有哪些？为什么一般伯卤代烷相对容易进行S_N2历程？而叔卤代烷相对容易进行S_N1历程？

4. 为什么卤代烃在强碱性介质（如KOH的乙醇溶液）中发生取代反应时容易发生消除反应？温度对亲核取代反应及消除反应有何影响？

5. S_N1历程及S_N2历程在立体化学上有何区别？为什么？

6. 为什么烯丙型（或苄基型）卤代烃的化学性质最活泼，而乙烯型（或卤苯型）卤代烃的化学性质最不活泼？

5.2 习题

1. 用系统命名法命名下列化合物。

(1) 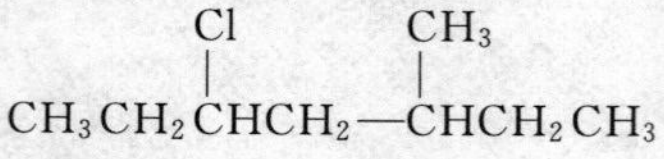 $CH_3CH_2\underset{}{\overset{Cl}{\overset{|}{C}}}HCH_2-\overset{CH_3}{\overset{|}{C}}HCH_2CH_3$

(2) $CH_3\overset{Cl}{\overset{|}{C}}HCH_2\overset{I}{\overset{|}{C}}HCH_3$

(3) $CH_2=\underset{\underset{Cl}{|}}{C}-CH=CH_2$

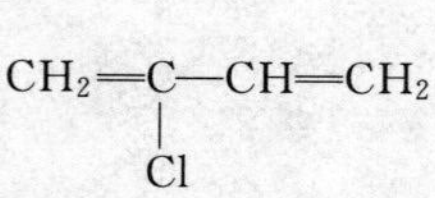

(4) 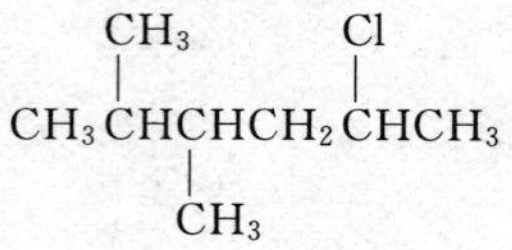 $CH_3\overset{CH_3}{\overset{|}{C}}H\underset{\underset{CH_3}{|}}{C}HCH_2\overset{Cl}{\overset{|}{C}}HCH_3$

(5) 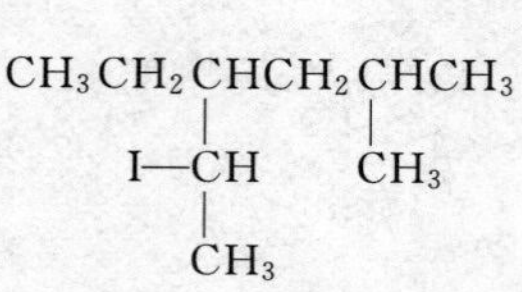 $CH_3CH_2\underset{\underset{I-CH-CH_3}{|}}{C}HCH_2\underset{\underset{CH_3}{|}}{C}HCH_3$

(6) 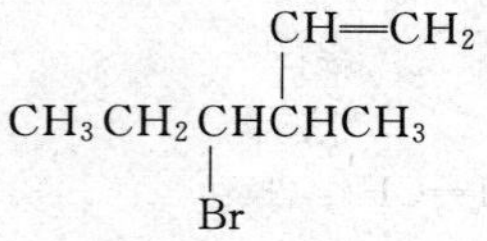 $CH_3CH_2\underset{\underset{Br}{|}}{C}H\overset{CH=CH_2}{\overset{|}{C}}HCH_3$

(7) 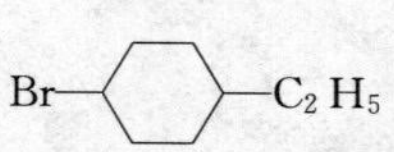 Br—⬡—C_2H_5（环己烷环）

(8) 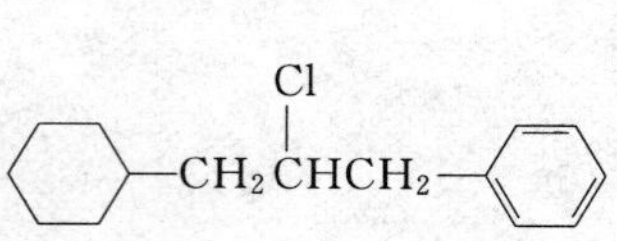 ⬡—$CH_2\overset{Cl}{\overset{|}{C}}HCH_2$—苯环（左为环己烷环，右为苯环）

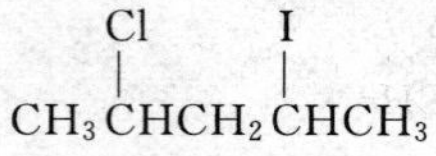

(9) 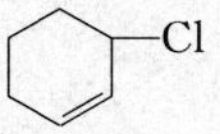 环己烯基—Cl

(10) 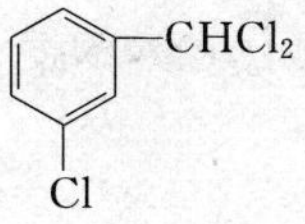 $-CHCl_2$，Cl（苯环）

(11) 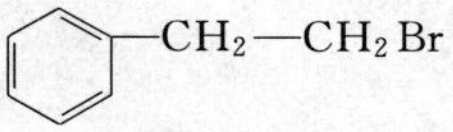 $C_6H_5-CH_2-CH_2Br$

(12) 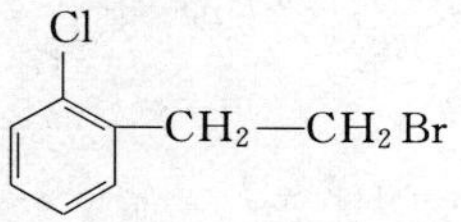 Cl，$-CH_2-CH_2Br$（苯环）

(13) 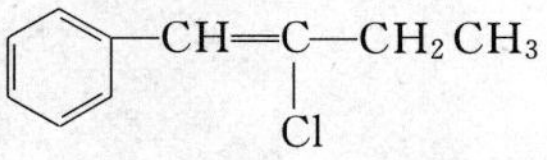 $C_6H_5-CH=C(Cl)-CH_2CH_3$

(14) 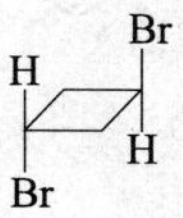 H，Br，H，Br（环丁烷）

(15) 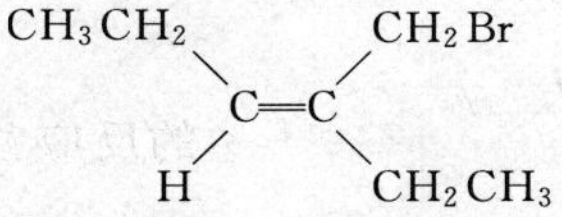 $CH_3CH_2(H)C=C(CH_2Br)(CH_2CH_3)$

(16) $H_3C-C\equiv C-CH=C(Cl)-CH_3$

(17) 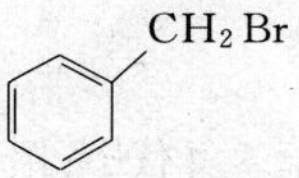 $C_6H_5CH_2Br$

(18) 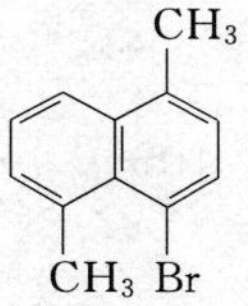 CH_3，CH_3，Br（萘环）

(19) 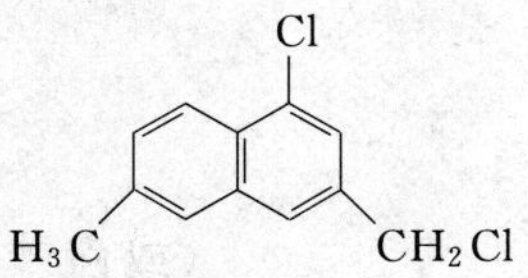 Cl，H_3C，CH_2Cl（萘环）

(20) 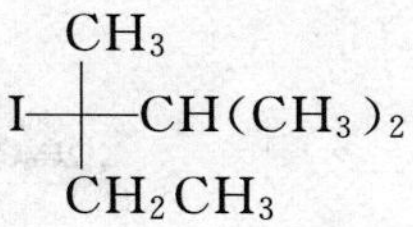 $I-C(CH_3)(CH_2CH_3)-CH(CH_3)_2$

2. 写出下列化合物的结构式。

(1) 烯丙基氯
(2) 3-甲基-6-氯环己烯
(3) 间硝基苯磺酸
(4) (1*R*,3*R*)-1,3-二溴环己烷
(5) 四氟乙烯

3. 完成下列反应式（写出反应的主要产物或条件）。

(1) $CH_3-CH=CH_2 \xrightarrow{HBr} ? \xrightarrow[\text{乙醚}]{Mg} ?$

(2) 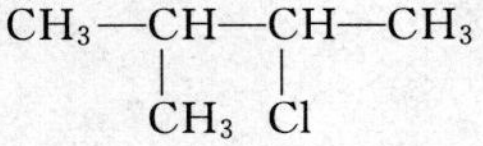 $CH_3-CH(CH_3)-CH(Cl)-CH_3 \xrightarrow[\triangle]{KOH-C_2H_5OH} ? \xrightarrow{Br_2} ? \xrightarrow[\triangle]{KOH-C_2H_5OH} ?$

(3) $CH_3CH_2CH_2CH=CH_2 + HBr \xrightarrow{\text{过氧化物}} ? \xrightarrow{NaCN} ?$

(4) $ClCH=CHCH_2Cl + CH_3CH_2ONa \xrightarrow{\text{醇}} ?$

(5) 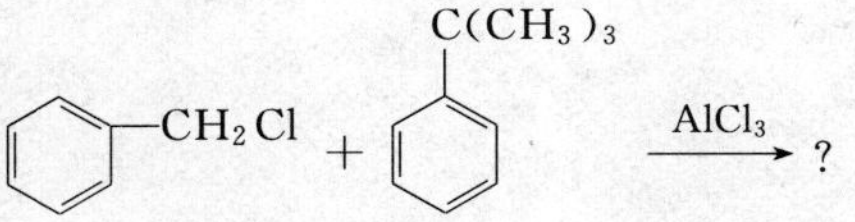 $C_6H_5CH_2Cl + C_6H_5C(CH_3)_3 \xrightarrow{AlCl_3} ?$

(6) $Cl-C_6H_4-CH_2Cl + NaCN \xrightarrow{乙醇} ? \xrightarrow[H_2O]{H^+} ?$

(7) $(CH_3)_2CH-C(H)(CH_3)-Br + H_2O \xrightarrow[S_N2]{NaOH} ?$

(8) $C_6H_5-CH_3 \xrightarrow{?} C_6H_5-CH_2Cl \xrightarrow{?} C_6H_5-CH_2OH$

(9) $C_5H_9-Cl + AgONO_2 \xrightarrow{乙醇} ?$

(10) $p-O_2N-C_6H_4-CH(CH_3)_2 + Br_2 \xrightarrow{Fe} ? \xrightarrow[光]{Cl_2} ?$

(11) 1,6-二甲基环己烯 $+ HBr \longrightarrow ? \xrightarrow{CH_3ONa} ?$

(12) 1-碘-2-甲基环己烷 $\xrightarrow{KOH-C_2H_5OH} ?$

(13) 1-苯基-2-氯-3-甲基环戊烷 $\xrightarrow{KOH-C_2H_5OH} ?$

(14) $CH_3CH_2C\equiv CH + CH_3MgBr \xrightarrow{干醚} ?$

(15) 3-甲基环己烯 $+ Cl_2 \longrightarrow ? \xrightarrow{NaOH-C_2H_5OH} ? \xrightarrow{顺丁烯二酸酐} ?$

(16) $H_2C=CH-CH_3 + Cl_2 \xrightarrow{500℃} ? \xrightarrow{Cl_2+H_2O} ?$

(17) $H_3C-CH_2-C(CH_3)=CH_2 + HBr \xrightarrow[\triangle]{} ? \xrightarrow[\triangle]{KOH-C_2H_5OH} ?$

(18) $CH_3CH_2ONa + H_3C-CH(CH_3)-Cl \xrightarrow{醇} ?$

(19) $H_3C-CH_2-CH(Cl)-CH_3 + H_2N-CH_3 \longrightarrow ?$

(20) $H_2C=CH-CH_2Cl + AgNO_3 \xrightarrow[\triangle]{C_2H_5OH} ?$

4. 用化学方法鉴别下列各组化合物。

（1）$CH_3CH_2CH{=}CHBr$　$CH_3CH_2CH_2CH_2Br$　$CH_3CH{=}CHCH_2Br$

（2）对溴甲苯（CH_3、Br 对位取代苯）　$C_6H_5CH_2Br$　$C_6H_5CH_2CH_2Br$　C_6H_5Br

（3）$CH_3-CH(Br)-CH_3$　$(CH_3)_3C-Br$　$CH_3-CH_2-CH_2Br$

5. 将下列各组化合物按 S_N1 历程的反应速率的大小排列顺序。

（1）A. $C_6H_5-C(Cl)(CH_3)-CH_3$　B. $CH_3-CH_2-CH_2Cl$　C. $CH_2{=}CH-CH_2Cl$

（2）A. 环己基$-CH_2I$　B. 1-甲基-1-碘环己烷（CH_3、I 同碳）　C. 2-甲基-1-碘环己烷（CH_3、I 相邻碳）

（3）A. $CH_3-C(CH_3)_2-Cl$　B. $CH_3-C(CH_3)_2-I$　C. $CH_3-C(CH_3)_2-Br$

6. 将下列各组化合物按 S_N2 历程的反应速率的大小排列顺序。

（1）A. $CH_3CH_2CH_2CHClCH_3$　B. $CH_3CH_2CH(CH_3)CHClCH_3$　C. $CH_3CH_2C(CH_3)_2-CHClCH_3$

（2）A. 环戊基$-Br$　B. 环戊基$-Cl$　C. 环戊基$-I$

（3）A. $CH_3CH_2CH_2CH_2CH_2I$　B. $CH_3C(Cl)(CH_3)-CH_2CH_3$　C. $CH_3-CH(Br)-CH_2CH_2CH_3$

7. 按 E1 历程的活性顺序排列下列各组化合物。

（1）A. $CH_3CH_2CH_2Br$　B. $CH_3-CH(Br)-CH_3$　C. $CH_3-C(CH_3)_2-Br$

（2）A. $CH_3-C(CH_3)_2-Br$　B. $CH_3-C(CH_3)_2-Cl$　C. $CH_3-C(CH_3)_2-I$

8. 下列各步反应中有无错误（孤立地看）？如有，请指出错误的地方，并简述其理由。

（1）$CH_3-CH{=}CH_2 \xrightarrow[(A)]{HOBr} CH_3-CH(Br)-CH_2(OH) \xrightarrow[(B)]{Mg，干醚} CH_3CH(MgBr)CH_2OH$

（2） $CH_2{=}C(CH_3){-}CH_3 + HCl \xrightarrow[(A)]{过氧化物} (CH_3)_3CCl \xrightarrow[(B)]{NaCN} (CH_3)_3CCN$

（3） $p\text{-}BrC_6H_4CH_3 \xrightarrow[(A)]{Cl_2/光} p\text{-}BrC_6H_4CH_2Cl \xrightarrow[(B)]{NaOH\text{-}H_2O} p\text{-}BrC_6H_4CH_2OH$

（4） 1-环己烯基$-CH_2CHClCH_2CH_3 \xrightarrow[\triangle]{KOH\text{-}C_2H_5OH}$ 1-环己烯基$-CH_2CH{=}CHCH_3$

（5） $HC{\equiv}CH + HCl \xrightarrow[(A)]{HgCl_2} CH_2{=}CHCl \xrightarrow[(B)]{NaCN} CH_2{=}CHCN$

（6） $CH_3{-}CH_2{-}C(CH_3)(Br){-}CH_3 + CH_3CH_2ONa \longrightarrow CH_3{-}CH_2{-}C(CH_3)_2{-}OC_2H_5$

9. 卤代烷与 NaOH 水溶液反应时，试指出下列反应中哪些属于 S_N1 历程，哪些属于 S_N2 历程。

（1） 反应分步进行，第一步是慢的关键性步骤

（2） 增加溶剂极性，反应速率加快

（3） 增加 NaOH 的浓度，反应速率加快

（4） 进攻试剂的亲核性越强，反应速率越快

（5） 有重排产物生成

（6） 产物的绝对构型完全转化

（7） 叔卤代烷反应速率比仲卤代烷的反应速率快

10. 用所给原料合成下列化合物。

（1） 由 苯 和 CH_3I 合成 $C_6H_5CH_2CN$

（2） 环己基$-Br \longrightarrow$ 3-氰基环己烯（CN）

（3） $CH_3CH_2CH_2CH_2Cl \longrightarrow CH_2CH{=}CHCH_3$

（4） $CH_3{-}CH(Br){-}CH_3 \longrightarrow CH_3CH_2CH_2Br$

（5） $CH_3{-}CH{=}CH_2 \longrightarrow HC{\equiv}C{-}CH_2OH$

（6） 氯代环己烷（Cl）$\longrightarrow$ 环己烯醇（OH）

11. 某卤代烃 A(C_3H_7Br) 与氢氧化钾的醇溶液作用，生成 B(C_3H_6)，B 氧化后得到具有两个碳原子的羧酸 C、二氧化碳和水；B 与溴化氢反应得到 A 的同分异构体 D。试推测 A，B，C 和 D 的构造式，并写出各步反应。

12. 某烃 A 分子式为 C_5H_{10}，与溴水不发生反应，在紫外光照射下与溴作用得到一种产物

$B(C_5H_9Br)$。将化合物 B 与 KOH 的醇溶液反应得到 $C(C_5H_8)$。化合物 C 经臭氧化并在锌粉存在下水解得到戊二醛。试写出化合物 A，B，C 的构造式及各步反应。

13. 某卤代烃的分子式为 $C_6H_{13}Br$，它与 NaOH 的乙醇溶液发生消除反应，得到不具有顺反异构的烯烃，且该稀烃经 $KMnO_4$ 氧化只生成一种酮，试写出该卤代烃的可能构造式。

14. 化合物 $A(C_7H_{12})$ 与溴反应，生成 $B(C_7H_{12}Br_2)$，B 在 KOH 的乙醇溶液中加热，生成 $C(C_7H_{10})$，C 可与（顺丁烯二酸酐：CH—C(=O)—O—C(=O)—CH，两个 CH 以双键相连）进行狄尔斯-阿尔德反应生成 D，C 经臭氧化还原水解得到 $HCCH_2CH_2CH$（两端为 C=O）和 CH_3CCCH（CH_3—C(=O)—C(=O)—H），试写出 A，B，C，D 的构造式和反应式。

15. 某旋光化合物 $A(C_4H_7Br)$，与 HBr 反应得到 B，B 与 KOH 的乙醇溶液共热生成化合物 C，C 与酸性 $KMnO_4$ 溶液反应可得到 HOOCCOOH，CO_2 和 H_2O，C 可与 $CH_2=CHCN$ 反应生成（4-氰基环己烯，环上 CN 取代），试写出 A，B，C 的构造式。

5.3 解题示例

1. 写出 $C_5H_{11}Cl$ 的同分异构体，用 IUPAC 命名原则命名，并用 1°，2°，3°分别标出伯、仲、叔卤代烷。

解： 1-氯戊烷（1°）　　2-氯戊烷（2°）

3-氯戊烷（2°）　　3-甲基-1-氯丁烷（1°）

2-甲基-1-氯丁烷（1°）　　2-甲基-2-氯丁烷（3°）

2-甲基-3-氯丁烷（2°）　　2,2-二甲基-1-氯丙烷（1°）

2. 按 IUPAC 命名原则命名下列化合物。

（1）$ClCH_2CH=C(CH_3)_2$

（2）$CH_3CH_2CH_2C(Br)(CH(CH_3)_2)—CH(Cl)—CH(F)CH_3$

（3）（苯环上 —CH=CH$_2$，邻位 Br）

（4）$CH_3CHICH_2CH(CH_3)_2$

（5）（Br、Cl 在同一碳上，C=C，另一碳上 CH_3 与 $CH_2CH_2CH_3$）

（6）（环己烯，双键碳上 Br，对位 CH_3）

解： 在卤代烃命名中，把卤素作为取代基，命名时取代基按“次序规则”，较优基团在后列出。

（1）3-甲基-1-氯-2-丁烯　　（2）4-异丙基-2-氟-3-氯-4-溴庚烷

（3）1-(2-溴苯基）乙烯　　（4）2-甲基-4-碘戊烷

（5）(E)-2-甲基-1-氯-1-溴-1-戊烯　　（6）4-甲基-1-溴环己烯

3. 按照对 S_N1 历程进行的取代反应的活泼性次序排列下列化合物。

$C_6H_5CHBrCH_3$ (A)　$C_6H_5CBr(CH_3)_2$ (B)　$C_6H_5CH_2Br$ (C)　$C_6H_5CH_2CH_2Br$ (D)

解： 按 S_N1 历程的取代反应的活泼性，主要取决于反应的第一步形成活性中间体碳正离子的难易，在上述 4 种溴代烷中分别形成的碳正离子的稳定性是 B>A>C>D，亦即生成碳正离子的反应速率也是这个顺序。这是因为 B，A，C 这 3 种卤代烷所生成的碳正离子分别有 6 个 α-C—H 键、3 个 α-C—H 键和 0 个 α-C—H 键产生的 σ-π 超共轭效应（B，A，C 都同样具有较强的 p-π 共轭效应），电子离域度以及 α-碳原子的正电荷分散程度均依次下降，而 D 生成的碳正离子中，无 p-π 共轭，只有很弱的 2 个 α-C—H 键与之产生的 α-π 超共轭效应，故 D 的碳正离子能量最高，最不稳定，最不易生成。

4. 按照对 S_N2 历程进行的取代反应的活泼性次序排列下列化合物。

$CH_3CH_2CHClCH_3$ (A)　$CH_3CH_2CH_2CH_2Cl$ (B)　$(CH_3)_3Cl$ (C)　$(CH_3)_2CHCH_2Cl$ (D)

解： 按 S_N2 历程的取代反应的活泼性，主要取决于它们形成的过渡态能量的高低（因为都是氯代烷，若不考虑烃基的影响，氯原子的离去能力相同），这里主要考虑两种因素，一种是 α-碳原子的电子云密度，电子云密度越低，越有利于亲核试剂的进攻，反应就越快；另一种是与 α-碳原子所连接的烃基的空间效应（立体位阻）有关，烃基的体积越大，空间位阻越大，越不利于亲核试剂从卤原子背面接近 α-碳原子，其形成过渡态所需的活化能就越高，反应就越慢。综合上述两种因素，考虑到烷基的给电子性，α-碳原子上烷基的数目、大小以及和 α-碳原子的相对距离，其形成过渡态的速率次序，亦即 S_N2 反应活泼性次序是 B>D>A>C。

5. 实现下列合成（无机试剂及溶剂任选）。

（1）由溴代环己烷和丙烯合成 [双环化合物]—CH_2Cl

（2）由乙炔合成 1,2,3,4-四氯丁烷

（3）由 C_6H_6 和 $H_2C{=}CH_2$ 合成 $C_6H_5CHClCH_3$

（4）$CH_3-CH(CH_3)-CH(Cl)-CH_3 \longrightarrow CH_3-C(CH_3){=}C(Br)-CH_3$

解：（1）溴代环己烷 $\xrightarrow{\text{KOH-乙醇}}$ 环己烯 $\xrightarrow{Cl_2}$ 1,2-二氯环己烷 $\xrightarrow{\text{KOH-乙醇}}$ 1,3-环己二烯 $\xrightarrow{CH_2{=}CHCH_2Cl}$ [双环化合物]—CH_2Cl

$CH_2{=}CHCH_3 + Cl_2 \xrightarrow{500℃} CH_2{=}CHCH_2Cl$

（2）$2HC{\equiv}CH \xrightarrow[84\sim96℃]{NH_4Cl,\ Cu_2Cl_2} CH_2{=}CHC{\equiv}CH \xrightarrow{H_2,\ Pd\text{-}BaSO_4} CH_2{=}CHCH{=}CH_2 \xrightarrow{Cl_2}$

$ClCH_2CHClCHClCH_2Cl$

(3) $C_6H_6 + H_2C{=}CH_2 \xrightarrow{\text{浓 } H_3PO_4} C_6H_5{-}CH_2CH_3 \xrightarrow[\text{光}]{Cl_2} C_6H_5{-}CHClCH_3$

(4) $(CH_3)_2CHCHClCH_3 \xrightarrow{\text{KOH-乙醇}} (CH_3)_2C{=}CHCH_3 \xrightarrow{Br_2} (CH_3)_2CBrCHBrCH_3$

$\xrightarrow{\text{KOH-乙醇}} (CH_3)_2C{=}CBrCH_3$

6. 结构推断。

化合物 A，B，C 分子式均为 C_4H_9Br，和 NaOH 水溶液作用，A 得到分子式为 $C_4H_{10}OH$ 的醇，B 得到分子式为 C_4H_8 的烯，C 生成 $C_4H_{10}O$ 和 C_4H_8 的混合物，试写出 A，B，C 的可能构造式。

解：对化合物分子结构的推断，一般要掌握两种基本方法：一是根据化合物经过某一反应后分子式的变化来判断这一反应的类型，二是根据各步反应中给出的一种已知化合物（一般都是最终产物），沿着紧接其前面的每一步反应，从后往前逐步推导（亦即逆向推导）。化合物 A，B，C 具有相同的分子式 C_4H_9Br，可知 A，B，C 是同分异构体，且为含 4 个碳原子的饱和卤代烃，再根据 A，B，C 和 NaOH 水溶液作用所生成的产物，即可推断出 A，B，C 的结构。因为伯卤代烷易发生取代反应，叔卤代烷易发生消去反应，而仲卤代烷取代反应和消去反应可同时进行，所以，A，B，C 分别为：

A. $CH_3CH_2CH_2CH_2Br$　　B. $(CH_3)_3CBr$　　C. $CH_3CHBrCH_2CH_3$

5.4　参考答案

5.4.1　思考题

1. 卤代烃在化学反应中，一般可发生 C—X 键和 C—H 键的断裂，前者属于亲核取代反应，两者一起发生的属于消除反应。

2. 在 C—X 键中 C—F 键的极性最强，C—I 键的极性最弱，但在发生反应（和试剂作用或外来电场影响下）时，C—I 键最易断裂，这是因为碘原子的半径最大（在卤素中），其外层电子受核的吸引力最小，容易在试剂进攻或外来电场的影响下发生极化，即其可极化度（率）最大，所以反应活性最强，这恰好与 C—X 的极性强弱顺序相反。

3. 影响卤代烃亲核取代反应历程的主要因素有烃基的结构、亲核试剂的性质（亲核性强弱）、浓度、离去基团（卤原子）的离去能力大小，以及溶剂的极性等。一般伯卤代烷容易进行 S_N2 历程，是因为伯卤代烷中的烃基结构简单、体积小、空间位阻小，有利于亲核试剂从 X 背面接近 α-碳原子，生成能量低而稳定的过渡态。而叔卤代烷则正好相反，因其 α-碳原子上连接的烷基数目多、空间位阻大，不利于亲核试剂接近 α-碳原子，而有利于碳正离子正电荷的分散，体系能量降低和稳定，故易进行 S_N1 历程。

4. 碱性是指亲核试剂与质子的结合力。碱性越强，与 H^+ 的结合力就越强，就越易夺取卤代烷中 β-氢原子而发生脱去 HX 的消除反应。温度高对消除反应有利，因为消除反应形成的过渡态（E1 历程或 E2 历程）所需活化能比取代反应高。

5. S_N1 历程化学特征是：若 α-碳原子为手性碳原子，则产物发生外消旋化。这是因为 S_N1 历程是首先要形成反应活性中间体碳正离子，而碳正离子是平面形结构（碳原子是 sp^2 杂化态），所以，碳正离子形成后，反应体系中的亲核试剂 HO^-（Nu^-）可以从该平面的两侧与之结合，由两侧成键的概率相等，所以得到的产物的构型，一半与原来的相同，另一半与原来的相反，产物为外消旋混合物。S_N2 历程的立体化学特征则为构型转化（瓦尔登转化）。当 α-碳原子为手性碳原子时，所得产物的构型与原来卤代烷的构型刚好相反。这是因为按双分子反应进行的 S_N2 历程中，亲核试剂 HO^- 由离去基团 X^- 的背面进攻 α-碳原子（只有这样 HO^-

受到 X^- 的排斥力最小，形成的过渡态能量最低）。反应结果，水解产物醇中的—OH 不是连在卤原子原来位置上，因此得到的产物醇的构型与原来卤代烷的构型相反。

6. 烯丙型（苄基型）卤代烃在发生亲核取代时，一般按 S_N1 历程进行，因为烯丙型（或苄基型）卤代烃在形成的活性中间体碳正离子中，存在着一个 p-π 共轭体系，由于 p-π 共轭效应，碳正离子的正电荷被较好地分散，能量低，较稳定，易形成，因而卤原子易离去，所以在亲核取代反应中显示较高的活性。而乙烯型（或卤苯型）卤代烃，则由于卤原子直接与双键（或苯环）相连，卤原子上的未共用电子与 π 键（或苯环）共轭（P-π 共轭），使 C—X 键电子云密度增加（共轭的结果，卤原子上的未共用电子对分散到整个体系），键长缩短，因而卤原子与 C 结合更牢固，在反应中很难断裂，极不活泼，一般条件下不发生亲核取代。

5.4.2 习题

1. (1) 3-甲基-5-氯庚烷　　(2) 2-氯-4-碘戊烷
(3) 2-氯-1,3-丁二烯　　(4) 2,3-二甲基-5-氯己烷
(5) 2-甲基-4-乙基-5-碘己烷　　(6) 3-甲基-4-溴-1-己烯
(7) 1-乙基-4-溴环己烷　　(8) 1-环己基-3-苯基-2-氯丙烷
(9) 3-氯-1-环己烯　　(10) 3-氯苯基二氯甲烷
(11) 1-苯基-2-溴乙烷　　(12) 1-邻氯苯基-2-溴乙烷
(13) 1-苯基-2-氯-1-丁烯　　(14) 反-1,3-二溴环丁烷
(15) (*Z*)-2-乙基-1 溴-2-戊烯　　(16) 2-氯-2-己烯-4-炔
(17) 溴化苄　　(18) 1,5-二甲基-4-溴萘
(19) 6-甲基-3-氯甲基-1-氯萘　　(20) (*R*)-2,3-二甲基-3-碘戊烷

2. (1) $CH_2{=}CHCH_2Cl$　　(2) 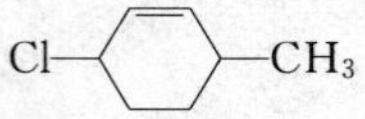 Cl—(环己烯环)—CH_3

(3) （苯环，SO_3H 与 NO_2 间位取代）　　(4) 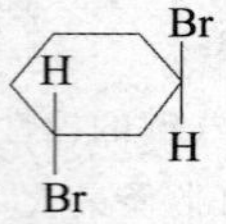 （环己烷，Br、H；H、Br）

(5) $F_2C{=}CF_2$

3. (1) 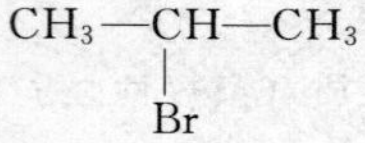 $CH_3{-}CH(Br){-}CH_3$ ，$(CH_3)_2CH{-}MgBr$

(2) $CH_3C(CH_3){=}CHCH_3$ ，$CH_3C(CH_3)(Br){-}CH(Br)CH_3$ ，$CH_2{=}C(CH_3){-}CH{=}CH_2$

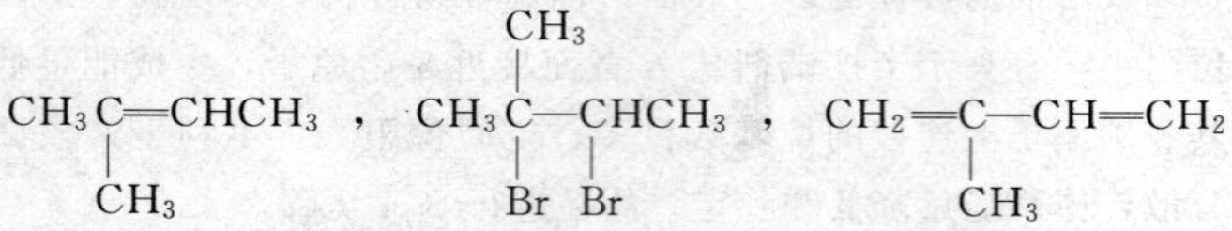

(3) $CH_3CH_2CH_2CH_2CH_2Br$，$CH_3CH_2CH_2CH_2CH_2CN$

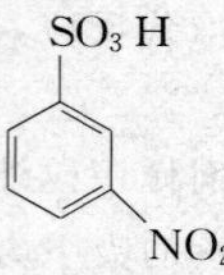

(4) $ClCH{=}CHCH_2{-}O{-}CH_2CH_3$

(5) 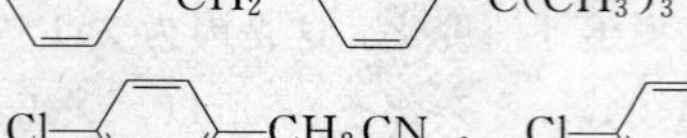 $C_6H_5{-}CH_2{-}C_6H_4{-}C(CH_3)_3$

(6) 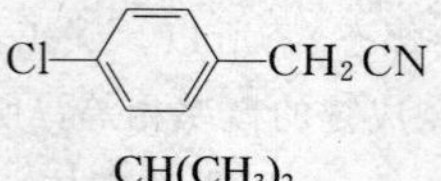 $Cl{-}C_6H_4{-}CH_2CN$ ，$Cl{-}C_6H_4{-}CH_2COOH$

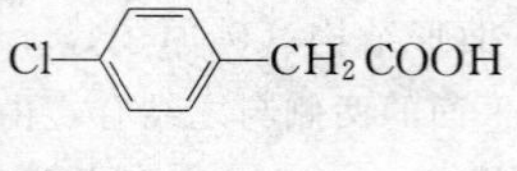

(7) 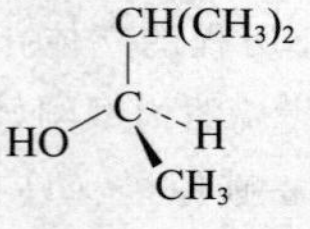 $CH(CH_3)_2$，HO—C—H，CH_3（立体构型式）　　(8) $\xrightarrow[\text{高温}\ (h\nu)]{Cl_2}$，NaOH ($H_2O$)

(9) 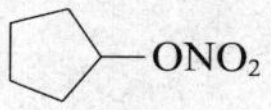 $-ONO_2$

(10) 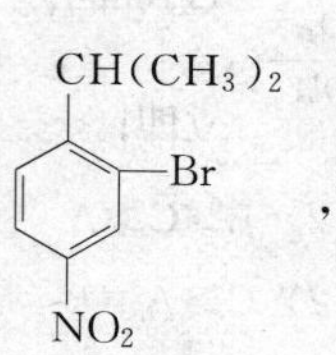 $CH(CH_3)_2$, $-Br$, NO_2 ；$CH_3-\overset{CH_3}{C}-Cl$, $-Br$, NO_2

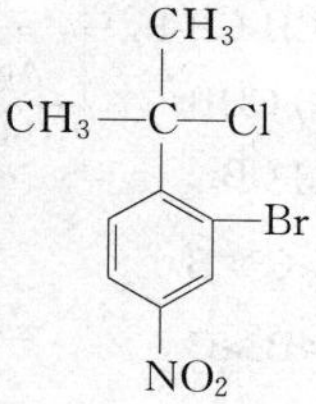

(11) 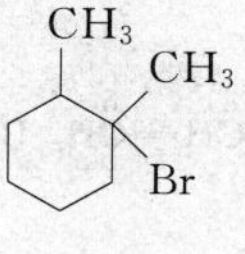 CH_3, CH_3, Br ，CH_3, CH_3

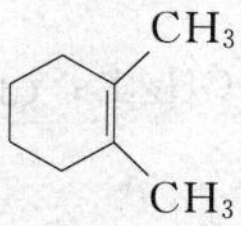

(12) 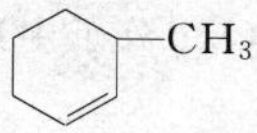 $-CH_3$

(13) 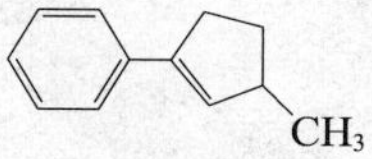 CH_3

(14) $CH_3CH_2C\equiv CMgBr + CH_4$

(15) 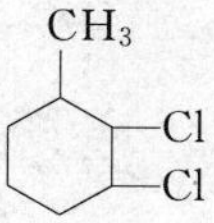 CH_3, $-Cl$, $-Cl$ ，CH_3 ，O, O, O

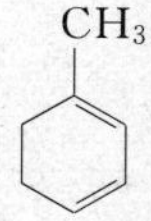

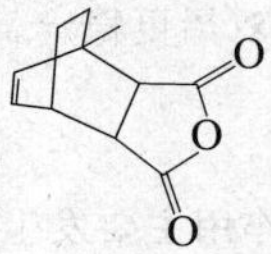

(16) $H_2C=CHCH_2Cl$ ，$H_2\underset{HO}{C}-\underset{Cl}{CH}-CH_2Cl + H_2\underset{Cl}{C}-\underset{OH}{CH}-CH_2Cl$

(17) $CH_3CH_2-\overset{CH_3}{\underset{Br}{C}}-CH_3$ ，$CH_3CH=C(CH_3)_2$

(18) $CH_3-\overset{CH_3}{CH}-OCH_2CH_3$

(19) $CH_3-CH_2-\underset{CH_3}{CHNHCH_3}$

(20) $CH_2=CHCH_2ONO_2 + Ag\downarrow$

4. (1)
$CH_3CH_2CH=CHBr$ ×
$CH_3CH_2CH_2CH_2Br$ $\xrightarrow[C_2H_5OH]{AgNO_3}$ △10min↓
$CH_3CH=CHCH_2Br$ 立即↓

(2) 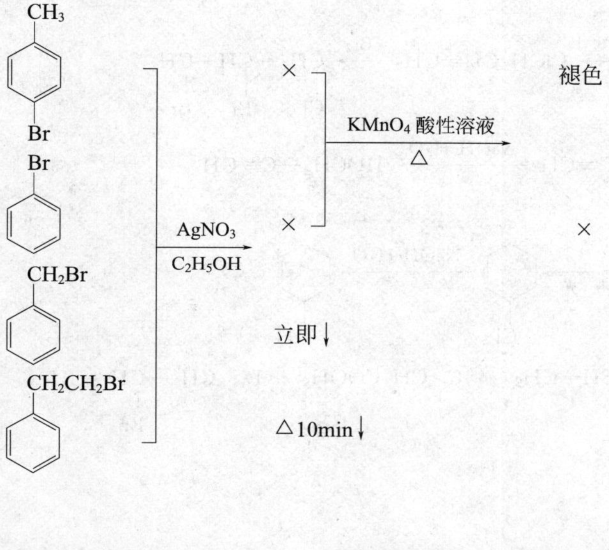
CH_3 / Br（对溴甲苯） ×　$\xrightarrow[\triangle]{KMnO_4 酸性溶液}$ 褪色
Br（溴苯） ×　　　　　　　　　　　　　　×
CH_2Br（苄基溴） $\xrightarrow[C_2H_5OH]{AgNO_3}$ 立即↓
CH_2CH_2Br △10min↓

(3) $CH_3CH_2CH_2Br$, $(CH_3)_2CHBr$, $(CH_3)_3CBr$ $\xrightarrow[C_2H_5OH]{AgNO_3}$ △10min↓；△↓；立即↓

5. (1) A>C>B　　(2) B>C>A　　(3) B>C>A

6. (1) A>B>C　　(2) C>A>B　　(3) A>C>B

7. (1) C>B>A　　(2) C>A>B

8. (1) (A) 步错误，因为在 HOBr 分子中$\overset{-}{H}\overset{+}{O}Br$，$\overset{+}{Br}$应加到$=CH_2$上：$CH_3-\overset{\delta+}{CH}=\overset{\delta-}{CH_2}\ \overset{+}{Br}$；(B) 步错误，分子中含有—OH，不能与 Mg 生成 R—MgX。

(2) (A)，(B) 两步均正确。过氧化物效应只适用于 HBr 与烯、炔的加成。

(3) (A)，(B) 两步均正确。

(4) 错误，应为 (环己烯-1-基)$-CH=CHCH_2CH_3$，生成共轭双烯更稳定。

(5) (B) 步错误，乙烯型卤代烃不易发生亲核取代反应。

(6) 错误，应为 $CH_3CH=C(CH_3)_2$，叔卤代烃与醇钠作用主要发生消除反应。

9. (1)，(2)，(5) 为 S_N1 历程，其余为 S_N2 历程。

10. (1) 苯 + CH_3I $\xrightarrow{AlCl_3}$ $C_6H_5CH_3$ $\xrightarrow[光]{Cl_2}$ $C_6H_5CH_2Cl$ $\xrightarrow{NaCN}$ $C_6H_5CH_2CN$

(2) 溴代环己烷 $\xrightarrow{NaOH-C_2H_5OH}$ 环己烯 $\xrightarrow[光]{Cl_2}$ 3-氯环己烯 $\xrightarrow{NaCN}$ 3-氰基环己烯

(3) $CH_3CH_2CH_2CH_2Cl \xrightarrow{NaOH-C_2H_5OH} CH_3CH_2CH=CH_2 \xrightarrow{HCl} CH_3CH_2CHClCH_3$

$\xrightarrow{NaOH-C_2H_5OH} CH_3CH=CHCH_3$

(4) $CH_3CHBrCH_3 \xrightarrow{KOH-C_2H_5OH} CH_3CH=CH_2 \xrightarrow[过氧化物]{HBr} CH_3CH_2CH_2Br$

(5) $CH_3CH=CH_2 + Cl_2 \xrightarrow{500℃} ClCH_2CH=CH_2 \xrightarrow{Br_2} CH_2Cl-CHBr-CH_2Br$

$\xrightarrow{KOH-C_2H_5OH} ClCH_2-C\equiv CH \xrightarrow{NaOH-H_2O} HOCH_2-C\equiv CH$

(6) 氯代环己烷 $\xrightarrow{KOH-C_2H_5OH}$ 环己烯 $\xrightarrow[光]{Cl_2}$ 3-氯环己烯 $\xrightarrow{NaOH-H_2O}$ 2-环己烯-1-醇 (OH)

11. A. $CH_3CH_2CH_2Br$　B. $CH_3CH=CH_2$　C. CH_3COOH　D. $CH_3-CHBr-CH_3$

有关反应式如下：

$$CH_3CH_2CH_2Br \xrightarrow{KOH-C_2H_5OH} CH_3CH{=}CH_2 \begin{cases} \xrightarrow{[O]} CH_3COOH + CO_2\uparrow \ (C) \\ \xrightarrow{+HBr} CH_3CHBrCH_3 \ (D) \end{cases}$$

A B

12. A. 环戊烷　B. 溴代环戊烷（环戊基-Br）　C. 环戊烯

有关反应式如下：

$$\text{环戊烷 (A)} + Br_2 \xrightarrow{光} \text{环戊基}{-}Br_2\ (B) \xrightarrow{KOH-C_2H_5OH} \text{环戊烯 (C)} \xrightarrow[②\ Zn/H_2O]{①\ O_3} OHC{-}(CH_2)_3{-}CHO$$

13. $(CH_3)_2CHCBr(CH_3)_2$

14. A. 1-甲基环己烯（CH_3）　B. 1,2-二溴-1-甲基环己烷（CH_3, Br, Br）　C. 1-甲基-1,3-环己二烯（CH_3）　D. H_3C-取代的双环加成酸酐（C=O, O, C=O）

有关的反应式如下：

$$\text{A} \xrightarrow{Br_2} \text{B} \xrightarrow{KOH-醇} \text{C}$$

A B C

$$\text{C} \xrightarrow[②\ Zn/H_2O]{①\ O_3} OHC{-}(CH_2)_2{-}CHO + CH_3\overset{O}{\overset{\|}{C}}CHO$$

$$\text{C} + \begin{matrix} CH{-}C(=O) \\ \| \quad\quad O \\ CH{-}C(=O) \end{matrix} \longrightarrow \text{D}\ (H_3C\text{-取代双环酸酐})$$

15. A. $CH_3{-}CHBr{-}CH{=}CH_2$　B. $CH_3{-}CHBr{-}CHBr{-}CH_3$　C. $CH_2{=}CHCH{=}CH_2$

5.4.3 教材习题

1. (1) 2-甲基-4-氯戊烷　(2) 2-氯-2-己烯-4-炔
   (3) 4-溴-1-环己烯　(4) 苄基溴
   (5) 2-氯-4-溴甲苯　(6) 2-甲基-3,6-二氯萘

2. (1) $H_2C{=}CH{-}CH_2{-}Br$　(2) $C_6H_5{-}CH_2{-}Cl$
   (3) $F_2C{=}CF_2$　(4) Cl-环己烯-CH_3
   (5) 间溴苯磺酸（SO_3H, Br）　(6) $H_2C(C_6H_5){-}CHI{-}CH_3$

3. (1) $H_2C{=}CHCH_2Cl$，$H_2C(OH)-CH(Cl)-CH_2Cl + H_2C(Cl)-CH(OH)-CH_2Cl$

(2) $CH_3CH{=}C(CH_3)_2$

(3) $C_6H_5-CH_2CN$

(4) $C_6H_5-CH_2OH$

(5) $CH_3CH_2OCH(CH_3)_2$

(6) $CH_3-CH_2-CH(CH_3)NHCH_3$

(7) Mg/无水乙醚，$CH_3CH_2CH_2COOH$

(8) KOH-乙醇，Br_2，环己二烯

(9) 环己烷（CH_3、H；CH_3、OH）+ 环己烷（CH_3、H；OH、CH_3）

(10) 环己烷（CH_3、H；OH、H）

(11) $CH_2{=}CH-CH_2ONO_2 + AgCl$

4. (1) $CH_3CH_2CH_2Br$，$CH_2{=}CHCH_2Br$，$BrCH{=}CHCH_3$ $\xrightarrow[C_2H_5OH]{AgNO_3}$ △ 10min↓；立即↓；—

(2) $CH_3CH_2CH_2Br$，$(CH_3)_2CHBr$，$(CH_3)_3CBr$ $\xrightarrow[C_2H_5OH]{AgNO_3}$ △ 10min↓；△↓；立即↓

5. (1) C>B>A

(2) C>A>B

6. B>A>C

7. (1) 第二步错误，乙烯型卤代烃不易发生亲核取代反应。

(2) 错误，应为 $CH_3CH{=}C(CH_3)_2$，叔卤代烃与醇钠作用主要发生消除反应。

8.

(1) $CH_3CH_2CH_2Br \xrightarrow[\triangle]{KOH-乙醇} CH_3CH{=}CH_2 \xrightarrow[CCl_4]{Br_2} CH_3CHBr-CH_2Br \xrightarrow[\triangle]{KOH-乙醇} CH_3C{\equiv}CH$

(2) $CH_3CH_2CH_2Br \xrightarrow[无水乙醚]{Mg} CH_3CH_2CH_2MgBr \xrightarrow{CO_2} CH_3CH_2CH_2COOMgBr \xrightarrow{H^+} CH_3CH_2CH_2COOH$

9.

(1) $C_6H_6 + CH_2(Cl)CH_2COCl \xrightarrow{无水\ AlCl_3} C_6H_5-CO-CH_2CH_2Cl \xrightarrow[\triangle\ HCl]{Zn-Hg} C_6H_5-CH_2CH_2CH_2Cl$

$\xrightarrow[\triangle]{KOH-乙醇} C_6H_5-CH_2CH{=}CH_2$

（2）$CH_3CH_2CH_2Cl \xrightarrow[\triangle]{KOH\text{-}乙醇} CH_3CH{=}CH_2 \xrightarrow[h\nu]{Cl_2} \underset{\displaystyle Cl}{CH_2}CH{=}CH_2 \xrightarrow[H_2O]{NaOH}$

$\underset{\displaystyle OH}{CH_2}CH{=}CH_2 \xrightarrow[CCl_4]{Cl_2} \underset{\displaystyle OH}{CH_2}{-}\underset{\displaystyle Cl}{CH}{-}\underset{\displaystyle Cl}{CH_2}$

10. A. 环戊烯　　B. 1,2-二溴环戊烷（Br Br）　　C. 环戊二烯

11. A. $CH_3CH{=}CHCH_2CH_3$　　B. $CH_3\underset{\displaystyle Br}{CH}{-}\underset{\displaystyle Br}{CH}{-}CH_2CH_3$

C. $CH_2{=}CH{-}CH{=}CH{-}CH_3$　　D. 4-甲基环己烯（环己烯环—CH_3）

第 6 章

旋光异构

6.1 习题

1．旋光物质具有旋光性的根本原因是（　　）。

A．分子中具有手性碳原子　　B．分子中具有对称中心

C．分子的不对称性　　D．分子中没有手性碳原子

2．下列说法正确的是（　　）。

A．有机分子中若有对称中心，则无手性

B．有机分子中若没有对称面，则必有手性

C．手性碳是分子具有手性的必要条件

D．一个分子具有手性碳原子，则必有手性

3．化合物（＋）和（－）甘油醛的不同性质是（　　）。

A．熔点　　B．相对密度

C．折光率　　D．旋光性

4．下列各组化合物是对映体的是（　　），是非对映体的是（　　）

A. $\begin{array}{c} CH_3 \\ H-\!\!\!+\!\!\!-Cl \\ Cl-\!\!\!+\!\!\!-H \\ CH_3 \end{array}$ 和 $\begin{array}{c} CH_3 \\ Cl-\!\!\!+\!\!\!-H \\ CH_3-\!\!\!+\!\!\!-H \\ Cl \end{array}$　　B. $\begin{array}{c} CH_3 \\ H-\!\!\!+\!\!\!-OH \\ HO-\!\!\!+\!\!\!-H \\ CH_3 \end{array}$ 和 $\begin{array}{c} CH_3 \\ HO-\!\!\!+\!\!\!-H \\ CH_3-\!\!\!+\!\!\!-OH \\ H \end{array}$

C. $\begin{array}{c} Ph \\ H-\!\!\!+\!\!\!-OH \\ H-\!\!\!+\!\!\!-OH \\ CH_3 \end{array}$ 和 $\begin{array}{c} Ph \\ H-\!\!\!+\!\!\!-OH \\ H_3C-\!\!\!+\!\!\!-H \\ OH \end{array}$　　D. $\begin{array}{c} COOH \\ H-\!\!\!+\!\!\!-OH \\ H-\!\!\!+\!\!\!-OH \\ COOH \end{array}$ 和 $\begin{array}{c} COOH \\ HO-\!\!\!+\!\!\!-H \\ HO-\!\!\!+\!\!\!-H \\ COOH \end{array}$

5．下列化合物是 R 构型的是（　　）

A. $\begin{array}{c} CH_3 \\ CH{\equiv}C-\!\!\!+\!\!\!-CH{=}CH_2 \\ H \end{array}$　　B. $\begin{array}{c} Br \\ C_6H_5-\!\!\!+\!\!\!-CH_3 \\ H \end{array}$

C. $\begin{array}{c} Cl \\ H-\!\!\!+\!\!\!-CH{=}CH_2 \\ CH_3 \end{array}$　　D. $\begin{array}{c} CH(CH_3)_2 \\ H-\!\!\!+\!\!\!-Cl \\ CH_2CH_3 \end{array}$

6．下列结构中具有旋光性的是（　　）

A. 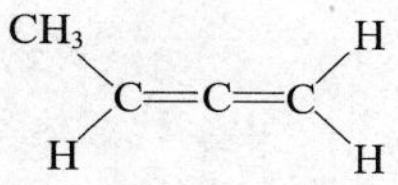　　B. 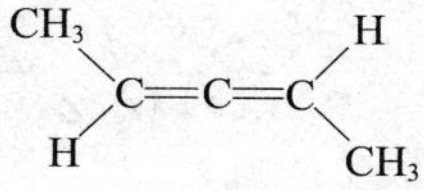

C. 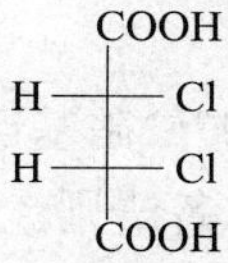　　D. 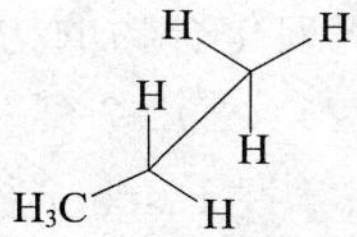

7. 命名下列各物质

(1) 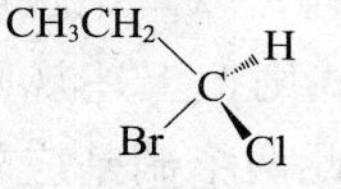　(2) 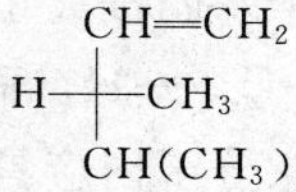　(3) 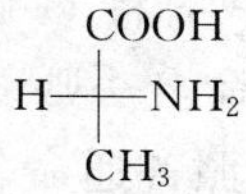

(4) 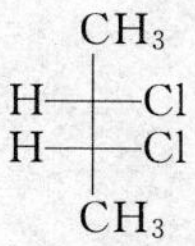　(5) 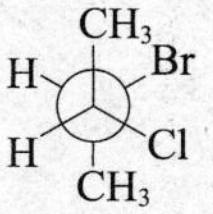　(6) 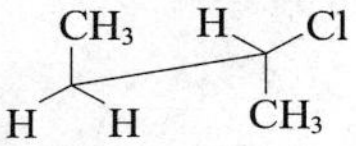

8. 用 R/S 标记法，标明下列化合物中手性碳原子的构型

(1) 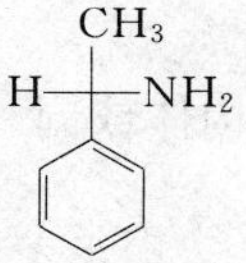　(2) 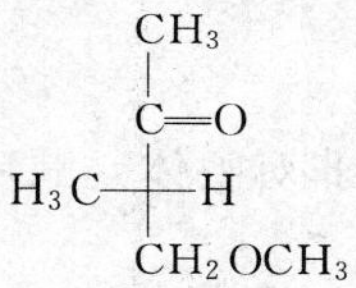　(3) 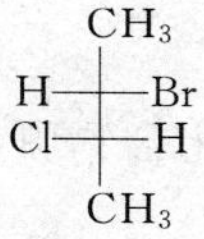

(4) 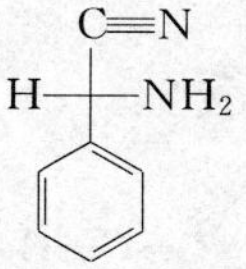　(5) 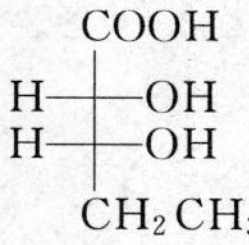　(6) 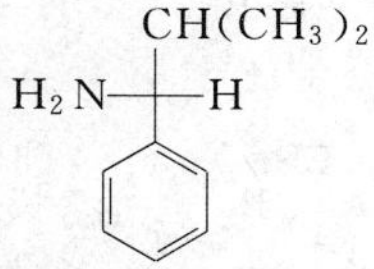

9. 指出下列各对化合物的相互关系（相同构型，对映体，非对映体，内消旋体）

(1) 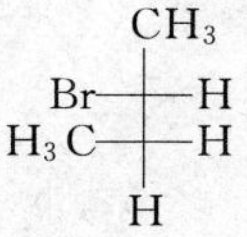 和 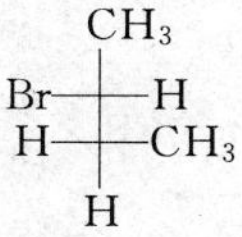　(2) 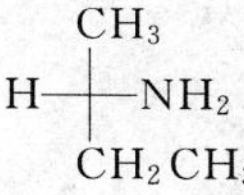 和 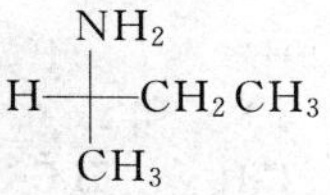

(3) 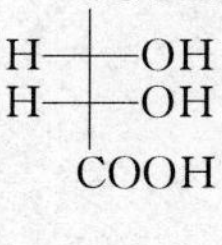 和 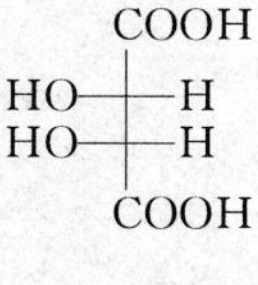　(4) 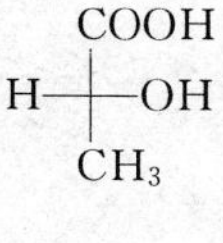 和 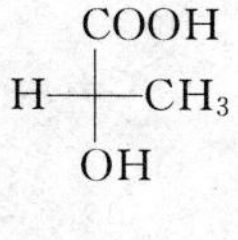

(5) 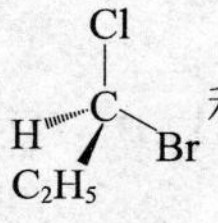 和 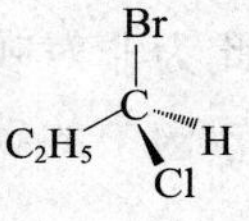　(6) 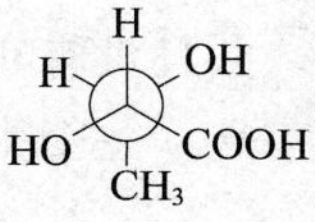 和 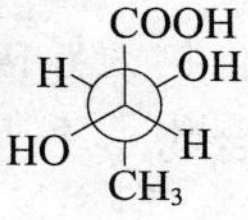

10. 推断结构

(1) 化合物 A 的分子式为 C_5H_8，具旋光活性，构型为 R。A 在常温下催化氢化得 B，B 的分子式为 C_5H_{10}，无旋光活性。写出 A，B 的构造式。

(2) 两种烯烃 A 和 B 分子式都是 C_7H_{14}，都具有旋光活性且旋光方向相同，A，B 催化加氢后都得到旋光活性物质 C。写出 A，B，C 的构造式。

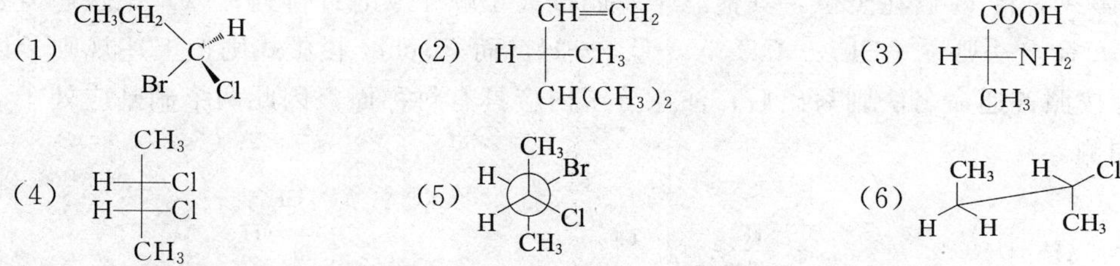

6.2 解题示例

1. 用费歇尔投影式画出下列化合物的构型式。

(1)（*R*）-2-丁醇　　(2)（*E*）-2-氯-4-溴-2-戊烯　　(3) 内消旋-3,4-二硝基己烷

解：解答此类题目需熟练掌握 Fischer 投影式的应用规则以及 *R*、*S* 的命名法则。(1) 小题主要考查了 Fischer 投影式的应用规则以及 *R*、*S* 的命名法，—OH＞C_2H_5＞CH_3＞H，书写 Fischer 投影式时将 H 放在竖位，其他三个基团按大小顺序顺时针排列；(2) 小题还需要掌握烯烃的 *Z*、*E* 命名法则，—Cl＞—CH_3，—C＞—H，而 Fischer 投影式则按上述规则予以书写。(3) 小题按照普通命名法则写出后，注意分子内应具有对称面，因此两个硝基应处于 Fischer 投影式同侧。

(1) 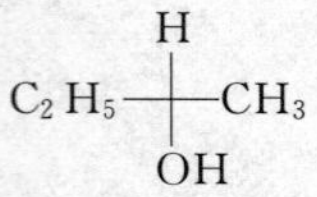 H / C_2H_5—CH_3 / OH　　(2) 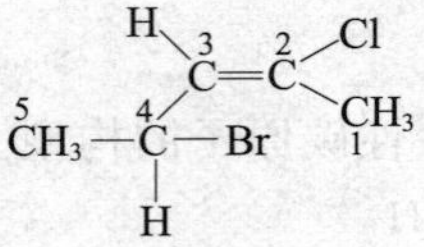 H、Cl、CH_3、CH_3、Br、H（5、4、3、2、1）　　(3) CH_3 / H—H / H—NO_2 / H—NO_2 / H—H / CH_3

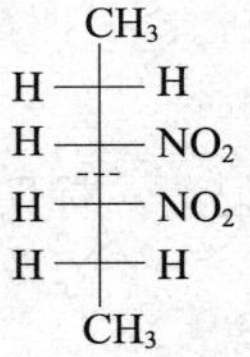

2. 下列各对化合物哪些属于对映体、非对映体、顺反异构体、构造异构体或同一化合物。

(1) 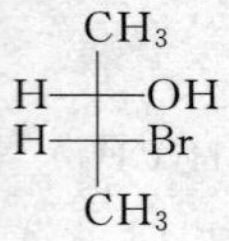 CH_3 / H—OH / H—Br / CH_3 和 Br / H—CH_3 / H—OH / CH_3　　(2) □ 和 △—CH_3

(3) CH_3, H, Br, Cl, H, CH_3 和 CH_3, H, CH_3, H, Cl, Br　　(4) H, H, CH_3, CH_3 C=C=C 和 H, CH_3, CH_3, H C=C=C

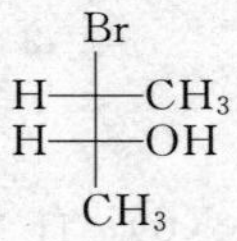

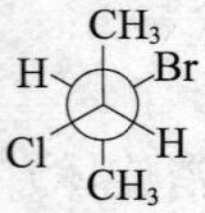

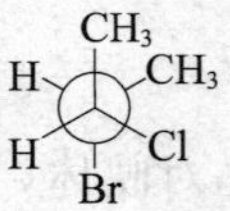

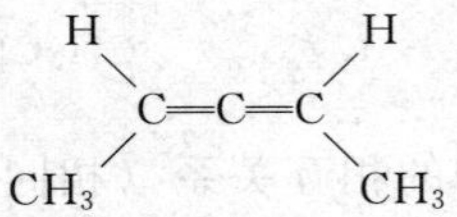

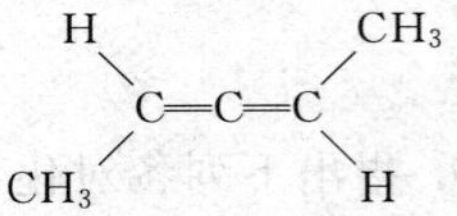

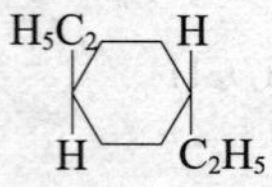

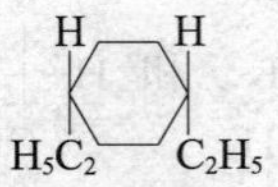

(5) H_5C_2, H, H, C_2H_5 和 H, H, H_5C_2, C_2H_5　　(6) 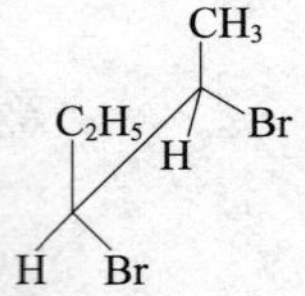 CH_3, C_2H_5, Br, H, H, Br 和 C_2H_5, CH_3, H, Br, H, Br

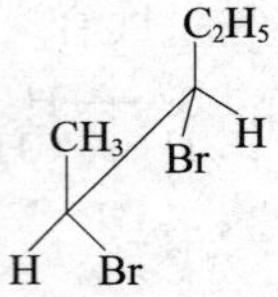

(7) 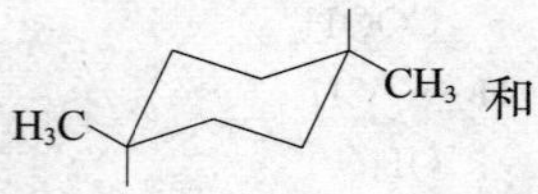 H_3C, CH_3 和 H_3C, CH_3

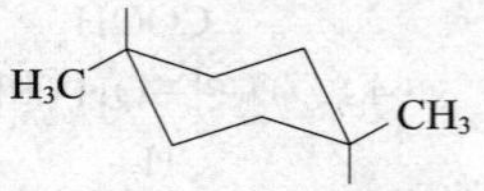

解：

(1) 这对化合物为异构体，并且没有实物与镜像关系，因此为非对映体。

(2) 这对化合物一个为环丁烷，一个为环丙烷，属于构造异构中的碳架异构，因此为构造异构体。

(3) 该对化合物右边碳链旋转，则与左边化合物互为实物与镜像关系，因此为对映体。

(4) 这对化合物为异构体，并且没有实物与镜像关系，因此非对映体。

(5) 这对化合物属于立体异构中的顺反异构，因此互为顺反异构体。

(6) 这对化合物为异构体，并且没有实物与镜像关系，因此为非对映体。

(7) 这对化合物旋转一定角度可以互相重合，并且化合物具有对称面，因此为同一化

合物。

3. 命名下列化合物。

(1)
$$\begin{array}{ccc} & CH{=}CH_2 & \\ H & - & Cl \\ & C_2H_5 & \end{array}$$

(2)
$$\begin{array}{ccc} & CH_3 & \\ H & \diagdown & CH_2Cl \\ H & \diagup & Cl \\ & C_2H_5 & \end{array}$$

(3)
$$\begin{array}{ccc} & C_2H_5 & \\ H & - & Br \\ Cl & - & H \\ & CH_3 & \end{array}$$

(4)
$$\begin{array}{ccc} & CH_3 & \\ H & - & Cl \\ H & - & Br \\ H & - & Br \\ & C_2H_5 & \end{array}$$

解：

(1) 该化合物首先按照系统命名法为 3-氯-1-戊烯，根据 Fischer 投影式的应用规则以及 R，S 的命名法则，$—Cl > —CH{=}CH_2 > —C_2H_5$ 从大到小为反时钟方向，并且 H 处在横键位置，因此化合物为 R 构型，整个化合物命名为 R-3-氯-1-戊烯。

(2) 首先转化为 Fischer 投影式，再根据系统命名法和 R、S 的命名法则，命名为（2S，3R）-2-甲基-1,3-二氯戊烷。

$$\begin{array}{ccc} & CH_3 & \\ CH_2Cl & - & H \\ H & - & Cl \\ & C_2H_5 & \end{array}$$

(3) 根据系统命名法和 R，S 的命名法则，可将该化合物命名为（2S，3S）-2-氯-3-溴戊烷。

(4) 该化合物有三个手性中心。首先根据系统命名法命名该化合物为 2-氯-3,4-二溴己烷，然后根据 R，S 命名法则依次判断 C_2，C_3，C_4 分别为 S（基团大小顺序为顺时针 $—Cl > C_3 > C_1$，H 在横键位置），S（基团大小顺序为顺时针，H 在横键位置），R（基团大小顺序为反时针，H 在横键位置）构型，命名为（2S，3S，4R）-2-氯-3,4-二溴己烷。

6.3　参考答案

6.3.1　习题

1. C　　2. A　　3. D　　4. A，B　　5. D　　6. B

7. (1)（S）-1-氯-1-溴丙烷　　(2)（R）-3,4-二甲基-1-戊烯
   (3)（R）-2-氨基丙酸　　(4)（2S，3R）-2,3-二氯丁烷
   (5)（2S，3S）-2-氯-3-溴丁烷　　(6)（S）-2-氯丁烷

8. (1) S　　(2) S　　(3) 2S，3S
   (4) R　　(5) 2R，3R　　(4) R

9. (1) 相同构型　　(2) 相同构型　　(3) 内消旋体
   (4) 对映体　　(5) 对映体　　(6) 非对映体

10. (1) A.
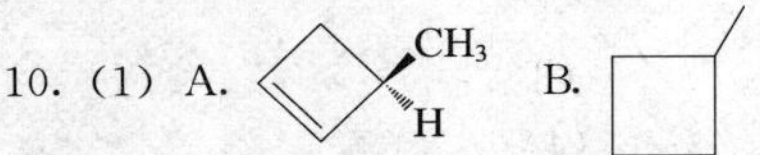

(2) A. $CH_3CH_2\overset{*}{C}H(CH_3)CH_3{=}CHCH_3$ B. $CH_3CH_2\overset{*}{C}H(CH_3)CH_2CH{=}CH_2$

C. $CH_3CH_2\overset{*}{C}H(CH_3)CH_2CH_2CH_3$

6.3.2 教材习题

1. (1)、(2)、(6) 具有手性。

2. (1) 具有旋光活性的物质称为旋光性物质。

(2) 使偏振光向左偏转的现象叫作左旋；使偏振光向右偏转的现象叫作右旋。

(3) 实物和镜像不能重叠的现象称为具有手性。

(4) 连有 4 个不同基团的碳称为手性碳原子。

(5) 构造式相同的两个分子由于原子在空间的排列不同，彼此互为镜象，不能重合的分子，互称对映体。

(6) 构造式相同，构型不同，但不是实物与镜象关系的化合物互称非对映体。

(7) 分子内，含有构造相同的手性碳原子，但存在对称面的分子，称为内消旋体，用 meso 表示。

(8) 一对对应体右旋体和左旋体的等量混合物叫作外消旋体。

(9) 将手性碳上四个不同基团按顺序规则从大到小排队，从远离最小基团的方向观察观察手性碳上的其余三个基团，若这三个基团从大到小按顺时针方向排列，构型是 *R*；按反时针方向排列，构型是 *S*。

(10) 为了研究的方便，人为地选定右旋的甘油醛为标准物，将它的结构按 Fischer 投影式的投影原则进行投影，这时其碳链处于竖直方向，醛基在碳链上端，中间碳上的羟基处于 Fischer 投影式的右侧，规定这种构型的甘油醛为 D 构型。与之对应，左旋甘油醛中，中间碳上的羟基处于 Fischer 投影式的左侧，则为 L 构型。

(11) 使偏振光向右偏转的现象叫作右旋，用符号“+”表示；使偏振光向左偏转的现象叫作左旋，用符号“—”表示。

(12) 通常规定 1 mol 含 1g 旋光性物质的溶液，放在 1 dm (10 cm) 长的盛液管中测得的旋光度，称为该物质的比旋光度。

3. (1) 分子具有旋光性的充分必要条件是该分子没有对称中心和对称面。

(2) 含手性碳的化合物一定具有旋光异构体。含手性碳的化合物不一定具有旋光性，如内消旋体。

(3) 有旋光性不一定具有手性。

(4) 有手性不一定具有手性碳。

4. (1) *S*-2,2-二甲基-3-溴戊烷 (2) *R*-3-丁烯-2-醇

(3) (2*S*，3*R*) -2,3-二氯丁烷 (4) *R*-2-甲基-3-丁炔醛

5. (1) 对映体 (2) 对映体 (3) 同一化合物 (4) 对映体

6. (1) 无 (2) 有 (3) 有 (4) 无 (5) 有 (6) 有

7. 两个手性碳，4 个旋光异构体，(1) 和 (2)，(3) 和 (4) 互为对映异构体。(1) 和 (3)，(1) 和 (4)，(2) 和 (3)，(2) 和 (4) 互为非对映异构体。

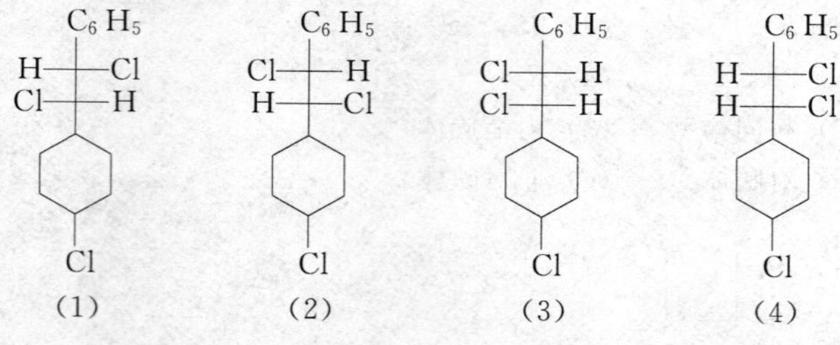

8. 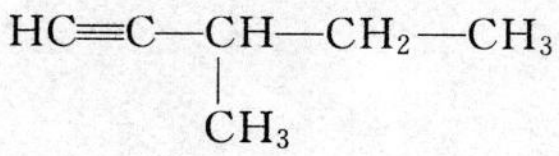
$$HC\equiv C-\underset{\displaystyle CH_3}{\underset{|}{CH}}-CH_2-CH_3$$

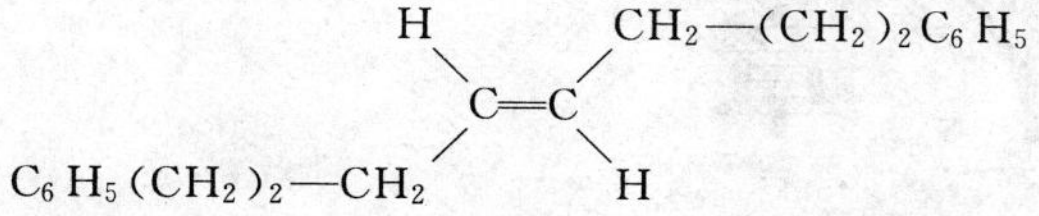

9. A: $H(C_6H_5(CH_2)_2-CH_2)C=C(H)(CH_2-(CH_2)_2C_6H_5)$

A

B: Fischer projection — top $(CH_2)_3C_6H_5$; H—C—Br; H—C—Br; bottom $(CH_2)_3C_6H_5$

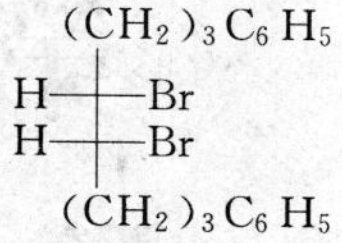

B

10. 构型没有变化，酯化过程没有牵涉到手性碳原子。

11.

(1) 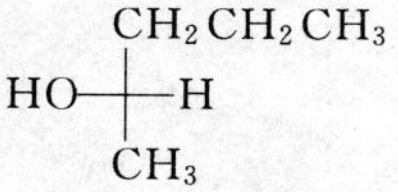 top $CH_2CH_2CH_3$; HO—C—H; bottom CH_3　(*S*)

(2) 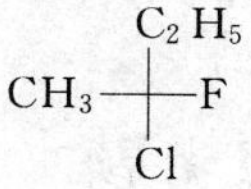 top C_2H_5; CH_3—C—F; bottom Cl　(*S*)

(3) top Cl; HO—C—H; bottom CH_3 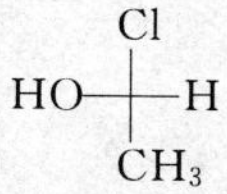　(*R*)

(4) 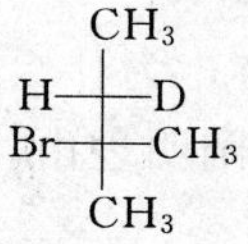 top CH_3; H—C—D; Br—C—CH_3; bottom CH_3　(*S*)

(5) 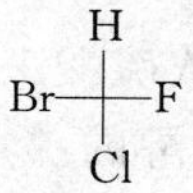 top H; Br—C—F; bottom Cl　(*R*)

(6) 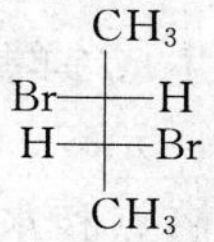 top CH_3; Br—C—H; H—C—Br; bottom CH_3　(2*R*，3*R*)

12. 64°，对映体的比旋光度是－64°，＋6.4°。

第 7 章

醇、酚、醚

7.1 思考题

1. 醚可以与浓硫酸作用生成 锌盐，能否利用浓硫酸来除去乙醇中的乙醚，为什么？
2. 试比较同碳原子数的一元醇、二元醇、三元醇的沸点和水溶性大小，阐明理由。
3. 为什么邻硝基苯酚的沸点和水溶性小于对硝基苯酚？
4. 使用和贮存乙醚应注意什么问题？
5. 为什么苯酚的酸性比环己醇更强？

7.2 习题

1. 用系统命名法命名下列化合物。

(1) $HC\equiv CCH(OH)\ CH_2CHBrCH_3$

(2) 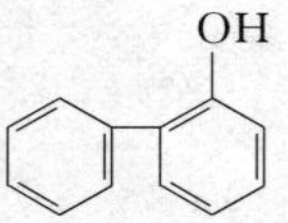 （联苯，一个苯环上连有 OH）

(3) （苯环上两个 OH 相邻，对位连 $CH_2(CH_2)_4CH_3$）

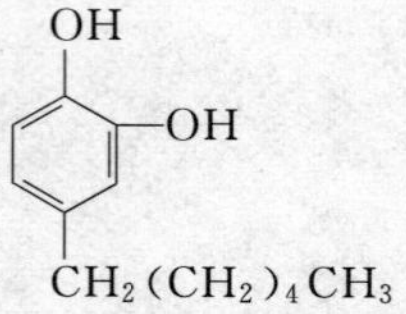

(4) 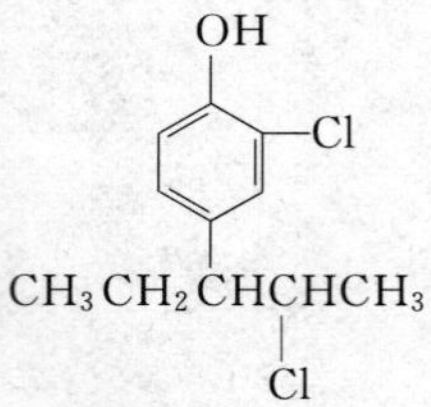 （苯环上 OH，邻位 Cl，对位连 $CH_3CH_2CHCHCH_3$，其中一个 CH 上连 Cl）

(5) 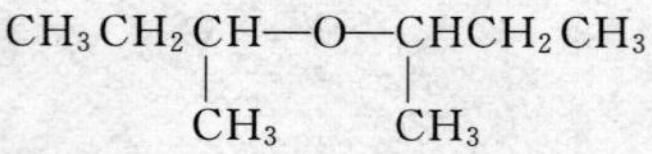 $CH_3CH_2CH(CH_3)—O—CH(CH_3)CH_2CH_3$

(6) 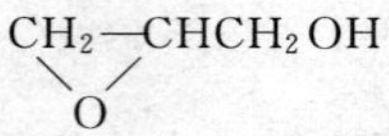 $CH_2—CHCH_2OH$（CH_2 与 CH 之间以 O 相连成环）

(7) 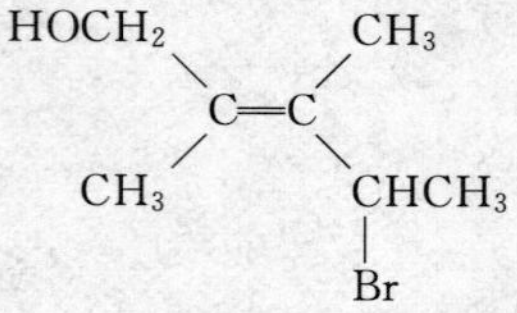 $HOCH_2(CH_3)C=C(CH_3)CH(Br)CH_3$

(8) 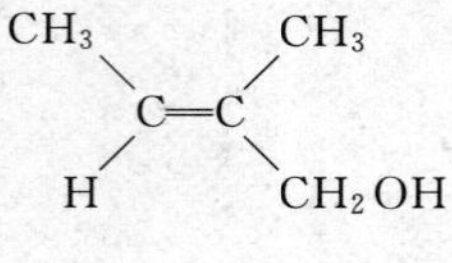 $CH_3(H)C=C(CH_3)CH_2OH$

(9) 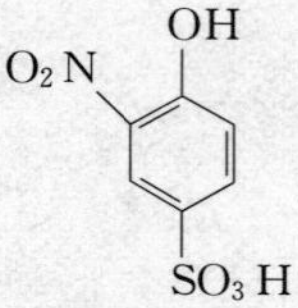 （苯环上 OH，邻位 O_2N，对位 SO_3H）

(10) 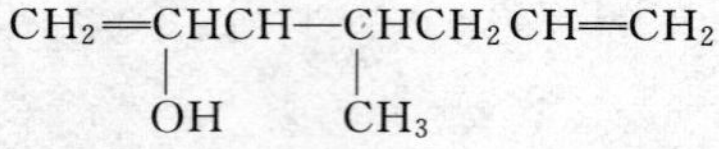 $CH_2=CHCH(OH)—CH(CH_3)CH_2CH=CH_2$

2. 写出下列化合物的构造式。

(1) 乙二醇-二(2-氯乙基) 醚

(2) 用 Fischer 投影式表示 (2*R*，3*S*)-$CH_3CHOHCHOHCH_3$

(3) 苦味酸　　(4) (2 反，5 顺)-2-甲基-5-异丙基环己醇 (优势构象)

3. 写出分子式为 $C_4H_{10}O$ 的所有异构体，并用系统命名法命名。

4. 按要求排列次序。

(1) 将下列化合物按溶解度的大小排列成序：

① CH_3CH_2OH　② $CH_3CH_2CH_2OH$　③ $CH_3CH_2CH_2CH_2OH$　④ $(CH_3)_3COH$

(2) 将下列化合物按稳定性大小排列次序：

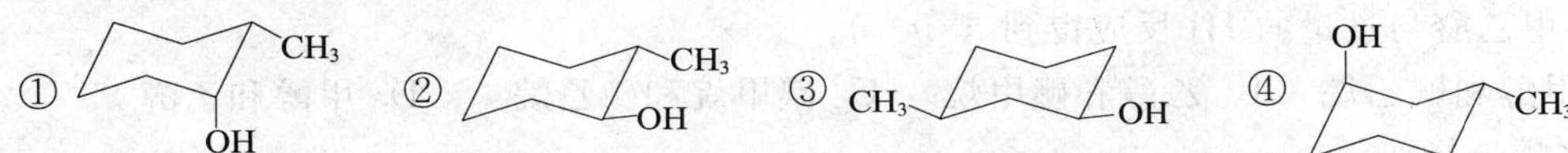

(3) 将下列化合物按与 HBr 进行取代反应的活性大小排列成序：

① $CH_3CH{=}CHCH_2CH_2OH$　② $CH_3CH_2CH{=}CHCH_2OH$　③ $(CH_3)_2CHOH$

(4) 排出下列化合物的沸点由高到低的次序：

① 1-丁醇　② 1,2-丁二醇　③ 1,2,3-丁三醇　④ 乙醚

(5) 排出下列醇与金属钠反应由快到慢的次序：

① 叔丁醇　② 异丙醇　③ 正丙醇　④ 甲醇

(6) 将下列离子按碱性大小排列成序：

① CH_3O^-　② CH_3^-　③ $CH{\equiv}C^-$　④ $(CH_3)_3CO^-$

(7) 比较下列化合物的酸性大小：

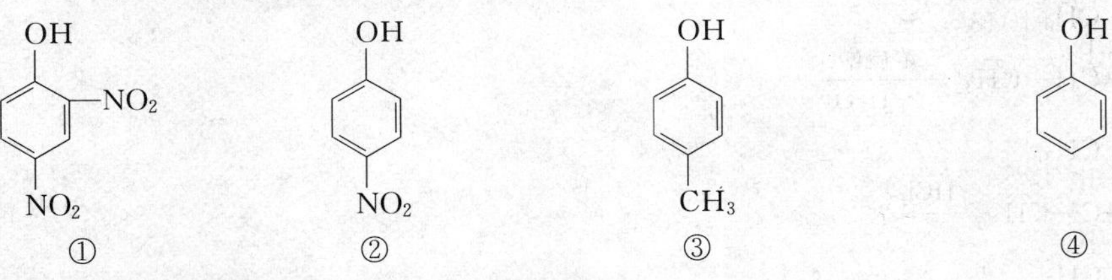

(8) 按碳正离子稳定性由大到小排序：

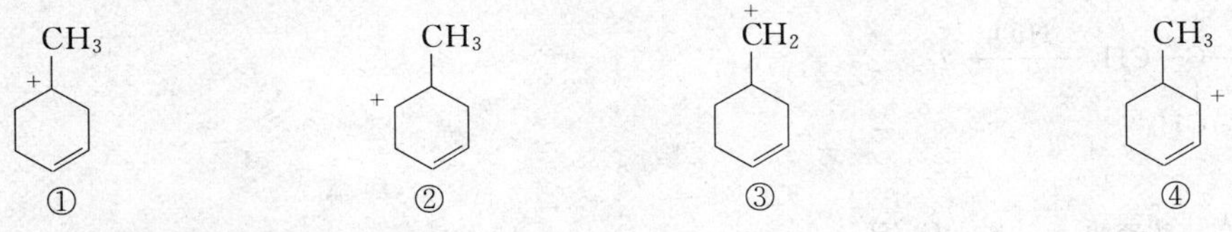

(9) 水溶性由大到小排序：

① 乙醇　② 丁醇　③ 乙醚　④ 1,4-乙二醇

5. 单项选择。

(1) 下列化合物与金属钠反应，速率最快的是 (　　)。

A. 苯甲醇　B. 叔丁醇　C. 异丁醇　D. 甲醇

(2) 下列几种酚，$pK_a^{\ominus}$ 最大的是 (　　)。

A. 苯酚　B. 2,4,6-三硝基苯酚　C. 对硝基苯酚　D. 对甲基苯酚

(3) 乙醇的水溶性大于 1-丁烯，这主要是因为 (　　)。

A. 乙醇的相对分子质量小于正丁烷　　B. 乙醇分子中的氧原子为 sp^3 杂化

C. 乙醇可与水形成氢键　　D. 乙醇分子中没有 π 键

（4）下列化合物中，能形成分子内氢键的是（　）。

A. 邻甲基苯酚　B. 对甲基苯酚　C. 邻硝基苯酚　D. 对硝基苯酚

（5）用化学方法鉴别苯酚、环己醇、苯甲醇三种化合物，最合适的一组试剂是（　）。

A. 金属钠和三氯化铁　　B. 溴水和三氯化铁

C. 溴水和卢卡斯试剂　　D. 溴水和金属钠

（6）丙烯在过氧化物存在下与溴反应生成 3-溴-1-丙烯，该反应属于（　）。

A. 亲电加成　B. 亲核取代　C. 自由基取代　D. 亲电取代

（7）甲乙醚与过量的 HI 反应得到（　）。

A. 甲醇和碘乙烷　B. 乙醇和碘甲烷　C. 碘甲烷和碘乙烷　D. 甲醇和乙醇

6. 多项选择。

（1）下列醇中属于伯醇的是（　）。

A. 苯甲醇　B. 甲醇　C. 异丁醇　D. 异丙醇

（2）用化学方法区别苯酚和环己醇，可采用的试剂有（　）。

A. 三氯化铁　B. 溴水　C. 卢卡斯试剂　D. 金属钠

（3）下列化合物能与水形成氢键的有（　）。

A. 水杨酸　B. 苯酚　C. 叔丁醇　D. 乙醚

7. 写出下列反应的主要产物。

（1）$C_6H_5—O—CH_3 \xrightarrow{HI} ?$

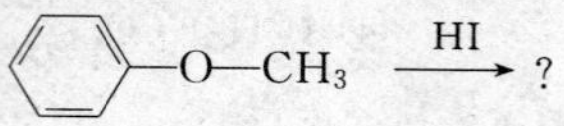

（2）$CH_3—CH(OH)—CH(CH_3)—CH_3 \xrightarrow[-H_2O]{浓硫酸} ?$

（3）$H_3C—CH(OH)—C(CH_3)_2—CH_3 \xrightarrow{HCl} ?$

（4）$CH_3—C(OH)(CH_3)—C(OH)(CH_3)—CH_3 \xrightarrow{HIO_4} ?$

（5）1-甲基-2-羟基-2-甲基环己烷（环己烷环上一个碳连 CH_3，相邻碳连 OH 和 CH_3）$\xrightarrow[-H_2O]{浓硫酸} ? \xrightarrow{KMnO_4/H^+} ?$

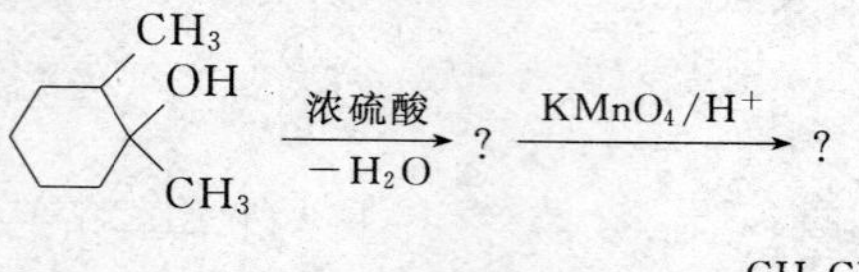

（6）$H_3C—CH_2—OH + PBr_3 \longrightarrow ? \xrightarrow{CH_3CH_2ONa} ?$

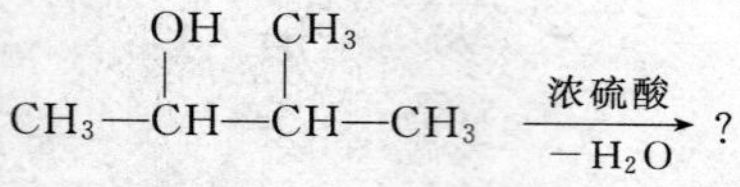

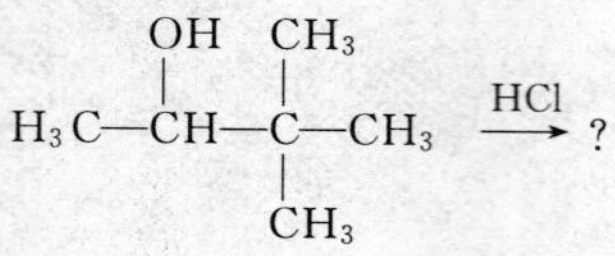

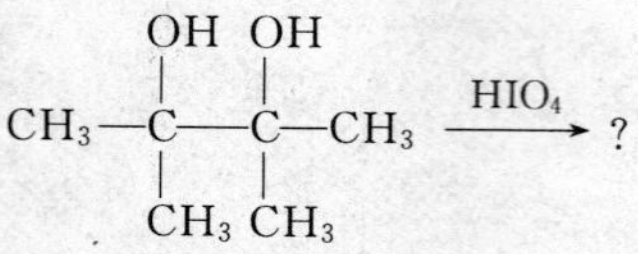

（7）$HOH_2C—CH=CH—CH_2OH \xrightarrow[吡啶]{CrO_3} ?$

（8）$C_6H_5—OH \xrightarrow[室温]{浓硫酸} ? \xrightarrow{100℃} ?$

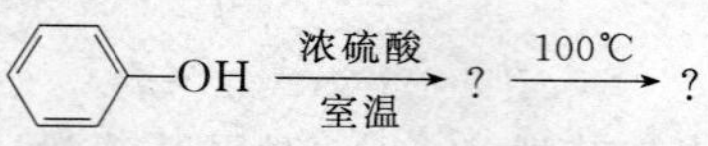

（9）$C_6H_5—OH \xrightarrow{NaOH} ? \xrightarrow{ClCH_2COOH}$

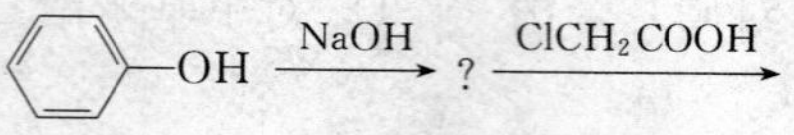

(10) 四氢呋喃 $\xrightarrow[\text{过量}]{\text{HI}}$?

(11) $H_2C—CH_2$（环氧乙烷）$+ NH_3 \longrightarrow$?

(12) 1,2-二甲基环己烯 $+ H_2O \xrightarrow{H^+}$? $\xrightarrow[-H_2O]{\text{浓硫酸}}$?

(13) 环己基$—CH_2OH \xrightarrow[-H_2O]{\text{浓硫酸}}$? $\xrightarrow[H^+]{KMnO_4}$?

(14) $HOCH_2CH_2CH_2CH_2OH \xrightarrow[\text{分子内脱水}]{H^+}$?

8. 用化学方法鉴别下列各组化合物。

(1) ① 环己醇　② 甘油　③ 苯酚

(2) ① 乙醚　② 正丁醇　③ 1-溴丁烷　④ 3-丁烯-1-醇

9. 由指定的原料合成指定的化合物（无机试剂可任选）。

(1) 由乙烯为原料合成乙酸乙酯。

(2) 由苯和两个碳原子以下的化合物合成 $C_6H_5—CH_2CH_2OH$。

(3) 由丙烯合成异丙醚。

(4) 由正丁醇合成2-丁酮。

(5) 由四氢呋喃为原料合成 $ICH_2CH_2CH_2CHO$。

10. 除去下列化合物中的杂质。

(1) 乙烷中少量的乙烯。　(2) 正己烷中少量的乙醚。

(3) 环己醇中少量的苯酚。

11. 化合物A，B，C的分子式均为 $C_5H_{12}O$，三者都可以与金属钠作用放出氢气，在酸催化下加热脱水后，催化加氢均得到2-甲基丁烷。三者与卢卡斯试剂作用，A几小时也不出现混浊，B在10min内出现，C立即出现混浊。试写出A，B，C的构造式。

12. 某芳香化合物A的分子式为 C_7H_8O，A与钠不发生反应，但A可与HI反应得到B和C。B能溶于氢氧化钠溶液，并与三氯化铁溶液作用显紫色；C可与硝酸银的醇溶液反应得到碘化银沉淀。试写出A，B，C的构造式。

13. 某单烯烃A的分子式为 C_6H_{10}，与溴水（次溴酸）作用得到化合物B($C_6H_{11}OBr$)，B与NaOH的水溶液共热得C，C无旋光性（外消旋体）。A用冷高锰酸钾处理后得到D($C_6H_{12}O_2$)，D无旋光性（内消旋体）。C与D为非对映异构体。试写出A，B，C，D的构造式。

14. 分子式为 $C_5H_{12}O$ 的化合物A，能与金属钠作用放出氢气，不能使高锰酸钾溶液褪色。A与浓硫酸共热得到B(C_5H_{10})，B用冷高锰酸钾溶液处理得到C，C与高碘酸作用得到丙酮和乙醛。试写出A的构造。

7.3 解题示例

1. 判断下述命名有无错误，若有错误请说明原因，并写出正确名称。

(1) $H_3C—\underset{|}{\overset{CH_3}{CH}}—\overset{OH}{CH}—CH_3$
2-甲基-3-丁醇

(2) HO—⟨苯环⟩—SO_3H
4-磺酸基苯酚

(3) $H_2C{=}CH—\overset{OH}{CH}—CH_3$
1-丁烯-3-醇

(4) ⟨苯环⟩—O—CH_3
甲苯醚

(5) $H_3C—\overset{OH}{CH}—\overset{OH}{CH}—CH_3$
丁二醇

(6) $H_3C—O—CH_2—CH_3$
甲氧基乙烷

解：(1) 错。醇的命名应使羟基的位次尽可能小，即从靠近羟基的一端开始将主链编号。正确的名称为：3-甲基-2-丁醇。

(2) 错。当苯酚分子中苯环上除羟基外还有磺酸基、羧基、羰基等基团时，将羟基看作取代基，分别以磺酸、羧酸和酮（醛）为母体，编号时从母体官能团开始。正确的名称为：4-羟基苯磺酸。

(3) 错。对于既含有不饱和键又有羟基的双官能团化合物，以醇为母体，编号时从靠近羟基的一端开始，命名时分别标出不饱和键和羟基的位次。正确的名称为：3-丁烯-2-醇。

(4) 错。对于既含有芳烃基又有脂烃基的芳香醚，命名时先写芳烃基的名字，再写脂烃基的名字。正确的名称为：苯甲醚。

(5) 错。多元醇的命名应标出每个羟基的位次。正确的名称为：2,3-丁二醇。

(6) 错。对于简单的混合醚，命名时先写出简单烃基的名字，再写复杂烃基的名字，最后加上"醚"字。只有对一些构造复杂的醚，在命名时才将较小的基团与氧原子在一起看作取代基（烷氧基），以烃为母体进行命名。正确的名称为：甲乙醚。

2. (1) 3-甲基-3-戊醇与 H_2SO_4 共热主要发生（　　）反应。

A. E1；　　B. S_N1；　　C. S_N2；　　D. E2

(2) 下列化合物沸点最高的是________。

A. 3-己醇　　B. 正己烷　　C. 2-甲基-2-戊醇　　D. 正庚醇

解：(1) A. E1。3-甲基-3-戊醇是叔醇，与 H_2SO_4 共热主要发生的是消除反应，而醇的消除基本上是按 E1 历程进行。

(2) D. 正庚醇。醇由于羟基之间氢键的存在，使得它的沸点比烃高，因此，在这四个化合物中，B 正己烷的沸点比 A，C，D（它们都是醇）都低；而碳原子不同的醇，随着碳链的增长，沸点升高，因此 A，C，D 三个醇中，D 的沸点最高；A，C 是同碳数的醇，则支链越多，沸点越低。

3. 比较下列化合物的酸性大小，并说明原因。

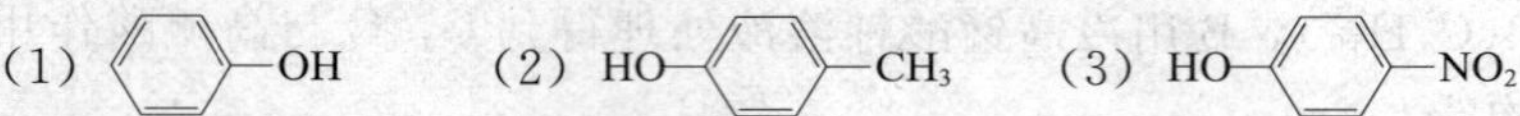

解：酸性大小为 (3)＞(1)＞(2)。酚具有酸性的原因是因为酚分子中的氧原子为 sp^3 杂化，氧原子上有一对未共用电子对填充在未参与杂化的 p 轨道上，这对电子可以和苯环发生 p-π 共轭，从而使氧原子上的电子向苯环转移，加大了 O—H 键的极性，从而使酚显弱酸性。当酚的苯环上有吸电子基团（如硝基）时，由于其吸电子诱导效应的影响，使 O—H 键的极

性进一步加大，氢原子易离解，酸性增强。当有斥电子基团（如甲基）时，使O—H键的极性减弱，酸性减弱。

4．完成下列转化。

（1）以苯酚为原料（无机试剂任选）合成2,6-二氯苯酚。

（2）用C_3以下的醇为原料（无机试剂任选）合成乙基异丙基醚。

（3）$CH_2{=}CH{-}CH_3 \longrightarrow CH_2(OH){-}CH(OH){-}CH_2(OH)$

（4）$CH_3CH_2CH_2OH \longrightarrow CH_3CH_2CH_2OCH(CH_3)_2$

解：

（1）苯酚 $\xrightarrow[100℃]{H_2SO_4}$ 4-羟基苯磺酸（对位 SO_3H） $\xrightarrow[Fe]{Cl_2}$ 3,5-二氯-4-羟基苯磺酸 $\xrightarrow[H_2O\ \triangle]{H^+}$ 2,6-二氯苯酚

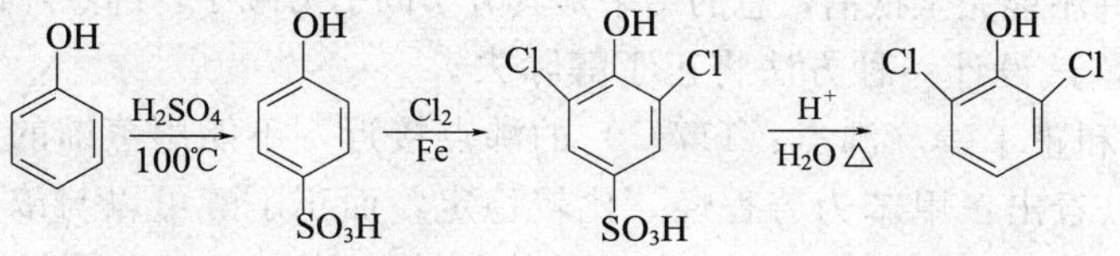

（2）$CH_3CH_2OH \xrightarrow[H^+]{HBr} CH_3CH_2Br$

$CH_3CH(OH)CH_3 \xrightarrow{Na} CH_3CH(ONa)CH_3$

$CH_3CH(ONa)CH_3 \xrightarrow{CH_3CH_2Br} CH_3CH_2{-}O{-}CH(CH_3)CH_3$

（3）$CH_3CH{=}CH_2 \xrightarrow[光照]{Cl_2} CH_2(Cl)CH{=}CH_2 \xrightarrow[Ag]{O_2} CH_2(Cl){-}\underset{\diagdown O \diagup}{CH{-}CH_2} \xrightarrow[H_2O]{NaOH}$

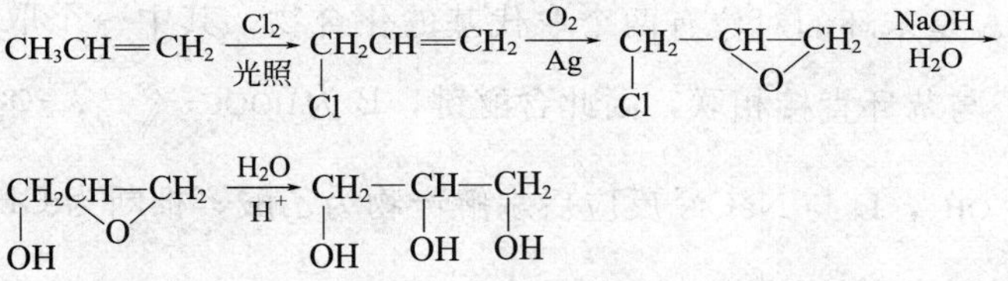

$CH_2(OH)\underset{\diagdown O \diagup}{CH{-}CH_2} \xrightarrow[H^+]{H_2O} CH_2(OH){-}CH(OH){-}CH_2(OH)$

（4）$CH_3CH_2CH_2OH \xrightarrow[\triangle]{H_2SO_4（浓）} CH_3CH{=}CH_2 \xrightarrow[H^+]{H_2O} CH_3CH(OH)CH_3 \xrightarrow{Na} CH_3CH(O^-Na^+)CH_3$

$CH_3CH_2CH_2OH \xrightarrow{PCl_3} CH_3CH_2CH_2Cl \xrightarrow{CH_3CH(O^-Na^+)CH_3} CH_3CH_2CH_2OCH(CH_3)_2$

注：下面的路线都是不好的路线。

① $CH_3CH_2CH_2OH \xrightarrow{Na} CH_3CH_2CH_2O^-Na^+$

$CH_3CH_2CH_2OH \xrightarrow[\triangle]{H_2SO_4（浓）} CH_3CH{=}CH_2 \xrightarrow{HBr} CH_3CH(Br)CH_3$

$\xrightarrow{CH_3CH_2CH_2O^-Na^+} CH_3CH_2CH_2OCH(CH_3)_2$

② $CH_3CH_2CH_2OH \xrightarrow[\triangle]{H_2SO_4（浓）} CH_3CH{=}CH_2 \xrightarrow[H^+]{H_2O} CH_3CH(OH)CH_3$

$\xrightarrow[H_2SO_4\triangle]{CH_3CH_2CH_2OH} CH_3CH_2CH_2OCH(CH_3)_2$

因为生成的2-溴丙烷和2-丙醇在强碱或强酸条件下更易发生消除反应。

5. 乙二醇一甲醚和乙二醇二甲醚的相对分子质量比乙二醇大，但其沸点却比乙二醇低，为什么？

	$H_2C—OH$ $H_2C—OH$	$H_2C—OCH_3$ $H_2C—OH$	$H_2C—OCH_3$ $H_2C—OCH_3$
沸点：	198℃	125℃	84℃

物质沸点的高低同分子间的范德华引力（取决于物质相对分子质量的大小和物质的极性大小）和分子间的氢键有关。醇可以形成分子间氢键，而醚则不能。随着乙二醇分子中羟基上氢原子被甲基取代，虽然其相对分子质量增加，范德华引力增大，但其形成分子间氢键的能力则减小。范德华引力的增大与氢键的减小并不能完全抵消，总的结果是其分子间引力减小，沸点降低。

6. 甲苯中混有少量正丁醇，试设计一种方法将正丁醇除去。

解： 甲苯（沸点：111℃）和正丁醇（沸点：117℃）的沸点接近，不能用蒸馏的方法来分离。分析二者的化学性质，可以看出：甲苯为芳香烃，比较稳定，而正丁醇可以与浓硫酸形成𨦡盐或发生酯化反应生成硫酸氢酯溶解在浓硫酸中，而甲苯与浓硫酸在室温下不发生磺化反应。因此可以利用它们化学活性的差异进行分离。其方法如下：把混合物放入分液漏斗中，加入适量的浓硫酸，则混合物分为两相，弃去下层（硫酸的密度大于甲苯），从上口将上层液倒入蒸馏烧瓶中进行蒸馏即可得到纯净的甲苯。

7. A的分子式为 $C_9H_{10}O$，不溶于水和稀碱溶液，能使溴的四氯化碳褪色，可被酸性高锰酸钾氧化为对位有取代基的苯甲酸B，B能与浓的HI作用生成C和D，C可与三氯化铁溶液显色，D与氰化钠反应再水解生成乙酸。推断A，B，C，D的构造，写出相关反应式。

解： 根据A的反应可确定A是苯环的对位有两个取代基的化合物，其中一个取代基为不饱和烃基，另一个肯定是氧原子与苯环直接相联，因此含醚键，B为 $HOOC—C_6H_4—OCH_3$，C与 $FeCl_3$ 显色，故为 $HOOC—C_6H_4—OH$，D与NaCN反应后水解产物为乙酸，推断为 CH_3I；A则是 $CH_2═HC—C_6H_4—OCH_3$

$$CH_2═HC—C_6H_4—OCH_3\ (A) \xrightarrow[CCl_4]{Br_2} Br—CH(C_6H_4OCH_3)—CH_2Br$$

$$CH_2═HC—C_6H_4—OCH_3\ (A) \xrightarrow[H^+]{KMnO_4} HOOC—C_6H_4—OCH_3\ (B)$$

$$HOOC—C_6H_4—OCH_3\ (B) \xrightarrow{HI(浓)} HOOC—C_6H_4—OH\ (C) + CH_3I\ (D)$$

$$(C) \xrightarrow{FeCl_3} 显色$$

$$CH_3I\ (D) \xrightarrow{NaCN} CH_3CN \xrightarrow[H^+]{H_2O} CH_3COOH$$

7.4　参考答案

7.4.1　思考题

1. 不能。因为乙醇和乙醚分子中都含有氧原子，均可与浓硫酸作用，乙醚与浓硫酸形成 锌盐，乙醇与浓硫酸作用也可生成 锌盐或硫酸氢酯，二者与浓硫酸作用的产物均能溶解在浓硫酸中。

2. 碳原子数相同的一元醇、二元醇、三元醇，它们的沸点和水溶性都随其分子中羟基数目的增多而升高。这是因为分子中的羟基越多，分子的极性越大，分子间形成的氢键也越多，与水形成氢键也越多，因此其沸点升高、水溶性增大。

3. 邻硝基苯酚分子中，由于硝基和羟基相距较近，可形成分子内氢键，因此它形成分子间氢键的能力及与水形成氢键的能力减弱，而对硝基苯酚由于硝基和羟基相距较远，不能形成分子内氢键，因此其沸点和水溶性都高于邻硝基苯酚。

4. 醚中如果与氧原子相连的碳原子上有氢原子，则由于氧原子的影响，此类氢原子易被氧化，形成过氧化物。过氧化物不稳定，不易挥发，受热时容易分解而发生爆炸。因此，醚类化合物一般应存放在深色的玻璃瓶内，或加入抗氧化剂如对苯二酚等，防止过氧化物的生成。在蒸馏乙醚时注意不要蒸干，蒸馏前必须检验是否有过氧化物。检验的方法可用碘化钾淀粉试纸或试液，或用硫酸亚铁与铁氰化钾［$K_3Fe(CN)_4$］混合液，如有过氧化物前者呈深蓝色，后者呈深红色。除去过氧化物的方法是加入适当的还原剂（如 $FeSO_4$ 或 Na_2SO_3）水溶液洗涤，使过氧化物分解破坏。

5. 苯酚分子中的氧原子为 sp^3 杂化，未参与杂化的 p 轨道可以和与其相连的苯环上的 π 轨道发生 p-π 共轭，即氧原子上电子向苯环转移，从而使酚羟基的 O—H 键极性增大，氢易解离而呈现较强的酸性；而环己醇分子中无 π 轨道存在，不发生 p-π 共轭，因此，环己醇分子中的环己基 O—H 键的极性没有影响，故苯酚的酸性比环己醇强。

7.4.2　习题

1. 用系统命名法命名下列化合物。

(1) 5-溴-1-己炔-3-醇　　(2) 邻苯基苯酚

(3) 4-己基-1,2-苯二酚　　(4) 4-(1-乙基-2-氯丙基)-2-氯苯酚

(5) 仲丁醚　　(6) 2,3-环氧-1-丙醇

(7) (*E*)-2,3-二甲基-4-溴-2-戊烯-1-醇　　(8) *E*-2-甲基-2-丁烯-1-醇

(9) 3-硝基-4-羟基苯磺酸　　(10) 4-甲基-1,6-庚二烯-2-醇

2. 写出下列化合物的构造式。

(1) $\underset{\displaystyle Cl}{\underset{|}{CH_2}}CH_2OCH_2CH_2OCH_2\underset{\displaystyle Cl}{\underset{|}{CH_2}}$

(2) 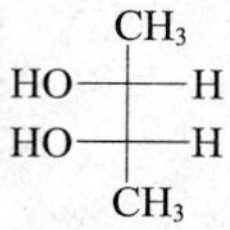
CH_3
HO—┼—H
HO—┼—H
CH_3

(3)
OH
O_2N　NO_2
NO_2

(4)
H
CH_3
$(CH_3)_2CH$
OH
H　H

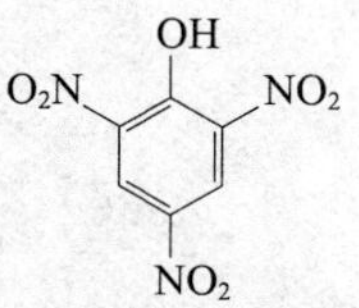

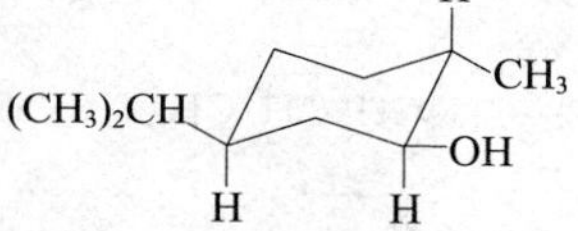

3. 分子式为 $C_4H_{10}O$ 的共有七种异构体，分别为：

(1) $CH_3—CH_2—CH_2—CH_2—OH$
正丁醇

(2) $H_3C—CH_2—\underset{}{\overset{\displaystyle OH}{\overset{|}{C}H}}—CH_3$
仲丁醇

(3) $CH_3-CH(CH_3)-CH_2-OH$
异丁醇

(4) $CH_3-C(CH_3)_2-OH$
叔丁醇

(5) $(H_3C)_2CH-O-CH_3$
甲基异丙基醚

(6) $H_3C-CH_2-O-CH_2-CH_3$
乙醚

(7) $H_3C-CH_2-CH_2-O-CH_3$
甲基正丙基醚

4. 按要求排列次序。

(1) ①>②>③>④　(2) ③>②>④>①　(3) ②>③>①

(4) ③>②>①>④　(5) ④>③>②>①　(6) ②>③>④>①

(7) ①>②>④>③　(8) ④>①>②>③　(9) ④>①>②>③

5. 单项选择 (1) D　(2) D　(3) C　(4) C　(5) C　(6) C　(7) C

6. 多项选择 (1) A，C　(2) A，B，C　(3) A，B，C，D

7. 写出下列反应的主要产物。

(1) C_6H_5-OH，CH_3I

(2) $H_3C-CH=C(CH_3)-CH_3$

(3) $H_3C-CH(CH_3)-C(CH_3)(Cl)-CH_3$

(4) $H_3C-\overset{O}{\overset{\|}{C}}-CH_3$

(5) 1,2-二甲基环己烯，$H_3C-\overset{O}{\overset{\|}{C}}-CH_2-CH_2-CH_2-CH_2-\overset{O}{\overset{\|}{C}}-CH_3$

(6) H_3C-CH_2-Br，$H_3C-CH_2-O-CH_2-CH_3$

(7) $OHC-CH=CH-CHO$

(8) 邻羟基苯磺酸（o-$HOC_6H_4SO_3H$），$HO-C_6H_4-SO_3H$（对位）

(9) C_6H_5-ONa，$C_6H_5-OCH_2COOH$

(10) $ICH_2CH_2CH_2CH_2I$

(11) $HOCH_2CH_2NH_2$

(12) 1,2-二甲基环己醇（1-OH），1,2-二甲基环己烯

(13) 1-甲基环己烯，$HOOC-CH_2CH_2CH_2CH_2-\overset{O}{\overset{\|}{C}}-CH_3$

(14) 四氢呋喃

8. 用化学方法鉴别下列各组化合物。

(1) 环己醇、甘油、苯酚 $\xrightarrow{Br_2/H_2O}$ 环己醇 ×，甘油 ×，苯酚 白色沉淀；环己醇、甘油 $\xrightarrow{Cu(OH)_2}$ 环己醇 ×，甘油 深蓝色

(2) 乙醚、正丁醇、1-溴丁烷、3-丁烯-1-醇 $\xrightarrow{Br_2/CCl_4}$ 乙醚 ×，正丁醇 ×，1-溴丁烷 ×，3-丁烯-1-醇 褪色；前三者 $\xrightarrow[C_2H_5OH]{AgNO_3}$ 乙醚 ×，正丁醇 ×，1-溴丁烷 淡黄色沉淀；前二者 $\xrightarrow{KMnO_4/H^+}$ 乙醚 ×，正丁醇 褪色

9. 由指定的原料合成指定的化合物（无机试剂可任选）。

(1) $H_2C{=}CH_2 \xrightarrow[H_2O]{H^+} H_3C{-}CH_2{-}OH \xrightarrow[H^+]{KMnO_4} CH_3COOH \xrightarrow[浓硫酸\triangle]{CH_3CH_2OH} CH_3COOCH_2CH_3$

(2) $C_6H_6 + Br_2 \xrightarrow{FeBr_3} C_6H_5{-}Br \xrightarrow[四氢呋喃]{Mg} C_6H_5{-}MgBr \xrightarrow[四氢呋喃]{环氧乙烷}$

$C_6H_5{-}CH_2CH_2MgBr \xrightarrow[H_2O]{H^+} C_6H_5{-}CH_2CH_2OH$

(3) $H_3C{-}CH{=}CH_2 \xrightarrow[H_2O]{H^+} H_3C{-}CH(OH){-}CH_3 \xrightarrow[-H_2O]{H_2SO_4} (H_3C)_2CH{-}O{-}CH(CH_3)_2$

(4) $H_3CCH_2CH_2CH_2OH \xrightarrow[-H_2O]{H^+} CH_3CH_2CH{=}CH_2 \xrightarrow[H_2O]{H^+} CH_3CH_2CH(OH)CH_3 \xrightarrow[H^+]{KMnO_4}$

$CH_3CH_2C(=O)CH_3$

(5) 四氢呋喃 $+ HI \xrightarrow[\triangle]{} HOCH_2CH_2CH_2CH_2I \xrightarrow{[O]} CHOCH_2CH_2CH_2I$

10. 除去下列化合物中的杂质。

(1) 将样品通入浓硫酸，乙烯与浓硫酸反应生成硫酸酯而溶解在浓硫酸中。

(2) 向要提纯的样品中加入浓硫酸，乙醚可与浓硫酸形成 锌盐而溶解在浓硫酸中。

(3) 向要提纯的样品中加入氢氧化钠溶液，苯酚与氢氧化钠作用生成苯酚钠而溶解在氢氧化钠溶液中，分离出上层液，蒸馏即得纯净的环己醇。

11. A，B，C 的构造式分别为：

A. $H_3C{-}CH(CH_2OH){-}CH_2{-}CH_3$ 或 $H_3C{-}CH(CH_3){-}CH_2{-}CH_2OH$

B. $H_3C{-}CH(CH_3){-}CH(OH){-}CH_3$

C. $H_3C{-}C(CH_3)(OH){-}CH_2{-}CH_3$

12. A. $C_6H_5{-}OCH_3$ B. $C_6H_5{-}OH$ C. CH_3I

13. A. 环己烯 B. 反-2-溴环己醇（OH、H / H、Br） C. 反-1,2-环己二醇（OH、H / H、OH） D. 顺-1,2-环己二醇（H、H / OH、OH）

14. $H_3C{-}C(CH_3)(OH){-}CH_2{-}CH_3$

7.4.3 教材习题

1. 请命名下列化合物。

(1) (*E*)-2,3-二甲基-4-溴-2-戊烯-1-醇

(2) 转化成费歇尔式 HO—C(CH=CH$_2$)(CH$_3$)(CH(CH$_3$)$_2$)，名称：(*S*)-3,4-二甲基-1-戊烯-3-醇

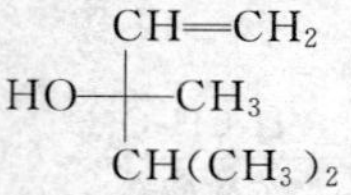

(3) 4-甲基-1，6-庚二烯-3-醇

(4) (2*R*，3*R*)-3-甲基-4-戊烯-2-醇

(5) 对烯丙基苯酚

(6) 3-甲氧基-1，2-丙二醇

(7) 甲基（4-丙烯基苯基）醚

(8) 1-(乙氧基甲基)-4-甲氧基萘

(9) 1,2-二甲氧基-3-乙氧基丙烷

(10) 肌醇

2. 写出下列化合物的构造式。

(1) 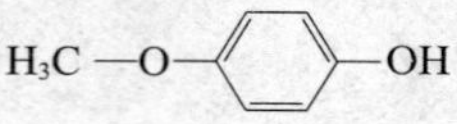 $H_3C—O—C_6H_4—OH$（对位）

(2) $CH_3—CH(CH_3)—CH_2—OH$

(3) $CH_2(OH)—CH(OH)—CH_2(OH)$

(4) 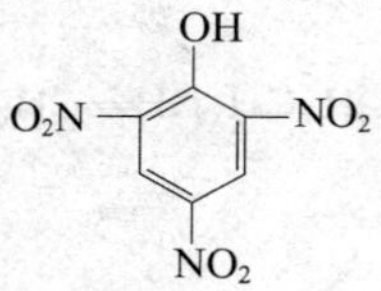 苯酚环上 OH，两侧邻位 O_2N、NO_2，对位 NO_2

(5) 乙基—O—C$_6$H$_4$—CH$_2$OH（对位）

(6) 苯酚环上 OH，邻位 O_2N，对位 SO_3H

(7) $CH_2=C(CH_3)—CH_2—CH(OH)—CH_2CH_3$

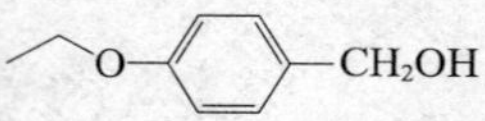

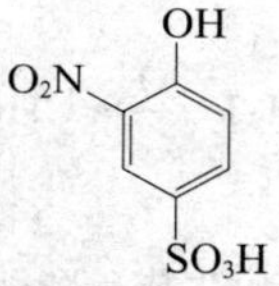

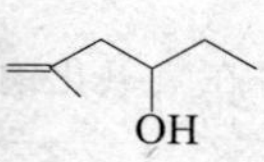

(8) 萘环上 Cl 与 OH 分别位于 1,4-位

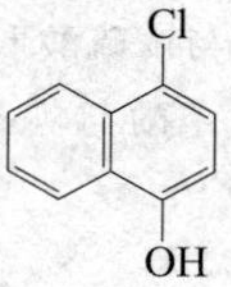

3. 按要求排列次序。

(1) 正庚醇 >3-己醇 > 2-甲基-2-戊醇 > 正己烷

(2) $CH_3CH_2OH > CH_3CH_2CH_2OH > CH_3CH_2CH_2CH_2OH > (CH_3)_3COH$

(3) $CF_3CH_2OH > CCl_3CH_2OH > CH_3CH_2OH$

(4) $(CH_3)_3COH > CH_3—CH(OH)—CH_3 > CH_3CH_2CH_2CH_2OH$

4. 用简便的化学方法区别下列化合物。

(1) 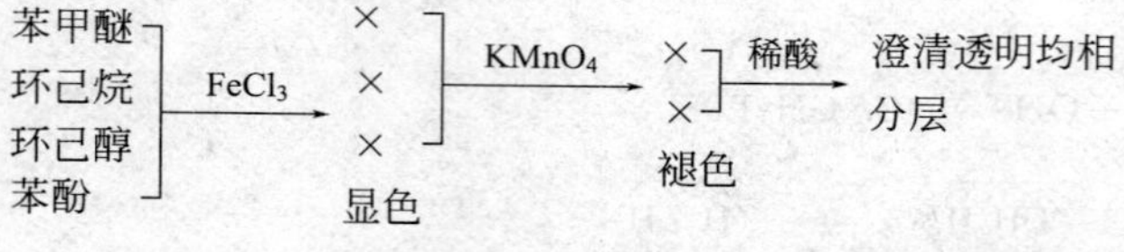 苯甲醚、环己烷、环己醇、苯酚 —FeCl$_3$→ ×、×、×、显色；×、×、× —KMnO$_4$→ ×、×、褪色；×、× —稀酸→ 澄清透明均相、分层

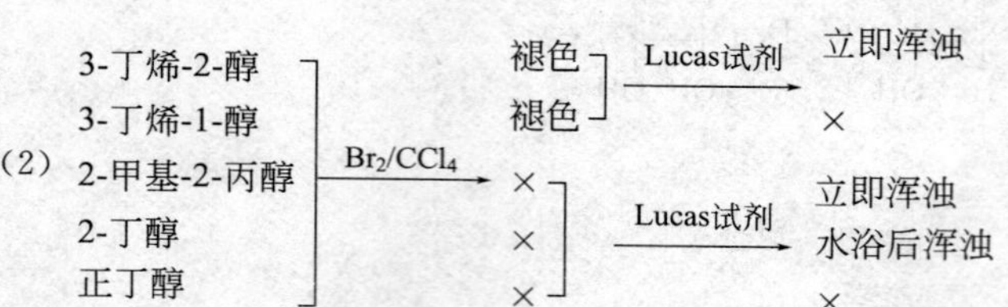

5. 混合物中加入 NaOH 溶液，分层，下层加入足够量酸，析出苯酚，过滤；上层为苯和苯甲醚混合物，加入浓盐酸，苯甲醚溶解，分层，下层加入足够量碱，析出苯甲醚，上层即是苯。

6. 由指定的原料合成指定的化合物（无机试剂任选）。

（1）$C_6H_5CH_3 \xrightarrow[Fe]{Cl_2} CH_3\text{—}C_6H_4\text{—}Cl \xrightarrow[h\nu]{Cl_2}$ $p\text{-}ClC_6H_4CH_2Cl \xrightarrow[H_2O]{NaOH}$ $p\text{-}ClC_6H_4CH_2OH$

（2）$CH_3CH_2CH_2OH \xrightarrow{PCl_3} ClCH_2CH_2CH_3 \xrightarrow[醇]{NaCN} CH_3CH_2CH_2CN \xrightarrow{H_3O^+} CH_3CH_2CH_2COOH$

（3）$CH_3CH_2CH_2CH_2OH \xrightarrow[\triangle]{H_2SO_4} CH_3CH{=}CHCH_3 \xrightarrow{Br_2/CCl_4} CH_3CH(Br)\text{—}CH(Br)\text{—}CH_3$

（4）$CH_3CH_2CH_2CH_2OH \xrightarrow[\triangle]{H_2SO_4} CH_3CH{=}CHCH_3 \xrightarrow{O_3} \xrightarrow[Zn]{H_2O} CH_3CHO$

7. 完成下列反应式。

（1）$CH_3CH_2C(CH_3)(Br)CH_2CH_3$ ，$CH_3CH{=}C(CH_3)CH_2CH_3$ ，$CH_3CH(OH)C(CH_3)(OH)CH_2CH_3$ ，$CH_3C(=O)\text{—}H + CH_3CH_2C(=O)\text{—}CH_3$

（2）$C_6H_5CH{=}CH_2$，$C_6H_5CHOHCH_3$

（3）$HOCH_2CH_2OH$，$O{=}HCCH{=}O$，$HOOC\text{—}COOH$

（4）$CH_3COCOOH + HOOCCH_2COOH$

（5）$(CH_3)_2C{=}CHCH_2Cl$ A，$CH_3\text{—}C_6H_4\text{—}ONa$ B

$A+B \longrightarrow CH_3\text{—}C_6H_4\text{—}O\text{—}CH_2CH{=}CH(CH_3)_2$

（6）$C_6H_5CH_2Cl$，$C_6H_5CH_2OH$，$C_6H_5CH_2OC(=O)CH_3$

（7）$C_6H_5OH + C_2H_5I$

（8）$2\ C_6H_5\text{—}SO_3H$

8. A：$CH_3CH(CH_3)CH(Br)CH_3$　B：$CH_3CH(CH_3)CH(OH)CH_3$　C：$CH_3C(CH_3){=}CHCH_3$

$CH_3CH(CH_3)CH(Br)CH_3 \xrightarrow[H_2O]{NaOH} CH_3CH(CH_3)CH(OH)CH_3 \xrightarrow{Na} CH_3CH(CH_3)CH(ONa)CH_3 + H_2$

$CH_3CH(CH_3)CH(OH)CH_3 \xrightarrow[\triangle]{浓H_2SO_4} CH_3C(CH_3){=}CHCH_3 \xrightarrow[H^+]{KMnO_4} CH_3C(=O)CH_3 + CH_3COOH$

第 8 章

醛、酮、醌

8.1 思考题

1. 试排列甲醛、乙醛、丙酮进行亲核加成的活性顺序，并解释其原因。

2. 羟醛缩合反应表现出羰基化合物结构上的哪些特点？

3. 描述半缩醛和缩醛的结构特点。

8.2 习题

1. 试写出分子式为 $C_5H_{10}O$ 的 7 种羰基化合物的构造式，并用普通命名法和系统命名法命名。

2. 命名下列化合物，必要时，标明构型。

(1) $(CH_3)_2CHCHO$

(2) 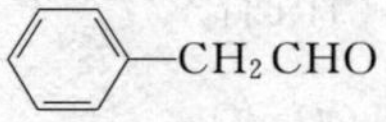

(3) 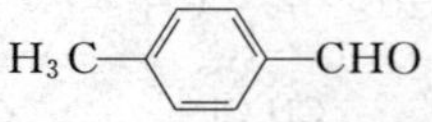

(4) $(CH_3)_2CHCOCH_3$

(5) $(CH_3)_2CHCOCH(CH_3)_2$

(6) 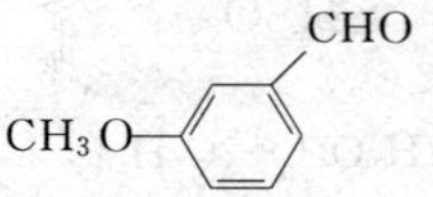

(7) $(CH_3)_2C{=}CHCHO$

(8) 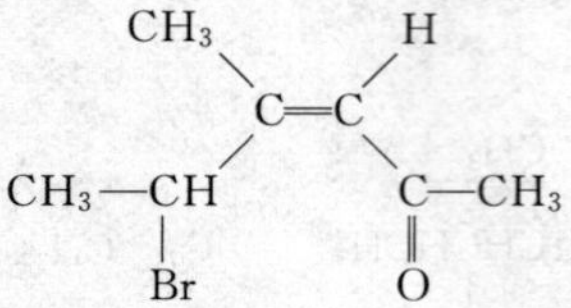

(9) 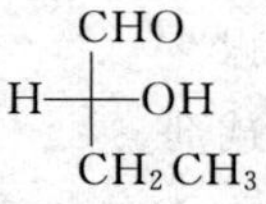

(10) $CH_2{=}CHCHO$

(11) 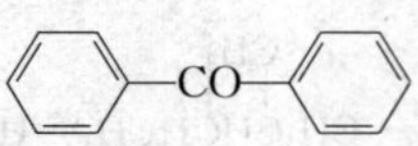

(12) 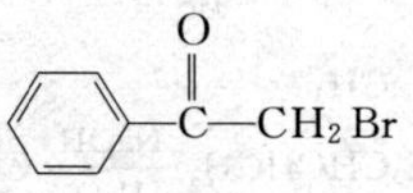

(13) 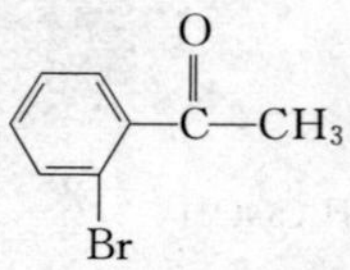

(14) 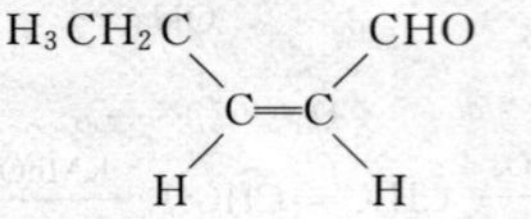

(15) 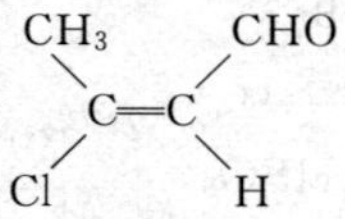

(16) 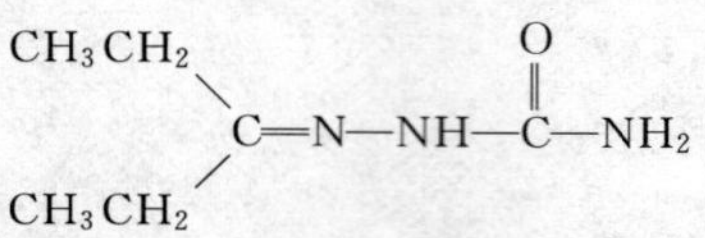

(17) 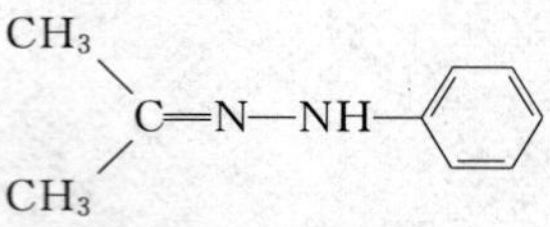

(18) 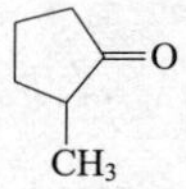 2-甲基环戊酮结构式（环戊酮，C=O，邻位 CH_3）

(19) 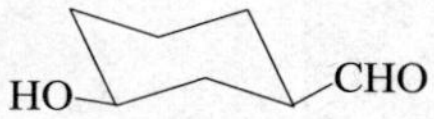 HO—环己烷—CHO

(20) 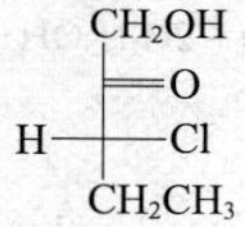 CH_2OH / C=O / H—C—Cl / CH_2CH_3

3. 写出下列化合物的结构式。

(1) α-溴代丙醛 (2) 1,3-环己二酮
(3) 3-甲基环己酮 (4) 水杨醛
(5) 对羟基苯乙酮 (6) 丁二醛
(7) 1-苯基-1-丁酮 (8) 3,3′-二甲基二苯酮
(9) 3-戊酮醛 (10) α,γ-二甲基己醛
(11) 甲基异丁基酮 (12) β-苯丙烯醛
(13) 3-甲基-2-戊酮 (14) (*S*)-3-甲基-3-甲氧基-4-戊烯-2-酮
(15) 苄基苯基酮 (16) 三甲基乙醛
(17) (*S*)-3-溴环戊酮 (18) (*E*)-3,4-二甲基-3-庚烯醛
(19) 2-甲基-1,4-萘醌 (20) β-溴代丁酮
(21) 1,4-苯醌-2-羧酸 (22) 4-羟基-3-甲氧基苯甲醛
(23) 3,5-二溴苯甲醛 (24) (*Z*,*Z*)-3,5-壬二烯醛

4. 写出丙醛与下列试剂作用的反应产物。

(1) CrO_3/H_2SO_4 (2) $CH_3CH_2OH+HCl(g)$
(3) $KMnO_4$，H^+，加热 (4) $NaBH_4$
(5) H_2，Ni (6) $LiAlH_4$
(7) O_2 (8) Br_2
(9) $NaHSO_3$ (10) HCN
(11) C_6H_5MgBr，水解 (12) Zn-Hg/HCl
(13) 羟胺 (14) 2,4-二硝基苯肼
(15) 氨基脲 (16) 托伦试剂
(17) 斐林试剂 (18) OH^-，H_2O
(19) OH^-，H_2O，加热

5. 写出环己酮分别和下列各化合物反应（如果有的话）所得产物的构造式。

(1) 托伦试剂 (2) CrO_3/H_2SO_4
(3) 冷的稀 $KMnO_4$ (4) $KMnO_4$，H^+，加热
(5) H_2，Ni (6) $LiAlH_4$
(7) $NaBH_4$ (8) 苯基溴化镁，然后加水
(9) $NaHSO_3$ (10) CN^-，H^+
(11) 羟胺 (12) 苯肼
(13) C_2H_5OH，干燥的 HCl(g) (14) 稀 OH^-
(15) Br_2

6. 完成下列反应。

(1) 环戊酮 $+ 2C_2H_5OH \xrightarrow{\text{干}HCl} ?$

(2) 环己酮 $+ H_2NNHCNH_2$（C=O）$\longrightarrow ?$

(3) $HOCH_2CH_2CH_2CH_2CHO \xrightarrow{\text{干 }HCl} ?$

(4) 环己基—CH=O $+ H_2NNH$—（2,4-二硝基苯基）$\longrightarrow ?$

(5) $Cl_3C—CHO + H_2O \longrightarrow ?$

(6) CH_3—C_6H_4—$CHO \xrightarrow{\text{浓 }NaOH} ?$

(7) $C_2H_5C(=O)$—C_6H_4—$CH_2CH_2Br \xrightarrow[HCl]{Zn(Hg)} ?$

(8) 二氢萘 $\xrightarrow{?} ? \xrightarrow{?}$ 茚—CHO

(9) C_6H_5—$C(=O)$—$CH_3 \xrightarrow[OH^-]{Cl_2, H_2O} ?$

(10) C_6H_5—$C(=O)$—$CH_3 + Cl_2 \xrightarrow{H^+} ?$

(11) 4,4-二甲基环己酮（H_3C，H_3C）$+ NaHSO_3 \longrightarrow ?$

(12) CH_3O—C_6H_4—$CHO + HCHO \xrightarrow{\text{浓 }NaOH} ?$

(13) $HC≡CH \xrightarrow{?} CH_3CHO \longrightarrow CH_3—CH(OH)—CH_2CHO \xrightarrow{I_2+NaOH} ?$

(14) $CH_3—C(=O)—CH_2CH_3 \xrightarrow{H_2, Ni} ? \xrightarrow{?} CH_3—CH=CH—CH_3$

(15) $CH_3C(=O)CH_2CH_2CHO \xrightarrow[\triangle]{\text{稀 }NaOH} ?$

(16) H_2C（O—CH_2，O—CH_2）$\xrightarrow[H_2O]{H_2SO_4} ? + ?$

7. 下列化合物中，哪些可以和亚硫酸氢钠发生反应？并比较它们的反应活性。

(1) 1-苯基-1-丁酮　(2) 环戊酮　(3) 丙醛　(4) 二苯酮

8. 判断下列化合物中哪些能发生碘仿反应。

(1) $CH_3COCH_2CH_3$　(2) $CH_3CH_2COCH_2CH_3$

(3) $CH_3CH_2CH(CH_3)CHO$　(4) $CH_3CH(OH)CH_2CH_3$

(5) C_2H_5OH　(6) $(CH_3)_2CHCOCH(CH_3)_2$

(7) C_6H_5-CHO　　(8) $(CH_3)_3CCHO$

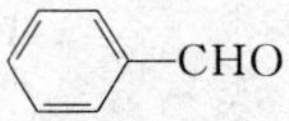

9. 将下列羰基化合物按其亲核加成的活性次序排列。

(1) $ClCH_2CHO$，CH_3CF_2CHO，$BrCH_2CHO$，CH_3CH_2CHO

(2) 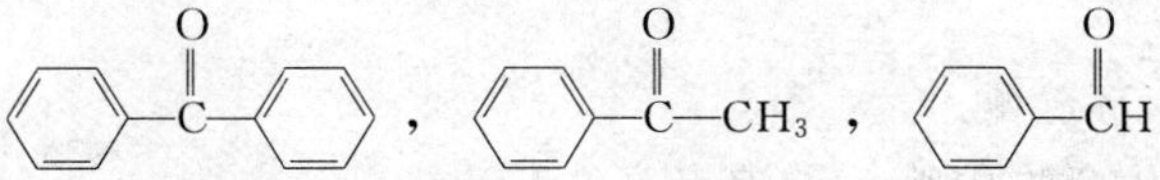 $C_6H_5-CO-C_6H_5$，$C_6H_5-CO-CH_3$，C_6H_5-CHO

10. 完成下列转化。

(1) 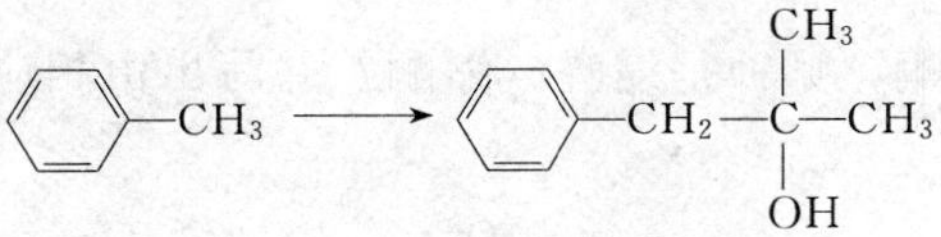 $C_6H_5-CH_3 \longrightarrow C_6H_5-CH_2-C(CH_3)(OH)-CH_3$

(2) $CH_3CH_2CH_2OH \longrightarrow CH_3CH_2CH_2CH_2OH$

(3) $H_2C{=}CH_2 \longrightarrow CH_3CH_2CH_2CH_2OH$

(4) 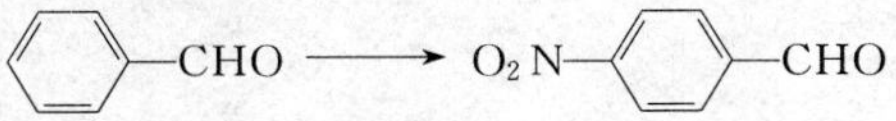 $C_6H_5-CHO \longrightarrow O_2N-C_6H_4-CHO$（对位）

(5) $C_6H_6 \longrightarrow C_6H_5-CH_2CH_2CH_3$

(6) $C_6H_5-COCH_3 \longrightarrow C_6H_5-COOH$

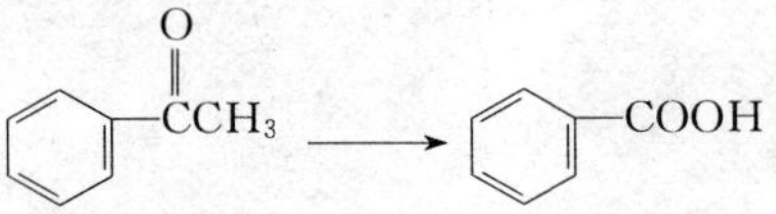

(7) $CH_3-CO-CH_3 \longrightarrow CH_2{=}C(CH_3)-COOCH_3$

(8) 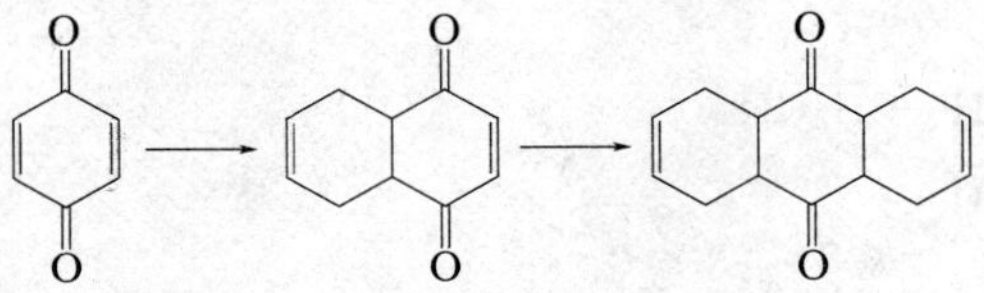 对苯醌 ⟶ 四氢萘-1,4-二酮（双环二酮） ⟶ 八氢蒽醌（三环二酮）

(9) $BrCH_2CH_2CHO \longrightarrow CH_3CH(OH)CH_2CH_2CHO$

(10) 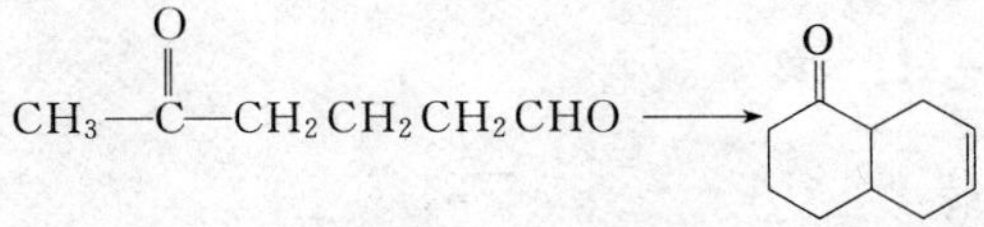 $CH_3-CO-CH_2CH_2CH_2CHO \longrightarrow$ 双环烯酮

11. 用简便的化学方法鉴别下列各组化合物。

(1) $CH_3CH_2CH_2OH$，CH_3CH_2CHO，CH_3COCH_3

(2) 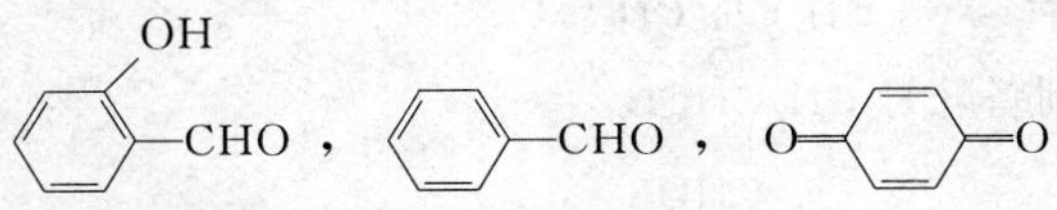 邻羟基苯甲醛，C_6H_5-CHO，$O{=}C_6H_4{=}O$（对苯醌）

(3) 甲醇，乙醇，乙醛，丙酮

(4) 乙醚，乙醛，正丙醇，异丙醇

(5) 苯甲醛，苯乙酮，正庚醛

(6) 乙醛缩二乙醇，正丙醚

(7) 2-戊酮，2-戊醇

(8) 2-丁炔，2-丁烯

(9) C_6H_5—CHO，环己基—CHO，环己酮

(10) 1-苯基乙醇，2-苯基乙醇

(11) 戊醛，2-戊酮，环戊酮

(12) 2-己醇，环己醇，环己烯，环己酮

12. 不要查表请指出下列每一对化合物中哪一种沸点高？

(1) 戊醛与戊醇　　(2) 戊烷与戊醛

13. 下列化合物中，哪种是半缩醛、半缩酮，哪种是缩醛、缩酮？并写出由相应的醇及醛或酮制备它们的反应式。

(1) 环戊酮乙二醇缩酮（螺环，1,3-二氧戊环）　(2) 1-羟基-1-(OCH_2CH_2OH)环己烷　(3) 2-环己基-1,3-二氧戊环

(4) 2-羟基四氢吡喃（—OH）　(5) $CH_3—CH(OH)—O—$环己基

14. 用指定化合物通过制备格氏试剂，进一步合成题中要求的化合物（其他必要的试剂可自选）。

(1) 用 $CH_3CH_2CH_2OH$ 制备 $CH_3—CH(OH)—CH_2CH_3$

(2) 用 CH_3CH_2CHO 制备 $CH_3C(=O)CH_2CH_3$

(3) 用 CH_3CH_2CHO 制备 $CH_3—CH(CH_3)—CH(OH)—CH_2CH_3$

(4) 用 C_6H_5—CHO 和 CH_3CH_2Br 制备 C_6H_5—$CH(OH)—CH_2CH_3$

(5) 用 $CH_3—CH(OH)—CH_3$ 和 CH_3CH_2OH 制备 $CH_3—C(CH_3)═CHCH_3$

(6) 用 CH_3CH_2OH 制备 $CH_3—CH(OH)CH_2CH_3$

(7) 用 $CH_3CH_2CH_2OH$ 制备 $CH_3CH_2—C(=O)—CH_2CH_2CH_3$

(8) 用 $CH_3CH(OH)CH_2CH_3$ 和 CH_3OH 制备 $CH_3CH_2CH(CHO)CH_3$

(9) 用 CH_3CHO 制备 $CH_3CH_2CH_2CHO$

(10) 用 苯 和 环氧乙烷 制备 C_6H_5—CH_2CHO

15. 某化合物 A 分子式为 $C_5H_{12}O$，氧化后得 B（分子式为 $C_5H_{10}O$）。B 能和苯肼反应，并与碘的碱溶液共热时有黄色碘仿产生。A 和浓硫酸共热得 C（分子式为 C_5H_{10}），C 经氧化

后得丙酮和乙酸。试写出A，B，C的构造式，并用反应式表示推断过程。

16. 某化合物$C_8H_{14}O$(A)，能很快使溴的四氯化碳溶液褪色，并能与苯肼反应生成黄色沉淀。A经高锰酸钾氧化生成一分子丙酮和另一化合物B。B有酸性，与碘和氢氧化钠作用后生成碘仿和丁二酸（$HOOC-CH_2-CH_2-COOH$）盐。试写出A的构造式。

17. 某化合物A的分子式为$C_6H_{12}O$，它能与羟胺作用，但不与饱和亚硫酸氢钠作用。将A催化加氢，得化合物B（分子式为$C_6H_{14}O$），B去水得化合物C（分子式为C_6H_{12}），C经臭氧氧化及还原水解后得到两种化合物：D和E。D能发生碘仿反应，但不与托伦试剂反应，E不发生碘仿反应，但能与托伦试剂反应。试写出A，B，C，D和E的构造式。

18. 某化合物分子式为$C_8H_8O_2$。该化合物能溶于NaOH，对三氯化铁呈紫色，与2,4-二硝基苯肼生成腙，并能起碘仿反应。试写出其构造式。

19. 某化合物分子式为$C_5H_8O_2$，可还原成正戊烷，与NH_2OH生成二肟，有碘仿反应，有银镜反应，试写出此化合物的结构式。

20. 化合物$C_{10}H_{12}O_2$(A)不溶于NaOH，能与羟氨、氨基脲反应，但不与托伦试剂作用。经$NaBH_4$还原得$C_{10}H_{14}O_2$(B)，A与B都能进行碘仿反应。A与氢碘酸作用生成$C_9H_{10}O_2$(C)。C能溶于Na_2CO_3；C经Zn-Hg加HCl还原生成$C_9H_{12}O$(D)；A经$KMnO_4$氧化生成对甲氧基苯甲酸，试写出A，B，C，D的构造式。

8.3 解题示例

1. 推导结构的示例（见习题16）。

解：解题思路为

A分子式为$C_8H_{14}O$，说明A可能是不饱和的脂肪族一元醛、酮、醇和醚。

A能很快使溴水褪色说明有双键或三键。

A可与苯肼反应说明有羰基，只能为一元醛、酮，即A分子中有 $-\overset{O}{\overset{\|}{C}}-$ 。

A氧化生成一分子丙酮，说明A分子中有 $CH_3-\underset{CH_3}{\underset{|}{C}}=$ 。

B有酸性说明有—COOH。

B能发生碘仿反应，说明有 $CH_3-\overset{O}{\overset{\|}{C}}-$ 。

B碘仿反应后得到CHI_3和丁二酸，说明有5个碳原子，即B应为

$$CH_3-\overset{O}{\overset{\|}{C}}-CH_2-CH_2-COOH$$

由于A氧化产物是丙酮和B，因此A的构造式应为

$$\underset{(\text{I})}{CH_3-\underset{CH_3}{\underset{|}{C}}=CH-CH_2-CH_2-\overset{O}{\overset{\|}{C}}-CH_3} \quad \text{或} \quad \underset{(\text{II})}{CH_3-\underset{CH_3}{\underset{|}{C}}=\underset{CH_3}{\underset{|}{C}}-CH_2-CH_2-CHO}$$

推导完结构后，要用反应式来验证，如对（Ⅱ）式：

$$CH_3-\underset{CH_3}{\underset{|}{C}}=\underset{CH_3}{\underset{|}{C}}-CH_2CH_2CHO + H_2NHN-C_6H_5 \longrightarrow$$

$$CH_3-\underset{CH_3}{\underset{|}{C}}=\underset{CH_3}{\underset{|}{C}}-CH_2CH_2CH=N-NH-C_6H_5$$

$$CH_3-\underset{CH_3}{\underset{|}{C}}=\underset{CH_3}{\underset{|}{C}}-CH_2CH_2CHO \xrightarrow{KMnO_4,\ H^+} (H_3C)_2C=O + CH_3-\overset{O}{\overset{\|}{C}}-CH_2-CH_2-COOH$$

$$CH_3-\overset{O}{\overset{\|}{C}}-CH_2-CH_2-COOH \xrightarrow{I_2+NaOH} CHI_3 + NaOOC-CH_2-CH_2-COONa$$

$$CH_3-\underset{CH_3}{\underset{|}{C}}=\underset{CH_3}{\underset{|}{C}}-CH_2CH_2CHO + Br_2 \longrightarrow CH_3-\underset{CH_3}{\underset{|}{\overset{Br}{\overset{|}{C}}}}-\underset{CH_3}{\underset{|}{\overset{Br}{\overset{|}{C}}}}-CH_2CH_2CHO$$

2. 合成路线的选择示例。

(1) 见习题 14 题 (2)，由 CH_3CH_2CHO 制备 2-丁酮。

(2) 由正丁醇制备 2-乙基-1-己醇。

解：(1) 此题的产物是酮，它可由仲醇氧化来制备，除甲醛外，所有的醛与格氏试剂反应都生成仲醇，给的原料含 3 个碳原子，产品含 4 个碳原子，增长碳链的方法之一是让丙醛与 CH_3MgBr 反应，可以引入一个—CH_3。

(2) 首先观察 $CH_3CH_2CH_2CH_2OH$ 和 $CH_3CH_2CH_2CH_2-\underset{CH_2CH_3}{\underset{|}{C}}HCH_2OH$ 的结构特征，发现 2-乙基-1-己醇是由两个丁烷链构成，一个丁烷的 1 位碳原子与另一个丁烷的 2 位碳原子相连接。这是醛进行缩合时的连接方式：

$$CH_3CH_2CH_2CH_2OH \xrightarrow[\text{吡啶}]{CrO_3} CH_3CH_2CH_2CHO \xrightarrow{\text{稀 NaOH}} CH_3CH_2CH_2\underset{HO}{\underset{|}{C}}H\underset{CH_2CH_3}{\underset{|}{C}}HCHO$$

—CHO 易被还原为醇，关键是羟醛中的—OH，这里可用酸使羟醛脱水生成不饱和醛，然后再还原此不饱和醛成饱和醇。

$$CH_3CH_2CH_2\underset{HO}{\underset{|}{C}}H\underset{CH_2CH_3}{\underset{|}{C}}HCHO \xrightarrow[\triangle]{\text{浓 } H_2SO_4} CH_3CH_2CH_2CH=\underset{CH_2CH_3}{\underset{|}{C}}CHO$$

$$\xrightarrow{H_2,\ Ni} CH_3CH_2CH_2CH_2\underset{CH_2CH_3}{\underset{|}{C}}HCH_2OH$$

8.4 参考答案

8.4.1 思考题

1. $HCHO > CH_3CHO > CH_3-\underset{O}{\underset{\|}{C}}-CH_3$，甲醛羰基碳原子上电子云密度最小，有利于亲核试剂进攻。同

时，甲醛没有烃基，加成反应时空间阻碍小，所以反应最容易进行。丙酮分子中两个甲基的斥电子作用使羰基碳原子上电子云密度增加，再加上两个甲基对羰基碳原子形成一定的空间阻碍，所以丙酮是在这三种化合物中亲核加成反应活性最低的，乙醛介于两者之间。

2. 羟醛缩合反应，表现出羰基化合物 α-H 的活泼性（酸性）和羰基碳氧双键可发生加成反应的特性。

3. 半缩醛的结构特点是 α-羟基醚，缩醛是同碳二醚。

8.4.2　习题

1. $CH_3CH_2CH_2CH_2CHO$　正戊醛(戊醛)

$CH_3CH_2CH_2{-}C({=}O){-}CH_3$　甲基正丙基(甲)酮(2-戊酮)

$CH_3CH_2{-}C({=}O){-}CH_2CH_3$　二乙酮(3-戊酮)

$CH_3CH_2{-}CH(CH_3){-}CHO$　α-甲基丁醛(2-甲基丁醛)

$CH_3{-}CH(CH_3){-}CH_2CHO$　异戊醛(β-甲基丁醛,3-甲基丁醛)

$CH_3{-}CH(CH_3){-}C({=}O){-}CH_3$　甲基异丙基(甲)酮(3-甲基-2-丁酮)

$CH_3{-}C(CH_3)_2{-}CHO$　三甲基乙醛(α,α-二甲基丙醛,2,2-二甲基丙醛)

2. (1) 2-甲基丙醛(异丁醛)　(2) 2-苯基乙醛(苯乙醛，α-苯基乙醛)
(3) 4-甲基苯甲醛(对甲基苯甲醛)　(4) 3-甲基丁酮
(5) 2,4-二甲基-3-戊酮(二异戊基甲酮)　(6) 3-甲氧基苯甲醛(间甲氧基苯甲醛)
(7) 3-甲基-2-丁烯醛　(8) (Z)-4-甲基-5-溴-3-己烯-2-酮
(9) (R)-2-羟基丁醛　(10) 丙烯醛
(11) 二苯酮(二苯甲酮)　(12) α-溴代苯乙酮
(13) 邻溴苯乙酮　(14) 顺-2-戊烯醛[(Z)-2-戊烯醛]
(15) (E)-3-氯-2-丁烯醛　(16) 3-戊酮缩氨脲
(17) 丙酮苯腙　(18) 2-甲基环戊酮
(19) (1R,3S)-3-羟基环己烷甲醛　(20) (R)-1-羟基-3-氯-2-戊酮

3. (1) $CH_3{-}CH(Br){-}CHO$　(2) 环己烷-1,3-二酮（结构式）

(3) 3-甲基环己酮（结构式：CH_3，$=O$）　(4) 邻羟基苯甲醛（结构式：CHO，OH）

(5) $HO{-}C_6H_4{-}C({=}O){-}CH_3$　(6) $H{-}C({=}O){-}CH_2CH_2{-}C({=}O){-}H$

(7) 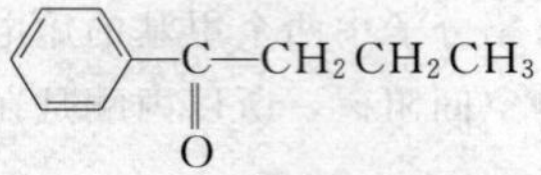 $C_6H_5-\underset{\underset{O}{\|}}{C}-CH_2CH_2CH_3$

(8) 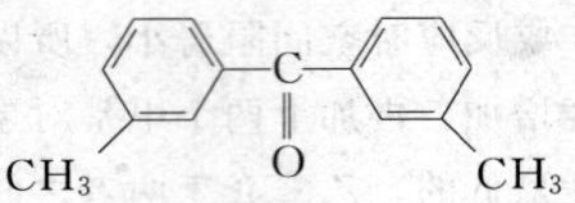 $CH_3C_6H_4-\underset{\underset{O}{\|}}{C}-C_6H_4CH_3$

(9) $CH_3CH_2-\underset{\underset{O}{\|}}{C}-CH_2-CHO$

(10) $CH_3-CH_2-\underset{\underset{CH_3}{|}}{CH}-CH_2-\underset{\underset{CH_3}{|}}{CH}-CHO$

(11) $CH_3-\overset{\overset{O}{\|}}{C}-CH_2-\overset{\overset{CH_3}{|}}{CH}-CH_3$

(12) 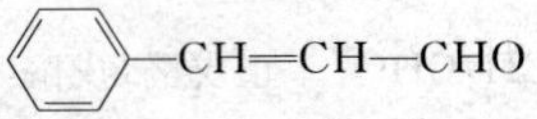 $C_6H_5-CH=CH-CHO$

(13) $CH_3-\underset{\underset{O}{\|}}{C}-\underset{\underset{CH_3}{|}}{CH}-CH_2-CH_3$

(14) $CH_3O-\underset{\underset{CH=CH_2}{|}}{\overset{\overset{CH_3-C=O}{|}}{C}}-CH_3$

(15) 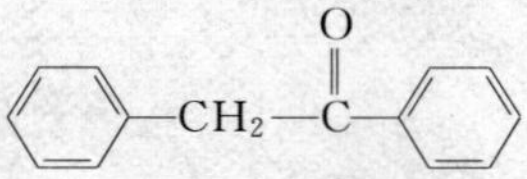 $C_6H_5-CH_2-\overset{\overset{O}{\|}}{C}-C_6H_5$

(16) $CH_3-\underset{\underset{CH_3}{|}}{\overset{\overset{CH_3}{|}}{C}}-CHO$

(17)  $Br-\bigcirc=O$

(18) 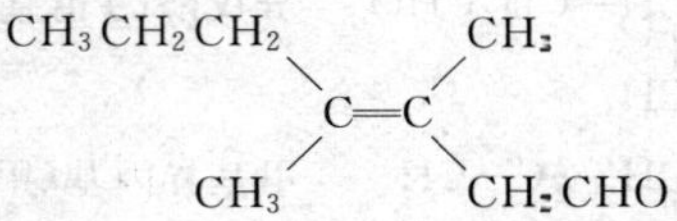 $\begin{matrix}CH_3CH_2CH_2 & & CH_3\\ & C=C & \\ CH_3 & & CH_2CHO\end{matrix}$

(19) 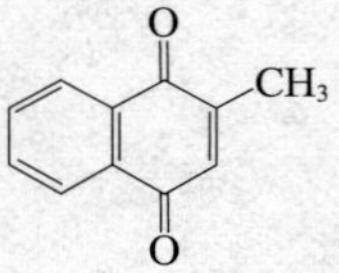 $\begin{matrix} & O & \\ \bigcirc & \bigcirc & -CH_3\\ & O & \end{matrix}$

(20) $Br-CH_2-CH_2-\underset{\underset{O}{\|}}{C}-CH_3$

(21) 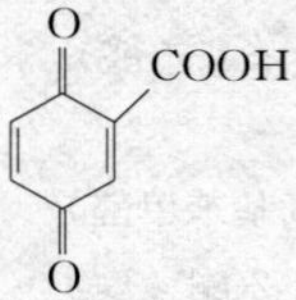 $\begin{matrix} O & \\ \bigcirc & -COOH\\ O & \end{matrix}$

(22) 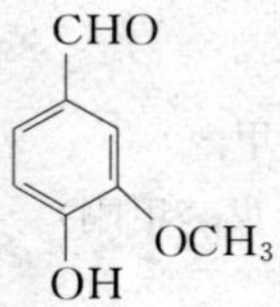 $\begin{matrix} CHO & \\ \bigcirc & -OCH_3\\ OH & \end{matrix}$

(23) 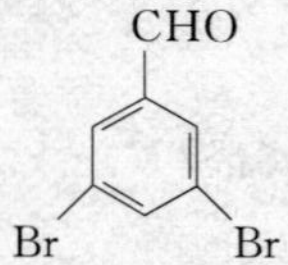 $\begin{matrix} & CHO & \\ & \bigcirc & \\ Br & & Br\end{matrix}$

(24) 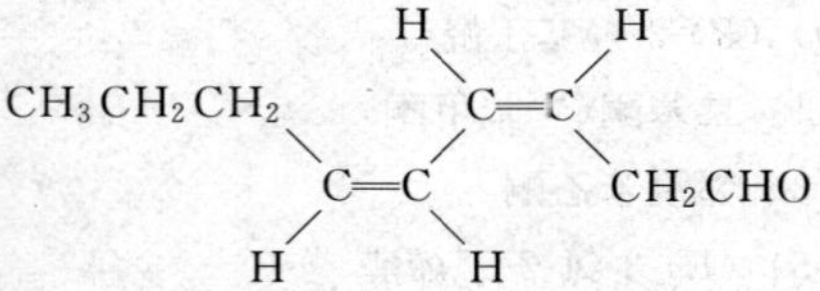 $\begin{matrix} & & H & & H & \\ CH_3CH_2CH_2 & & C=C & & & \\ & C=C & & & CH_2CHO & \\ & H & & H & & \end{matrix}$

4\. (1) CH_3CH_2COOH

(2) $CH_3CH_2\underset{\underset{OH}{|}}{CH}-OCH_2CH_3$ ， $CH_3CH_2CH\begin{matrix}OCH_2CH_3\\ OCH_2CH_3\end{matrix}$

(3) CH_3CH_2COOH

(4) $CH_3CH_2CH_2OH$

(5) $CH_3CH_2CH_2OH$

(6) $CH_3CH_2CH_2OH$

(7) CH_3CH_2COOH

(8) $CH_3\underset{\underset{Br}{|}}{CH}-CHO$

(9) $CH_3CH_2\underset{\underset{SO_3Na}{|}}{\overset{\overset{OH}{|}}{CH}}$

(10) $CH_3CH_2\underset{\underset{CN}{|}}{\overset{\overset{OH}{|}}{CH}}$

(11) $CH_3CH_2CH(OH)—C_6H_5$

(12) $CH_3CH_2CH_3$

(13) $CH_3CH_2CH{=}N—OH$

(14) $CH_3CH_2CH{=}N—NH—C_6H_3(NO_2)_2$（2,4-二硝基苯基，$O_2N$、$NO_2$）

(15) $CH_3CH_2CH{=}N—NH—\overset{O}{\overset{\|}{C}}—NH_2$

(16) $CH_3CH_2COO^-$

(17) $CH_3CH_2COO^-$

(18) $CH_3CH_2—\underset{OH}{CH}—\underset{CH_3}{CH}—CHO$

(19) $CH_3CH_2CH{=}\underset{CH_3}{C}—CHO$

5. (1) 无

(2) $HOOC—(CH_2)_4—COOH$

(3) 无

(4) $HOOC—(CH_2)_4—COOH$

(5) $C_6H_{11}—OH$（环己醇）

(6) $C_6H_{11}—OH$（环己醇）

(7) $C_6H_{11}—OH$（环己醇）

(8) 1-苯基环己醇（OH）

(9) 环己烷-1-(OH)(SO_3Na)：$C_6H_{10}(OH)SO_3Na$

(10) 环己烷-1-(OH)(CN)：$C_6H_{10}(OH)CN$

(11) $C_6H_{10}{=}N—OH$

(12) $C_6H_{10}{=}N—NH—C_6H_5$

(13) $C_6H_{10}(OCH_2CH_3)_2$

(14) 2-(1-羟基环己基)环己酮（OH，O），2-亚环己基环己酮（O）

(15) 2-溴环己酮（O，Br）

6. (1) $C_5H_8(OCH_2CH_3)_2$（环戊烷，OCH_2CH_3，OCH_2CH_3）

(2) $C_6H_{10}{=}N—NH—\overset{O}{\overset{\|}{C}}—NH_2$

(3) 四氢吡喃-2-醇（O，OH，H）

(4) $C_6H_{11}—CH{=}N—NH—C_6H_3(NO_2)_2$（$O_2N$、$NO_2$）

(5) $Cl_3C—CH(OH)_2$

(6) $CH_3—C_6H_4—COONa + CH_3—C_6H_4—CH_2OH$

(7) $CH_3CH_2CH_2—C_6H_4—CH_2CH_2Br$

(8) 1,2-二氢萘 $\xrightarrow[Zn,\ H_2O]{O_3}$ 邻-(3-氧代丙基)苯甲醛（苯环上 —CHO 与 —CH_2CH_2CHO） $\xrightarrow[\triangle]{OH^-}$ 茚-2-甲醛（—CHO）

(9) C_6H_5—COO^- + $CHCl_3$ (10) C_6H_5—C(=O)—CH_2Cl

(11) 4,4-二甲基环己基（H_3C，H_3C）—C(OH)(SO_3Na) (12) CH_3O—C_6H_4—CH_2OH + HCOONa

(13) HC≡CH $\xrightarrow[H_2O]{HgSO_4,\ H_2SO_4}$ CH_3CHO $\xrightarrow{\text{稀 NaOH}}$ CH_3—CH(OH)—CH_2—CHO $\xrightarrow[H_2O]{I_2+NaOH}$

CHI_3 + $NaOOCCH_2COONa$

(14) CH_3—C(=O)—CH_2CH_3 $\xrightarrow{H_2,\ Ni}$ CH_3—CH(OH)—CH_2CH_3 $\xrightarrow[-H_2O]{\text{浓 }H_2SO_4,\ \triangle}$

CH_3—CH=CH—CH_3

(15) 2-环戊烯酮 (16) HCHO，$HOCH_2CH_2OH$

7. 丙醛和环戊酮能与亚硫酸氢钠反应，反应活性为

CH_3CH_2CHO>环戊酮

8. (1)，(4)，(5) 能发生碘仿反应。

9. (1) CH_3CF_2CHO>$ClCH_2CHO$>$BrCH_2CHO$>CH_3CH_2CHO

(2) C_6H_5—C(=O)H > C_6H_5—C(=O)—CH_3 > C_6H_5—C(=O)—C_6H_5

10. (1) C_6H_5—CH_3 + Cl_2 $\xrightarrow{\text{日光}}$ C_6H_5—CH_2Cl $\xrightarrow[\text{干醚}]{Mg}$ C_6H_5—CH_2MgCl $\xrightarrow{CH_3C(=O)CH_3}$

C_6H_5—CH_2—C(OMgCl)(CH_3)—CH_3 $\xrightarrow[H^+]{H_2O}$ C_6H_5—CH_2—C(CH_3)(OH)—CH_3

(2) $CH_3CH_2CH_2OH$ $\xrightarrow{HCl}$ $CH_3CH_2CH_2Cl$ $\xrightarrow[\text{干醚}]{Mg}$ $CH_3CH_2CH_2MgCl$ $\xrightarrow{HC(=O)H}$

$CH_3CH_2CH_2CH_2OMgCl$ $\xrightarrow[H^+]{H_2O}$ $CH_3CH_2CH_2CH_2OH$

(3) CH_2=CH_2 $\xrightarrow{\text{浓 }H_2SO_4}$ $\xrightarrow{H_2O}$ CH_3CH_2OH $\xrightarrow[-H_2]{MnO_2}$ CH_3CHO $\xrightarrow{\text{稀 }OH^-}$

CH_3—CH(OH)—CH_2—CHO $\xrightarrow[-H_2O]{\triangle}$ CH_3—CH=CH—CHO $\xrightarrow{Ni,\ H_2}$ $CH_3CH_2CH_2CH_2OH$

(4) 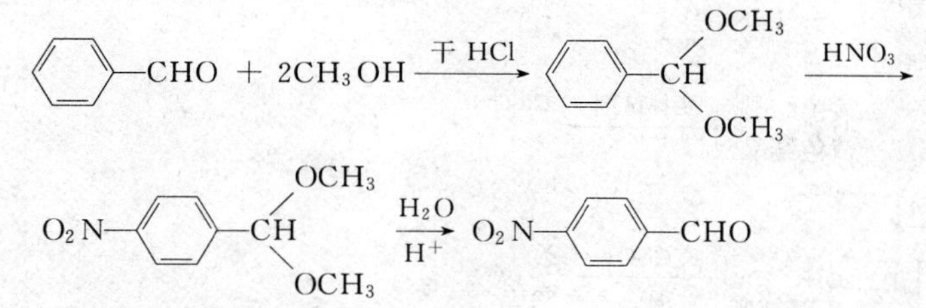 $C_6H_5CHO + 2CH_3OH \xrightarrow{干HCl} C_6H_5CH(OCH_3)_2 \xrightarrow{HNO_3}$

$O_2N-C_6H_4-CH(OCH_3)_2 \xrightarrow[H^+]{H_2O} O_2N-C_6H_4-CHO$

(5) 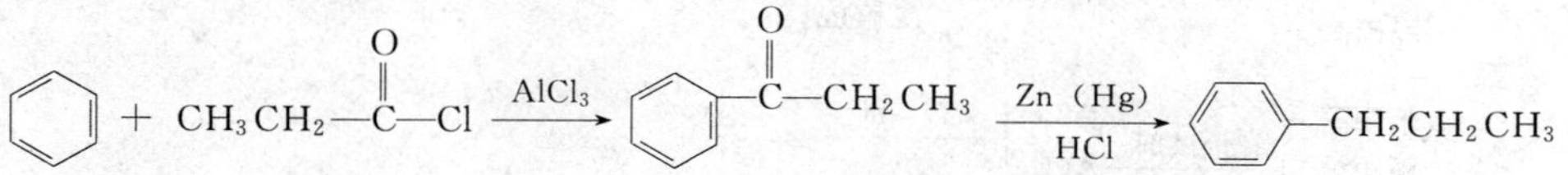 $C_6H_6 + CH_3CH_2-\overset{O}{\overset{\|}{C}}-Cl \xrightarrow{AlCl_3} C_6H_5-\overset{O}{\overset{\|}{C}}-CH_2CH_3 \xrightarrow[HCl]{Zn(Hg)} C_6H_5-CH_2CH_2CH_3$

(6) $C_6H_5-\overset{O}{\overset{\|}{C}}-CH_3 \xrightarrow{I_2+NaOH} C_6H_5COOH + CHI_3$

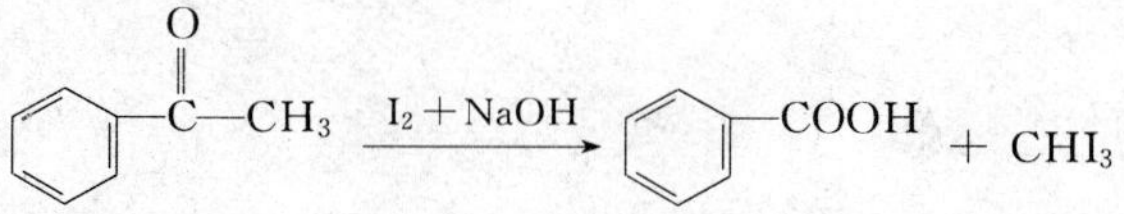

(7) 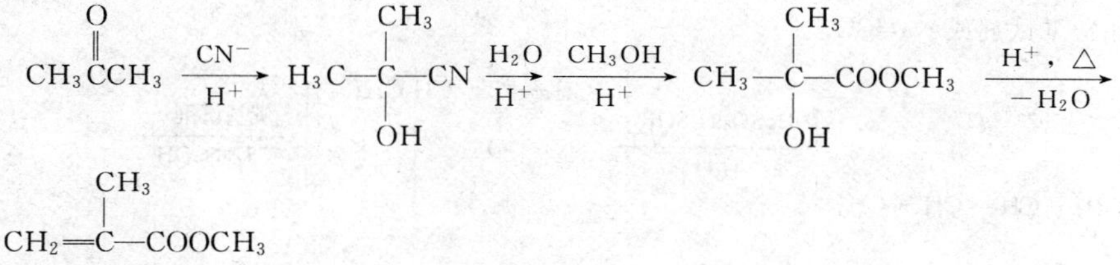 $CH_3\overset{O}{\overset{\|}{C}}CH_3 \xrightarrow[H^+]{CN^-} H_3C-C(CH_3)(OH)-CN \xrightarrow[H^+]{H_2O} \xrightarrow[H^+]{CH_3OH} CH_3-C(CH_3)(OH)-COOCH_3 \xrightarrow[-H_2O]{H^+,\triangle}$

$CH_2=C(CH_3)-COOCH_3$

(8) 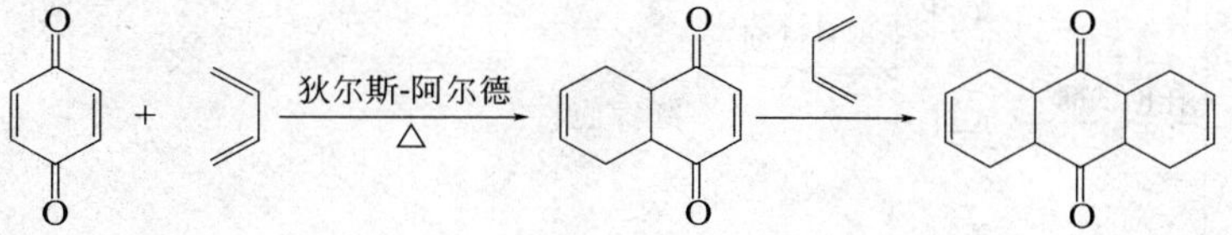 对苯醌 + 丁二烯 $\xrightarrow[\triangle]{狄尔斯-阿尔德}$ 四氢萘醌 $\xrightarrow{丁二烯}$ 八氢蒽醌

(9) 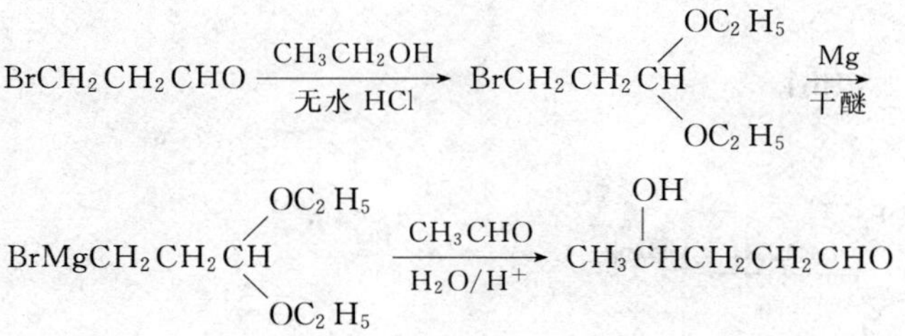 $BrCH_2CH_2CHO \xrightarrow[无水HCl]{CH_3CH_2OH} BrCH_2CH_2CH(OC_2H_5)_2 \xrightarrow[干醚]{Mg}$

$BrMgCH_2CH_2CH(OC_2H_5)_2 \xrightarrow[H_2O/H^+]{CH_3CHO} CH_3\overset{OH}{\overset{|}{C}H}CH_2CH_2CHO$

(10) 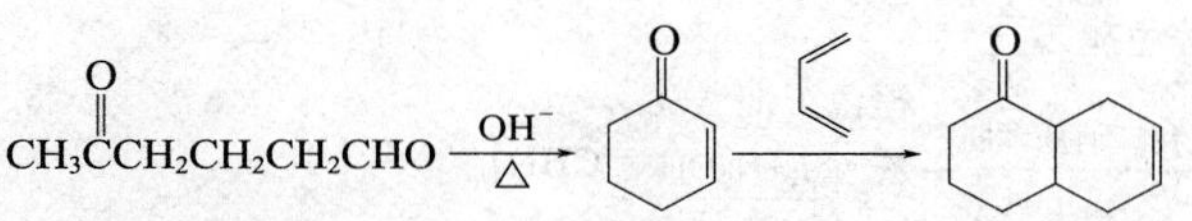 $CH_3\overset{O}{\overset{\|}{C}}CH_2CH_2CH_2CHO \xrightarrow[\triangle]{OH^-}$ 2-环己烯酮 $\xrightarrow{丁二烯}$ 八氢萘酮

11. (1)

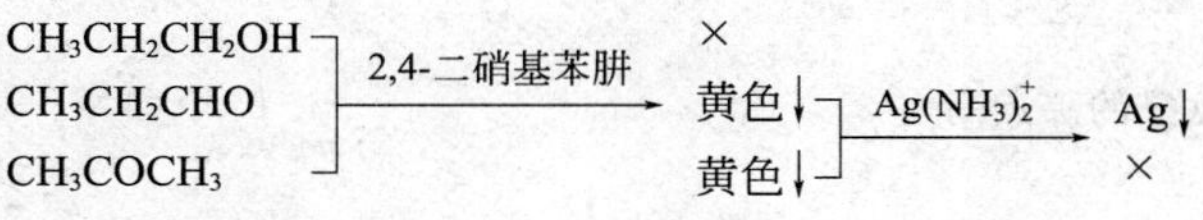

$$\left.\begin{array}{l} CH_3CH_2CH_2OH \\ CH_3CH_2CHO \\ CH_3COCH_3 \end{array}\right] \xrightarrow{2,4-二硝基苯肼} \begin{array}{l} \times \\ 黄色\downarrow \\ 黄色\downarrow \end{array} \xrightarrow{Ag(NH_3)_2^+} \begin{array}{l} Ag\downarrow \\ \times \end{array}$$

(2)

$$\left.\begin{array}{l} 邻羟基苯甲醛 \\ 苯甲醛 \\ 对苯醌 \end{array}\right] \xrightarrow{FeCl_3} \begin{array}{l} 显色 \\ \times \\ \times \end{array} \xrightarrow{Ag(NH_3)_2^+} \begin{array}{l} Ag\downarrow \\ \times \end{array}$$

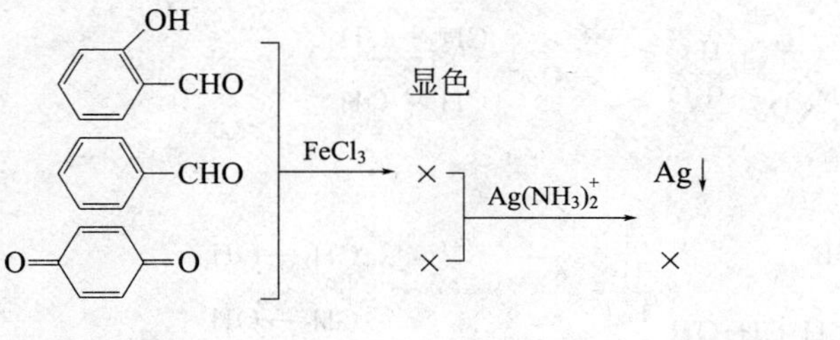

(3) 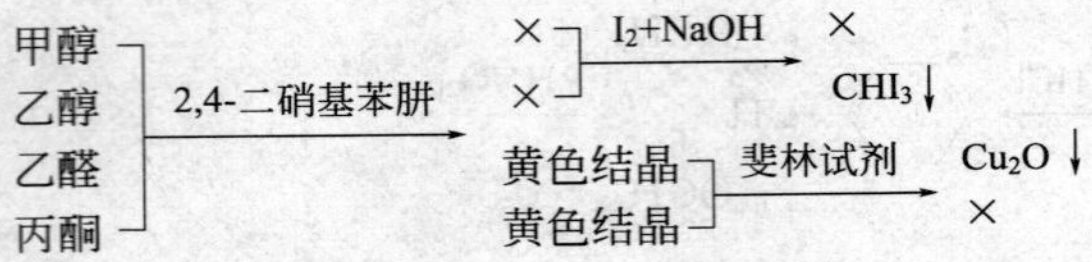 甲醇、乙醇、乙醛、丙酮 $\xrightarrow{2,4\text{-二硝基苯肼}}$ 甲醇 ×、乙醇 ×；乙醛 黄色结晶、丙酮 黄色结晶

甲醇 ×、乙醇 × $\xrightarrow{I_2+NaOH}$ ×、CHI_3↓

黄色结晶、黄色结晶 $\xrightarrow{\text{斐林试剂}}$ Cu_2O↓、×

(4) 乙醛、乙醚、正丙醇、异丙醇 $\xrightarrow{\text{苯肼}}$ 黄色↓、×、×、×

×、× $\xrightarrow[H_2O]{I_2,NaOH}$ ×、×、淡黄色↓

×、× $\xrightarrow[H^+]{K_2Cr_2O_7}$ ×、变色

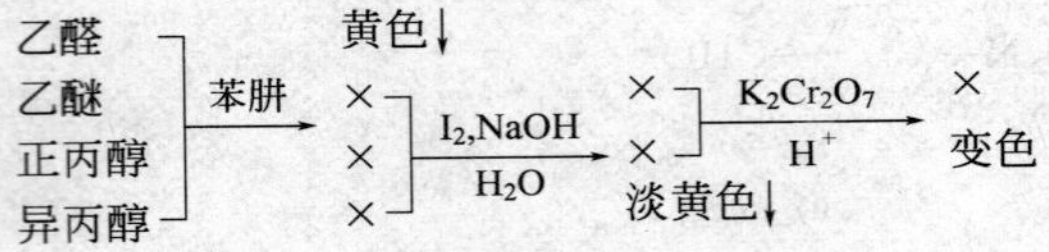

(5) 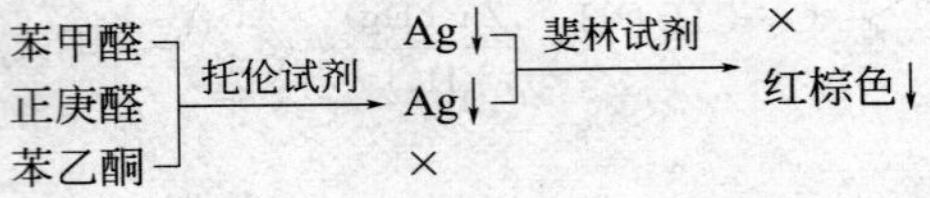 苯甲醛、正庚醛、苯乙酮 $\xrightarrow{\text{托伦试剂}}$ Ag↓、Ag↓、×

Ag↓、Ag↓ $\xrightarrow{\text{斐林试剂}}$ ×、红棕色↓

(6) 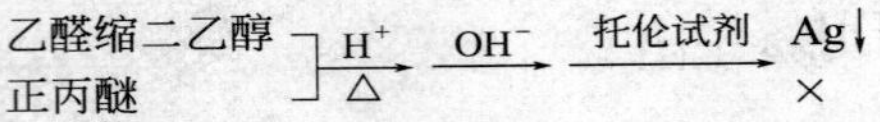 乙醛缩二乙醇、正丙醚 $\xrightarrow[\triangle]{H^+}$ $\xrightarrow{OH^-}$ $\xrightarrow{\text{托伦试剂}}$ Ag↓、×

(7) 用羰基试剂或 $NaHSO_3$

(8) 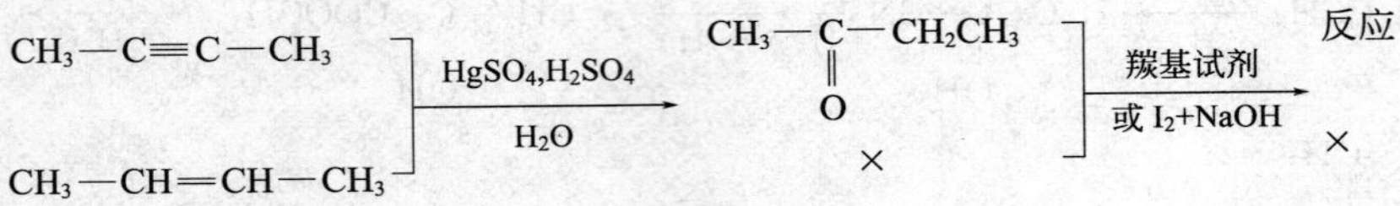 $CH_3-C\equiv C-CH_3$、$CH_3-CH=CH-CH_3$ $\xrightarrow[H_2O]{HgSO_4,H_2SO_4}$ $CH_3-\underset{\underset{O}{\|}}{C}-CH_2CH_3$、× $\xrightarrow[\text{或 }I_2+NaOH]{\text{羰基试剂}}$ 反应、×

(9) 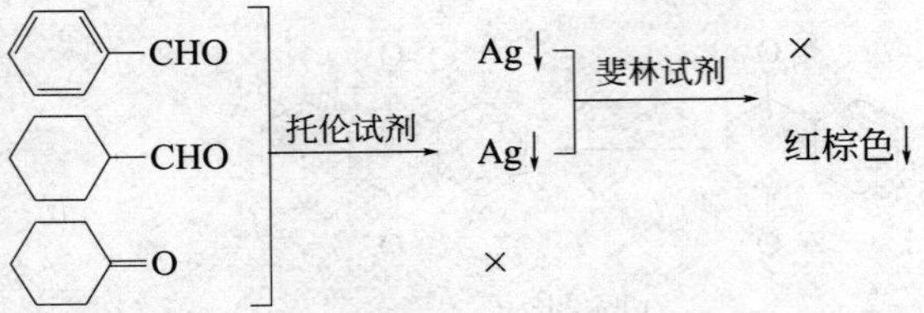 苯甲醛（C_6H_5-CHO）、环己基甲醛（C_6H_{11}-CHO）、环己酮（C_6H_{10}=O） $\xrightarrow{\text{托伦试剂}}$ Ag↓、Ag↓、×

Ag↓、Ag↓ $\xrightarrow{\text{斐林试剂}}$ ×、红棕色↓

(10) 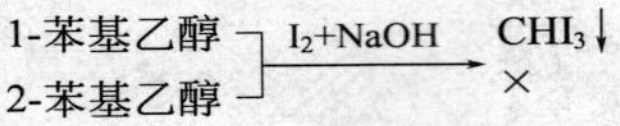 1-苯基乙醇、2-苯基乙醇 $\xrightarrow{I_2+NaOH}$ CHI_3↓、×

(11) 戊醛、2-戊酮、环戊酮 $\xrightarrow{Ag(NH_3)_2^+}$ Ag↓、×、×

×、× $\xrightarrow{I_2+NaOH}$ CHI_3↓、×

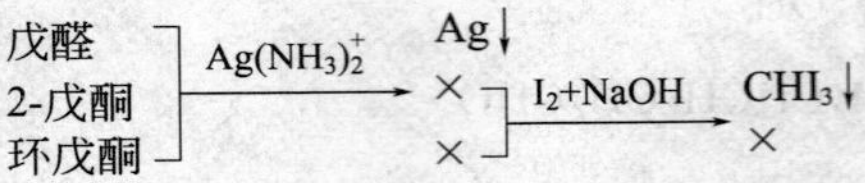

(12) 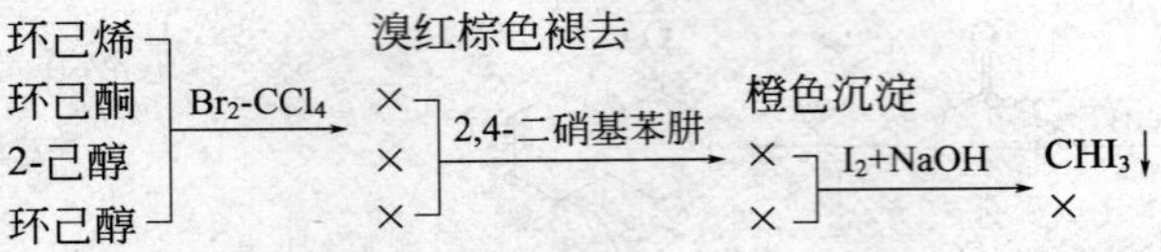 环己烯、环己酮、2-己醇、环己醇 $\xrightarrow{Br_2\text{-}CCl_4}$ 溴红棕色褪去、×、×、×

×、×、× $\xrightarrow{2,4\text{-二硝基苯肼}}$ 橙色沉淀、×、×

×、× $\xrightarrow{I_2+NaOH}$ CHI_3↓、×

12. (1) 戊醇的沸点高　(2) 戊醛的沸点高

13. (1) 缩酮

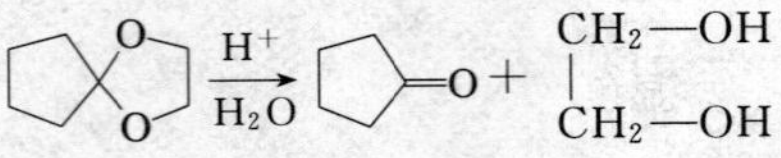

$$\text{环戊酮乙二醇缩酮} \xrightarrow[H_2O]{H^+} \text{环戊酮（}C_5H_8{=}O\text{）} + \begin{matrix} CH_2-OH \\ | \\ CH_2-OH \end{matrix}$$

(2) 半缩酮

$$\text{1-(OH)-1-}(OCH_2CH_2OH)\text{环己烷} \xrightarrow[H_2O]{H^+} \text{环己酮（}C_6H_{10}{=}O\text{）} + \begin{matrix} CH_2-OH \\ | \\ CH_2-OH \end{matrix}$$

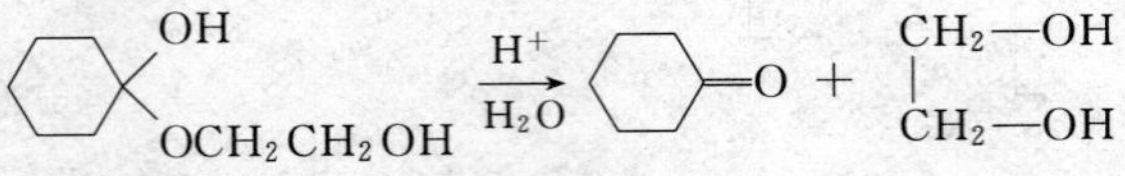

（3）缩醛

$$\text{(环己基-1,3-二氧戊环)} \xrightarrow[H_2O]{H^+} \text{(环己基)}-CHO + \begin{matrix} CH_2-OH \\ | \\ CH_2-OH \end{matrix}$$

（4）半缩醛

$$\text{(2-羟基四氢吡喃)}-OH \xrightarrow[H_2O]{H^+} \underset{OH}{\underset{|}{CH_2}}-CH_2CH_2CH_2-CHO$$

（5）半缩醛

$$CH_3-\underset{OH}{\underset{|}{CH}}-O-\text{(环己基)} \xrightarrow[H_2O]{H^+} CH_3CHO + \text{(环己基)}-OH$$

14.（1）$CH_3CH_2CH_2OH \xrightarrow{CrO_3,\ 吡啶} CH_3CH_2CHO \xrightarrow[H_2O/H^+]{CH_3MgBr} CH_3\overset{OH}{\overset{|}{C}}HCH_2CH_3$

（2）$CH_3CH_2CHO + CH_3MgBr \xrightarrow{干醚} CH_3CH_2-\underset{OMgBr}{\underset{|}{CH}}-CH_3 \xrightarrow[H_2O]{H^+}$

$$CH_3CH_2-\underset{OH}{\underset{|}{CH}}-CH_3 \xrightarrow{K_2Cr_2O_7,\ H^+} CH_3CH_2-\underset{O}{\underset{\|}{C}}-CH_3$$

（3）$CH_3CH_2CHO \xrightarrow[H_2O/H^+]{(CH_3)_2CHMgBr} CH_3-\underset{CH_3}{\underset{|}{CH}}-\overset{OH}{\overset{|}{CH}}-CH_2-CH_3$

$$CH_3CH_2CHO \xrightarrow[Ni]{H_2} CH_3CH_2CH_2OH \xrightarrow[170\ ℃]{H_2SO_4} CH_3CH=CH_2 \xrightarrow{HBr}$$

$$CH_3\overset{Br}{\overset{|}{C}}HCH_3 \xrightarrow[干醚]{Mg} (CH_3)_2CHMgBr$$

（4）$\text{(苯甲醛)}C_6H_5CHO + CH_3CH_2MgBr \longrightarrow C_6H_5-\underset{OMgBr}{\underset{|}{CH}}-CH_2CH_3 \xrightarrow[H^+]{H_2O} C_6H_5-\underset{OH}{\underset{|}{CH}}-CH_2CH_3$

（5）$CH_3\overset{OH}{\overset{|}{C}}HCH_3 \xrightarrow[H^+]{K_2Cr_2O_7} CH_3\overset{O}{\overset{\|}{C}}CH_3$

$$CH_3CH_2OH + HBr \longrightarrow CH_3CH_2Br \xrightarrow[无水乙醚]{Mg} CH_3CH_2MgBr \xrightarrow{CH_3COCH_3}$$

$$CH_3-\underset{OMgBr}{\underset{|}{\overset{CH_3}{\overset{|}{C}}}}-CH_2CH_3 \xrightarrow{H_2O} CH_3-\underset{OH}{\underset{|}{\overset{CH_3}{\overset{|}{C}}}}-CH_2CH_3 \xrightarrow[\triangle]{浓\ H_2SO_4} CH_3-\underset{CH_3}{\underset{|}{C}}=CHCH_3$$

(6) $CH_3CH_2OH \xrightarrow{HBr} CH_3CH_2Br \xrightarrow[\text{无水乙醚}]{Mg} CH_3CH_2MgBr$

$CH_3CH_2OH \xrightarrow{CrO_3,\text{吡啶}} CH_3CHO \xrightarrow[H_2O/H]{CH_3CH_2MgBr} CH_3CH(OH)CH_2CH_3$

(7) $CH_3CH_2CH_2OH \xrightarrow{CrO_3,\text{吡啶}} CH_3CH_2CHO$

$CH_3CH_2CH_2OH \xrightarrow{HBr} CH_3CH_2CH_2Br \xrightarrow[\text{无水乙醚}]{Mg} CH_3CH_2CH_2MgBr \xrightarrow[H_2O/H^+]{CH_3CH_2CHO}$

$CH_3CH_2CH(OH)CH_2CH_2CH_3 \xrightarrow[H^+]{K_2Cr_2O_7} CH_3CH_2C(=O)CH_2CH_2CH_3$

(8) $CH_3CH(OH)CH_2CH_3 \xrightarrow{HBr} CH_3CHBrCH_2CH_3 \xrightarrow[\text{无水乙醚}]{Mg} CH_3CH(MgBr)CH_2CH_3$

$CH_3OH \xrightarrow{CrO_3,\text{吡啶}} HCHO \xrightarrow{CH_3CH(MgBr)CH_2CH_3} \xrightarrow[H^+]{H_2O}$

$CH_3CH(CH_2OH)CH_2CH_3 \xrightarrow{CrO_3,\text{吡啶}} CH_3CH_2CH(CH_3)CHO$

(9) $CH_3CHO \xrightarrow{H_2,Ni} CH_3CH_2OH \xrightarrow{HBr} CH_3CH_2Br \xrightarrow[\text{无水乙醚}]{Mg} CH_3CH_2MgBr$

$CH_3CH_2OH \xrightarrow[170℃]{H_2SO_4} CH_2{=}CH_2 \xrightarrow[250℃]{O_2,Ag} \underset{O}{CH_2{-}CH_2}$ (环氧乙烷)

$CH_3CH_2MgBr \xrightarrow[H_2O,H^+]{\text{环氧乙烷}} CH_3CH_2CH_2CH_2OH \xrightarrow[\text{或[O]}]{Cu} CH_3CH_2CH_2CHO$

(10) $C_6H_6 \xrightarrow[Fe]{Br_2} C_6H_5Br \xrightarrow[\text{无水乙醚}]{Mg} C_6H_5MgBr \xrightarrow[H_2O,H^+]{\text{环氧乙烷}}$

$C_6H_5CH_2CH_2OH \xrightarrow{CrO_3,\text{吡啶}} C_6H_5CH_2CHO$

15. A. $CH_3{-}CH(CH_3){-}CH(OH){-}CH_3$　B. $CH_3{-}CH(CH_3){-}C(=O){-}CH_3$　C. $CH_3{-}C(CH_3){=}CH{-}CH_3$

$\underset{(A)}{CH_3{-}CH(CH_3){-}CH(OH){-}CH_3} \xrightarrow[H^+]{K_2Cr_2O_7} \underset{(B)}{CH_3{-}CH(CH_3){-}C(=O){-}CH_3} \xrightarrow{H_2N{-}NH{-}C_6H_5} (CH_3)(CH(CH_3)_2)C{=}N{-}NH{-}C_6H_5$

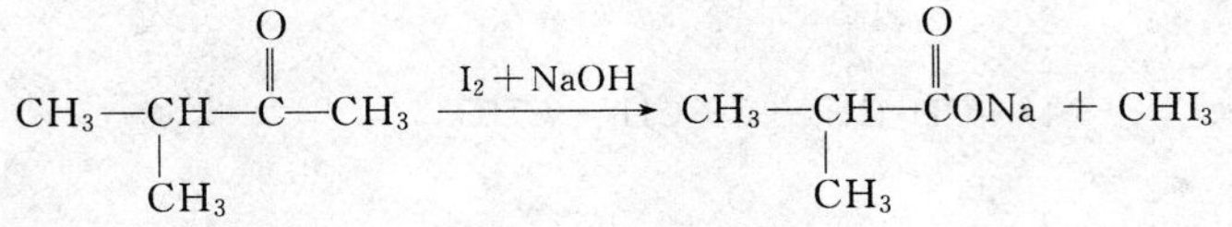

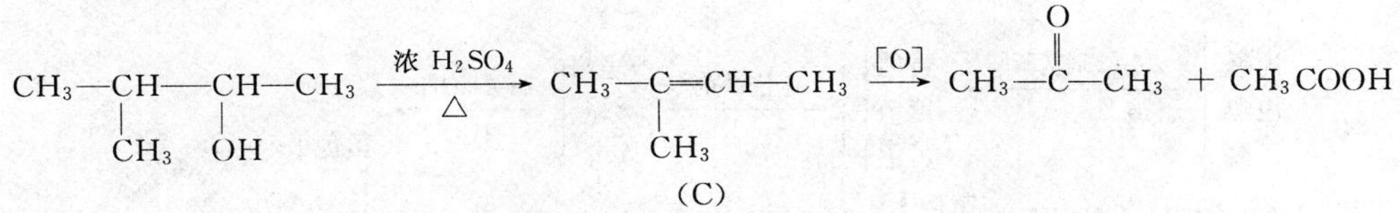

$$CH_3-\underset{\underset{CH_3}{|}}{CH}-\overset{\overset{O}{\|}}{C}-CH_3 \xrightarrow{I_2+NaOH} CH_3-\underset{\underset{CH_3}{|}}{CH}-\overset{\overset{O}{\|}}{C}ONa + CHI_3$$

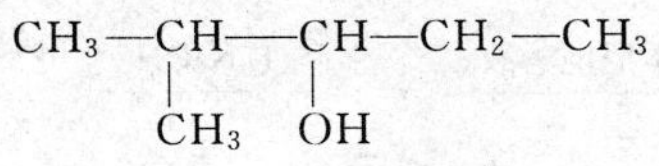

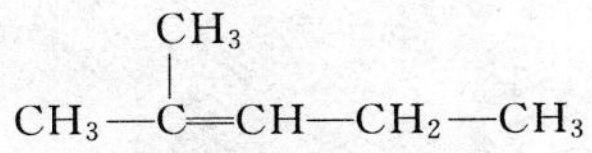

$$CH_3-\underset{\underset{CH_3}{|}}{CH}-\underset{\underset{OH}{|}}{CH}-CH_3 \xrightarrow[\triangle]{浓\ H_2SO_4} \underset{(C)}{CH_3-\underset{\underset{CH_3}{|}}{C}=CH-CH_3} \xrightarrow{[O]} CH_3-\overset{\overset{O}{\|}}{C}-CH_3 + CH_3COOH$$

16. 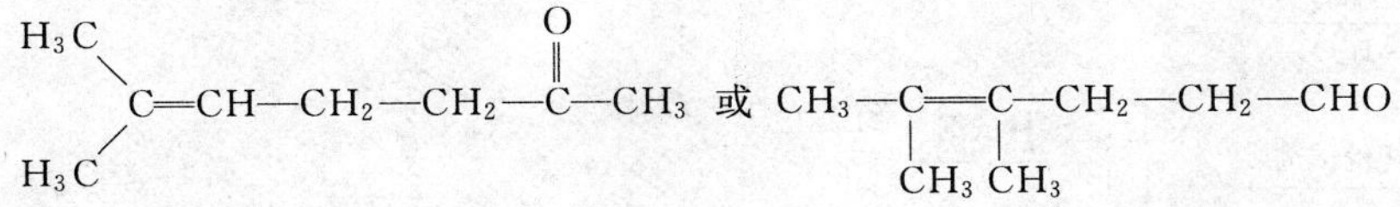 $(H_3C)_2C=CH-CH_2-CH_2-\overset{\overset{O}{\|}}{C}-CH_3$ 或 $CH_3-\underset{\underset{CH_3}{|}}{C}=\underset{\underset{CH_3}{|}}{C}-CH_2-CH_2-CHO$

17. A. 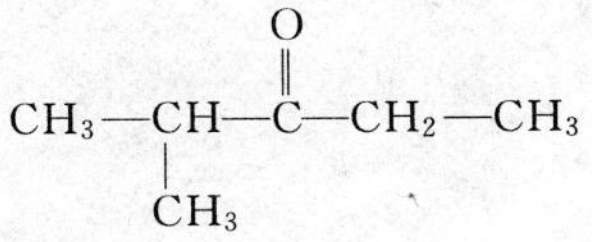 $CH_3-\underset{\underset{CH_3}{|}}{CH}-\overset{\overset{O}{\|}}{C}-CH_2-CH_3$　B. $CH_3-\underset{\underset{CH_3}{|}}{CH}-\underset{\underset{OH}{|}}{CH}-CH_2-CH_3$

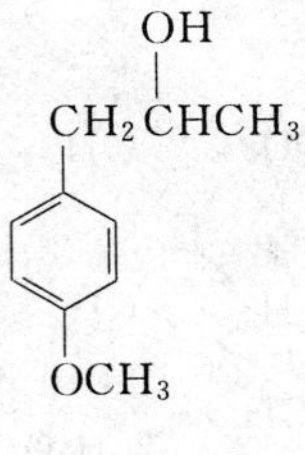

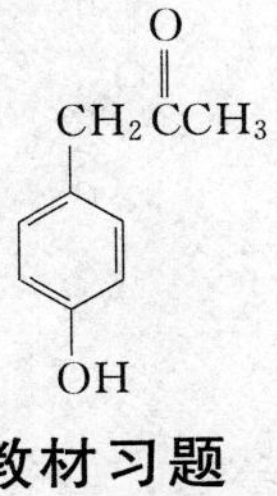

C. $CH_3-\overset{\overset{CH_3}{|}}{C}=CH-CH_2-CH_3$　D. 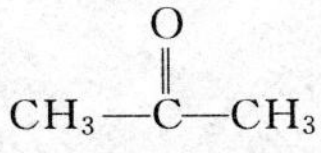 $CH_3-\overset{\overset{O}{\|}}{C}-CH_3$

E. CH_3CH_2CHO

18. 该化合物可能的构造式为

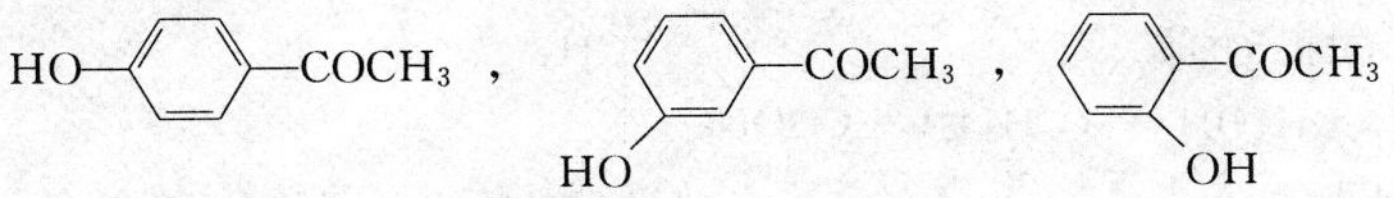

对羟基苯乙酮（HO—C₆H₄—COCH₃，对位），间羟基苯乙酮（间位HO），邻羟基苯乙酮（邻位OH）

19. 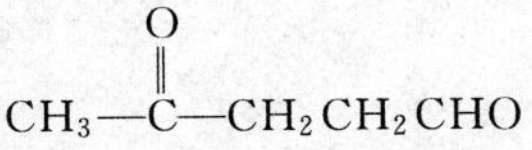 $CH_3-\overset{\overset{O}{\|}}{C}-CH_2CH_2CHO$

20. A. 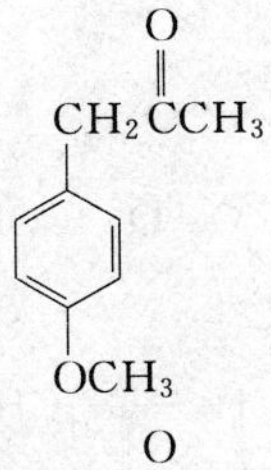 $CH_3O-C_6H_4-CH_2\overset{\overset{O}{\|}}{C}CH_3$（对位）　B. $CH_3O-C_6H_4-CH_2\overset{\overset{OH}{|}}{C}HCH_3$（对位）

C. $HO-C_6H_4-CH_2\overset{\overset{O}{\|}}{C}CH_3$（对位）　D. 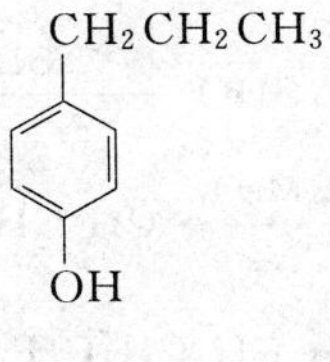 $HO-C_6H_4-CH_2CH_2CH_3$（对位）

8.4.3 教材习题

1. (1) 5-甲基-3-己酮　(2) 2,4-戊二酮
   (3) 1-苯基-1-丙酮　(4) 5-甲基-1,3-环己二酮
   (5) (*Z*) 4-甲基-3-乙基-3-己烯醛　(6) 环戊基甲醛
   (7) 2-丙基丙二醛　(8) 3-苯基丁醛

2. (1) 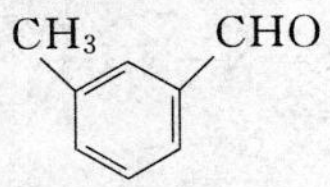 间甲基苯甲醛（苯环上 CH_3、CHO 处于间位）　(2) 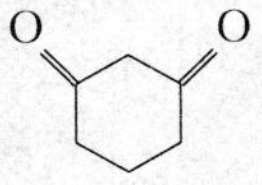 1,3-环己二酮（环己烷上两个 C=O 处于1,3位）

(3) $CH_3CH_2\overset{O}{\overset{\|}{C}}—H$　　(4) $CH_3CH_2—\underset{O}{\underset{\|}{C}}—CH_2—CHO$

3. (1) 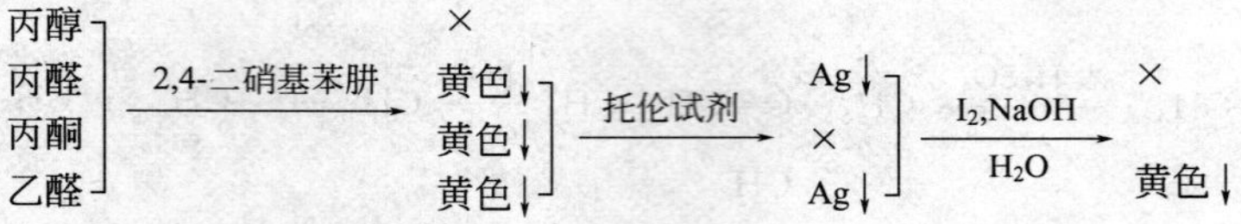 丙醇、丙醛、丙酮、乙醛 $\xrightarrow{\text{2,4-二硝基苯肼}}$ 丙醇 ×；丙醛 黄色↓、丙酮 黄色↓、乙醛 黄色↓ $\xrightarrow{\text{托伦试剂}}$ 丙醛 Ag↓；丙酮 ×；乙醛 Ag↓ $\xrightarrow[H_2O]{I_2,NaOH}$ 丙醛 ×；乙醛 黄色↓

(2) 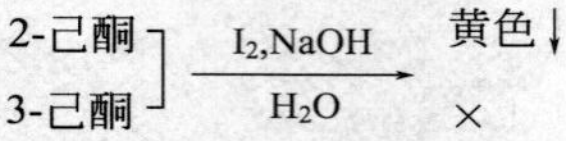 2-己酮、3-己酮 $\xrightarrow[H_2O]{I_2,NaOH}$ 2-己酮 黄色↓；3-己酮 ×

(3) 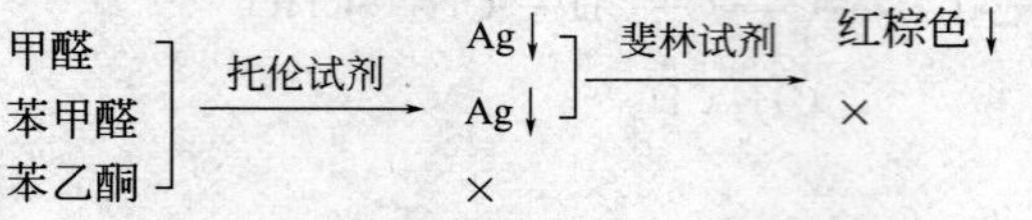 甲醛、苯甲醛、苯乙酮 $\xrightarrow{\text{托伦试剂}}$ 甲醛 Ag↓、苯甲醛 Ag↓；苯乙酮 × ；Ag↓组 $\xrightarrow{\text{斐林试剂}}$ 甲醛 红棕色↓；苯甲醛 ×

(4) 甲醛、乙醛、丙醛 $\xrightarrow{\text{本尼地溶液}}$ 甲醛 ×；乙醛 ↓、丙醛 ↓ $\xrightarrow[H_2O]{I_2,NaOH}$ 乙醛 黄色↓；丙醛 ×

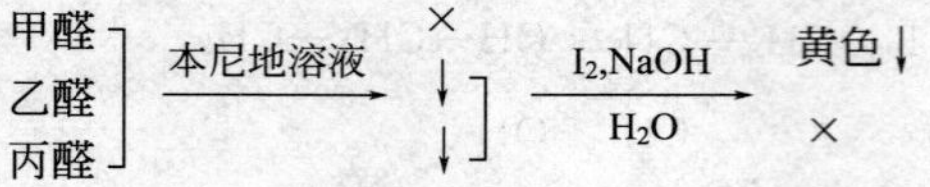

4. (1) 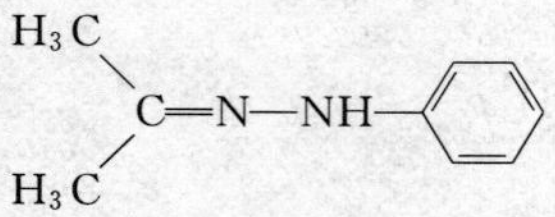 $(H_3C)_2C=N—NH—C_6H_5$

(2) $CH_3CH_2\underset{OH}{\underset{|}{CH}}—\underset{CH_3}{\underset{|}{CH}}—CHO$，$CH_3CH_2CH=\underset{CH_3}{\underset{|}{C}}—CHO$

(3) $(CH_3)_3C—CH_2OH + (CH_3)_3C—COONa$

(4) 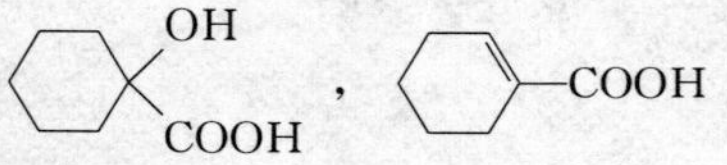 1-羟基环己基甲酸（环己烷环上同一碳连 OH 与 COOH），1-环己烯基甲酸（环己烯-COOH）

(5) 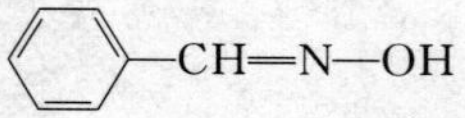 $C_6H_5—CH=N—OH$

(6) 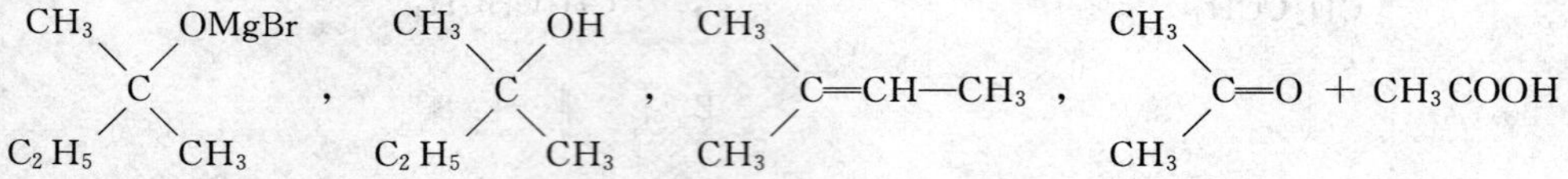 $(CH_3)(C_2H_5)C(OMgBr)(CH_3)$，$(CH_3)(C_2H_5)C(OH)(CH_3)$，$(CH_3)_2C=CH—CH_3$，$(CH_3)_2C=O + CH_3COOH$

5. (1) $CH_3CH_2OH \xrightarrow[\text{吡啶}]{CrO_3} CH_3CHO \xrightarrow[\text{② } H_2O/H^+]{\text{① } CH_3MgCl} CH_3\underset{OH}{\underset{|}{CH}}—CH_3 \xrightarrow{KMnO_4} CH_3—\underset{O}{\underset{\|}{C}}—CH_3$

(2) $CH_3CH_2OH \xrightarrow[\text{吡啶}]{CrO_3} CH_3CHO \xrightarrow[\triangle]{\text{稀 } NaOH} CH_3—CH=CH—CHO \xrightarrow[Ni]{H_2}$

$CH_3CH_2CH_2CH_2OH \xrightarrow[\triangle]{KMnO_4} CH_3CH_2CH_2COOH$

(3) $CH_3CH_2CHO \xrightarrow{\text{稀 } NaOH} CH_3CH_2\underset{OH}{\underset{|}{CH}}—\underset{CH_3}{\underset{|}{CH}}—CHO$

6. $CH_3—\underset{OH}{\underset{|}{CH}}—CH_3$

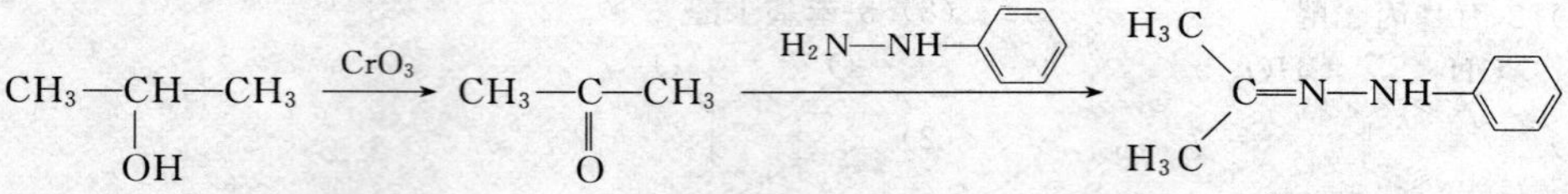

$CH_3—\underset{OH}{\underset{|}{CH}}—CH_3 \xrightarrow{CrO_3} CH_3—\underset{O}{\underset{\|}{C}}—CH_3 \xrightarrow{H_2N—NH—C_6H_5} (H_3C)_2C=N—NH—C_6H_5$

7. $CH_3-\underset{CH_3}{\underset{|}{C}}=\underset{CH_3}{\underset{|}{C}}-CH_2CH_2CHO$

8. $CH_3-\underset{CH_3}{\underset{|}{CH}}-\underset{O}{\underset{\|}{C}}-CH_2CH_3$

$$CH_3-\underset{CH_3}{\underset{|}{CH}}-\underset{O}{\underset{\|}{C}}-CH_2CH_3 \xrightarrow[Ni]{H_2} CH_3-\underset{CH_3}{\underset{|}{CH}}-\underset{OH}{\underset{|}{CH}}-CH_2CH_3 \xrightarrow[-H_2O]{H^+}$$

$$(H_3C)_2C=CH-CH_2CH_3 \xrightarrow[Zn,\ H_2O]{O_3} (H_3C)_2C=O + CH_3CH_2\overset{O}{\overset{\|}{C}}H$$

第 9 章
羧酸及其衍生物和取代酸

9.1 思考题

1. 羧基是由羰基和羟基组成的，但为什么不具有羰基和羟基的典型性质？

2. 羧酸的沸点和水溶性为什么比相对分子质量相近的醇高？

3. 乙酸分子中含有乙酰基（ $CH_3—\overset{O}{\overset{\|}{C}}—$ ），但不能发生碘仿反应，为什么？

4. 用通常的物理化学方法测定羧酸的相对分子质量时，发现测出的相对分子质量比质谱法测出的大很多，甚至相差近一倍，为什么？

5. 3-氯己二酸分子中含有的两个羧基哪个酸性更强？

6. 羧酸衍生物进行水解、醇解、氨解，是羧酸衍生物分子中的羰基受到________进攻，而发生的________反应。

7. 比较下列各组化合物的水解反应活性。

(1) CH_3COCl　　CH_3COOCH_3　　CH_3CONH_2　　$(CH_3CO)_2O$

(2) CH_3COOCH_3　　$CH_3COOC_2H_5$　　$CH_3COOCH(CH_3)_2$　　$CH_3COOC(CH_3)_3$

(3) $HCOOCH_3$　　CH_3COOCH_3　　$(CH_3)_2CHCOOCH_3$　　$(CH_3)_3CCOOCH_3$

8. 怎样用实验的方法证明乙酰乙酸乙酯存在互变异构现象？

9. 羟基酸受热脱水可以得到哪几种产物？为什么？

10. 指明能发生下列反应的羧酸、羧酸衍生物或取代酸：

(1) 与硝酸银的醇溶液产生白色沉淀。

(2) 水解后只生成羧酸，没有其他有机产物。

(3) 与酸或碱共热后的产物之一是醇。

(4) 能与托伦试剂和斐林试剂发生反应的酸。

9.2 习题

1. 用系统命名法命名下列化合物，有俗名的请写出。

(1) $CH_3CH_2\underset{\underset{CH_2}{\|}}{C}CH_2COOH$

(2) 苯环：1位 $CH_2CH_2CH_2COOH$，3位 Cl

(3) 苯环：1位 $COOCH_3$，4位 CH_3

(4) $CH_3CH{=}CHCH{=}CHCOOH$（键线式）　(5) 2-萘基—CH_2COOH　(6) 环丙基—CH_2COOH

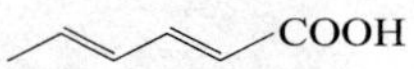

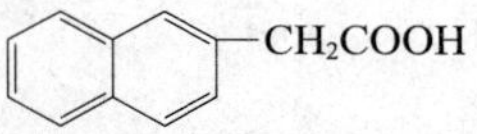

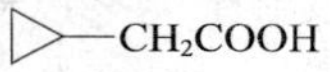

(7)
CH_2COOH
|
$CHCOOH$
|
CH_2CH_2COOH

(8) COOH、H、Br、CH_3 连于同一 C 上（立体式）

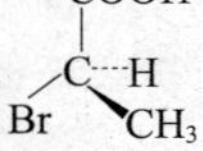

(9) H—C(COOH)(CH_3)—环戊基

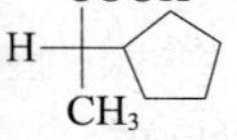

(10) $CH_3CH_2\overset{O}{\overset{\|}{C}}Br$　(11) $COOCH_3$—$COOCH_3$　(12) 邻位 COOH 的苯环—O—$\overset{O}{\overset{\|}{C}}$—$CH_3$

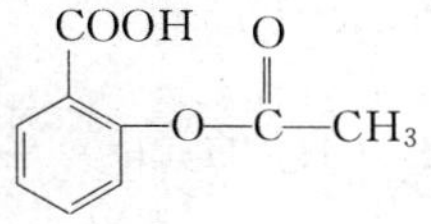

(13) $C_6H_5CONHCH_3$　(14) 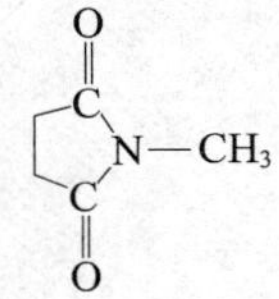 N—CH_3 丁二酰亚胺　(15) 邻苯二甲酰亚胺（NH）

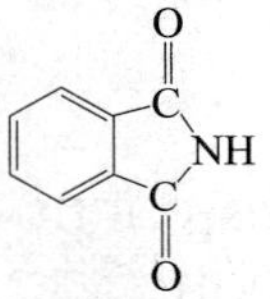

(16) $CH_3—\underset{\underset{O}{\|}}{C}—CH_2CH_2CH_2COOH$

2. 写出下列化合物的结构式。

(1) α,β-二甲基丁酸　(2) 肉桂酸　(3) (*S*) -α-羟基丙酸

(4) 顺，顺-$\Delta^{9,12}$-十八碳二烯酸　(5) 巴豆酸

(6) 延胡索酸　(7) γ-苯基丁酸　(8) 邻苯二甲酰氯

(9) 异丁酸异丙酯　(10) *N*,*N*-二甲基苯甲酰胺

(11) α-甲基丙烯酸甲酯　(12) (*S*) -苹果酸

(13) 内消旋酒石酸　(14) 草酰琥珀酸

3. 将下列化合物按酸性由强至弱的顺序排列。

(1) 丁酸，2-氯丁酸，3-氯丁酸，4-氯丁酸，2,2-二氯丁酸

(2) 草酸，丙二酸，醋酸，苯酚，乙醇，水

(3) 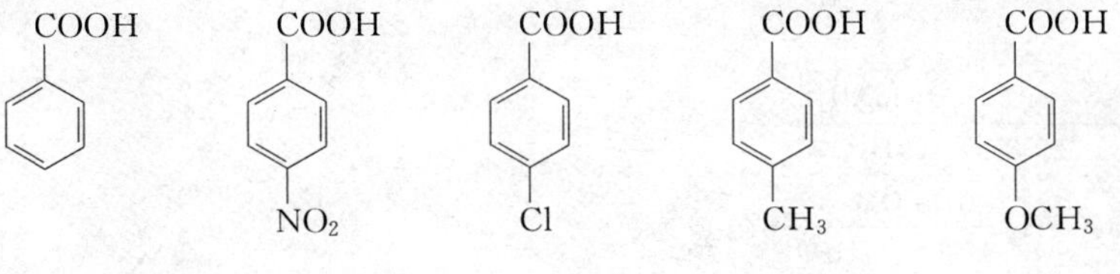 苯甲酸（COOH）　对硝基苯甲酸（COOH，NO_2）　对氯苯甲酸（COOH，Cl）　对甲基苯甲酸（COOH，CH_3）　对甲氧基苯甲酸（COOH，OCH_3）

(4) 邻硝基苯甲酸（COOH，NO_2）　间硝基苯甲酸（COOH，NO_2）　对硝基苯甲酸（COOH，NO_2）

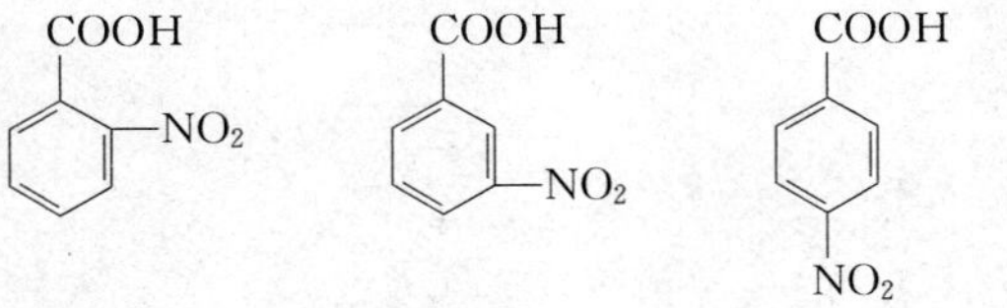

(5) $CH_3CH_2CH_2COOH$　$CH_2{=}CHCH_2COOH$　$(CH_3)_2CHCOOH$　$CH{\equiv}CCH_2COOH$

(6) 对氯苯甲酸（4-Cl-C_6H_4-COOH）　苯甲酸（C_6H_5COOH）　苯酚（C_6H_5OH）　邻甲苯酚（2-CH_3-C_6H_4-OH）

4. 完成下列反应。

(1) 环己基-CH_2COOH $\xrightarrow[\text{红磷}]{Br}$? $\xrightarrow[H_2O]{NaOH}$?

(2) $CH_3CH_2Br \xrightarrow{KCN} ? \xrightarrow[\triangle]{H_2O, H^+} ? \xrightarrow[H_3O^+]{LiAlH_4} ?$

(3) 4-(CH_2COOH)-C_6H_4-CH═CHCHO $\xrightarrow[H_3O^+]{LiAlH_4}$? $\xrightarrow{Br_2/CCl_4}$?

(4) 对羟基苯甲酸（4-HO-C_6H_4-COOH） $\xrightarrow{\text{过量 NaOH}}$? $\xrightarrow{H_3O^+}$? $\xrightarrow{NaHCO_3}$?

(5) $CH_2═CHCOOH \xrightarrow[H_2O_2]{HBr} ? \xrightarrow[H_2O]{NaOH} ?$

(6) 1-CH_2Cl-2-OCH_3-4-Cl-苯 $\xrightarrow[OH^-]{H_2O}$? $\xrightarrow[H^+]{KMnO_4}$? $\xrightarrow[\triangle]{HI}$? + ?

(7) $CH_3\overset{O}{\overset{\|}{C}}CH_2Cl \xrightarrow{HCN} ? \xrightarrow[H_2O]{H^+} ? \xrightarrow{NaCN} ? \xrightarrow[H_2O]{H^+} ?$

(8) $CH_2═CH—CH═CH_2 \xrightarrow{CH_2═CHCH_2Cl} ? \xrightarrow[H^+]{KMnO_4} ?$

(9) 四氢茚满-2-$COOCH_3$（双环，六元环含一个双键） $\xrightarrow{LiAlH_4}$? $\xrightarrow[H^+]{KMnO_4}$?

(10) CH_3CH_2COCl $\xrightarrow{\text{苯}}$? $\xrightarrow[②H_3O^+]{①LiAlH_4}$?

(11) $CH_3COCH_2COOC_2H_5 \xrightarrow[②H^+, H_2O]{①\text{稀 } OH^-, \triangle} ?$

(12) $CH_3CO\underset{|}{C}HCOOCH_3$（CH 上连 CH_2COOCH_3） $\xrightarrow[\triangle]{\text{浓 NaOH}}$?

(13) $HOCH_2CH_2CH_2CN \xrightarrow[\triangle, H_2O]{H_3O^+} ? \xrightarrow{\triangle}$

(14) 二氢香豆素（苯并二氢吡喃-2-酮） $\xrightarrow[\triangle]{NaOH}$? $\xrightarrow{H^+}$?

(15) 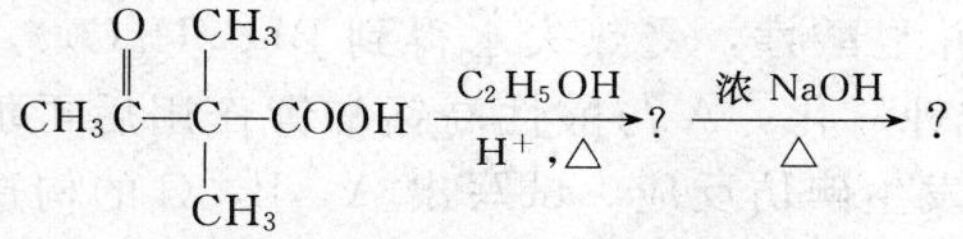 $CH_3\overset{O}{\overset{\|}{C}}-\underset{CH_3}{\overset{CH_3}{\overset{|}{\underset{|}{C}}}}-COOH \xrightarrow[H^+,\triangle]{C_2H_5OH} ? \xrightarrow[\triangle]{浓 NaOH} ?$

5. 用简单的化学方法鉴别下列各组化合物。

(1) 甲酸，乙酸，草酸，丙二酸

(2) 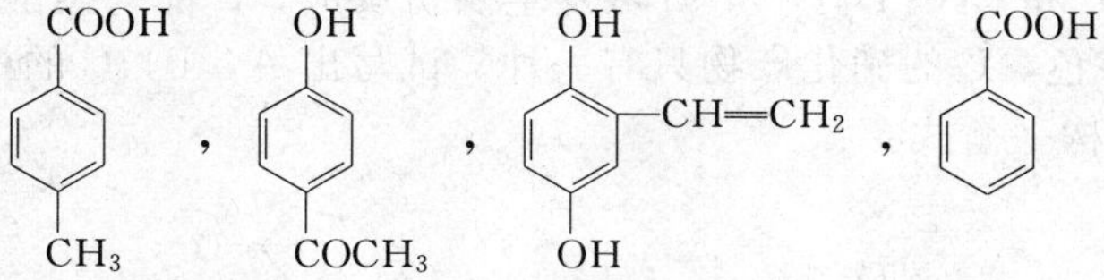 对甲基苯甲酸（COOH、CH_3），对羟基苯乙酮（OH、$COCH_3$），2-乙烯基对苯二酚（OH、$CH=CH_2$、OH），苯甲酸（COOH）

(3) 水杨酸，乙酰水杨酸，水杨醛

(4) 戊酮，草酰乙酸乙酯，乙酰乙酸乙酯

6. 用化学方法分离下列各组化合物。

(1) 丁酸，丁醇，丁酸丁酯

(2) 己醇，己酸，对甲苯酚

(3) 苯甲醚，苯甲醛，苯甲酸，苯酚

7. 由指定原料合成下列化合物。

(1) 乙烯和苯合成苯甲酸乙酯

(2) 1-溴丙烷合成 2-甲基丙酸

(3) 甲醇和乙醛合成 2-甲基-2-羟基丙酸

(4) $CH_3CHO \longrightarrow H_3COOCCH_2COOCH_3$

(5) 甲苯合成苯乙酸（至少两种方法）

(6) 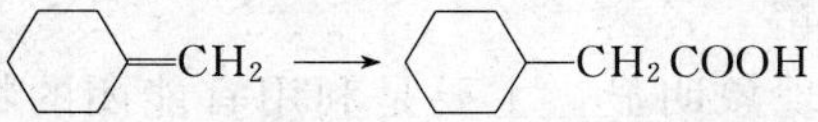 亚甲基环己烷（环己基$=CH_2$）$\longrightarrow$ 环己基$-CH_2COOH$

8. 化合物 A($C_4H_6O_4$) 加热后得到 B($C_4H_4O_3$)，将 A 与过量甲醇及少量硫酸一起加热得到 C($C_6H_{10}O_4$)。B 与过量甲醇作用也得到 C。A 与氢化铝锂作用得到 D($C_4H_{10}O_2$)。试写出 A，B，C，D 的构造式。

9. 某化合物 A($C_5H_6O_4$)，没有旋光性，加 1mol H_2 后，产物 B($C_5H_8O_4$) 具有旋光性，A 受热易失去 1mol H_2O 生成 C($C_5H_4O_3$)，C 与乙醇作用得到两种互为异构体的化合物。试写出 A，B，C 的构造式。

10. 化合物 A，B，C 的分子式都是 $C_3H_6O_2$，A 与 Na_2CO_3 作用放出 CO_2，B 和 C 则不能，在 NaOH 的 I_2 的溶液中加热后，B 发生碘仿反应，C 则不能。试写出 A，B，C 的构造式。

11. 二元羧酸 A 和 B，分子式都是 $C_4H_4O_4$，A 加热生成 C($C_4H_2O_3$)，B 加热放出 CO_2，同时生成 D ($C_3H_4O_2$)。试写出 A，B，C，D 的构造式。

12. 化合物 A ($C_5H_8O_4$) 具有旋光性，与 $NaHCO_3$ 作用放出 CO_2，与 NaOH 水溶液共热后可水解为两种产物，并且均无旋光性。试写出 A 的构造式。

13. A($C_7H_{12}O_3$) 与金属钠作用放出氢气，与 $FeCl_3$ 水溶液显色，与苯肼作用生成苯腙。A 与 NaOH 水溶液共热，酸化后得到 B($C_4H_6O_3$) 和异丙醇。B 易脱羧，脱羧产物 C 可进行碘仿反应。试写出 A，B，C 的构造式。

14. A($C_4H_8O_3$) 具有旋光性，溶于水并显酸性，受热失水得到 B($C_4H_6O_2$)，B 无旋光性，溶于水也显酸性，B 比 A 更易被高锰酸钾氧化，A 与酸性高锰酸钾作用后再加热得到 C (C_3H_6O)，C 不易与高锰酸钾反应，但可以发生碘仿反应。试写出 A，B，C 的构造式，并写出各步反应式。

15. A($C_{10}H_{12}O_3$) 不溶于水、稀酸和碳酸氢钠溶液，可溶于稀氢氧化钠溶液。A 与稀氢氧化钠溶液加热后得到 B(C_3H_8O) 和 C($C_7H_6O_3$)，B 可发生碘仿反应，C 能与碳酸氢钠溶液作用放出 CO_2，能与 $FeCl_3$ 溶液显色，C 的硝化产物只有一种。试写出 A，B，C 的构造式。

16. 写出下列化合物的互变异构平衡式。

(1) $CH_3-\overset{\overset{O}{\|}}{C}-CH_2-\overset{\overset{O}{\|}}{C}-CH_3$　　(2) =O, O　　(3) =O, $COOC_2H_5$

17. 由乙酰乙酸乙酯或丙二酸二乙酯为原料制备下列化合物（其他试剂可任选）。

(1) 2-丁酮　　(2) 3-戊酮酸　　(3) 丙酸　　(4) 2-甲基丙酸

18. 下列化合物哪些能产生互变异构现象？

(1) $CH_3-\overset{\overset{OH}{|}}{CH}-CH_2-\overset{\overset{O}{\|}}{C}-OC_2H_5$　　(2) $CH_3-\overset{\overset{OH}{|}}{C}=CH-\overset{\overset{O}{\|}}{C}-OC_2H_5$

(3) $CH_3-\overset{\overset{O}{\|}}{C}-CH_2COOH$　　(4) $CH_3-\overset{\overset{O}{\|}}{C}-CH_2CN$

9.3 解题示例

1. 用化学方法鉴别：甲酸、乙酸、乙酰氯、乙醛、乙醇。

解：鉴别采用的化学方法应简单、准确可靠，现象明显，主要是利用官能团的特征反应。若无特征反应可先采取其他措施，然后再进行鉴别。

甲酸、乙醛、乙酸、乙醇、乙酰氯 $\xrightarrow[C_2H_5OH,\triangle]{AgNO_3}$ 乙酰氯：AgCl↓；其余：×

甲酸、乙醛、乙酸、乙醇 $\xrightarrow{Ag(NH_3)_2^+}$ 甲酸、乙醛：Ag↓；乙酸、乙醇：×

甲酸、乙醛 $\xrightarrow{NaHCO_3}$ 甲酸：CO_2↑；乙醛：×

乙酸、乙醇 $\xrightarrow{NaHCO_3}$ 乙酸：CO_2↑；乙醇：×

2. 分离提纯苯甲酸、苯酚、环己酮和丁醚。

解：分离提纯与鉴别不同，其目的是将混合物中的各种物质分离开来，除去杂质，从而得到纯物质。因此，分离提纯时除了要达到分离提纯的目的外，还要尽量减少待分离物质的损失，因此，步骤不宜多，方法越简单越好。

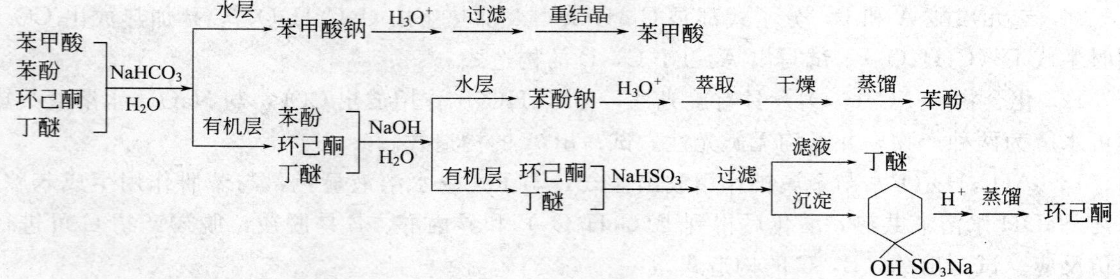

3. 推断结构。

酮酸（A）$\xrightarrow[\text{Pt}]{H_2}$（B）$\xrightarrow{HBr}$（C）$\xrightarrow{Na_2CO_3}$（D）$\xrightarrow{KCN}$（E）$\xrightarrow{H_3O^+}$2-甲基戊二酸

解：推断结构题需根据已知现象、已知相关的结构信息或能够发生的特征反应等来逐步推断。

A. $CH_3-\overset{\overset{\displaystyle O}{\|}}{C}-CH_2CH_2COOH$　　B. $CH_3-\overset{\overset{\displaystyle OH}{|}}{CH}-CH_2CH_2COOH$

C. $CH_3-\overset{\overset{\displaystyle Br}{|}}{CH}-CH_2CH_2COOH$　　D. $CH_3-\overset{\overset{\displaystyle Br}{|}}{CH}-CH_2CH_2COONa$

E. $CH_3-\overset{\overset{\displaystyle CN}{|}}{CH}-CH_2CH_2COONa$

9.4　参考答案

9.4.1　思考题

1. 羧基中羟基上的氧原子与羰基形成 p-π 共轭体系，p-π 共轭体系使 C═O 上碳原子的电子云密度增高，难以被亲核试剂进攻，难以发生醛、酮那样的亲核加成反应。同时，p-π 共轭效应使氧氢键的极性增强，有利于质子的解离，使羧酸表现明显的酸性。p-π 共轭效应也使羟基氧原子与羰基碳原子之间的 C—O 键的极性降低，加上羰基碳原子的正电性较低，因此不易发生类似醇那样的亲核取代反应，但在一定条件下，羧基中的羟基还是可以被取代的。

2. 因为羧酸能够通过氢键缔合成二聚体，这种氢键比醇分子间的更稳定。一些低级羧酸即使在蒸气状态下也处于双分子缔合状态。羧酸与水分子间形成氢键的能力也比醇强。

3. 碘仿反应是 α-H 被取代。α-H 能否被取代，与羰基碳原子的电子云密度直接相关，羰基碳原子的电子云密度较低时 α-H 才能被碘取代。而乙酸中由于 p-π 共轭体系产生的共轭效应使羰基碳原子的电子云密度较一般的醛、酮高。此外，乙酸在碱性条件下以羧酸根形式存在，使羰基碳原子的电子云密度进一步提高，因此 α-H 活性降低，不能发生碘仿反应。

4. 因为羧酸分子间通过氢键缔合形成二聚体，通常的测定方法，部分二聚体也未解离，而用质谱法测定时，二聚体都会解离为单分子羧酸，故通常方法测定结果比质谱法测出的大很多。

5. 3-氯己二酸分子中两个羧基受到氯原子吸电子诱导效应大小不同，距离氯原子较近的一个羧基受到的吸电子诱导效应较强，因此酸性也较强。

6. 亲核试剂；亲核加成-消除反应。

7. (1) $CH_3COCl>(CH_3CO)_2O>CH_3COOCH_3>CH_3CONH_2$

(2) $CH_3COOCH_3>CH_3COOC_2H_5>CH_3COOCH(CH_3)_2>CH_3COOC(CH_3)_3$

(3) $HCOOCH_3>CH_3COOCH_3>(CH_3)_2CHCOOCH_3>(CH_3)_3CCOOCH_3$

8. (1) 与 HCN、饱和 $NaHSO_3$ 的反应可以证明羰基的存在；(2) 使溴水褪色、与 $FeCl_3$ 显色、与金属钠作用放出氢气可知有烯醇式（$-C=\overset{\overset{\displaystyle OH}{|}}{C}-$）结构的存在；(3) 在乙酰乙酸乙酯溶液中滴加几滴 $FeCl_3$ 溶液，出现紫红色，再加入几滴溴水，紫红色消失，过一段时间后，紫红色又慢慢出现，证明酮式和烯醇式结构之间的互相转化。

9. 羟基酸受热脱水可以得到环状交酯、不饱和酸、环状内酯等，羟基和羧基相对位置不同，脱水产物也不同，生成产物的稳定性决定了羟基酸的脱水方式。

10.（1）酰氯　（2）酸酐　（3）酯　（4）甲酸

9.4.2 习题

1.（1）3-乙基-3-丁烯酸　（2）4-(3-氯)苯基丁酸

（3）对甲基苯甲酸甲酯　（4）(2*E*,4*E*)-2,4-己二烯酸

（5）β-萘乙酸(2-萘乙酸)　（6）环丙基乙酸

（7）3-羧基己二酸　（8）(*R*)-2-溴丙酸

（9）(*S*)-2-环戊基丙酸　（10）丙酰溴

（11）乙二酸二甲酯　（12）乙酰水杨酸

（13）*N*-甲基苯甲酰胺　（14）*N*-甲基丁二酰亚胺

（15）邻苯二甲酰亚胺　（16）δ-己酮酸

2.（1）COOH（键线式）　（2）C_6H_5—CH═CHCOOH

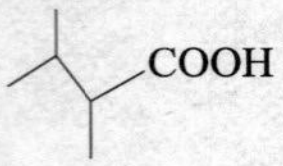

（3）COOH / HO—┼—H / CH_3　（4）$CH_3(CH_2)_4$(H)C═C(H)—CH_2—(H)C═C(H)$(CH_2)_7COOH$

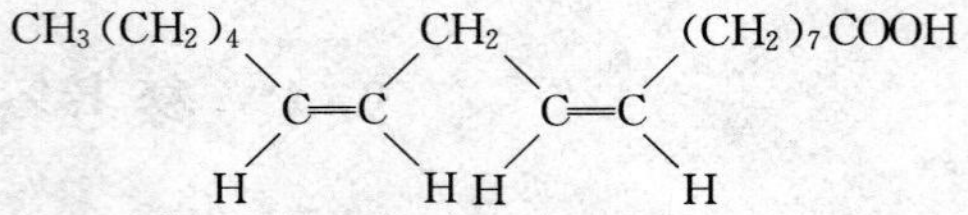

（5）CH_3CH═CHCOOH　（6）(H)(HOOC)C═C(COOH)(H)

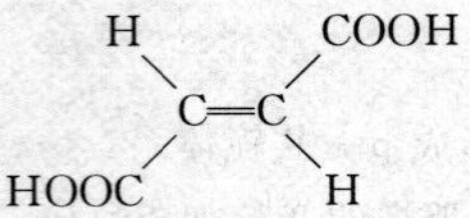

（7）$C_6H_5CH_2CH_2CH_2COOH$　（8）$C_6H_4(COCl)_2$（邻位）

（9）$(CH_3)_2CH$—C(═O)—$OCH(CH_3)_2$　（10）C_6H_5—C(═O)—$N(CH_3)_2$

（11）CH_2═C(CH_3)—$COOCH_3$　（12）COOH / HO—┼—H / CH_2COOH

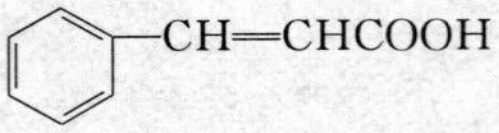

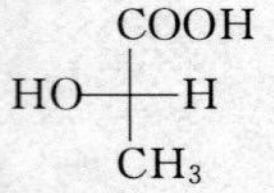

（13）COOH / HO—┼—H / HO—┼—H / COOH　（14）HOOCC(═O)—CHCOOH / CH_2COOH

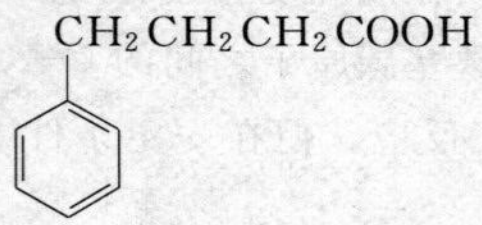

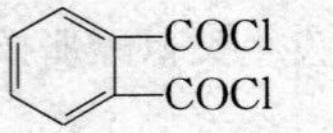

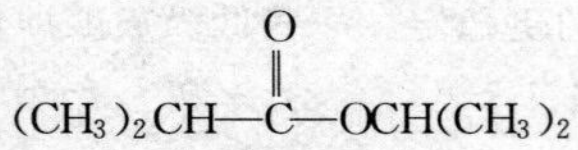

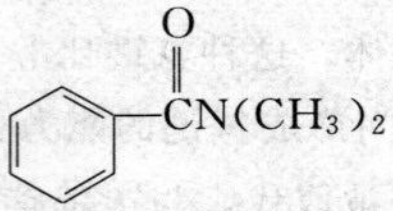

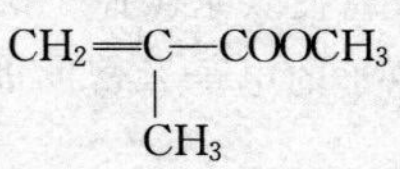

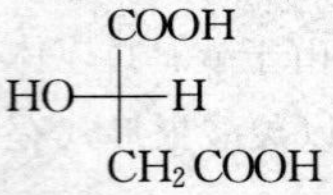

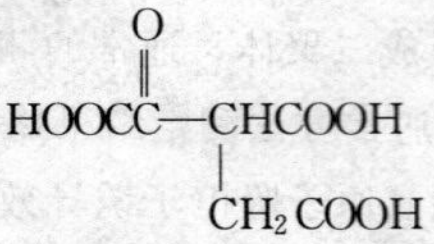

3.（1）2,2-二氯丁酸＞2-氯丁酸＞3-氯丁酸＞4-氯丁酸＞丁酸

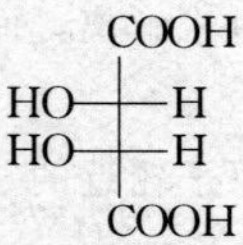

（2）草酸＞丙二酸＞醋酸＞苯酚＞水＞乙醇

（3）

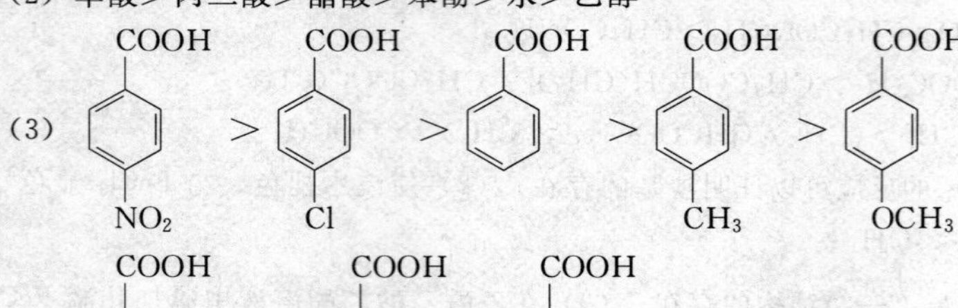

（4）邻硝基苯甲酸（COOH, NO_2）＞对硝基苯甲酸（COOH, NO_2）＞间硝基苯甲酸（COOH, NO_2）

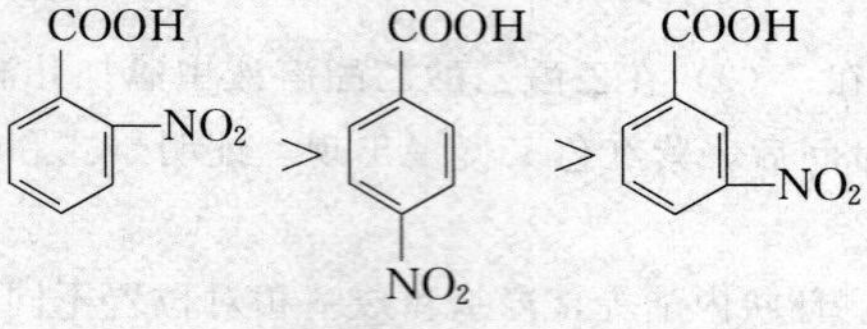

(5)　$CH{\equiv}CCH_2COOH > CH_2{=}CHCH_2COOH > CH_3CH_2CH_2COOH > (CH_3)_2CHCOOH$

(6) 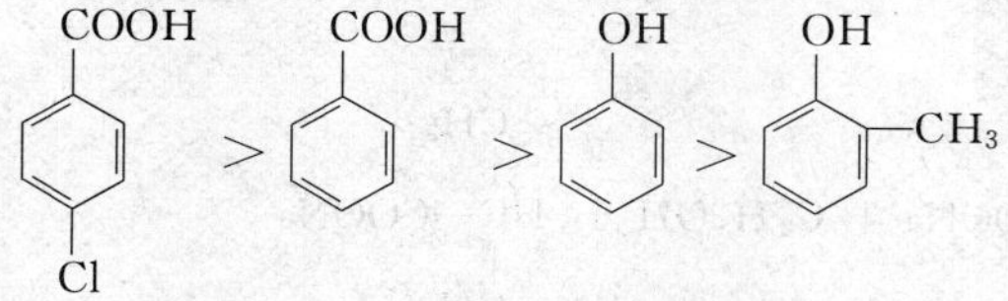　对氯苯甲酸 > 苯甲酸 > 苯酚 > 邻甲基苯酚（结构式：COOH/Cl-苯环 > COOH-苯环 > OH-苯环 > OH/CH_3-苯环）

4. (1) 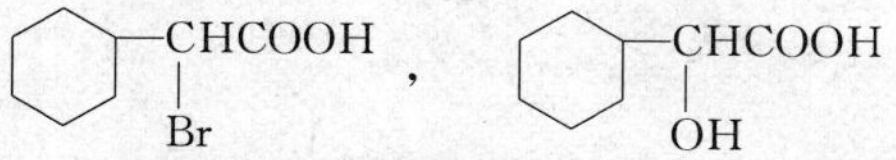　环己基-$CHCOOH$（Br），环己基-$CHCOOH$（OH）

(2)　CH_3CH_2CN，CH_3CH_2COOH，$CH_3CH_2CH_2OH$

(3) 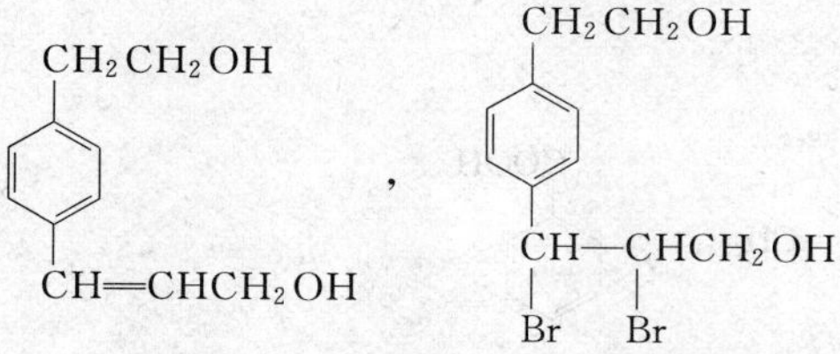　CH_2CH_2OH-苯环-$CH{=}CHCH_2OH$（对位），CH_2CH_2OH-苯环-$CH(Br){-}CH(Br)CH_2OH$（对位）

(4) 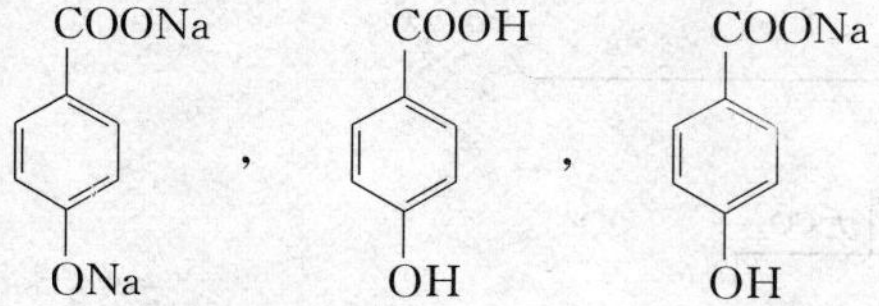　$COONa$-苯环-ONa（对位），$COOH$-苯环-OH（对位），$COONa$-苯环-OH（对位）

(5) 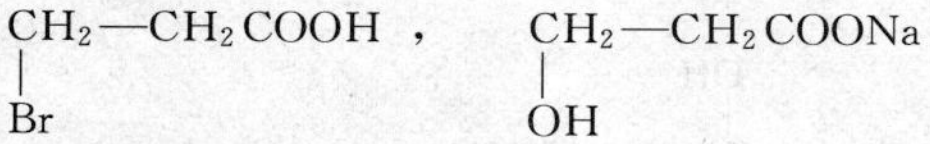　$CH_2(Br){-}CH_2COOH$，$CH_2(OH){-}CH_2COONa$

(6) 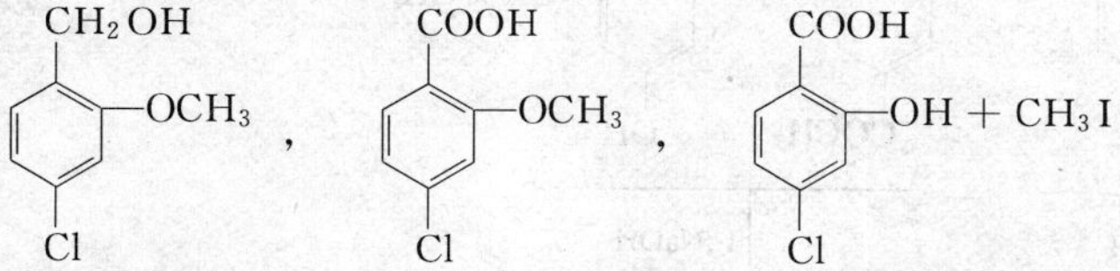　CH_2OH-苯环（2-OCH_3，4-Cl），$COOH$-苯环（2-OCH_3，4-Cl），$COOH$-苯环（2-OH，4-Cl）$+ CH_3I$

(7) 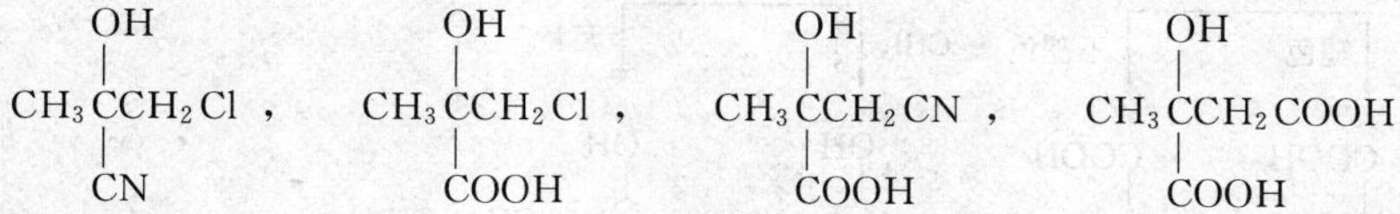　$CH_3C(OH)(CN)CH_2Cl$，$CH_3C(OH)(COOH)CH_2Cl$，$CH_3C(OH)(COOH)CH_2CN$，$CH_3C(OH)(COOH)CH_2COOH$

(8) 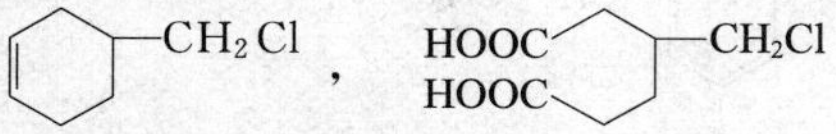　环己烯基-CH_2Cl，HOOC、HOOC-环己基-CH_2Cl

(9) 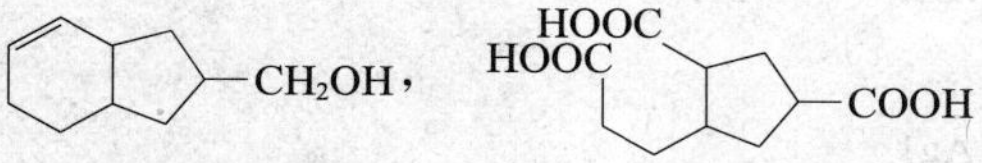　双环（茚满类）-CH_2OH，HOOC、HOOC-环戊基-COOH

(10) 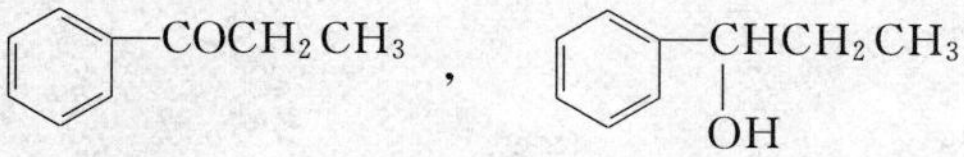　苯基-$COCH_2CH_3$，苯基-$CH(OH)CH_2CH_3$

(11) 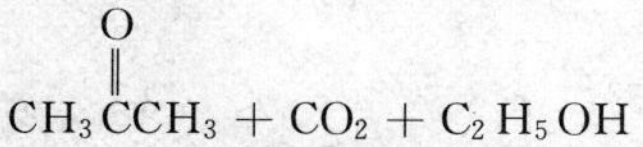　$CH_3\overset{O}{\overset{\|}{C}}CH_3 + CO_2 + C_2H_5OH$

(12) 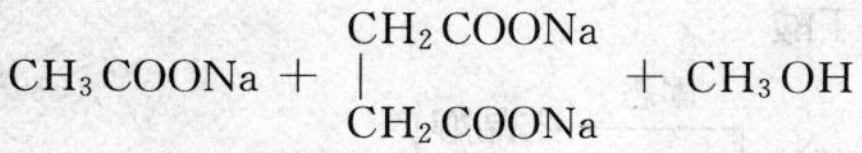　$CH_3COONa + \begin{array}{c}CH_2COONa\\|\\CH_2COONa\end{array} + CH_3OH$

(13)　$HOCH_2CH_2CH_2COOH$，γ-丁内酯（五元环 O-C=O）

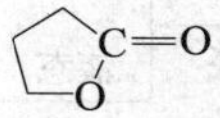

(14) 邻-ONa-苯基-CH_2CH_2COONa，邻-OH-苯基-CH_2CH_2COOH

(15) $CH_3C(=O)-C(CH_3)_2-COOC_2H_5$， $CH_3COONa + C_2H_5OH + HC(CH_3)_2-COONa$

5. (1) 甲酸、乙酸、草酸、丙二酸 $\xrightarrow{\triangle}$ 甲酸 ×、乙酸 × $\xrightarrow{KMnO_4}$ 褪色、×；草酸 $CO_2\uparrow$、丙二酸 $CO_2\uparrow$ $\xrightarrow{KMnO_4}$ 褪色、×

(2) 对甲基苯甲酸（COOH，CH_3），对羟基苯乙酮（OH，$COCH_3$），2,5-二羟基苯乙烯（OH，OH，$CH=CH_2$），苯甲酸（COOH）

$\triangle$ NaOH—CaO

放出CO_2：对甲基苯甲酸、苯甲酸 $\xrightarrow{KMnO_4,H^+}$ 褪色：对甲基苯甲酸；不褪色：苯甲酸

无CO_2：对羟基苯乙酮、2,5-二羟基苯乙烯 $\xrightarrow{I_2,NaOH}$ $CHI_3\downarrow$：对羟基苯乙酮；无↓：2,5-二羟基苯乙烯

(3) 水杨酸、水杨醛、乙酰水杨酸 $\xrightarrow{FeCl_3}$ 显色、显色、× ；水杨酸、水杨醛 $\xrightarrow{托伦试剂}$ ×、$Ag\downarrow$

(4) 戊酮、草酰乙酸乙酯、乙酰乙酸乙酯 $\xrightarrow{FeCl_3}$ ×、显色、显色；草酰乙酸乙酯、乙酰乙酸乙酯 $\xrightarrow{Na_2CO_3}$ $CO_2\uparrow$、×

6. (1) 丁酸、丁醇、丁酸丁酯 $\xrightarrow[H_2O]{NaHCO_3}$ 水层：丁酸钠 $\xrightarrow{H_3O^+}$ 丁酸；有机层：丁醇、丁酸丁酯 $\xrightarrow[固体]{CaCl_2}$ 固态：结晶醇↓；液态：丁酸丁酯

（2）己醇、己酸、对甲苯酚 $\xrightarrow[H_2O]{NaHCO_3}$

- 水层：己酸钠 $\xrightarrow{H_3O^+}$ 己酸
- 有机层：己醇、对甲苯酚 $\xrightarrow[H_2O]{NaOH}$
  - 水层：对甲苯酚钠 $\xrightarrow{H_3O^+}$ 对甲苯酚
  - 有机层：己醇

（3）

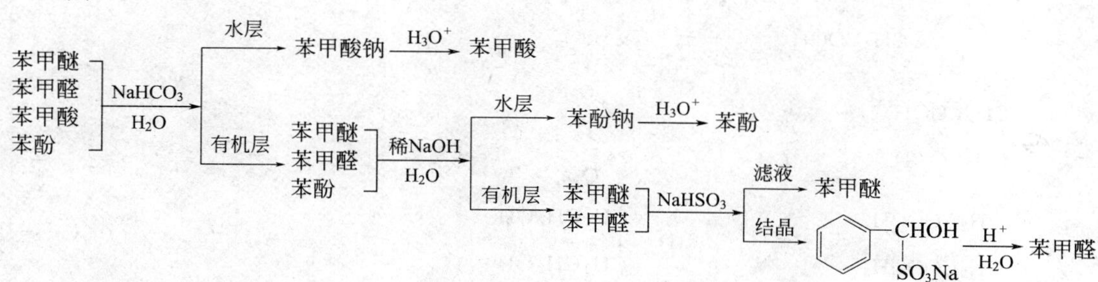

7.（1）$CH_2{=}CH_2 + C_6H_6 \xrightarrow[\triangle]{无水\ AlCl_3} C_6H_5CH_2CH_3 \xrightarrow[H^+]{KMnO_4} C_6H_5COOH$

$CH_2{=}CH_2 \xrightarrow[H_2O]{H_2SO_4} CH_3CH_2OH \xrightarrow[H_2SO_4,\triangle]{C_6H_5COOH} C_6H_5COOC_2H_5$

（2）$CH_3CH_2CH_2Br \xrightarrow[醇,\triangle]{KOH} CH_2{=}CHCH_3 \xrightarrow{HBr} CH_3CH(Br)CH_3 \xrightarrow[干醚]{Mg} CH_3CH(MgBr)CH_3$

$\xrightarrow{CO_2} \xrightarrow{H_3O^+} CH_3CH(CH_3)COOH$

（3）$CH_3OH \xrightarrow{PBr_3} CH_3Br \xrightarrow[干醚]{Mg} CH_3MgBr \xrightarrow{CH_3CHO} \xrightarrow{H_3O^+} CH_3CH(OH)CH_3 \xrightarrow{PBr_3}$

$CH_3CH(Br)CH_3 \xrightarrow{NaCN} CH_3CH(CN)CH_3 \xrightarrow{H_3O^+} CH_3CH(COOH)CH_3 \xrightarrow[红磷]{Br_2} CH_3CBr(COOH)CH_3 \xrightarrow[H_2O]{NaOH} CH_3C(OH)(COOH)CH_3$

（4）$CH_3CHO \xrightarrow[H^+]{KMnO_4} CH_3COOH \xrightarrow[红磷]{Br_2} BrCH_2COOH \xrightarrow{NaCN} CNCH_2COOH \xrightarrow{H_3O^+}$

$HOOCCH_2COOH \xrightarrow[H^+]{CH_3OH} H_3COOCCH_2COOCH_3$

（5）方法一：

$C_6H_5CH_3 \xrightarrow[光照]{Br_2} C_6H_5CH_2Br \xrightarrow[干醚]{Mg} C_6H_5CH_2MgBr \xrightarrow{CO_2} \xrightarrow{H_3O^+} C_6H_5CH_2COOH$

方法二：

$$C_6H_5CH_3 \xrightarrow[\text{光照}]{Br_2} C_6H_5CH_2Br \xrightarrow{NaCN} C_6H_5CH_2CN \xrightarrow{H_3O^+} C_6H_5CH_2COOH$$

(6) $C_6H_{10}{=}CH_2 \xrightarrow[H_2O_2]{HBr} C_6H_{11}CH_2Br \xrightarrow[\text{干醚}]{Mg} C_6H_{11}CH_2MgBr \xrightarrow{CO_2} \xrightarrow{H_3O^+}$

$C_6H_{11}CH_2COOH$

8. A. $HOOCCH_2CH_2COOH$　B. 丁二酸酐（环状酸酐）

C. $CH_3OOCCH_2CH_2COOCH_3$　D. $HOCH_2CH_2CH_2CH_2OH$

9. A. $HOOCCH{=}C(CH_3)COOH$　B. $CH_3CH(COOH)CH_2COOH$　C. 甲基马来酸酐（CH_3—取代的环状酸酐）

10. A. CH_3CH_2COOH　B. $HCOOC_2H_5$　C. CH_3COOCH_3

11. A. $HOOCCH{=}CHCOOH$　B. $CH_2{=}C(COOH)_2$

C. 马来酸酐（环状酸酐）　D. $CH_2{=}CHCOOH$

12. $HOOC—CH(CH_3)—COOCH_3$

13. A. $CH_3—CO—CH_2—CO—OCH(CH_3)_2$　B. $CH_3—CO—CH_2COOH$　C. $CH_3—CO—CH_3$

14. A. $CH_3—CH(OH)—CH_2COOH$　B. $CH_3CH{=}CHCOOH$　C. $CH_3—CO—CH_3$

$$CH_3CH(OH)—CH_2COOH \xrightarrow{\triangle} CH_3CH{=}CHCOOH \xrightarrow[H^+]{KMnO_4} CH_3COOH + HOOC—COOH$$（可进一步氧化为 CO_2）

$$CH_3CH(OH)—CH_2COOH \xrightarrow[H^+]{KMnO_4} CH_3CO—CH_2COOH \xrightarrow{\triangle} CH_3—CO—CH_3 \xrightarrow[NaOH]{I_2} CH_3COONa + CHI_3\downarrow$$

15. A. $HO—C_6H_4—CO—OCH(CH_3)_2$　B. $CH_3—CH(OH)—CH_3$　C. $HO—C_6H_4—COOH$

16. (1) $CH_3—CO—CH_2—CO—CH_3 \rightleftharpoons CH_3—C(OH){=}CH—CO—CH_3$

(2) 1,3-环己二酮 ⇌ 3-羟基-2-环己烯-1-酮（烯醇式）　(3) 2-乙氧羰基环戊酮 ⇌ 烯醇式（$COOC_2H_5$，OH）

17. (1) $CH_3-\overset{O}{\overset{\|}{C}}-CH_2-\overset{O}{\overset{\|}{C}}-OC_2H_5 \xrightarrow[②CH_3Br]{①C_2H_5ONa} CH_3-\overset{O}{\overset{\|}{C}}-\underset{CH_3}{\underset{|}{CH}}-\overset{O}{\overset{\|}{C}}-OC_2H_5 \xrightarrow[H_2O]{\triangle,H^+}$

$CH_3-\overset{O}{\overset{\|}{C}}-CH_2CH_3$

(2) $CH_3-\overset{O}{\overset{\|}{C}}-CH_2-\overset{O}{\overset{\|}{C}}-OC_2H_5 \xrightarrow[②CH_3CH_2COCl]{①C_2H_5ONa} CH_3-\overset{O}{\overset{\|}{C}}-\underset{\underset{O}{\overset{|}{\underset{\|}{C}CH_2CH_3}}}{CH}-\overset{O}{\overset{\|}{C}}-OC_2H_5 \xrightarrow[\triangle]{浓\ NaOH}$

$CH_3CH_2-\overset{O}{\overset{\|}{C}}-CH_2COONa + C_2H_5OH + CH_3COONa$

$\xrightarrow{H^+} \xrightarrow{纯化} CH_3CH_2-\overset{O}{\overset{\|}{C}}-CH_2COOH$

(3) $C_2H_5O-\overset{O}{\overset{\|}{C}}-CH_2-\overset{O}{\overset{\|}{C}}-OC_2H_5 \xrightarrow[②CH_3I\ ③H^+/H_2O]{①C_2H_5ONa} HOOC-\overset{CH_3}{\overset{|}{CH}}-COOH \xrightarrow{\triangle} CH_3CH_2COOH$

(4) $C_2H_5O-\overset{O}{\overset{\|}{C}}-CH_2-\overset{O}{\overset{\|}{C}}-OC_2H_5 \xrightarrow[②CH_3I]{①C_2H_5ONa} C_2H_5O-\overset{O}{\overset{\|}{C}}-\underset{CH_3}{\underset{|}{CH}}-\overset{O}{\overset{\|}{C}}-OC_2H_5 \xrightarrow[②CH_3I]{①C_2H_5ONa}$

$C_2H_5O-\overset{O}{\overset{\|}{C}}-\overset{CH_3}{\underset{CH_3}{\overset{|}{\underset{|}{C}}}}-\overset{O}{\overset{\|}{C}}-OC_2H_5 \xrightarrow{H^+/H_2O} \xrightarrow{\triangle} CH_3-\underset{CH_3}{\underset{|}{CH}}COOH$

18. (2)，(3)，(4) 都可以。

9.4.3　教材习题

1. 用系统命名法命名下列各化合物。

(1) 3-甲基丁酸

(2) 2,4-二甲基-3-戊烯酸

(3) 2,3-环氧丁酸

(4) 间苯二甲酸

(5) 4-甲基-2,4-戊二烯酸

(6) 4-氯苯甲酰氯

(7) *N*，*N*-二甲基乙酰胺

(8) 乙丙酸酐

(9) 乙二醇二乙酸酯

(10) δ-戊内酯

(11) 2-甲基-3-丁酮酸

(12) 顺-3-甲基-2-羟基-3-戊烯酸

2. 用化学方法区别下列各组化合物。

(1) **解：**

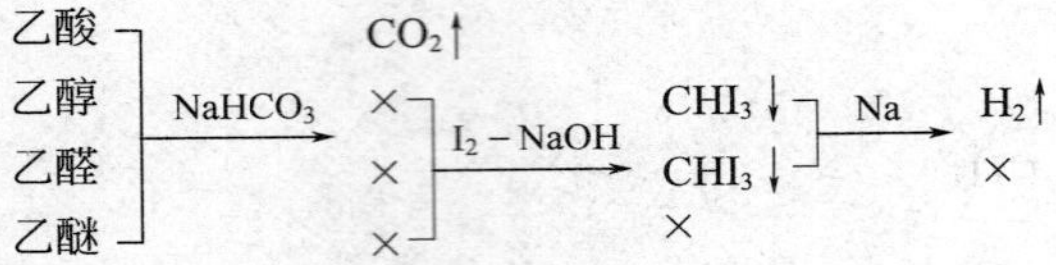

乙酸、乙醇、乙醛、乙醚 —$NaHCO_3$→ 乙酸：$CO_2\uparrow$；乙醇、乙醛、乙醚：×

乙醇、乙醛、乙醚 —I_2-NaOH→ 乙醇：$CHI_3\downarrow$；乙醛：$CHI_3\downarrow$；乙醚：×

乙醇、乙醛 —Na→ 乙醇：$H_2\uparrow$；乙醛：×

(2) **解：**

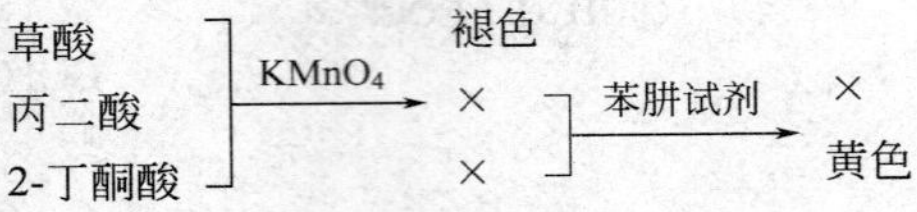

草酸、丙二酸、2-丁酮酸 —$KMnO_4$→ 草酸：褪色；丙二酸：×；2-丁酮酸：×

丙二酸、2-丁酮酸 —苯肼试剂→ 丙二酸：×；2-丁酮酸：黄色↓

(3) **解：**

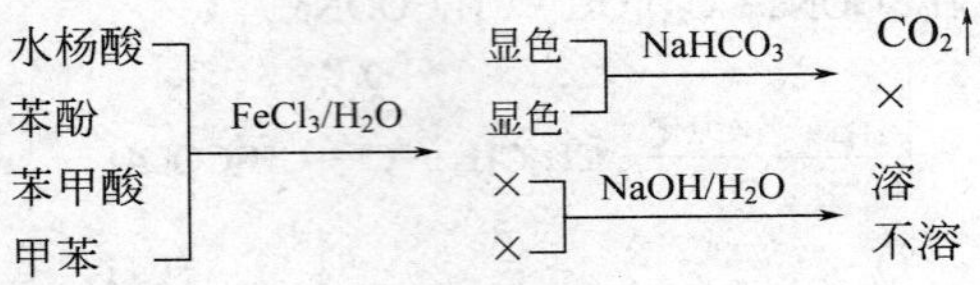

水杨酸、苯酚、苯甲酸、甲苯 —$FeCl_3/H_2O$→ 水杨酸：显色；苯酚：显色；苯甲酸：×；甲苯：×

水杨酸、苯酚 —$NaHCO_3$→ 水杨酸：$CO_2\uparrow$；苯酚：×

苯甲酸、甲苯 —$NaOH/H_2O$→ 苯甲酸：溶；甲苯：不溶

(4) **解：**

乙酸甲酯、甲酸乙酯、水杨酸甲酯 —$FeCl_3$→ 乙酸甲酯：×；甲酸乙酯：×；水杨酸甲酯：显色

乙酸甲酯、甲酸乙酯 —$Ag(NH_3)_2^+$→ 乙酸甲酯：×；甲酸乙酯：Ag↓

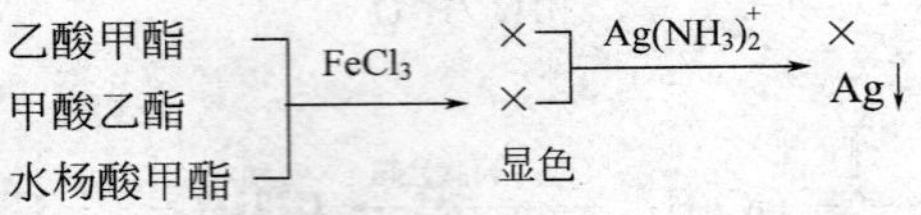

3. 比较下列各组化合物的酸性强弱，并说明原因。

(1) 答：b>a>c>d。羟基是吸电子基，由于$-I$效应的影响，使羧酸的酸性增强，这种效应随距离的增大而减小，故α-羟基酸的酸性强于β-羟基酸；甲基是给电子基，由于$+I$效应的影响，使羧酸酸性减弱。

(2) 答：a>b>c>d>e。卤素原子都是吸电子基团，且电负性越大，电吸子能力越强，酸性越大。

(3) 答：a>b>c>d。羰基和羟基都是具有吸电子诱导效应的基团，且羰基的吸电子诱导效应比羟基强，且距离羧基越近，羰基的吸电子诱导效应越强，酸性越强。

(4) 答：c>b>a>d。苯甲酸苯环上连有吸电子基，降低了羟基的电子云密度，增加了羧酸的酸性，而且吸电子基团在羧基的邻对位上比在间位上对羧基的作用要强。苯环上连有给电子基，使羧基上的电子云密度增大，降低了羧酸的酸性。

4. 完成下列反应。

(1) 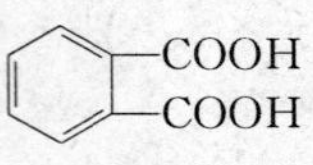 邻苯二甲酸（$C_6H_4(COOH)_2$），邻苯二甲酸酐

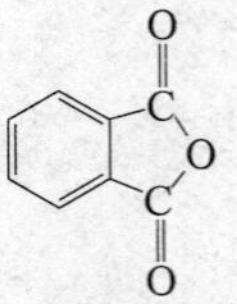

(2) 2-茚满酮（=O），2-茚满酮肟（=N—OH）

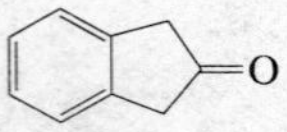

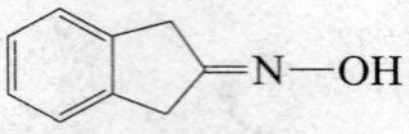

(3)　$CH_3CH{=}CH{-}COOH$，　$CH_3CH{=}CH{-}CH_2OH$

(4) 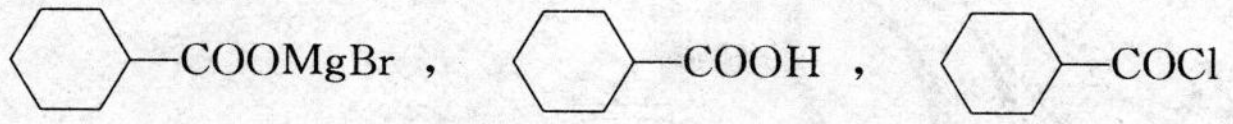　$C_6H_{11}{-}COOMgBr$，　$C_6H_{11}{-}COOH$，　$C_6H_{11}{-}COCl$

(5)　CH_3COONa，　CH_4

(6) 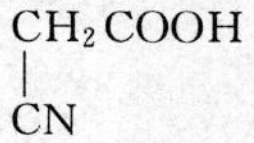　$NC{-}CH_2COOH$，　$HOOCCH_2COOH$

(7) 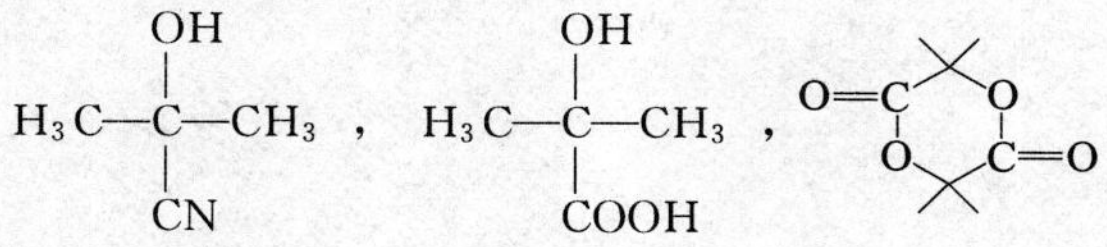　$(CH_3)_2C(OH){-}CN$，　$(CH_3)_2C(OH){-}COOH$，　(3,3,6,6-四甲基-1,4-二氧六环-2,5-二酮)

(8) 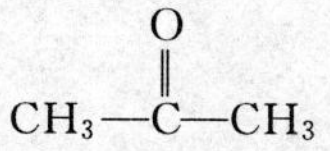　$CH_3{-}CO{-}CH_3$

(9) 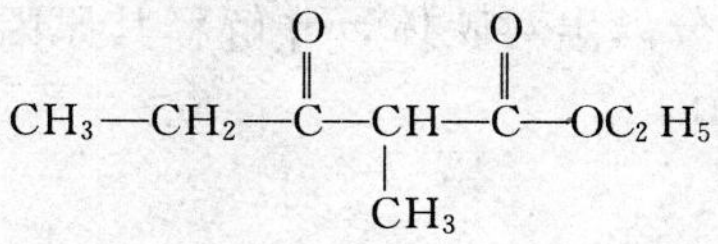　$CH_3{-}CH_2{-}CO{-}CH(CH_3){-}CO{-}OC_2H_5$

(10) 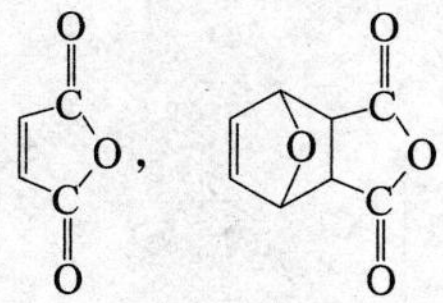　顺丁烯二酸酐，　(呋喃与顺丁烯二酸酐的 Diels-Alder 加成物，氧桥双环酸酐)

第10章 含氮及含磷有机化合物

10.1 思考题

1. 下列化合物哪些可以分离出对映体，哪些不可以分离出对映体，并解释其原因。

(1) 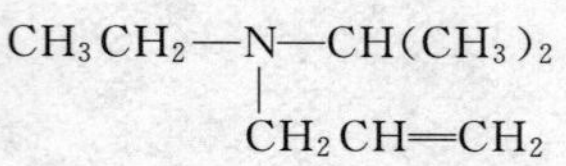 $CH_3CH_2-N(CH_2CH{=}CH_2)-CH(CH_3)_2$

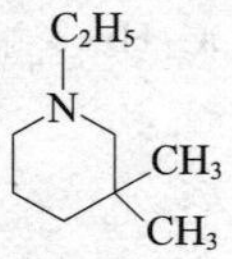

(2) 1-乙基-3,3-二甲基哌啶（N上连 C_2H_5，3位连两个 CH_3）

(3) $[CH_3CH_2-N(CH_3)(CH_2CH{=}CH_2)-C_6H_5]^+Cl^-$

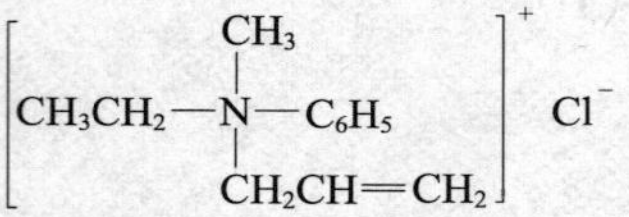

(4) 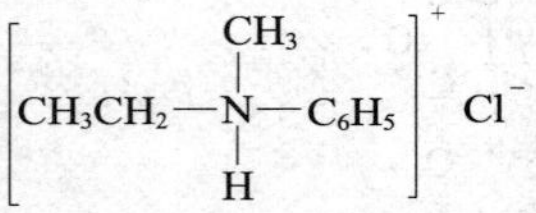 $[CH_3CH_2-N(CH_3)(H)-C_6H_5]^+Cl^-$

2. 解释2-氯乙烯胺 $ClCH{=}CHNH_2$ 碱性不但比乙胺弱，而且比氨的碱性还要弱的原因。

3. 写出下列四种季铵碱化合物受热分解时，发生消除反应生成的产物，并分别指出每种化合物的受热分解是否符合霍夫曼规则，如果不符合霍夫曼规则请解释其原因。

(1) $(CH_3)_4\overset{+}{N}OH^-$

(2) 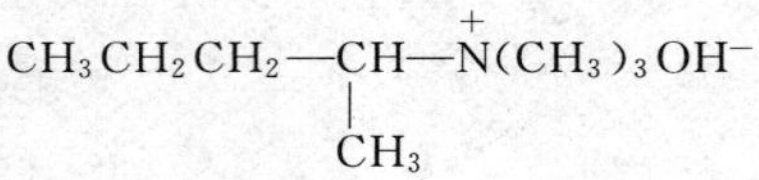 $CH_3CH_2CH_2-CH(CH_3)-\overset{+}{N}(CH_3)_3OH^-$

(3) $CH_3CH_2CH_2-CH(CH_3)-\overset{+}{N}(CH_3)_2(CH_2CH_3)OH^-$

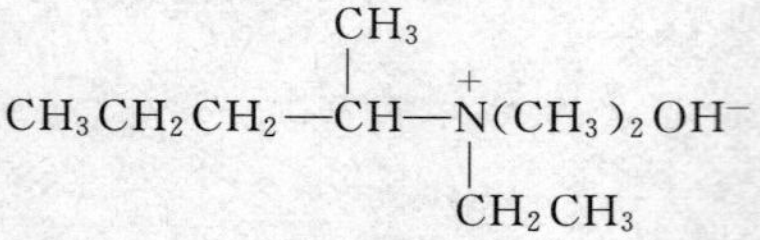

(4) 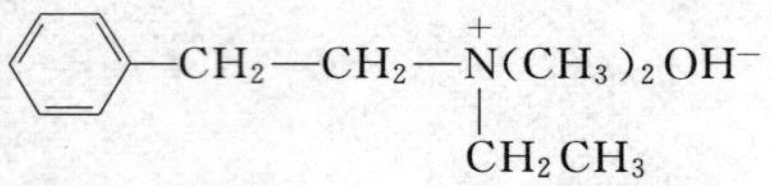 $C_6H_5-CH_2-CH_2-\overset{+}{N}(CH_3)_2(CH_2CH_3)OH^-$

4. 为什么芳香族伯胺在进行重氮化反应时，通常要加入过量的酸？

5. 芳香族伯胺的重氮盐在低温下是稳定的，而脂肪族伯胺的重氮盐在同样条件下却不稳定，试从两类重氮盐结构上解释其原因。

6. 为什么共轭体系增长，吸收向长波方向移动？当连有助色团时，吸收也向长波方向移动，能否从能量的观点来解释这种现象？

7. *N*-甲基苯胺中混有少量苯胺和 *N*，*N*-二甲基苯胺，如何将 *N*-甲基苯胺提纯？

8. 对氨基苯磺酸具有以下性质：①熔点很高（280～300 ℃）；②难溶于水和有机溶剂；③易溶于 NaOH 水溶液；④不溶于盐酸。如何解释这些现象？

9. 磷酸和膦酸、磷酸酯和膦酸酯在结构上有何异同？

10. 为什么有机磷农药不能与碱性物质共贮，也不宜加水稀释后长期保存？试以敌敌畏为例加以说明。

10.2　习题

1. 写出分子式为 $C_4H_{11}N$ 的胺的各种异构体和命名，并指明伯胺、仲胺和叔胺。其中四种胺的异构体的 NMR 谱数据如下，试确定它们的构造式。

A：$\delta=0.8$（1H，单峰）；$\delta=1.1$（6H，三重峰）；$\delta=2.6$（4H，四重峰）。

B：$\delta=1.1$（3H，三重峰）；$\delta=2.2$（6H，单峰）；$\delta=2.3$（2H，四重峰）。

C：$\delta=1.1$（9H，单峰）；$\delta=1.3$（2H，单峰）。

D：$\delta=0.9$（6H，二重峰）；$\delta=1.6$（1H，多重峰）；$\delta=1.3$（2H，单峰）；$\delta=2.5$（2H，二重峰）。

2. 命名下列化合物。

(1) 环丙基—N(CH_3)(CH_2CH_3)

(2) 2-NH_2，1,1-二(C_6H_5)环己烷（NH_2、C_6H_5、C_6H_5 取代的环己烷）

(3) $CH_3—CH(CH_3)—CH_2—CH(CH_3)—N(CH_3)_2$

(4) $[(CH_3)_2CH]_2CHNH_2$

(5) $CH_3—CH(OCH_3)—CH_2—CH(NH_2)—CH_2OH$

(6) $(CH_3)_2CH$—C₆H₄—N(CH_3)(CH_2CH_3)

(7) O_2N—C₆H₃(Br)—$N(CH_3)_2$

(8) $[(C_2H_5)_2\overset{+}{N}H_2]OH^-$

(9) $[HOCH_2CH_2\overset{+}{N}(CH_3)_3]\ OH^-$

(10) $C_6H_5—C(=O)—NHCH_2CH_3$

(11) $CH_3—C(=O)—NH—C_6H_4—CH_2CH_3$

(12) $C_6H_5—NH—C(=O)—OCH(CH_3)_2$

(13) N-CH_3 邻苯二甲酰亚胺（苯并五元环，两个 C=O，N—CH_3）

(14) $HO—C_6H_4—\overset{+}{N_2}Br^-$

(15) $CH_3—C_6H_4—N=N—C_6H_4—N(CH_3)_2$

(16) 六元环：C(=O)—NH—C(=O)，环上带 CH_3

(17) 环己基—N(CH_3)—NO

(18) $CH_3—C(=O)—NH—C_6H_4—\overset{+}{N_2}Cl^-$

(19) $\left[\begin{array}{c} CH_3CH{=}CH \quad CH_2CH{=}CH_2 \\ \overset{+}{N} \\ H_3C \quad CH_2CH_2CH_3 \end{array}\right] I^-$

(20) $CH_3-C_6H_4-N{=}N-C_6H_4-OH$

(21) $(C_2H_5)_2PH$

(22) $(C_6H_5O)_3PO$

(23) $C_6H_5-\overset{O}{\overset{\|}{P}}(OH)_2$

(24) $CH_3O-\overset{O}{\overset{\|}{P}}(OH)_2$

(25) $CH_3O-\overset{O}{\overset{\|}{P}}(OCH_3)_2$

(26) $(C_6H_5)_3P$

3. 写出下列化合物的构造式。

(1) *N*-环戊基环己胺

(2) *N*，*N*-二乙基氨基甲酸苄酯

(3) *N*-对甲苄基-α-萘胺

(4) 氯化三甲基环己铵

(5) 对氨基苯甲酸乙酯

(6) 对乙酰氨基苯甲酸

(7) 4-甲基-1,3-苯二胺

(8) 2-硝基-4-氰基苯基重氮硫酸盐

(9) 3-甲基-4′-乙基偶氮苯

(10) *N*-甲基-*N*-乙基对甲苯磺酰胺

(11) *N*-溴代丁二酰亚胺

(12) 氧化乙基二甲胺

(13) 胆胺

(14) 乙酰胆碱

(15) 氯化三甲基-2-氯乙基铵

(16) 磷酸三丁酯

(17) 磷酸三苯酯

(18) 异丙基亚膦酸

(19) 氯化四羟甲基𬭸

(20) *O*-甲基-*O*-乙基磷酸酯

(21) 对甲基苯磺酸甲酯

(22) *N*-甲基对甲苯磺酰胺

4. 给出下列有机磷农药按系统命名法命名。

(1) $(CH_3O)_2\overset{S}{\overset{\|}{P}}-O-C_6H_3(3\text{-}CH_3)(4\text{-}NO_2)$

杀螟松

(2) $(CH_3O)_2\overset{S}{\overset{\|}{P}}-O-CH_2CH_2SC_2H_5$

甲基内吸磷

(3) $C_2H_5OOCCH(CH_2COOC_2H_5)-S-\overset{S}{\overset{\|}{P}}(O-CH_3)_2$

马拉硫磷（马拉松）

(4) $(CH_3O)_2\overset{O}{\overset{\|}{P}}-O-\overset{CH_3}{\overset{|}{C}}{=}CH-\overset{O}{\overset{\|}{C}}-NH-CH_3$

久效磷

(5) $(CH_3O)_2\overset{O}{\overset{\|}{P}}-O-C(C_6H_2Cl_3\text{-}2,4,5){=}CHCl$

杀虫畏

(6) $HOOC-CH_2NH-CH_2-\overset{O}{\overset{\|}{P}}(OH)-OH$

镇草宁

5. 完成下列反应。

(1) $CH_2{=}CHCH_2Cl + C_5H_9-NH_2$(过量) ⟶

（2）C_6H_5—$NHCH_3 + HNO_2 \longrightarrow$

（3）$CH_3CH_2COCl + CH_3$—C_6H_4—$NHCH_3 \longrightarrow$

（4）C_6H_{11}—$NHCH_3$ ＋ C_6H_5—C(=O)—Cl $\longrightarrow$

（5）CH_3NH_2 ＋ 丁二酸酐（CH_2—C(=O)—O—C(=O)—CH_2 环）$\longrightarrow A \xrightarrow{\triangle} B$

（6）3-吡啶基—$\underset{\displaystyle I}{C}HCH_2CH_2CH_2NHCH_3 \xrightarrow{\triangle} A \xrightarrow{稀OH^-} B$(尼古丁)

（7）CH_3—C_6H_4—$NO_2 \xrightarrow{KMnO_4/H^+} A \xrightarrow{PCl_5} B \xrightarrow{CH_3NHCH_3} C$

（8）$BrCH_2CH_2CH_2CH_2NH_2 \xrightarrow{\triangle} A \xrightarrow{CH_3CH_2Br} B$

（9）$(CH_3CH_2CH_2)_2NCH_2CH_3 \xrightarrow{CH_3CH_2I} A \xrightarrow[②\triangle]{①AgOH} B+C$

（10）$CH_3CH_2\underset{\displaystyle N(CH_3)_2}{C}HCH(CH_3)_2 \xrightarrow{CH_3I} A \xrightarrow[②\triangle]{①AgOH} B+C$

（11）C_6H_5—$CH_2CH_2N(CH_2CH_3)_2 \xrightarrow{CH_3I} A \xrightarrow[②\triangle]{①AgOH} B+C$

（12）H—$\overset{\displaystyle CH=CH_2}{\underset{\displaystyle CH_3}{C}}$—$NH_2 \xrightarrow{HBr} A+B \xrightarrow[S_N2]{CH_3NH_2} C+D$

（13）C_6H_5—$CH_2CONH_2 + Br_2 \xrightarrow{NaOH}$

（14）$\underset{\displaystyle SH}{C}H_2$—$\underset{\displaystyle SH}{C}H$—$CH_2OH + HgO \longrightarrow$

（15）2-萘胺（NH_2）$\xrightarrow[<5℃]{NaNO_2+HCl} A \xrightarrow[CuCN]{KCN} B \xrightarrow[H^+]{H_2O} C$

6. 按碱性大小次序排列下列各组化合物。

（1）CH_3CONH_2，$CH_3CH_2NH_2$，H_2NCONH_2，$(CH_3CH_2)_2NH$，$(CH_3CH_2)_4N^+OH^-$

（2）丁胺，氨，丁酰胺，丁二酰亚胺，*N*-甲基丁胺，氢氧化四丁铵

（3）苯胺，对氯苯胺，对硝基苯胺，对甲氧基苯胺，对甲基苯胺，2,4-二硝基苯胺

（4）苯胺，乙酰苯胺，氨，苯磺酰胺，环己胺，*N*-甲基乙酰苯胺

7. 用化学方法鉴别下列各组化合物。

（1）乙胺，二乙胺，三甲胺

（2）CH_3CONH_2，$CH_3CH_2NH_2$

（3）$C_6H_5NH_3^+Cl^-$，$C_6H_5NH_2$

（4）$CH_2=CHCH_2NH_2$，$CH_3CH_2CH_2NH_2$

（5）$(CH_3CH_2)_4N^+Cl^-$，$(CH_3CH_2)_3N^+HCl^-$

（6）苯胺，乙酰苯胺

（7）$C_6H_5NO_2$，$CH_3CH_2NO_2$，$C_6H_5NH_2$

(8) 邻甲基苯胺，N-甲基苯胺，苯甲酸，邻羟基苯甲酸

(9) 苯胺，N-甲基苯胺，N,N-二甲基苯胺

(10) 苯胺，苯酚，环己胺

8. 用化学方法分离下列各组化合物。

(1) 丙胺，乙丙胺，三乙胺，氯丙烷

(2) 硝基苯，苯胺，苯酚，苯甲酸，苯甲醚

9. 写出环己胺分别与下列试剂反应的方程式（若不反应则用“×”表示）。

(1) 稀盐酸　　(2) 氢氧化钠

(3) H_2O_2　　(4) CH_3I

(5) 过量 $CH_3I+AgOH$，再加热　　(6) $NaNO_2/HCl$

(7) 苯甲酰氯　　(8) 对甲苯磺酰氯

(9) $(CH_3CO)_2O$

10. 完成下列反应式。

(1) 2-萘胺（NH_2） $\xrightarrow{NaNO_2/HCl}$ A $\xrightarrow{CuCN/KCN}$ B $\xrightarrow{H_3O^+}$ C

(2) 4-硝基联苯（$-NO_2$） $\xrightarrow{HNO_3/H_2SO_4}$ A $\xrightarrow[Fe]{HCl}$ B

(3) (2) 中的最终产物 $\xrightarrow[0\sim5℃]{过量\ NaNO_2/HCl}$ A $\xrightarrow[苯酚(-OH)]{过量}$ B

(4) $CH_3-C_6H_4-NH_2$ $\xrightarrow{Br_2/H_2O}$ A $\xrightarrow[0\sim5℃]{NaNO_2/HCl}$ B $\xrightarrow{H_3PO_2}$ C

(5) 苯 $\xrightarrow{a}$ 硝基苯（NO_2） $\xrightarrow{b}$ 苯胺（NH_2） $\xrightarrow{c}$ 氯化重氮苯（$N_2^+Cl^-$） →

- $\xrightarrow[\triangle]{H_2O}$ A
- $\xrightarrow[\triangle]{C_2H_5OH}$ B
- $\xrightarrow[CuBr,\triangle]{HBr}$ C
- $\xrightarrow[CuCN,\triangle]{KCN}$ D
- $\xrightarrow[CH_3COONa]{CH_3-C_6H_4-NH_2}$ E

11. 按下列反应，写出化合物的构造式或反应条件。

(1) $\underset{A}{C_6H_7N}$ $\xrightarrow{a}$ $\underset{B}{C_8H_9NO}$ $\xrightarrow{HOSO_2Cl}$ $ClO_2S-C_6H_4-NH-\overset{O}{\overset{\|}{C}}-CH_3$ $\xrightarrow{2-氨基噻唑(H_2N-噻唑)}$ $\underset{C}{C_{11}H_{11}N_3O_3S_2}$ $\xrightarrow[\triangle]{稀HCl}$ $\underset{D}{C_9H_9N_3O_2S_2}$ $\xrightarrow{邻苯二甲酸酐}$ $\underset{E}{C_{17}H_{13}N_3O_5S_2}$

（2） $\underset{A}{C_4H_6} \xrightarrow[\text{室温}]{Br_2/CCl_4} \underset{B}{C_4H_6Br_2} \xrightarrow{NH_3} \underset{C}{C_4H_7N} \xrightarrow{Br_2/CCl_4} \underset{D}{C_4H_7NBr_2} \xrightarrow{CH_3I} \underset{E}{C_5H_9Br_2N}$

$\xrightarrow{2CH_3NHCH_3}$ 3,4-双(二甲氨基)-1-甲基吡咯烷（$(CH_3)_2N$—、—$N(CH_3)_2$、N—CH_3）

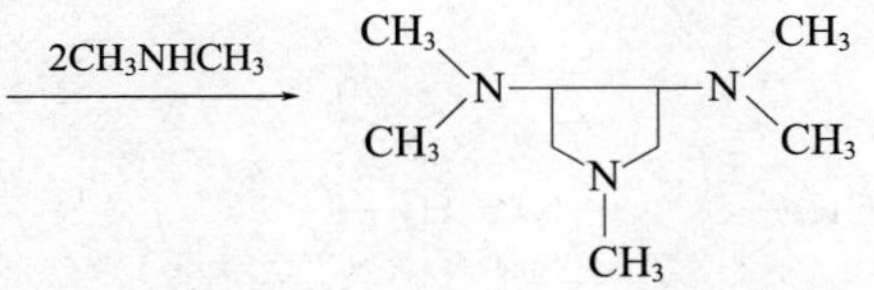

12. 如何实现下列转变。

（1） $CH_3CH_2CH_2Br \longrightarrow CH_3CH_2CH_2CH_2NH_2$

（2） 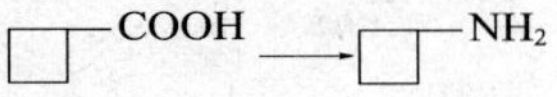 环丁基—COOH ⟶ 环丁基—NH_2

（3） 环己酮 ⟶ 1-羟基环己烷甲酸（OH，COOH）

（4） C_6H_5—$CH_2COOH \longrightarrow C_6H_5$—$CH(COOH)_2$

（5） $CH_3CH_2OH \longrightarrow (CH_3)_2CH—COOH$

（6） C_6H_5—$CH_3 \longrightarrow H_2N$—$C_6H_3(Br)$—$NH_2$（2-溴-1,4-苯二胺）

（7） C_6H_5—$CH_3 \longrightarrow$ 1,2,3-苯三胺（H_2N，H_2N，NH_2）

（8） 1,3-丁二烯 $+ CH_2{=}CH_2 \longrightarrow$ 环己基—$N(CH_2CH_3)_2$

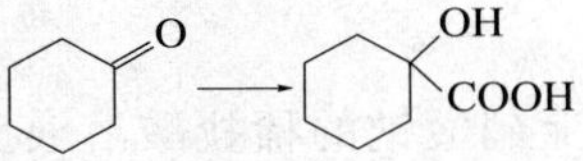

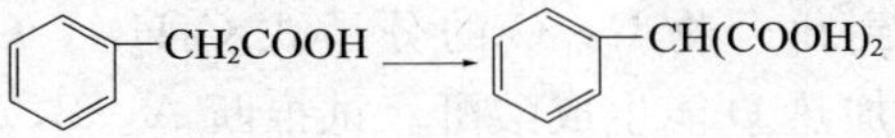

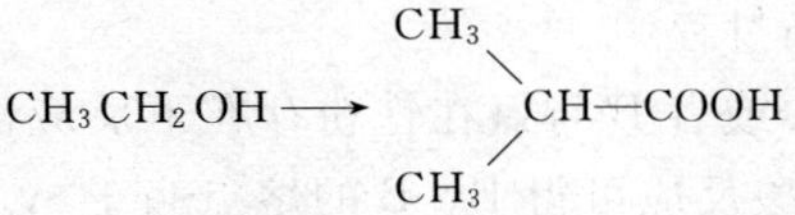

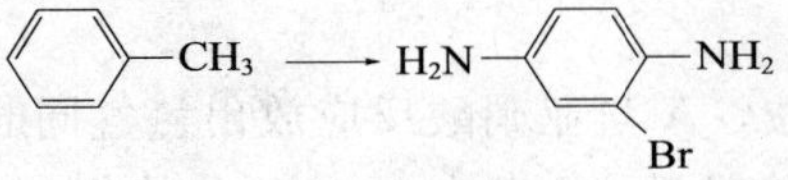

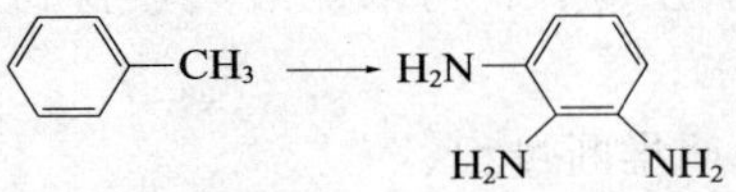

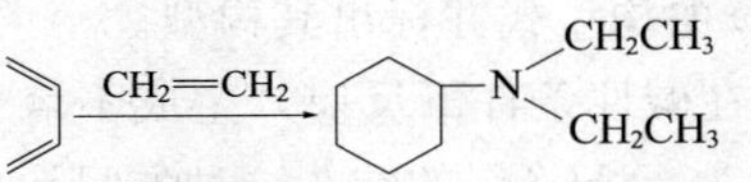

13. 以苯、甲苯和必要的试剂合成下列化合物（无机试剂和三个碳原子以下有机试剂任选）。

（1） 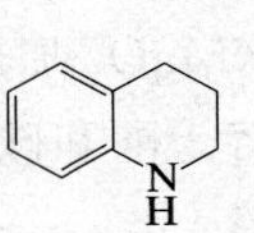 1,2,3,4-四氢喹啉（N—H）　　（2） 2,6-二溴碘苯（I，Br，Br）

（3） 对氰基苯甲酸（COOH，CN）　　（4） 间氯溴苯（Cl，Br）

（5） 3-溴-4-碘苯甲酸（COOH，Br，I）　　（6） CH_3—C_6H_4—NH_2（对甲苯胺）

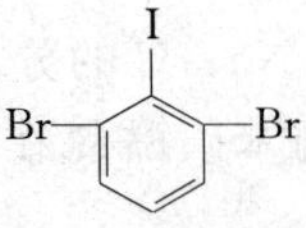

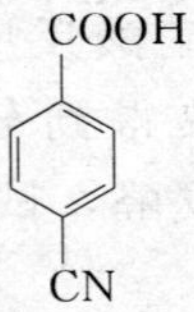

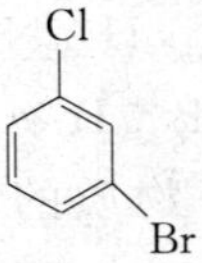

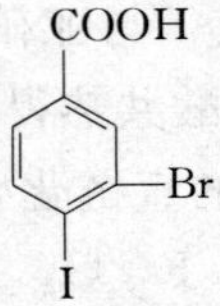

(7) 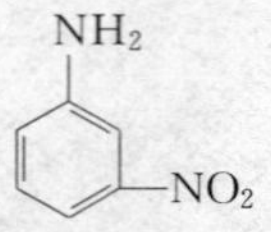 NH_2，NO_2

(8) 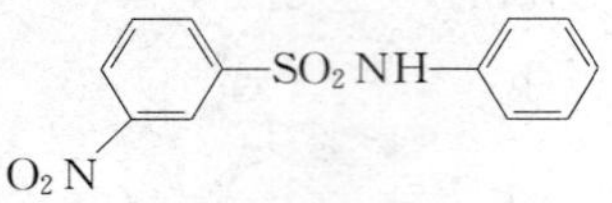 SO_2NH，O_2N

(9) 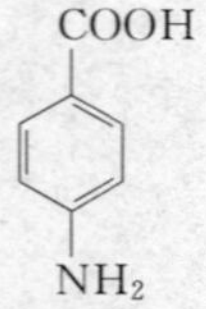 COOH，NH_2

(10)  CH_3，$NHCH_2$

(11) 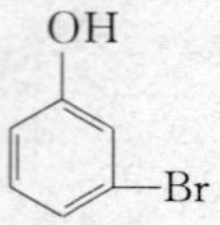 OH，Br

(12) 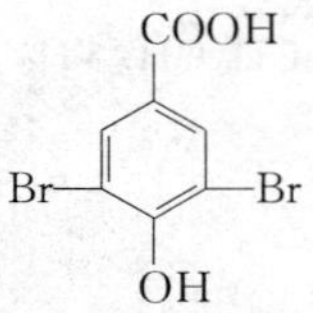 COOH，Br，Br，OH

14. 某化合物 A 的分子式为 $C_9H_{13}N$。A 有旋光性，A 与亚硝酸钠的稀盐酸溶液反应放出 N_2 并生成化合物 B；B 在浓硫酸存在下加热得到化合物 C，C 的分子式 C_9H_{10}；C 与酸性 $KMnO_4$ 在加热条件下反应生成一种二元羧酸 D，加热 D 能生成酸酐。试推断 A，B，C，D 可能的构造式，写出 A 的 R 构型式，并用反应说明推断过程。

15. 某化合物 A 和 B，分子式均为 $C_7H_7NO_2$。A 或者 B 与氯在铁粉存在下反应都有两种一取代产物，A 与 $KMnO_4$ 共热后的产物再与铁粉和酸反应可得 B。B 的熔点高于 A。试推断 A，B 的构造式。

16. 某化合物 A 分子式为 $C_7H_{17}N$，能溶于稀盐酸，A 与亚硝酸反应放出氮气同时得到 B，B 的分子式为 $C_7H_{16}O$，B 能发生碘仿反应，但不与苯肼反应；B 与浓硫酸共热得到 C，C 与酸性 $KMnO_4$ 反应生成乙酸和另一具有旋光活性的羧酸 D。

(1) 试推断 A，B，C，D 的构造式，并用反应式说明推断过程。

(2) 用“*”标出化合物 D 的手性碳原子，写出 D 的构型式并标出其构型。

17. 某化合物 A 分子式为 $C_9H_{13}N$，A 和苯磺酰氯在碱性条件下反应，生成不溶于酸和碱的白色沉淀。A 和酸性 $KMnO_4$ 在加热条件下剧烈氧化为 $C_8H_6O_4$ 的酸，这种酸只形成一种一硝基取代物。试推断 A 的构造式。

18. 某化合物 A 分子式为 $C_{15}H_{15}NO$，A 不能溶于水、稀酸和稀碱，A 与稀 NaOH 加热得到 B 和 C，B 的分子式为 $C_8H_7O_2Na$，C 的分子式为 C_7H_9N。B 与酸性 $KMnO_4$ 加热，产物再硝化只有一种一硝基取代物。C 与苯磺酰氯在碱性条件下反应，生成不溶于酸和碱的沉淀。试推断 A，B，C 的构造式。

19. 某萜类化合物 A，分子式为 $C_{10}H_{21}N$，A 能使溴水褪色，与亚硝酸反应放出氮气，同时生成分子式为 $C_{10}H_{20}O$ 的 B。B 有碘仿反应，与浓硫酸共热得到分子式为 $C_{10}H_{18}$ 的 C，C 经臭氧氧化分解生成等物质的量的丙酮、乙醛和 4-羰基戊醛，试推断 A，B，C 的构造式。

20. 化合物 A 和 B，分子式均为 $C_6H_{13}N$，都不能与酸性 $KMnO_4$ 反应，与亚硝酸反应，均放出氮气，分别生成 C 和 D，C 和 D 分子式都是 $C_6H_{12}O$，C 和 D 与浓硫酸共热得到分子式均为 C_6H_{10} 的 E 和 F，E 和 F 经臭氧化分解分别生成分子式均为 $C_6H_{10}O_2$ 的直链化合物 G 和 H，G 有碘仿反应和银镜反应，H 只有银镜反应，试推断 A，B，C，D，E，F，G，H 的构造式。

21. 某化合物 A 分子式为 $C_{10}H_{15}N$，能溶于稀盐酸，A 与亚硝酸反应放出氮气得 B，B 能进行碘仿反应，并与浓硫酸共热得 C，C 进行臭氧化得乙醛和 D，D 能发生碘仿反应生成苯甲酸。试写出 A，B，C，D 的构造式，并用反应式说明推断过程。

10.3　解题示例

1. 命名下列化合物

(1) $CH_3CH_2—N(CH_3)—CH_2CH_2CH_3$　　(2) 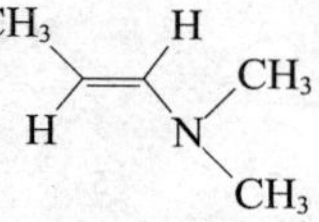 CH_3，H，H，$N(CH_3)_2$

(3) N(CH_3)，$CH(CH_3)_2$，Br　　(4) 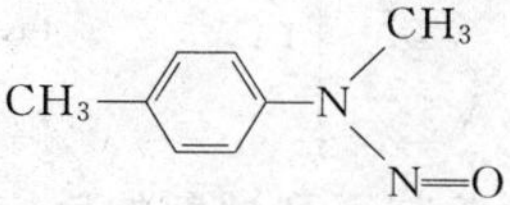 CH_3—C₆H₄—N(CH_3)—N=O

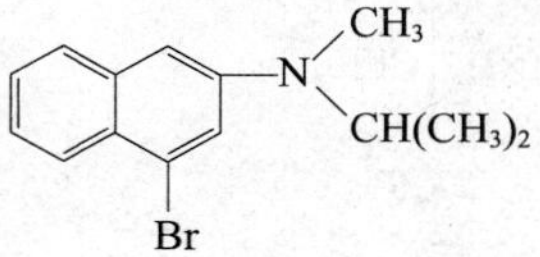

(5) 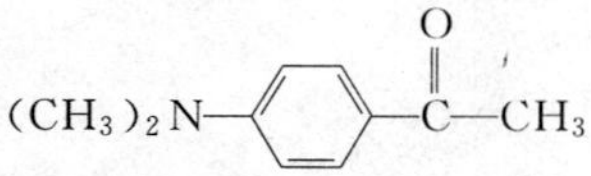 $(CH_3)_2N$—C₆H₄—C(=O)—CH_3　　(6) 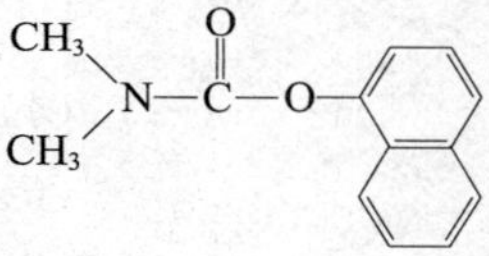 $(CH_3)_2N$—C(=O)—O—

(7) 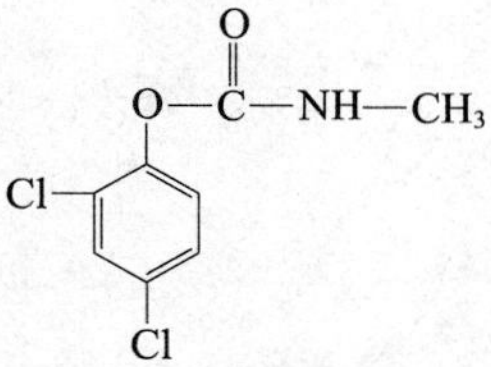 O—C(=O)—NH—CH_3，Cl，Cl　　(8) 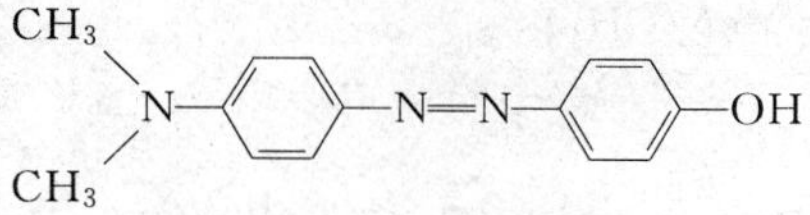 $(CH_3)_2N$—C₆H₄—N=N—C₆H₄—OH

(9) 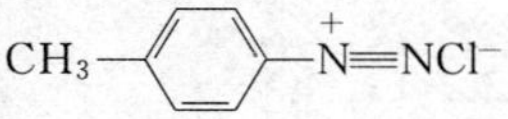 CH_3—C₆H₄—$\overset{+}{N}\equiv NCl^-$　　(10) $(C_2H_5)_3P$

(11) $(CH_3O)_3P=O$　　(12) $C_6H_5P(=O)(OH)_2$

(13) $(C_6H_5)_3P^+C_2H_5I^-$　　(14) $(CH_3O)_2P(=S)—SC_2H_5$

解：

(1) *N*-甲基-*N*-乙基丙胺　　(2) (*E*) -*N*,*N*-二甲基丙烯胺

(3) *N*-甲基-*N*-异丙基-4-溴-2-萘胺　　(4) *N*-甲基-*N*-亚硝基对甲苯胺

(5) 对-*N*,*N*-二甲基氨基苯乙酮　　(6) *N*，*N*-二甲基氨基甲酸-α-萘酯

(7) *N*-甲基氨基甲酸-2,4-二氯苯酯　　(8) 4-羟基-4′-（*N*,*N*-二甲基氨基）偶氮苯

(9) 氯化对甲基重氮苯　　(10) 三乙膦

(11) 磷酸三甲酯　　(12) 苯基膦酸

(13) 碘化乙基三苯基鏻　　(14) *O*,*O*-二甲基-*S*-乙基二硫代磷酸酯

2. 写出下列化合物的构造式。

(1) (2*S*，3*R*) -2-溴-3-氨基己酸　　(2) *N*,*N*-二甲基-3-甲基-4-氨基苯甲酰胺

(3) 2,2′-二氯-4,4′-二氨基联苯

(4) (4*S*, 5*S*) -2,2-二甲基-4-硝基-5-二甲氨基辛烷

(5) 氯化甲基乙基二苄基铵

(6) 对硝基苯肼盐酸盐

解:

(1) 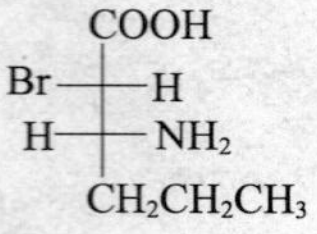 Br—C—H / H—C—NH₂ (Fischer projection; top COOH, bottom $CH_2CH_2CH_3$)

(2) H_2N—C₆H₃(CH_3)—C(=O)—N(CH_3)$_2$

(3) NH_2—C₆H₃(Cl)—C₆H₃(Cl)—NH_2

(4) CH_3—N(CH_3)—CH(H)—CH(H)(O_2N)...

(5) $[CH_3(CH_3CH_2)\overset{+}{N}(CH_2C_6H_5)_2]Cl^-$

(6) $[O_2N-C_6H_4-NHNH_3^+]Cl^-$

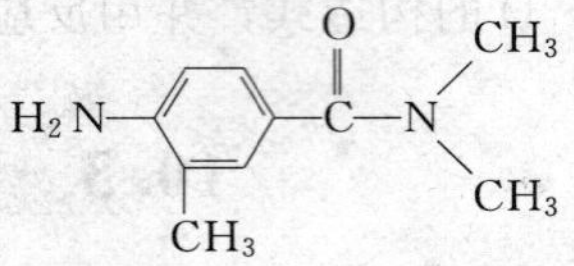

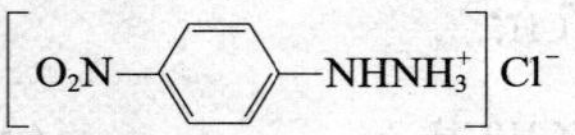

3. 写出氯化对溴重氮苯与下列试剂的反应式。

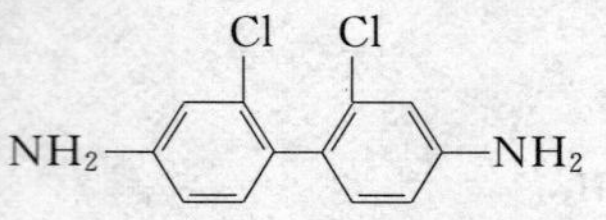

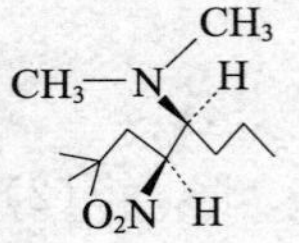

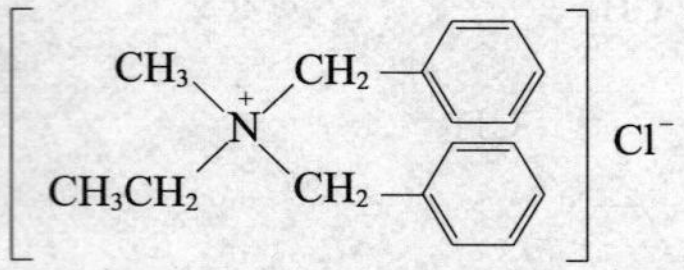

(1) $H_2O/\triangle$

(2) CuCl

(3) CuBr

(4) KI

(5) CuCN/KCN

(6) H_3PO_2

(7) $Na_2S_2O_3/OH^-$

(8) $SnCl_2/HCl$

(9) $C_6H_5-N(CH_3)_2$

(10) C_6H_5-OH

解:

$Br-C_6H_4-N_2^+Cl^-$ →

$\xrightarrow{H_2O/\triangle}$ $Br-C_6H_4-OH + N_2\uparrow$

$\xrightarrow{CuCl}$ $Br-C_6H_4-Cl + N_2\uparrow$

$\xrightarrow{CuBr}$ $Br-C_6H_4-Br + N_2\uparrow$

$\xrightarrow{KI}$ $Br-C_6H_4-I + N_2\uparrow$

$\xrightarrow{CuCN/KCN}$ $Br-C_6H_4-CN + N_2\uparrow$

$\xrightarrow{H_3PO_2}$ $Br-C_6H_5 + N_2\uparrow$

$\xrightarrow{Na_2S_2O_3/OH^-}$ $Br-C_6H_4-NHNH_2$

$\xrightarrow{SnCl_2/HCl}$ $Br-C_6H_4-NHNH_2\cdot HCl$

$\xrightarrow{C_6H_5-N(CH_3)_2}$ $Br-C_6H_4-N{=}N-C_6H_4-N(CH_3)_2$

$\xrightarrow{C_6H_5-OH}$ $Br-C_6H_4-N{=}N-C_6H_4-OH$

4. 完成下列反应式。

(1) $CH_3CH_2CH_2NH_2 + BrCH_2-C_6H_5 \longrightarrow$

(2) $C_6H_{11}-NH_2 + C_6H_5-CHO \longrightarrow$

(3) $C_6H_{11}-NH_2 + HNO_2 \longrightarrow$

(4) $CH_3CH_2NHCH_3 + (CH_3)_2CH-\overset{O}{\overset{\|}{C}}-Cl \longrightarrow$

(5) $CH_3CH_2CH_2NH_2 + CH_3-C_6H_4-SO_2Cl \longrightarrow$

(6) 苯酞（邻亚甲基苯甲酸内酯）$+ NH_3 \longrightarrow$

(7) $CH_3-\underset{NH_2}{\underset{|}{CH}}-COOC_2H_5 + (CH_3CO)_2O \longrightarrow$

(8) $(C_2H_5)_3N + (CH_3)_2CHBr \longrightarrow A \xrightarrow{AgOH} B$

(9) 哌啶 $N-H + CH_3I \longrightarrow A \xrightarrow{CH_3I} B \xrightarrow[②\triangle]{①AgOH} C$

(10) 2-萘基$-CH_2NH_2 + HNO_2 \longrightarrow$

(11) $CH_3NHCH_3 + H_2O_2 \longrightarrow$

(12) $[(CH_3CH_2)_2\overset{+}{N}(CH_2CH_2CH_2CH_3)_2]OH^- \xrightarrow{\triangle} A + B$

解： (1) $CH_3CH_2CH_2NH-CH_2-C_6H_5$

(2) $C_6H_5-CH{=}N-C_6H_{11}$

(3) $C_6H_{11}-OH$

(4) $(CH_3)_2CH-\overset{O}{\overset{\|}{C}}-\overset{CH_3}{\overset{|}{N}}-CH_2CH_3$

(5) $CH_3-C_6H_4-SO_2NHCH_2CH_2CH_3$

(6) 邻位取代苯：$-CH_2OH$，$-\underset{O}{\underset{\|}{C}}-NH_2$

(7) $CH_3-\underset{NHCOCH_3}{\underset{|}{CH}}-COOC_2H_5$

(8) A. $[(C_2H_5)_3\overset{+}{N}CH(CH_3)_2]Br^-$　　B. $[(C_2H_5)_3\overset{+}{N}CH(CH_3)_2]OH^-$

(9) A. N-甲基哌啶 $N-CH_3$　　B. $N^+(CH_3)_2$ 哌啶鎓 I^-　　C. $CH_2{=}CH-CH_2CH_2CH_2-N(CH_3)_2$

(10) 2-萘甲醇（$C_{10}H_7CH_2OH$） (11) $CH_3-N(CH_3)-OH$

(12) A. $CH_2=CH_2$ B. $CH_3CH_2N(CH_2CH_2CH_3)_2$

5. 将下列化合物按碱性大小顺序排序。

CH_3NH_2， NH_3， $(C_6H_5)_3N$， $(CH_3)_3N$， $C_6H_5-NH_2$， $(CH_3)_2NH$，

$O_2N-C_6H_4-NH_2$， $CH_3-C_6H_4-NH_2$， $O_2N-C_6H_3(NO_2)-NH_2$， $C_6H_5-NH-CH_3$

解： 氮原子上有一对未共用电子，能接受质子，所以胺类化合物都具有一定的碱性。氮原子与质子的结合能力越强，其碱性也就越强。由于烃基是斥电子基，能增加氮原子周围的电子云密度，使其碱性增强，所以脂肪胺的碱性比 NH_3 的强，考虑其诱导效应、溶剂化效应和空间效应的综合影响，一般讲脂肪仲胺碱性＞脂肪伯胺碱性＞脂肪叔胺碱性；芳香胺的碱性比 NH_3 的弱，这是由于氮原子上的未共用电子对参与了苯环的共轭体系，使碱性降低，参与越多，其碱性就越弱；但当苯环上氨基的邻对位有第一类定位基（卤原子除外）时苯环电子云密度增大，随之碱性增强，若芳环上有第二类定位基（包括卤原子）时，由于吸电子作用而降低了该胺的碱性。例如，三苯胺因氮原子与三个苯环形成大共轭体系，氮原子上的未共用电子对分散到三个苯环上成中性分子，它与强酸不能形成盐。因此上述化合物的碱性强弱次序如下。

	$(CH_3)_2NH$，	CH_3NH_2，	$(CH_3)_3N$，	NH_3，	$CH_3-C_6H_4-NH_2$，	$C_6H_5-NH-CH_3$
pK_b	3.27	3.35	4.22	4.76	8.70	9.16

	$C_6H_5-NH_2$，	$O_2N-C_6H_4-NH_2$，	$O_2N-C_6H_3(NO_2)-NH_2$，	$(C_6H_5)_3N$
pK_b	9.37	13.00		

6. 如何将戊胺、三乙胺、二丙胺、戊酸的混合物分离？

解：

戊胺、三乙胺、二丙胺、戊酸 —稀NaOH/分液→
- 水层 —稀HCl/分液→
  - 水层(弃去)
  - 有机层(干燥) ⟶ 戊酸
- 有机层 —$CH_3-C_6H_4-SO_2Cl$/过量NaOH→ —过滤→
  - 固体 —稀HCl/△→ —稀NaOH/分液→
    - 水层(弃去)
    - 有机层(干燥) ⟶ 二丙胺
  - 混合液 —分馏→
    - 馏出液(干燥) ⟶ 三乙胺
    - 蒸馏瓶内液层

蒸馏瓶内液层 —稀HCl/过滤→
- 固体 —稀HCl/△→ —稀NaOH/分液→
  - 水层(弃去)
  - 有机层(干燥) ⟶ 戊胺
- 水层(弃去)

7. 用简便化学方法鉴别对甲苯胺、对甲苯酚、*N*-甲基苯胺。

解：

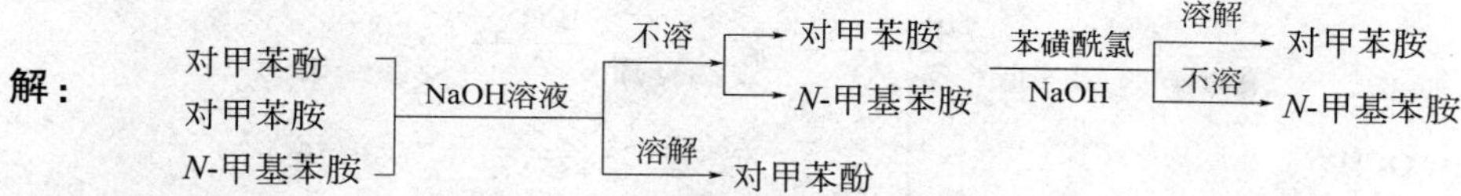

8. 由甲苯和三个碳原子以下的有机化合物合成下列化合物。

(1) COOH　Br　NH_2　　(2) CH_3　Br　Br　NH_2

解：

(1) CH_3 $\xrightarrow[H_2SO_4]{HNO_3}$ CH_3, NO_2 $\xrightarrow{KMnO_4}$ COOH, NO_2 $\xrightarrow{Fe+HCl}$ COOH, NH_2 $\xrightarrow{CH_3—\overset{O}{\overset{\|}{C}}—Cl}$

COOH, $NH—\overset{O}{\overset{\|}{C}}—CH_3$ $\xrightarrow[Br_2]{Fe}$ COOH, Br, $H_3C—\underset{O}{\underset{\|}{C}}—NH$ $\xrightarrow[H^+,\triangle]{H_2O}$ COOH, Br, NH_2

(2) CH_3 $\xrightarrow[H_2SO_4]{HNO_3}$ CH_3, NO_2 $\xrightarrow{Fe+HCl}$ CH_3, NH_2 $\xrightarrow{Br_2}$ CH_3, Br, Br, NH_2

9. 由苯和三个碳原子以下的有机化合物合成 CH_3, Br 。

解：先分析目标产物的结构，—CH_3 和—Br 均为第一类定位基，而这两个基团在苯环上的位置为间位，所以不能采用直接把它们引入苯环的方法，需要先合成一种过渡的中间体，通过这种中间体使—CH_3 和—Br 处于间位，然后再将不需要的基团除去。以下合成路线供参考。

$\xrightarrow[AlCl_3]{CH_3Cl}$ CH_3 $\xrightarrow[H_2SO_4]{HNO_3}$ CH_3, NO_2（间位）(分离弃去)

CH_3, NO_2（对位）$\xrightarrow{Fe+HCl}$ CH_3, NH_2 $\xrightarrow{(CH_3CO)_2O}$ CH_3, $NHCOCH_3$

$\xrightarrow[Br_2]{Fe}$ (4-甲基-2-溴-乙酰苯胺: CH_3, Br, $NHCOCH_3$) $\xrightarrow[H^+]{H_2O}$ (4-甲基-2-溴苯胺: CH_3, Br, NH_2) $\xrightarrow[<5℃]{NaNO_2+HCl}$ (重氮盐: CH_3, Br, $N_2^+Cl^-$) $\xrightarrow[\triangle]{H_3PO_2}$ (间溴甲苯: CH_3, Br)

10. 化合物 A 分子式为 $C_{11}H_{15}NO_2$，即溶于稀酸，又溶于稀碱，加入亚硝酸钠的盐酸溶液，转变为B，B 的分子式为 $C_{11}H_{14}O_3$，B 溶于稀碱并有碘仿反应，与浓硫酸共热得分子式为 $C_{11}H_{12}O_2$ 的 C，C 经臭氧氧化反应，在 Zn 粉存在条件下水解生成分子式为 $C_9H_8O_3$ 的 D 和乙醛，D 发生碘仿反应生成易脱水的 E，E 的分子式为 $C_8H_6O_4$。试推断 A，B，C，D，E 的构造式。

解：推测构造式的题，通常用倒推法来分析，从 E 的分子式分析，分子式中可能含有苯环，又易脱水，就有可能是邻位有两个羧基的化合物，E 是邻苯二甲酸：E 是 D 的碘仿反应的产物，根据 D 的分子式，D 可能是 (苯环邻位: —COOH, —$COCH_3$)；D 是 C 的氧化产物，C 有酸性，那么 C 为 (苯环邻位: —COOH, —C(CH_3)=$CHCH_3$)；C 来自有碘仿反应的 B 的脱水产物，则 B 应该是 (苯环邻位: —COOH, —CH(CH_3)—CH(OH)—CH_3)；那么 A 就是 (苯环邻位: —COOH, —CH(CH_3)—CH(NH_2)—CH_3)。所以

A. (苯环邻位: —COOH, —CH(CH_3)—CH(NH_2)—CH_3)　B. (苯环邻位: —COOH, —CH(CH_3)—CH(OH)—CH_3)　C. (苯环邻位: —COOH, —C(CH_3)=$CHCH_3$)

D. (苯环邻位: —COOH, —$COCH_3$)　E. (苯环邻位: —COOH, —COOH)

11. $\underset{A}{C_5H_{11}N} \xrightarrow{2CH_3I} \xrightarrow{AgOH} \underset{B}{C_7H_{17}NO} \xrightarrow{\triangle} \underset{C}{C_7H_{15}N} \xrightarrow{CH_3I} \xrightarrow{AgOH} \underset{D}{C_8H_{19}NO}$

$D \xrightarrow{\triangle} \underset{E}{C_3H_9N} + \underset{F}{C_5H_8}$（直链）

$F \xrightarrow{CH_2=CH-CN} \underset{G+H}{C_8H_{11}N} \xrightarrow{H_3O^+} \underset{I+J}{C_8H_{12}O_2}$

试推测 A→J 的构造式。

解得一分子 A 和两分子碘甲烷反应，则 A 必是一种仲胺，B 是一种季铵碱，B 发生消除反应后生成 C，没有生成单独的烯烃和叔胺，那么 A 必是氮原子在环上的环状仲胺；D 来自 C，从分子式可见它是季铵碱，D 发生消除反应后得 E 和 F，从分子式和前步反应分析，E 是三甲胺；F 为直链，从它与丙烯腈的反应判断，F 是一种共轭二烯烃，那么 G 和 H 是双烯合成的同分异构产物，I 和 J 是同分异构的羧酸。

A. (氮杂环丁烷: 2-CH_3, 4-CH_3, N—H)　B. (季铵盐: CH_3, CH_3OH^-, $\overset{+}{N}$(CH_3)(CH_3))

C. 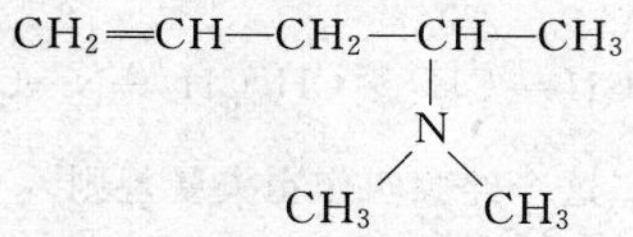 $CH_2{=}CH{-}CH_2{-}CH(N(CH_3)_2){-}CH_3$

D. 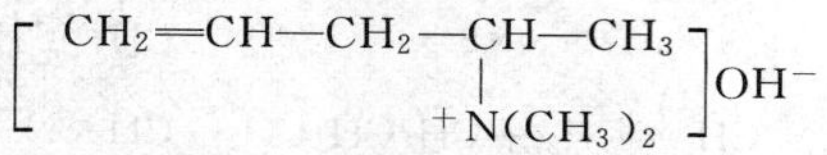 $\left[CH_2{=}CH{-}CH_2{-}CH({}^{+}N(CH_3)_2){-}CH_3\right]OH^-$

E. $N(CH_3)_3$

F. $CH_2{=}CH{-}CH{=}CH{-}CH_3$

G. 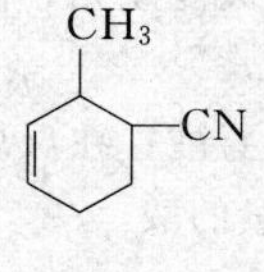 2-甲基环己-3-烯甲腈（环己烯环上连 CH_3 与 $-CN$）

H. 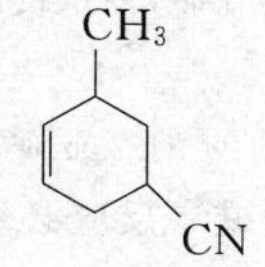 5-甲基环己-3-烯甲腈（环己烯环上连 CH_3 与 CN）

I. 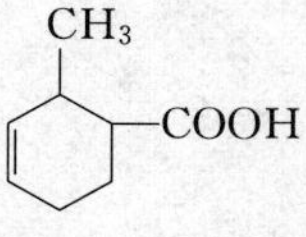 2-甲基环己-3-烯甲酸（环己烯环上连 CH_3 与 $-COOH$）

J. 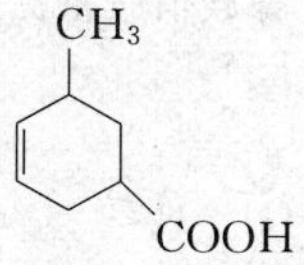 5-甲基环己-3-烯甲酸（环己烯环上连 CH_3 与 COOH）

10.4　参考答案

10.4.1　思考题

1. 若胺分子中氮原子上连有三个不相同的基团，它是手性的，理论上应存在一对对映体。但对于简单的胺来说，这样的对映体尚未被分离出来，原因是胺的两个棱锥形构型之间的能垒相当低，约 21 kJ · mol^{-1}，可以迅速地相互转化，如三烷基胺对映体之间的相互转化速率，每秒钟 10^3～10^5 次。这样的转化速率，现有技术尚不能把对映体分离出来。

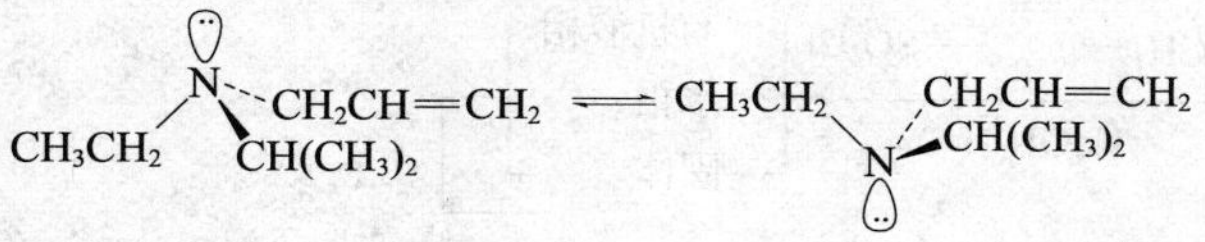

$$\ddot{N}(CH_2CH_3)(CH_2CH{=}CH_2)(CH(CH_3)_2) \rightleftharpoons CH_3CH_2\ddot{N}(CH_2CH{=}CH_2)(CH(CH_3)_2)$$

因此，化合物（1），（2）分离不出对映体。

季铵盐是四面体构型，氮原子上连有四个不相同基团时存在着对映体，对映体之间的转化是不可能的，能分离出左旋和右旋异构体，因此（3）能拆分成对映体。

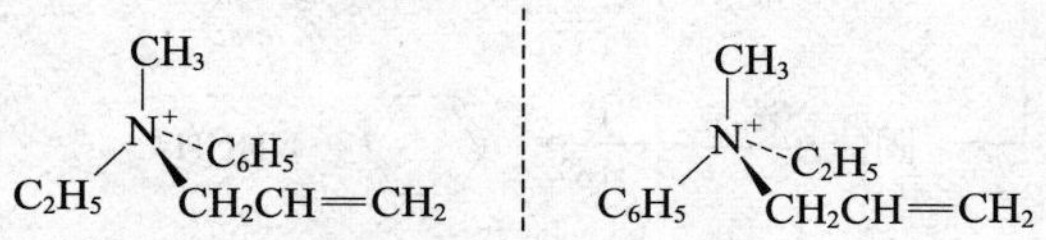

$$CH_3N^+(C_2H_5)(C_6H_5)(CH_2CH{=}CH_2) \quad\vdots\quad CH_3N^+(C_6H_5)(C_2H_5)(CH_2CH{=}CH_2)$$

但（4）不能拆分成一对对映体，因为（4）有下列平衡：

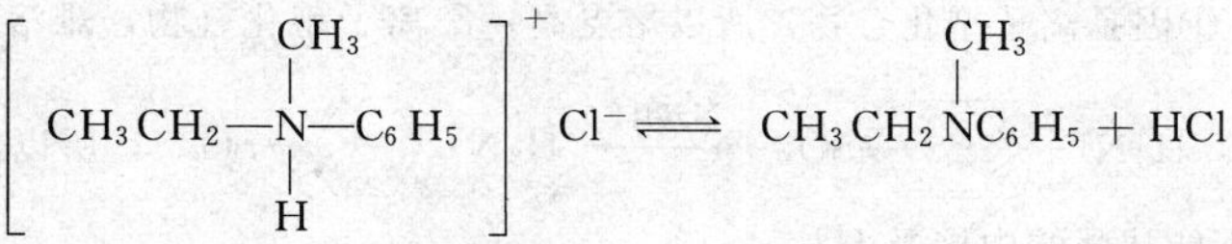

$$\left[CH_3CH_2{-}\underset{H}{\overset{CH_3}{N}}{-}C_6H_5\right]^+Cl^- \rightleftharpoons CH_3CH_2\overset{CH_3}{N}C_6H_5 + HCl$$

当（4）解离成叔胺后，由于其翻转迅速，不能保持原来的构型而失去光学活性。

2. 书中所述脂肪胺碱性比氨大，一般是氨基直接连在饱和碳原子上，若氨基连在不饱和碳原子上，氮原子上的未共用电子对与 π 键发生 p-π 共轭，如 $Cl{\leftarrow}CH{=}CH{-}NH_2$，相应降低了氮原子上的电子云密度，故碱性也降低。2-氯乙烯胺受双键和氯原子的影响，所以碱性比氨还弱。

3. (1) $(CH_3)_3N+CH_3OH$　　(2) $CH_3CH_2CH_2CH{=}CH_2+(CH_3)_3N$

(3) $CH_2{=}CH_2 + CH_3CH_2CH_2{-}CH(CH_3){-}N(CH_3){-}CH_3$ (4) 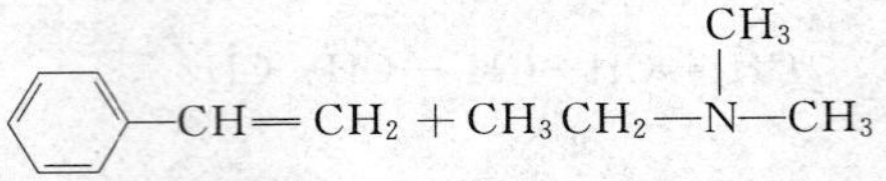 $C_6H_5{-}CH{=}CH_2 + CH_3CH_2{-}N(CH_3){-}CH_3$

季铵碱受热分解发生反应时，β-碳原子上氢原子多的优先被消除，这个经验叫作霍夫曼规则。(2)，(3)即是符合霍夫曼规则。如果季铵碱的烃基上没有β-氢原子，加热时生成叔胺和醇，如 (1)。霍夫曼规则仅适用于β-碳原子上的取代基是烷基，当β-碳原子上有不饱和基团或苯环时，反应不服从霍夫曼规则，而优先形成共轭体系，如 (4)。

4. 进行重氮化反应，是加入亚硝酸钠（亚硝酸不稳定），亚硝酸钠转化为亚硝酸需要酸；在反应中，作为催化剂也需要酸，芳香伯胺是一种碱，反应必须保持在酸性条件下，所以通常加入过量的酸。

5. 比较脂肪族伯胺重氮盐和芳香族伯胺重氮盐的结构：

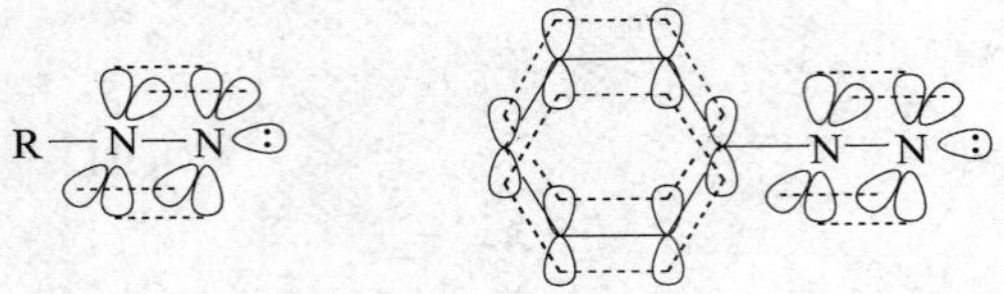

$R{-}N{-}N$: $\qquad C_6H_5{-}N{-}N$:

从结构看出，与饱和碳原子相连的重氮基，不能发生共轭效应，而碳氮键，由于氮原子带正电荷，共用电子对偏向于氮原子，该键极弱；所以脂肪族重氮盐不稳定；而芳香族重氮盐，重氮基的π电子与苯环上π电子发生π-π共轭体系，部分地增强了碳氮键，所以在低温下（<5 ℃），它是稳定的。

6. 当共轭体系增长时，π电子离域的范围增大，占有电子的最高成键轨道和最低的空轨道能级差降低，从而π电子跃迁能降低，吸收向长波方向移动；而连有助色团时，p-π共轭增长了电子的离域，同时有未共用电子对占有的n轨道上的电子向最低空轨道跃迁，这个能量较π-π跃迁能低，故吸收也向长波方向移动。

7. 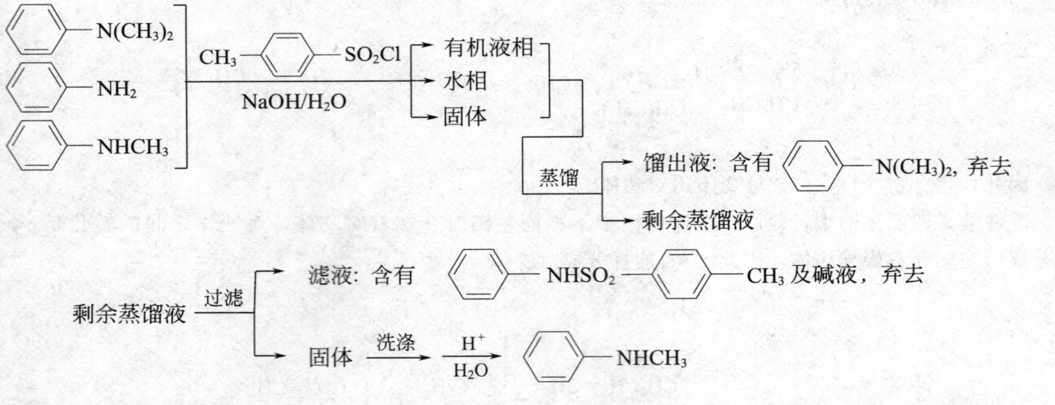 $C_6H_5N(CH_3)_2$、$C_6H_5NH_2$、$C_6H_5NHCH_3$ $\xrightarrow[NaOH/H_2O]{CH_3{-}C_6H_4{-}SO_2Cl}$ → 有机液相、水相、固体 → 蒸馏 → 馏出液：含有 $C_6H_5{-}N(CH_3)_2$，弃去；→ 剩余蒸馏液

剩余蒸馏液 $\xrightarrow{过滤}$ → 滤液：含有 $C_6H_5{-}NHSO_2{-}C_6H_4{-}CH_3$ 及碱液，弃去；→ 固体 $\xrightarrow{洗涤}$ $\xrightarrow[H_2O]{H^+}$ $C_6H_5{-}NHCH_3$

8. 对氨基苯磺酸分子内有碱性基团—NH_2 和酸性基团—SO_3H，所以它本身形成偶极离子 $H_3N^+{-}C_6H_4{-}SO_3^-$。①因是离子型化合物，所以熔点高；②离子型化合物，难溶于有机溶剂，难溶于水是偶极盐的典型性质；③ $H_3N^+{-}C_6H_4{-}SO_3^- \xrightarrow{NaOH} H_2N{-}C_6H_4{-}SO_3^-$，所以溶于碱液；④偶极离子中，—$SO_3^-$ 碱性太低，不能从强酸中接受 H^+。

9. 磷酸的构造式为

$$HO{-}\overset{\overset{\large O}{\|}}{P}{-}OH \atop \quad\; | \atop \quad\; OH$$

膦酸是磷酸分子中的—OH 被烃基取代后的产物。在磷酸分子中，与磷原子相连的都是氧原子，而在膦

酸中，与磷原子相连的有氧原子也有碳原子。磷酸酯和膦酸酯分别是磷酸和膦酸分子中的氢原子被烃基取代的衍生物。

10. 因为有机磷农药大多数属于磷酸酯、硫代磷酸酯、二硫代磷酸酯、烃基膦酸酯、磷酰胺酯等类化合物，它们都能够水解，特别在碱性条件下容易水解。

$$(CH_3O)_2P(=O)-OCH{=}CCl_2 + H_2O \xrightarrow{OH^-} (CH_3O)_2P(=O)-O^- + [HOCH{=}Cl_2] \longrightarrow Cl_2CH-CHO$$

敌敌畏

10.4.2　习题

1. $C_4H_{11}N$（脂肪胺）

伯胺（四种）$CH_3CH_2CH_2CH_2NH_2$　正丁胺

$CH_3CH_2-CH(NH_2)-CH_3$　仲丁胺

$CH_3-CH(CH_3)-CH_2-NH_2$　异丁胺

$(CH_3)_3C-NH_2$　叔丁胺

仲胺（三种）$CH_3NHCH_2CH_2CH_3$　甲丙胺

$CH_3NHCH(CH_3)_2$　甲异丙胺

$CH_3CH_2NHCH_2CH_3$　二乙胺

叔胺（一种）$CH_3-N(CH_3)-CH_2CH_3$　二甲乙胺

A. $(CH_3CH_2)_2NH$　　B. $CH_3CH_2-N(CH_3)-CH_3$

C. $CH_3-C(CH_3)_2-NH_2$　　D. $CH_3-CH(CH_3)-CH_2NH_2$

2. (1) 甲基乙基环丙基胺　(2) 2,2-二苯基环己胺

(3) 2-甲基-4-二甲氨基戊烷　(4) 2,4-二甲基-3-氨基戊烷

(5) 2-氨基-4-甲氧基-1-戊醇　(6) *N*-甲基-*N*-乙基对异丙基苯胺

(7) *N*,*N*-二甲基-3-溴-4-硝基苯胺　(8) 氢氧化二乙铵

(9) 氢氧化三甲基羟乙铵　(10) *N*-乙基苯甲酰胺

(11) 对乙基乙酰苯胺　(12) *N*-苯基氨基甲酸异丙酯

(13) *N*-甲基邻苯二甲酰亚胺　(14) 溴化对羟基重氮苯

(15) 4-甲基-4′-二甲氨基偶氮苯　(16) 2-甲基戊二酰亚胺

(17) *N*-亚硝基-*N*-甲基环己胺

(18) 对乙酰氨基重氮苯盐酸盐（或对乙酰氨基氯化重氮苯）

(19) 碘化甲基丙基烯丙基丙烯基铵　(20) 4-甲基-4′-羟基偶氮苯

(21) 二乙膦　(22) 磷酸三苯酯

(23) 苯基膦酸　(24) 磷酸一甲酯

(25) O,O-二甲基甲基膦酸酯　　(26) 三苯基膦

3. (1) （环己基–NH–环戊基）　　(2) $(CH_3CH_2)_2N-\overset{O}{\overset{\|}{C}}-OCH_2-C_6H_5$

(3) （1-萘基）–$NHCH_2$–（对甲苯基）CH_3　　(4) （环己基）–$N^+(CH_3)_3Cl^-$

(5) $H_2N-C_6H_4-COOC_2H_5$　　(6) $H_3C\overset{O}{\overset{\|}{C}}NH-C_6H_4-COOH$

(7) $CH_3-C_6H_3(NH_2)-NH_2$（H_2N 位于 CH_3 邻位）　　(8) $NC-C_6H_3(NO_2)-N_2^+HSO_4^-$

(9) （间甲苯基）$-N=N-C_6H_4-CH_2CH_3$　　(10) $CH_3-C_6H_4-SO_2N(CH_3)CH_2CH_3$

(11) （N-溴代丁二酰亚胺）$N-Br$　　(12) $(H_3C)_2N(\rightarrow O)CH_2CH_3$

(13) $HOCH_2CH_2NH_2$　　(14) $[CH_3\overset{O}{\overset{\|}{C}}OCH_2CH_2N^+(CH_3)_3]OH^-$

(15) $[ClCH_2CH_2N^+(CH_3)_3]Cl^-$　　(16) $(CH_3CH_2CH_2CH_2O)_3PO$

(17) $(C_6H_5O)_3PO$　　(18) $(CH_3)_2CHP(OH)_2$

(19) $(HOCH_2)_4P^+Cl^-$　　(20) $CH_3O-\overset{O}{\overset{\|}{P}}(OH)-OCH_2CH_3$

(21) $CH_3-C_6H_4-SO_2OCH_3$　　(22) $CH_3-C_6H_4-SO_2NHCH_3$

4. (1) O,O-二甲基-O-(3-甲基-4-硝基苯基)硫代磷酸酯

(2) O,O-二甲基-O-(2-乙硫基乙基)硫代磷酸酯

(3) O,O-二甲基-S-(1,2-乙氧羰基乙基)二硫代磷酸酯

(4) O,O-二甲基-O-[1-甲基-2-(甲氨基甲酰)乙烯基]磷酸酯(或 O,O-二甲基-O-[3-(N-甲基-2-丁烯酰氨基)]磷酸酯)

(5) O,O-二甲基-O-[1-(2,4,5-三氯苯基)-2-二氯乙烯基]磷酸酯

(6) N-膦酰甲基甘氨酸(或 N-羧甲基氨基甲基膦酸)

5. (1) $CH_2=CHCH_2Cl$ + （环戊基）$-NH_2$ (过量) $\longrightarrow$ （环戊基）$-NHCH_2CH=CH_2$

(2) $C_6H_5-NHCH_3 + HNO_2 \longrightarrow C_6H_5-N(CH_3)-N=O$

(3) $CH_3CH_2COCl + CH_3-C_6H_4-NHCH_3 \longrightarrow CH_3-C_6H_4-N(CH_3)-C(=O)-CH_2CH_3$

(4) $C_6H_{11}-NHCH_3 + C_6H_5-C(=O)-Cl \longrightarrow C_6H_5-C(=O)-N(CH_3)-C_6H_{11}$

(5) $CH_3NH_2 +$ 丁二酸酐 $\longrightarrow CH_2(CONHCH_3)-CH_2(COOH) \xrightarrow{\triangle}$ N-甲基丁二酰亚胺（$CH_2-C(=O)-N(CH_3)-C(=O)-CH_2$ 成环）

(6) 3-吡啶基-$CH(I)CH_2CH_2CH_2NHCH_3 \xrightarrow{\triangle}$ 2-(3-吡啶基)-1-甲基吡咯烷鎓（$N^+(CH_3)(H)$）$I^- \xrightarrow{稀NaOH}$ 2-(3-吡啶基)-1-甲基吡咯烷

(7) A. $O_2N-C_6H_4-COOH$　B. $O_2N-C_6H_4-C(=O)Cl$　C. $O_2N-C_6H_4-C(=O)-N(CH_3)_2$

(8) $BrCH_2CH_2CH_2CH_2NH_2 \xrightarrow{\triangle}$ 吡咯烷（NH）$\xrightarrow{CH_3CH_2Br}$ N-乙基吡咯烷鎓（$N^+(CH_2CH_3)(H)$）Br^-

(9) A. $(CH_3CH_2CH_2)_2N^+(CH_2CH_3)_2I^-$　B. $(CH_3CH_2CH_2)_2NCH_2CH_3$　C. $CH_2=CH_2$

(10) A. $CH_3CH_2CH(^+N(CH_3)_3I^-)CH(CH_3)_2$　B. $(CH_3)_3N$　C. $CH_3CH=CHCH(CH_3)_2$

(11) A. $C_6H_5-CH_2CH_2\overset{+}{N}(CH_3)(CH_2CH_3)_2I^-$　B. $(CH_3CH_2)_2NCH_3$　C. $C_6H_5-CH=CH_2$

(12) Fischer 投影式：$HC=CH_2$ / $H-C-NH_2$ / CH_3 $\xrightarrow{HBr}$ CH_3 / $H-C-Br$ / $H-C-NH_2$ / CH_3 $+$ CH_3 / $Br-C-H$ / $H-C-NH_2$ / CH_3 $\xrightarrow[S_N2]{CH_3NH_2}$ CH_3 / $CH_3NH-C-H$ / $H-C-NH_2$ / CH_3 $+$ CH_3 / $H-C-NHCH_3$ / $H-C-NH_2$ / CH_3

(13) $C_6H_5-CH_2CONH_2 + Br_2 \xrightarrow{NaOH} C_6H_5-CH_2NH_2$

(14) $CH_2(SH)-CH(SH)-CH_2OH + HgO \longrightarrow CH_2(S)-CH(S)-CH_2OH$（两个 S 与 Hg 成环）

(15)

β-萘胺（$-NH_2$）$\xrightarrow[<5℃]{NaNO_2+HCl}$ β-萘基$-N_2^+$ $\xrightarrow[CuCN]{KCN}$ β-萘基$-CN$ $\xrightarrow[H^+]{H_2O}$ β-萘基$-COOH$

6. (1) $(CH_3CH_2)_4N^+OH^- > (CH_3CH_2)_2NH > CH_3CH_2NH_2 > H_2NCONH_2 > CH_3CONH_2$

(2) 氢氧化四丁铵>*N*-甲基丁胺>丁胺>氨>丁酰胺>丁二酰亚胺

(3) 对甲氧基苯胺>对甲基苯胺>苯胺>对氯苯胺>对硝基苯胺>2,4-二硝基苯胺

(4) 环己胺>氨>苯胺>*N*-甲基乙酰苯胺>乙酰苯胺>苯磺酰胺

7. (1) 用 HNO_2 或对甲基苯磺酰氯区别

(2) 用红色石蕊试纸检验出乙胺

(3) 前者与 $AgNO_3$ 溶液反应有 AgCl 沉淀生成

(4) 前者可以使溴水褪色

(5) 用 NaOH 溶液处理，$(CH_3CH_2)_3N^+HCl^-$ 游离出 $(CH_3CH_2)_3N$ 的油层，前者无此现象

(6) 用溴水处理，前者有白色沉淀

(7) 能溶于 NaOH 的为 $CH_3CH_2NO_2$，能溶于过量盐酸，然后和 $NaNO_2$ 溶液能产生氮气的为 $C_6H_5NH_2$

(8) 用 $FeCl_3$ 可检验出邻羟基苯甲酸，能溶于 NaOH 的为苯甲酸。然后用 HNO_2 或苯磺酰氯区别其他两种化合物

(9) 用 HNO_2 或对甲苯磺酰氯区别

(10) 先用 $FeCl_3$ 检验苯酚，然后用溴水检验出苯胺

8. (1)

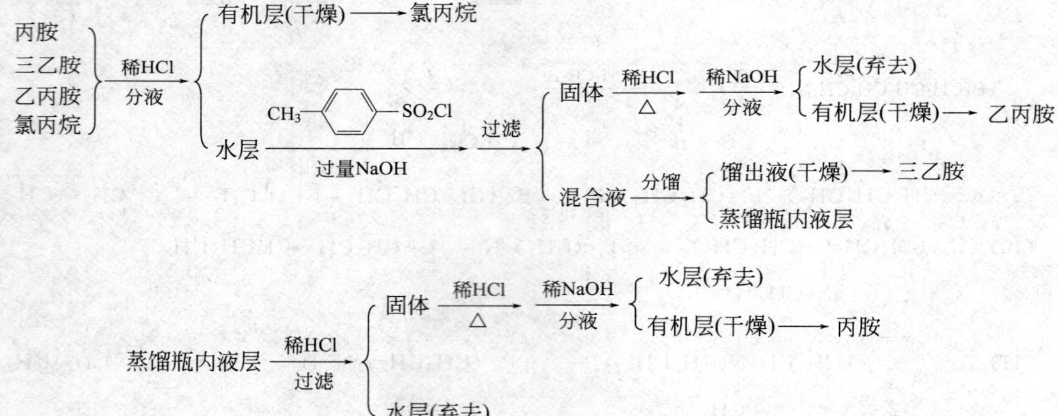

(2)

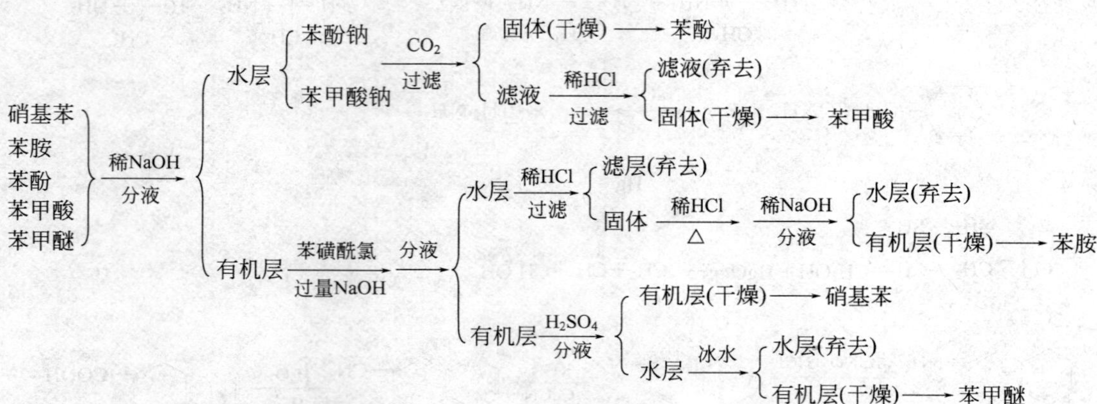

9. 环己胺 ($C_6H_{11}NH_2$)：

- 稀HCl → $C_6H_{11}\overset{+}{N}H_3Cl^-$
- NaOH → ×
- H_2O_2 → 环己酮肟（C_6H_{10}=N—OH）
- CH_3I → C_6H_{11}—$NHCH_3$
- 过量CH_3I → AgOH → △ → 环己烯 + $N(CH_3)_3$
- $NaNO_2$/HCl → C_6H_{11}—OH + 环己烯 等 + N_2
- 苯甲酰氯 → C_6H_{11}—NHC(=O)—C_6H_5
- 对甲苯磺酰氯 → CH_3—C_6H_4—SO_2NH—C_6H_{11}
- $(CH_3CO)_2O$ → C_6H_{11}—NHC(=O)—CH_3

10. (1) A. 2-萘基—$N_2^+Cl^-$　B. 2-萘基—CN　C. 2-萘基—COOH

(2) O_2N—C_6H_4—C_6H_4—NO_2　H_2N—C_6H_4—C_6H_4—NH_2

(3) $Cl^-N_2^+$—C_6H_4—C_6H_4—$N_2^+Cl^-$　HO—C_6H_4—N=N—C_6H_4—C_6H_4—N=N—C_6H_4—OH

(4) A. CH_3—$C_6H_2Br_2$—NH_2（2,6-二溴-4-甲基苯胺）　B. CH_3—$C_6H_2Br_2$—$N_2^+Cl^-$　C. CH_3—$C_6H_3Br_2$（3,5-二溴甲苯）

(5)

C_6H_6 $\xrightarrow[H_2SO_4]{HNO_3}$ $C_6H_5NO_2$ $\xrightarrow{Fe,HCl}$ $C_6H_5NH_2$ $\xrightarrow[0\sim5\ ℃]{NaNO_2/HCl}$ $C_6H_5N_2^+Cl^-$

- $\xrightarrow[△]{H_2O}$ C_6H_5OH
- $\xrightarrow[△]{C_2H_5OH}$ C_6H_6
- $\xrightarrow[CuBr,\ △]{HBr}$ C_6H_5Br
- $\xrightarrow[CuCN,\ △]{KCN}$ C_6H_5CN
- $\xrightarrow[CH_3COONa]{CH_3-C_6H_4-NH_2}$ C_6H_5—N=N—$C_6H_3(CH_3)(NH_2)$（偶氮基邻位为 H_2N，对位为 CH_3）

11. (1) A. 苯胺（$C_6H_5NH_2$） a. $(CH_3CO)_2O$ B. $C_6H_5NHCOCH_3$

C. 对（乙酰氨基）苯磺酰胺基噻唑：$CH_3CONH-C_6H_4-SO_2-NH-$(2-噻唑基) D. $H_2N-C_6H_4-SO_2-NH-$(2-噻唑基)
磺胺噻唑
E. $HOOC-C_6H_4-C(=O)-NH-C_6H_4-SO_2-NH-$(2-噻唑基)

(2) A. $CH_2=CH-CH=CH_2$ B. $BrCH_2-CH=CHCH_2Br$

C. 2,5-二氢吡咯（N—H） D. 3,4-二溴吡咯烷（N—H） E. 3,4-二溴-N-甲基吡咯烷（N—CH_3）

12. (1) $CH_3CH_2CH_2Br \xrightarrow{KCN—乙醇} CH_3CH_2CH_2CN \xrightarrow{H_2,\ Ni} CH_3CH_2CH_2CH_2NH_2$

(2) 环丁基-COOH $\xrightarrow[\triangle]{NH_3}$ 环丁基-$CONH_2$ $\xrightarrow{Br_2+NaOH}$ 环丁基-NH_2

(3) 环己酮 $\xrightarrow{HCN}$ $\xrightarrow{H_2O,H^+}$ 1-羟基环己烷甲酸（OH，COOH）

(4) $C_6H_5CH_2COOH \xrightarrow[P]{Br_2} C_6H_5CH(Br)-COOH \xrightarrow{KCN—乙醇}$

$C_6H_5CH(CN)-COOH \xrightarrow{H_2O,H^+} C_6H_5CH(COOH)_2$

(5) $C_2H_5OH \xrightarrow{浓\ HBr} C_2H_5Br \xrightarrow[干醚]{Mg} \xrightarrow{HCHO} \xrightarrow{H_3O^+} C_2H_5CH_2OH \xrightarrow[\triangle]{浓\ H_2SO_4} CH_3CH=CH_2$

$\xrightarrow{+HX} CH_3CH(CH_3)-X \xrightarrow{KCN-乙醇} \xrightarrow[H^+]{H_2O} CH_3-CH(CH_3)-COOH$

(6) 甲苯 $\xrightarrow{HNO_3/H_2SO_4}$ 对硝基甲苯（CH_3，NO_2） $\xrightarrow{Br_2/FeBr_3}$ 2-溴-4-硝基甲苯（CH_3，Br，NO_2） $\xrightarrow{KMnO_4/H^+}$ 2-溴-4-硝基苯甲酸（COOH，Br，NO_2） $\xrightarrow{PCl_5}$

2-溴-4-硝基苯甲酰氯（$C(=O)Cl$，Br，NO_2） $\xrightarrow{NH_3}$ $\xrightarrow{Br_2/OH^-}$ 2-溴-4-硝基苯胺（NH_2，Br，NO_2） $\xrightarrow{HCl-Fe}$ 2-溴-1,4-苯二胺（NH_2，Br，NH_2）

(7) 甲苯 $\xrightarrow[\triangle]{KMnO_4/H^+}$ $\xrightarrow{SOCl_2}$ C_6H_5COCl $\xrightarrow{NH_3}$ $\xrightarrow{Br_2/OH^-}$ $C_6H_5NH_2$ $\xrightarrow{(CH_3CO)_2O}$ $C_6H_5NHCOCH_3$

$\xrightarrow{浓\ H_2SO_4}$ 4-SO_3H-$C_6H_4NHCOCH_3$ $\xrightarrow[\triangle]{HNO_3/H_2SO_4}$ 2,6-二(NO_2)-4-SO_3H-$C_6H_2NHCOCH_3$ $\xrightarrow{稀\ H^+/H_2O}$ 2,6-二(NO_2)-$C_6H_3NH_2$

$\xrightarrow{Fe/HCl}$ 1,2,3-三(NH_2)苯

(8) 1,3-丁二烯 + 乙烯 $\xrightarrow{\triangle}$ 环己烯 $\xrightarrow{HBr}$ 溴代环己烷 $\xrightarrow{HN(CH_2CH_3)_2}$ $C_6H_{11}N(CH_2CH_3)_2$

13. (1) $C_6H_5CH_3$ $\xrightarrow{Cl_2/h\nu}$ $C_6H_5CH_2Cl$ $\xrightarrow[干醚]{Mg}$ $C_6H_5CH_2MgCl$ $\xrightarrow{环氧乙烷}$ $\xrightarrow{H_2O}$

$C_6H_5CH_2CH_2CH_2OH$ $\xrightarrow{HI}$ $C_6H_5CH_2CH_2CH_2I$ $\xrightarrow{浓\ H_2SO_4}$ 4-SO_3H-$C_6H_4CH_2CH_2CH_2I$

$\xrightarrow{HNO_3/H_2SO_4}$ 2-NO_2-4-SO_3H-$C_6H_3CH_2CH_2CH_2I$ $\xrightarrow[\triangle]{H_2O}$ 2-NO_2-$C_6H_4CH_2CH_2CH_2I$ $\xrightarrow{HCl+Fe}$ 1,2,3,4-四氢喹啉（N-H）

(2) 苯 $\xrightarrow{HNO_3/H_2SO_4}$ $\xrightarrow{HCl\text{-}Fe}$ $\xrightarrow{(CH_3CO)_2O}$ $C_6H_5NHCOCH_3$ $\xrightarrow{HNO_3/H_2SO_4}$

4-NO_2-$C_6H_4NHCOCH_3$ $\xrightarrow{稀\ H^+}$ $\xrightarrow{Br_2/FeBr_3}$ 2,6-二Br-4-NO_2-$C_6H_2NH_2$ $\xrightarrow[0\sim5\ ℃]{NaNO_2+HCl}$ $\xrightarrow{KI}$

Br—(I)(NO$_2$)—Br $\xrightarrow{Fe+HCl}$ $\xrightarrow[0\sim5\ ℃]{NaNO_2+HCl}$ $\xrightarrow{H_3PO_2}$ Br—(I)—Br

(3) $C_6H_5CH_3$ $\xrightarrow{HNO_3/H_2SO_4}$ $p\text{-}CH_3C_6H_4NO_2$ $\xrightarrow{KMnO_4/H^+}$ $p\text{-}HOOCC_6H_4NO_2$ $\xrightarrow{HCl\text{-}Fe}$ $\xrightarrow[0\sim5\ ℃]{NaNO_2+HCl}$

$p\text{-}HOOCC_6H_4N_2^+Cl^-$ $\xrightarrow{CuCN\text{-}KCN}$ $p\text{-}HOOCC_6H_4CN$

(4) C_6H_6 $\xrightarrow{HNO_3/H_2SO_4}$ $\xrightarrow[\triangle]{Cl_2/FeCl_3}$ $m\text{-}ClC_6H_4NO_2$ $\xrightarrow{Fe\text{-}HCl}$ $\xrightarrow[0\sim5℃]{NaNO_2+HBr}$ $m\text{-}ClC_6H_4N_2^+Br^-$

$\xrightarrow{CuBr}$ $m\text{-}ClC_6H_4Br$

(5) $C_6H_5CH_3$ $\xrightarrow{HNO_3/H_2SO_4}$ $\xrightarrow{Fe\text{-}HCl}$ $p\text{-}CH_3C_6H_4NH_2$ $\xrightarrow[\triangle]{Br_2/CS_2}$ 4-methyl-2-bromoaniline (CH$_3$, Br, NH$_2$) $\xrightarrow[0\sim5\ ℃]{NaNO_2+HCl}$ $\xrightarrow{KI}$ 3-bromo-4-iodotoluene (CH$_3$, Br, I)

$\xrightarrow[\triangle]{KMnO_4/H^+}$ 3-bromo-4-iodobenzoic acid (COOH, Br, I)

(6) $C_6H_5CH_3$ $\xrightarrow[H_2SO_4]{HNO_3}$ $p\text{-}CH_3C_6H_4NO_2$ $\xrightarrow{[H]}$ $p\text{-}CH_3C_6H_4NH_2$

(7) C_6H_6 $\xrightarrow[H_2SO_4]{HNO_3}$ $C_6H_5NO_2$ $\xrightarrow{[H]}$ $C_6H_5NH_2$ $\xrightarrow{H_2SO_4}$ $C_6H_5\overset{+}{N}H_3\ ^-OSO_3H$ $\xrightarrow[H_2SO_4]{HNO_3}$ $m\text{-}O_2NC_6H_4\overset{+}{N}H_3\ ^-OSO_3H$

$\xrightarrow{NaOH}$ NH_2, NO_2

(8) $\xrightarrow[H_2SO_4]{HNO_3}$ NO_2 $\xrightarrow{[H]}$ NH_2

$\xrightarrow{ClSO_3H}$ SO_2Cl, NO_2 $\longrightarrow$ O_2N — SO_2NH —

(9) CH_3 $\xrightarrow[H_2SO_4]{HNO_3}$ CH_3, NO_2 $\xrightarrow{[O]}$ $COOH$, NO_2 $\xrightarrow{Fe+HCl}$ $COOH$, NH_2 或 CH_3 $\xrightarrow[H_2SO_4]{HNO_3}$ CH_3, NO_2

$\xrightarrow{[H]}$ CH_3, NH_2 $\xrightarrow{(CH_3CO)_2O}$ CH_3, $NHCOCH_3$ $\xrightarrow{[O]}$ $COOH$, $NHCOCH_3$ $\xrightarrow[H_2O]{H^+}$ $COOH$, NH_2

(10) CH_3 $\xrightarrow[H_2SO_4]{HNO_3}$ CH_3, NO_2 $\xrightarrow{[H]}$ CH_3, NH_2

CH_3 $\xrightarrow[Cl_2]{h\nu}$ CH_2Cl $\longrightarrow$ CH_3 — — $NHCH_2$ —

(11) $\xrightarrow[H_2SO_4]{HNO_3}$ NO_2 $\xrightarrow[Fe]{Br_2}$ NO_2, Br $\xrightarrow[HCl]{Fe}$ NH_2, Br $\xrightarrow[0\sim5℃]{NaNO_2/HCl}$ $N_2^+Cl^-$, Br $\xrightarrow[\triangle]{H_2O}$ OH, Br

(12) CH_3 $\xrightarrow[H_2SO_4]{HNO_3}$ CH_3, NO_2 $\xrightarrow[H_2SO_4,\triangle]{KMnO_4}$ $COOH$, NO_2 $\xrightarrow[HCl]{Fe}$ $COOH$, NH_2 $\xrightarrow[室温]{NaNO_2/HCl}$ $COOH$, OH

$\xrightarrow{Br_2/FeBr_3}$ $COOH$, Br, Br, OH

14. A. 邻甲基苯基-$CH(CH_3)NH_2$（苯环上 $-CHNH_2$ 带 CH_3，邻位 CH_3）　A的 *R* 构型异构体为 邻甲基苯基-$C(CH_3)(H)(NH_2)$

B. 邻甲基苯基-$CH(CH_3)OH$（$-CHOH$ 带 CH_3，邻位 CH_3）　C. 邻甲基苯基-$CH{=}CH_2$（邻位 CH_3）　D. 邻苯二甲酸（两个 COOH 邻位）

15. A. $CH_3-C_6H_4-NO_2$（对位）　B. $CH_3-C_6H_4-COOH$（对位）

16. (1) A. $CH_3\underset{NH_2}{CH}CH_2\underset{CH_3}{CH}CH_2CH_3$　B. $CH_3\underset{OH}{CH}CH_2\underset{CH_3}{CH}CH_2CH_3$

C. $CH_3CH{=}CH\underset{CH_3}{CH}CH_2CH_3$　D. $CH_3CH_2\underset{CH_3}{CH}COOH$

(2) $CH_3CH_2\underset{CH_3}{\overset{*}{C}}HCOOH$

Fischer 投影式：COOH 在上，CH_2CH_3 在下，左 H、右 CH_3 —— *R*；COOH 在上，CH_2CH_3 在下，左 CH_3、右 H —— *S*

17. $CH_3-C_6H_4-CH_2NHCH_3$（对位）

18. A. $CH_3-C_6H_4-\overset{O}{\overset{\|}{C}}-\underset{CH_3}{N}-C_6H_5$（对位）　B. $CH_3-C_6H_4-COONa$（对位）　C. $CH_3NH-C_6H_5$

19. A. $(CH_3)_2C{=}CH-CH_2CH_2\underset{CH_3}{CH}\overset{NH_2}{CH}-CH_3$　B. $(CH_3)_2C{=}CH-CH_2CH_2\underset{CH_3}{CH}\overset{OH}{CH}-CH_3$

C. $(CH_3)_2C{=}CH-CH_2CH_2\underset{CH_3}{C}{=}CH-CH_3$

20. A. 2-甲基环戊胺（环戊烷上 $-CH_3$、$-NH_2$ 相邻）　B. 环己胺（环己基-NH_2）　C. 2-甲基环戊醇（环戊烷上 $-CH_3$、$-OH$ 相邻）　D. 环己醇（环己基-OH）

E. 1-甲基环戊烯（环戊烯双键碳上 $-CH_3$）　F. 环己烯　G. $CH_3\overset{O}{\overset{\|}{C}}(CH_2)_3CHO$　H. $CHO(CH_2)_4CHO$

21. A. $C_6H_5-\underset{}{\overset{CH_3}{CH}}-\underset{NH_2}{CH}CH_3$　B. $C_6H_5-\overset{CH_3}{CH}-\underset{OH}{CH}CH_3$

C. $C_6H_5-\underset{CH_3}{C}{=}CH-CH_3$　D. $C_6H_5-\overset{O}{\overset{\|}{C}}-CH_3$

10.4.3　教材习题

1. 伯胺（四种）　$CH_3CH_2CH_2CH_2NH_2$ 正丁胺　　$CH_3CH_2-CH(NH_2)-CH_3$ 仲丁胺

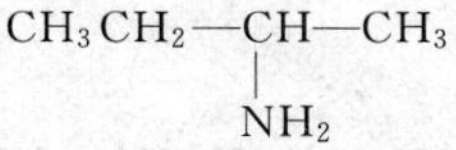

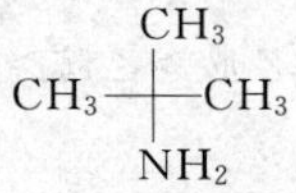

$CH_3-CH(CH_3)-CH_2-NH_2$ 异丁胺　　$(CH_3)_3C-NH_2$ 叔丁胺

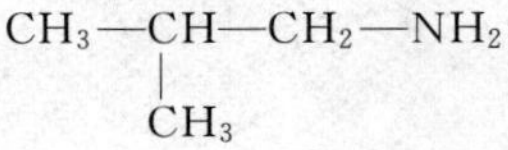

仲胺（三种）　$CH_3NHCH_2CH_2CH_3$ 甲丙胺　　$CH_3NHCH(CH_3)_2$ 甲异丙胺

$CH_3CH_2NHCH_2CH_3$ 二乙胺

叔胺（一种）　$CH_3-N(CH_3)-CH_2CH_3$ 二甲乙胺

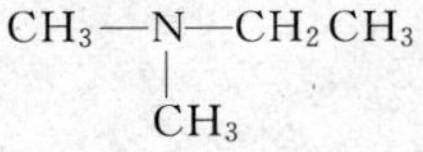

2.

（1）$C_6H_5-C(=O)-NH_2$　　（2）$C_6H_5-N(CH_3)_2$

（3）$H_2N-C_6H_4-NH_2$（对位）　　（4）$HC(=O)-N(CH_3)_2$

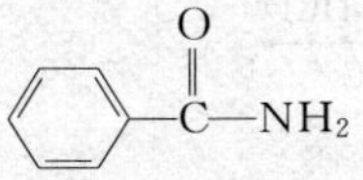

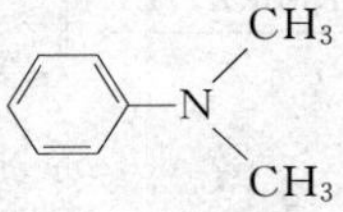

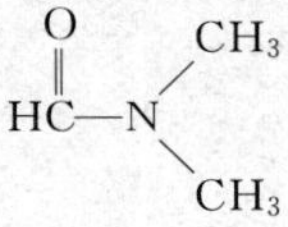

（5）$H_3C-C_6H_4-\overset{+}{N}\equiv NCl^-$（对位）　　（6）$(H_3C)_2N-C_6H_4-N=N-C_6H_4-CH_3$（对位）

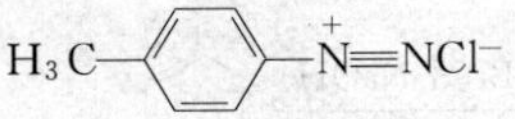

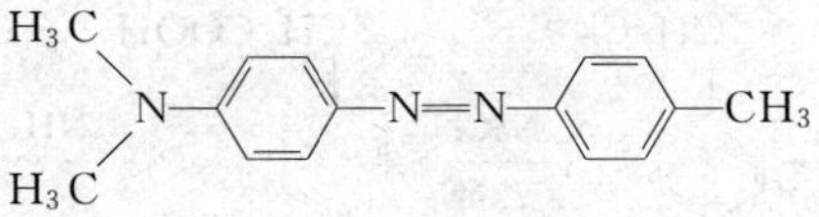

3.

（1）2-氨基-3-甲基戊烷　　（2）环己胺

（3）*N*-甲基苯胺　　（4）2-甲氨基-3-甲基戊烷

（5）*N*-甲基-*N*-乙基对甲苯胺　　（6）三乙醇胺

（7）氢氧化三甲基乙基铵　　（8）溴化对羟基重氮盐

（9）*N*-甲基-*N*-亚硝基苯胺　　（10）偶氮甲苯

（11）*N*-甲基-*N*-乙基异丁酰胺　　（12）间硝基苯甲酰胺

（13）甲基磷酸二甲酯　　（14）三苯基膦

4.

（1）$\left[C_2H_5-\overset{+}{N}(C_2H_5)_2-CH(CH_3)_2\right]Br^-$　　（2）$C_6H_5-N(CH_3)-N=O$

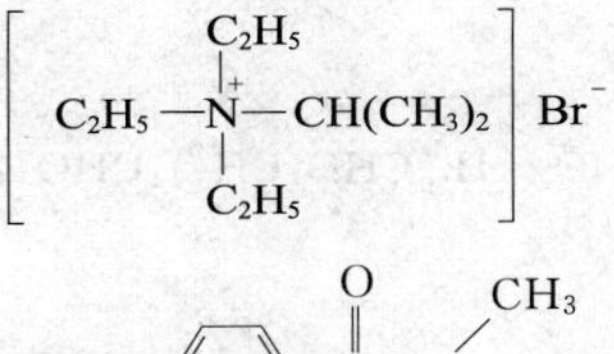

（3）$H_3C-C_6H_4-C(=O)-N(CH_3)_2$（对位）　　（4）$C_6H_5-CH=CH_2 + C_2H_5-N(CH_3)-C_2H_5$

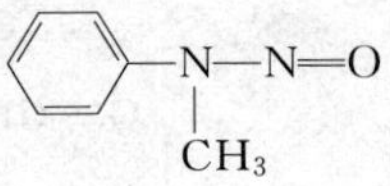

(5) $C_6H_5-CH_2NH_2$　　(6) 2-萘甲酸（萘环-COOH）

5.

(1) $(CH_3CH_2)_4N^+OH^- > (CH_3CH_2)_2NH > CH_3CH_2NH_2 > (CH_3CH_2)_3N > H_2NCONH_2$

(2) 对甲氧基苯胺>苯胺>对硝基苯胺>2,4-二硝基苯胺

(3) 四甲基氢氧化铵>二乙胺>乙胺>2-氨基乙醇

6.

(1) 用 HNO_2 或对甲基苯磺酰氯区别

(2) 用 HNO_2 或对甲基苯磺酰氯区别

(3) 先用 $FeCl_3$ 检验苯酚，然后用溴水检验出苯胺

7.

(1) 甲苯 $\xrightarrow[H_2SO_4]{HNO_3}$ 对硝基甲苯 $\xrightarrow{[H]}$ 对甲基苯胺

(2) 甲苯 $\xrightarrow{HNO_3/H_2SO_4}$ 对硝基甲苯 $\xrightarrow{KMnO_4/H^+}$ 对硝基苯甲酸 $\xrightarrow{HCl\text{-}Fe}$ $\xrightarrow[0\sim5\ ℃]{NaNO_2+HCl}$

对羧基苯重氮盐（$N_2^+Cl^-$） $\xrightarrow{CuCN\text{-}KCN}$ 对氰基苯甲酸（CN）

(3) 甲苯 $\xrightarrow[h\nu]{Cl_2}$ $C_6H_5CH_2Cl$ $\xrightarrow[乙醇]{NaCN}$ $C_6H_5CH_2COOH$ $\xrightarrow{NH_3}$ $C_6H_5CH_2CONH_2$ $\xrightarrow{Br_2+NaOH}$ $C_6H_5CH_2NH_2$

(4) 苯 $\xrightarrow[H_2SO_4]{HNO_3}$ 硝基苯（NO_2） $\xrightarrow{[H]}$ 苯胺（NH_2）

硝基苯 $\xrightarrow{ClSO_3H}$ 间硝基苯磺酰氯（SO_2Cl，NO_2）

两者 $\longrightarrow$ 间硝基苯磺酰苯胺（O_2N-C_6H_4-SO_2NH-C_6H_5）

8. A. 2-甲基环戊胺（CH_3，NH_2）　B. 环己胺（NH_2）　C. 2-甲基环戊醇（CH_3，OH）　D. 环己醇（OH）

E. 1-甲基环戊烯（CH_3）　F. 环己烯　G. $CH_3\overset{O}{\overset{\|}{C}}(CH_2)_3CHO$　H. $CHO(CH_2)_4CHO$

第 11 章

杂环化合物及生物碱

11.1 思考题

1. 什么叫杂环化合物，杂环化合物分为哪几类？
2. 什么叫生物碱，如何提取生物碱？
3. 为什么五元杂环的芳香性顺序是吡咯＞呋喃＞噻吩？
4. 为什么吡啶有碱性，而吡咯却有弱酸性？

11.2 习题

1. 命名下列化合物。

(1) 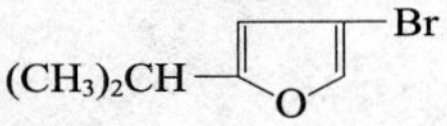 $(CH_3)_2CH$— Br O

(2) 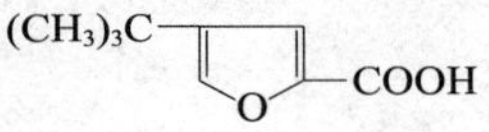 $(CH_3)_3C$— O COOH

(3) S SO_2Cl

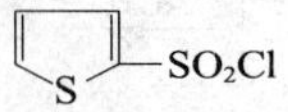

(4) 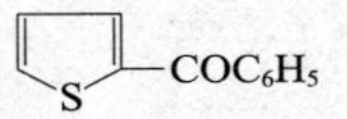 S COC_6H_5

(5) Cl CHO N H

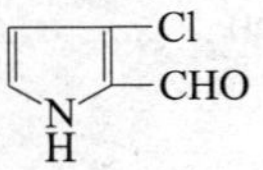

(6) 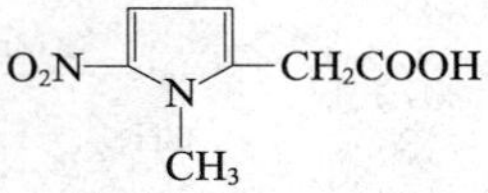 O_2N N CH_2COOH CH_3

(7) 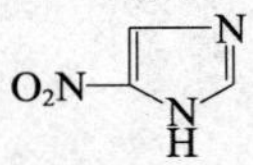 O_2N N N H

(8) 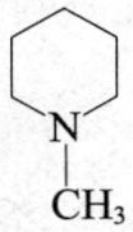 N CH_3

(9) 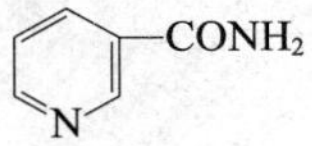 $CONH_2$ N

(10) 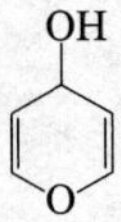 OH O

(11) 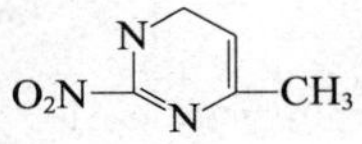 N O_2N N CH_3

(12) 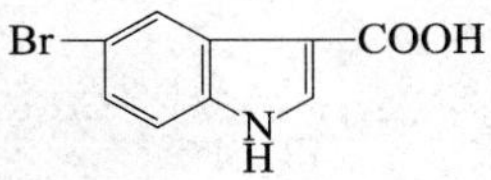 Br COOH N H

(13) 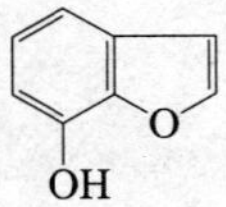 O OH

(14) 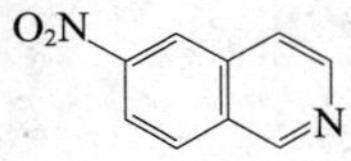 O_2N N

(15) 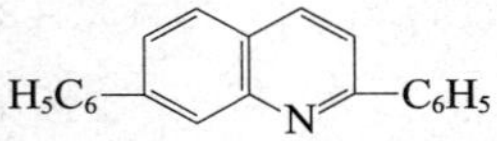 H_5C_6 N C_6H_5

(16) 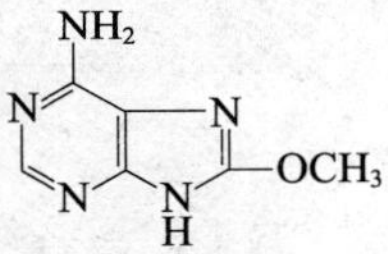 NH_2 N N N N H OCH_3

(17) 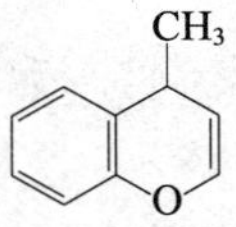 CH_3 O

(18) 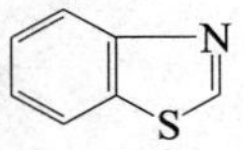 N S

(19) 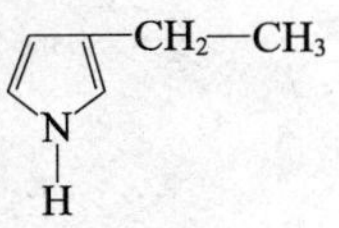 CH_2—CH_3 N H

(20) 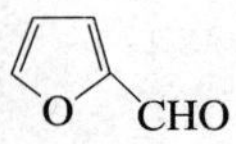 O CHO

(21) 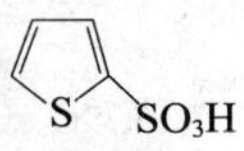 S SO_3H

(22) 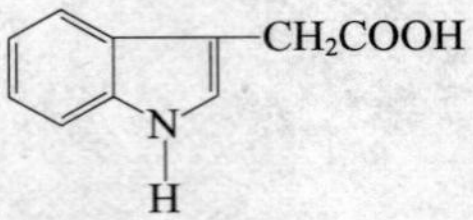 CH_2COOH N H

(23) 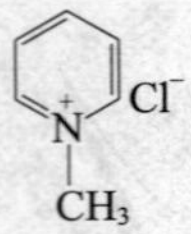 $\overset{+}{N}$ Cl^- CH_3

(24) 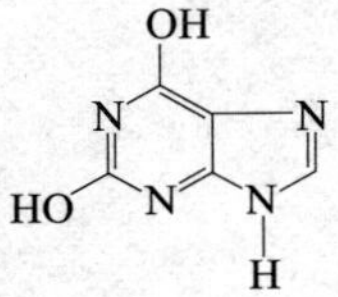 OH N N HO N N H

(25) 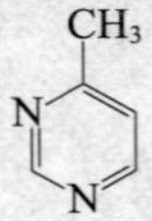 CH_3 N N

2. 完成下列反应式。

(1) 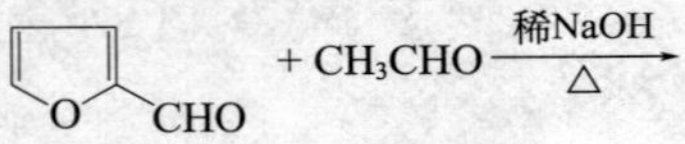 CHO $+ CH_3CHO \xrightarrow[\triangle]{\text{稀}NaOH}$

(2) 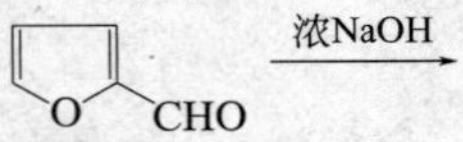 CHO $\xrightarrow{\text{浓}NaOH}$

(3) 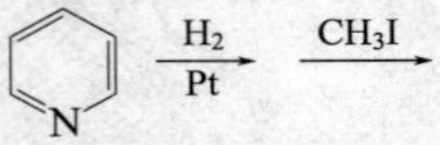 N $\xrightarrow[Pt]{H_2}$ $\xrightarrow{CH_3I}$

(4) 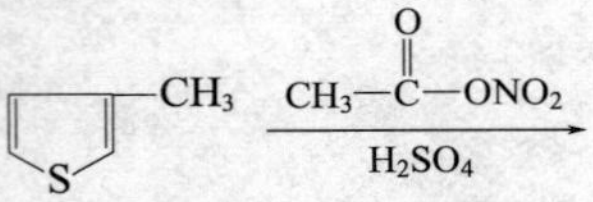 CH_3 S $\xrightarrow[H_2SO_4]{CH_3-\overset{O}{\overset{\|}{C}}-ONO_2}$

(5) 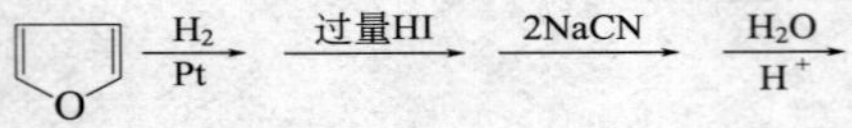 O $\xrightarrow[Pt]{H_2}$ $\xrightarrow{\text{过量}HI}$ $\xrightarrow{2NaCN}$ $\xrightarrow[H^+]{H_2O}$

(6) 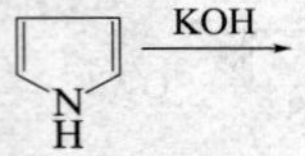 N H $\xrightarrow{KOH}$

(7) 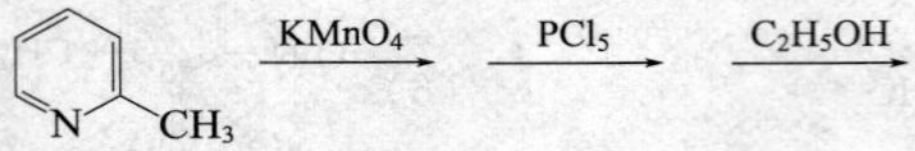 N CH_3 $\xrightarrow{KMnO_4}$ $\xrightarrow{PCl_5}$ $\xrightarrow{C_2H_5OH}$

(8) 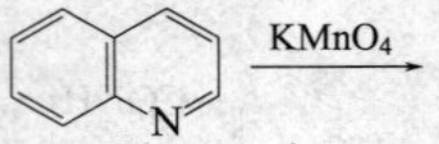 N $\xrightarrow{KMnO_4}$

(9) 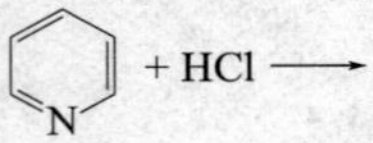 N $+ HCl \longrightarrow$

(10) 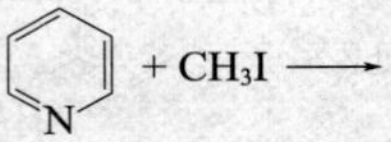 N $+ CH_3I \longrightarrow$

(11) 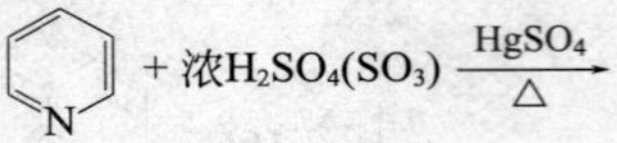 N $+ \text{浓}H_2SO_4(SO_3) \xrightarrow[\triangle]{HgSO_4}$

(12) 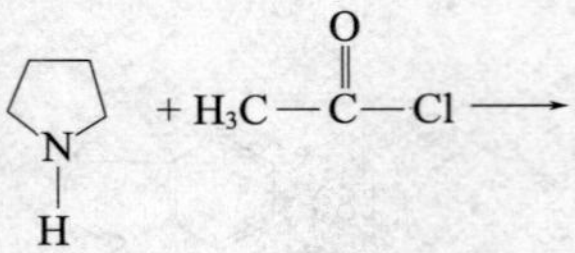 N H $+ H_3C-\overset{O}{\overset{\|}{C}}-Cl \longrightarrow$

(13) 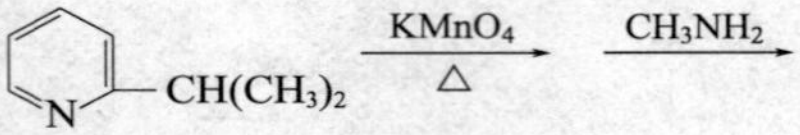 N $CH(CH_3)_2$ $\xrightarrow[\triangle]{KMnO_4}$ $\xrightarrow{CH_3NH_2}$

(14) 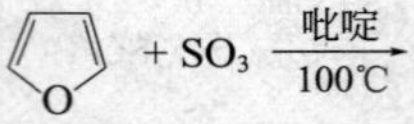 O $+ SO_3 \xrightarrow[100℃]{\text{吡啶}}$

（15）4-甲基喹啉 $\xrightarrow[H^+,\triangle]{KMnO_4}$

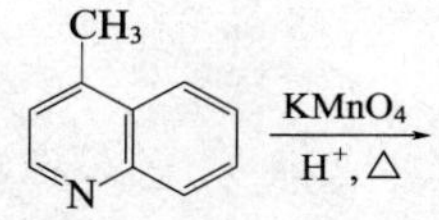

3. 写出下列化合物的构造式。

（1）α-甲基四氢呋喃　　（2）4-氯糠醛

（3）5-乙氧基噻唑　　（4）2,4-二溴吡咯

（5）α,β-二甲基-α'-噻吩甲酸　　（6）烟酸

（7）γ-吡啶甲酰肼（雷米封、异烟酰肼）　　（8）烟碱

（9）8-羟基喹啉　　（10）2-苯基苯并吡喃

（11）咖啡碱　　（12）磺胺嘧啶（SD）

（13）四氢吡咯　　（14）胞嘧啶

（15）腺嘌呤　　（16）N-甲基六氢吡啶

4. 比较下列各组化合物的碱性强弱。

（1）环己胺，氨，苯胺，吲哚　　（2）苯胺，苄胺，α-甲基吡咯，吡啶

（3）喹啉，吡咯烷，邻甲基苯胺，嘌呤

5. 下列化合物中哪些具有芳香性？

（1）2-甲基吡咯（CH_3）　　（2）5-氯噻唑（Cl）　　（3）O_2N-取代二氢咪唑（NH，N-H）

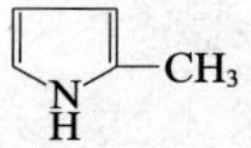

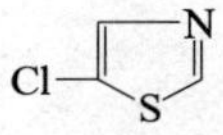

（4）H_3C-1,3,4-噁二唑-CH_3　　（5）含 CH_3、N、N、CH_3 的二氢嘧啶　　（6）NH_2 取代二氢吡喃（O）

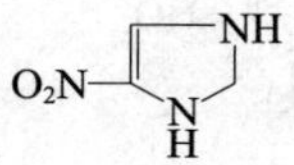

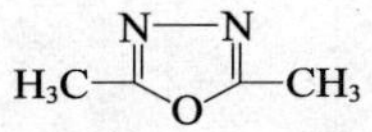

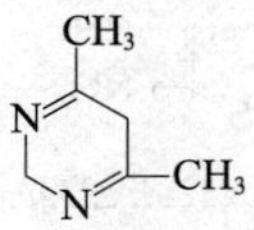

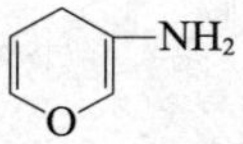

7.（O，O，OCH_3 取代环己二烯二酮）　　（8）二氢噻吩-$COCH_3$（S）　　（9）二氢呋喃-CHO（O）

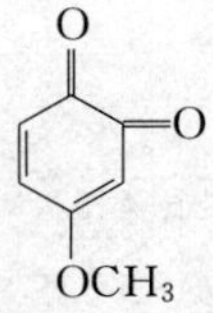

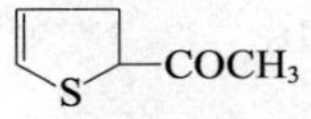

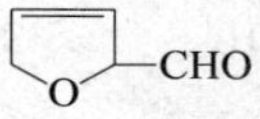

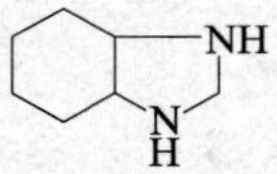

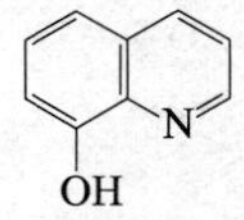

（10）六氢苯并咪唑（NH，N-H）　　（11）8-羟基喹啉（N，OH）　　（12）6-氯嘌呤（Cl，N，NH，N，N）

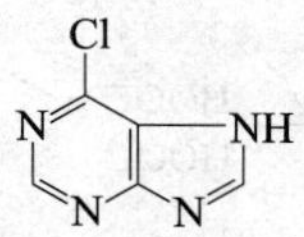

6. 用化学方法鉴别下列各组化合物。

（1）甲苯，噻吩，苯酚，β-萘酚　　（2）苯甲醛，苯乙醛，糠醛，糠酸

（3）吡咯，呋喃，吡啶，β-甲基吡啶　　（4）糠醛，呋喃

（5）吡咯，吡啶，苯

7. 试用化学方法将下列混合物中少量杂质除去。

（1）呋喃中混有少量糠醛

（2）苯中混有少量噻吩

（3）α-吡咯甲酸乙酯中混有少量 α-吡咯甲酸

（4）甲苯中混有少量吡啶

8. 写出 C_6H_9N 的吡咯衍生物的结构异构体，并加以命名。

9. 在呋喃、吡咯、噻吩、吡啶及苯这五种化合物中：
(1) 在进行亲电取代反应时活性最大的是（　　）。
(2) 在进行亲核取代反应时活性最大的是（　　）。
(3) 能进行双烯合成反应的是（　　）。
(4) 五元杂环中最稳定的是（　　）。
(5) 最难被还原的是（　　）。
(6) 碱性最强的是（　　）。
(7) 酸性最强的是（　　）。

10. 给下列各组反应填上适合的试剂。

(1) 2-呋喃甲醛（—CHO） $\xrightarrow{?}$ 呋喃基—CH(OH)CH(CH$_3$)CHO $\xrightarrow{?}$ 呋喃基—CH(OH)—CH(CH$_3$)CH$_2$OH

(2) 苯—NH$_2$ $\xrightarrow{?}$ 苯—$N_2^+Cl^-$ $\xrightarrow{?}$ 苯—N=N—(2-吡咯基，NH)

(3) 吡咯（NH） $\xrightarrow{?}$ 2-NO$_2$-吡咯（NH） $\xrightarrow{?}$ 2-NO$_2$-吡咯（N—K）

(4) 3-CH$_3$-噻吩 $\xrightarrow{?}$ 3-CH$_3$-2-NO$_2$-噻吩 $\xrightarrow{?}$ CH$_3$C(=O)—(噻吩，CH$_3$，NO$_2$)

(5) 3-NO$_2$-噻吩 $\xrightarrow{?}$ Br—(噻吩)—NO$_2$ $\xrightarrow{?}$ Br—(四氢噻吩)—NO$_2$

(6) 4-NO$_2$-吡啶 $\xrightarrow{?}$ 4-NH$_2$-吡啶 $\xrightarrow{?}$ 4-$N_2^+Cl^-$-吡啶 $\xrightarrow{?}$ 4-OH-吡啶

(7) 喹啉 $\xrightarrow{?}$ HOOC, HOOC-吡啶（2,3-吡啶二甲酸） $\xrightarrow{?}$ 吡啶二甲酸酐（C=O, O, C=O）

(8) 烟碱（吡啶基-N-CH$_3$-吡咯烷） $\xrightarrow{?}$ 吡啶-3-COOH $\xrightarrow{?}$ N$^+$-CH$_3$-吡啶-3-COOH I^-

11. 下列反应中哪些是正确的，哪些是错误的？若有错误请指正。

(1) 噻吩 $\xrightarrow[AlCl_3]{CH_3Cl}$ 2-CH$_3$-噻吩

(2) 呋喃 $\xrightarrow[H_2SO_4]{HNO_3}$ 2-NO$_2$-呋喃

(3) 2-CH$_3$-吡咯（NH） $\xrightarrow{KMnO_4}$ 吡咯-2-COOH（NH）

（4）2-溴吡啶 $\xrightarrow[\triangle]{NH_3}$ 2-氨基吡啶（Br → NH_2）

（5）喹啉 $\xrightarrow[\text{② } H_2O]{\text{① } C_3H_8\text{-Li}, \triangle}$ 8-位 C_3H_7 取代喹啉

12. 写出下列合成中的中间产物构造式。

4-氰基-3-甲基吡啶（CN，CH_3，N）$\xrightarrow[Cl_2]{\text{光}}$ $C_7H_5N_2Cl$ (1) $\xrightarrow{NH_3}$ $C_7H_7N_2$ (2) $\xrightarrow{H_3^+O}$ $C_7H_8N_2O_2$ (3) $\xrightarrow[\triangle]{-H_2O}$ $C_7H_6N_2O$ (4) $\xrightarrow{CH_3I}$ $C_8H_9N_2OI$ (5)

13. 合成下列化合物。

（1）由 β-甲基吡啶合成 β-氨基吡啶

（2）由糠醛合成 2-呋喃基—$CH{=}C(CH_3)—CH_2OH$

（3）由噻吩合成 O_2N—(噻吩-2,5-二基)—COOH

（4）由吡啶合成 2-氯吡啶

（5）由吡咯和苯合成 Cl—(吡咯，N—H)—N=N—(苯环)—CH_3

（6）由吡啶合成 5-O_2N-吡啶-2-$COOC_2H_5$

14. 写出组成核酸的嘧啶碱和嘌呤碱的构造式，并写出各化合物的互变异构式。

15. 化合物 A($C_{12}H_{13}O_2N$)，经稀酸水解得到产物 B 和 C，B 可发生碘仿反应而 C 不能，C 能与 $NaHCO_3$ 作用有气体放出而 B 不能，并且 C 可与盐酸松木片呈红色，C 是一种植物生长激素。试推测 A，B，C 的构造式。

16. 判断下列化合物各属于哪类生物碱，并指出该分子是酸性还是碱性的生物碱。

（1）2-($CH_2CH_2CH_3$)哌啶（N—H）
毒芹碱

（2）(N-CH_3-吡咯烷-2-基)—CH_2—C(=O)—CH_2—(N-CH_3-吡咯烷-2-基)
红古豆碱

（3）1,3-二甲基黄嘌呤（CH_3—N，O，NH，N，N—CH_3）
茶碱

（4）4-OCH_3-呋喃并[2,3-b]喹啉

17. 硝酸是一种作用很强的化学诱变剂，它的介入可使生物体内一些化学物质结构改变而引起有机体的突变。例如，亚硝酸可导致如下反应：

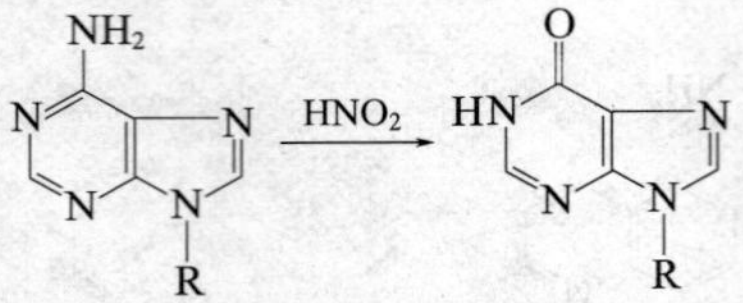

AMP $\xrightarrow{HNO_2}$ GMP

用反应式表示以上转变的过程。

18. 推测 吡啶 和 N-甲基吡啶鎓离子 哪个更难发生硝化反应。

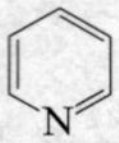

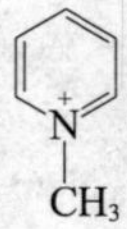

19. 推测 吡咯 和 N-甲基吡咯 哪个更容易发生卤代反应。

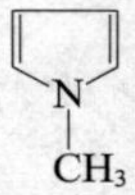

20. 试将吡咯、吡啶和苯胺按碱性由强到弱的顺序排列。

21. 由吡啶制备 3-吡啶甲酸，其他必要的有机、无机试剂自选。

11.3 解题示例

1. 命名下列化合物。

(1) 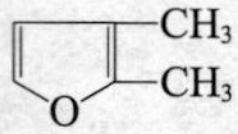 (2) 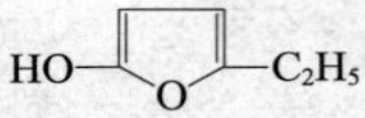 (3) 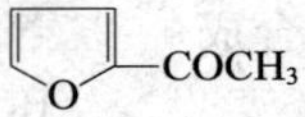 (4) 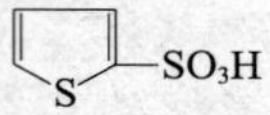 (5) 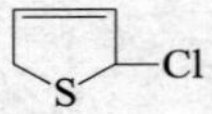 (6)  (7) 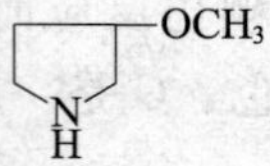 (8) 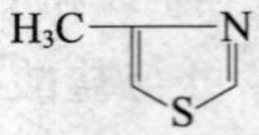 (9) 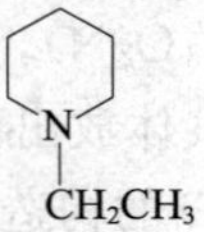 (10) 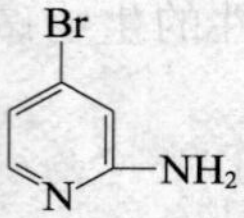 (11) 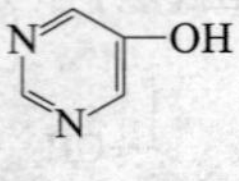 (12) 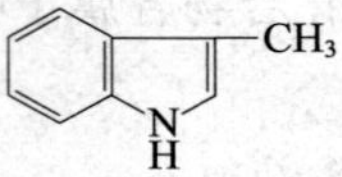 (13) 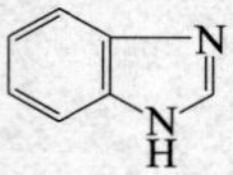 (14) 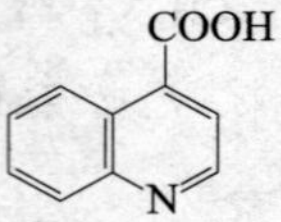 (15)

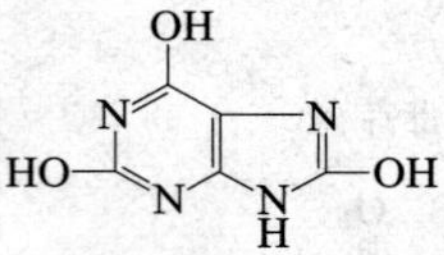

解：(1) 2,3-二甲基呋喃　(2) α-乙基-α′-羟基呋喃

(3) α-乙酰基呋喃　(4) α-噻吩磺酸

(5) 2-氯-2,5-二氢噻吩　(6) N-甲基吡咯

(7) β-甲氧基吡咯烷（或 β-甲氧基四氢吡咯）　(8) 4-甲基噻唑

(9) N-乙基六氢吡啶　(10) 2-氨基-4-溴吡啶

(11) 5-羟基嘧啶　(12) β-甲基吲哚

(13) 苯并咪唑　　(14) 4-喹啉甲酸

(15) 2,6,8-三羟基嘌呤

2. 已知吡啶有芳香性，那么吡喃有芳香性吗？

解： 吡喃没有芳香性。从结构上看吡喃环上有 6 个 p 电子，其中 4 个由两个 π 键提供，2 个由氧原子提供。但环上第 4 个碳原子是 sp^3 杂化的碳原子，没有 p 轨道提供给环上形成封闭大 π 键，故没有芳香性。若第 4 个碳原子形成碳正离子，其碳原子变为 sp^2 杂化状态，此时有空的 p 轨道提供给环上形成封闭大 π 键，而使得吡喃环的碳正离子有芳香性。

3. 为什么下列化合物的碱性顺序是 六氢吡啶 > 吡啶 > 苯胺($C_6H_5NH_2$) > 吡咯？

解： 由于吡咯分子中氮原子上未共用电子对参与环的共轭体系，从而减弱与 H^+ 结合的能力，碱性比苯胺要弱。此外，吡咯氮原子上电子云密度降低，使与氮原子相连的氢原子易以 H^+ 的形式解离而呈现出弱酸性。但吡啶环中氮原子上的未共用电子对没有参与环的共轭体系，可与 H^+ 结合而呈碱性，它的碱性比苯胺要强，但比脂肪仲胺六氢吡啶的碱性小。

4. 用化学方法鉴别下列各组化合物。

(1) α-甲基呋喃与四氢呋喃

(2) 吡咯与吡咯烷（四氢吡咯）

(3) 噻吩与苯

(4) 8-羟基喹啉与 8-甲基喹啉

解： (1) α-甲基呋喃、四氢呋喃 $\xrightarrow[\text{松木片}]{KCl}$ 呈绿色、无变化　　(2) 吡咯、吡咯烷 $\xrightarrow[\text{松木片}]{HCl}$ 呈红色、无变化

(3) 噻吩、苯 $\xrightarrow[H_2SO_4]{\text{靛红}}$ 呈蓝色、无变化　　(4) 8-羟基喹啉、8-甲基喹啉 $\xrightarrow{CuSO_4}$ 呈蓝色、无变化

8-羟基喹啉可与许多金属离子形成螯合物而显色，如与 $FeCl_3$ 作用呈绿色。

5. 试预测下列反应的主要产物并解释之。

(1) 2,5-二甲基呋喃 + CH_3COONO_2　　(2) 吡咯 + $C_6H_5N_2^+Cl^-$

(3) 噻吩 + Na + C_2H_5OH　　(4) 吡啶 + C_6H_5Li

(5) 喹啉 + $KMnO_4$(加热)　　(6) 喹啉 + Na + C_2H_5OH

(7) 喹啉 + Cl_2 + Fe　　(8) 吲哚 + 吡啶-N^+—SO_3^-

解： (1) 2,5-二甲基-3-硝基呋喃（H_3C、CH_3、NO_2），当呋喃的两个 α 位都被取代时，第三个取代基只好进入 β 位。

(2) 2-吡咯基—N=N—C_6H_5，吡咯与芳胺相似，也可与重氮盐反应生成偶氮化合物，反应部位仍在 α 位。

(3) [二氢噻吩结构] + [二氢噻吩结构]，噻吩在弱还原剂作用下可还原成二氢噻吩。

(4) [2-苯基吡啶结构]，吡啶环是缺电子体系，可与强的亲核试剂 C_6H_5Li 在 α 位或 γ 位发生亲核取代。

(5) [吡啶-2,3-二甲酸结构，COOH，COOH]，由于吡啶环比苯环更稳定，因此氧化发生在苯环上。

(6) [1,2,3,4-四氢喹啉结构]，吡啶比苯容易被还原。

(7) [5-氯喹啉结构] + [8-氯喹啉结构]，喹啉的化学性质与吡啶相似，但喹啉中吡啶环上电子云密度低于苯环，因此亲电取代反应往往发生在苯环上。取代产物是5位与8位的两种产物。

(8) [吲哚-3-磺酸结构，SO_3H]，吲哚化学性质与吡咯相似，但亲电取代反应发生在β位。

6. 完成下列反应式。

(1) [糠醛结构] $\xrightarrow{\text{浓 NaOH}}$?

(2) [2-甲基呋喃结构] + [马来酸酐结构] $\longrightarrow$?

(3) [吡咯结构] $\xrightarrow[C_2H_5OH]{Br_2}$? $\xrightarrow{KOH}$?

(4) [噻吩结构] $\xrightarrow[ZnCl_2]{C_6H_5COCl}$? $\xrightarrow{Cl_2}$?

(5) [吡咯结构] $\xrightarrow[Pt]{H_2}$? $\xrightarrow{HNO_2}$?

(6) [吡啶结构] $\xrightarrow[\triangle]{Br_2}$? $\xrightarrow[H_2SO_4]{HNO_3}$?

(7) [吲哚结构] $\xrightarrow[ZnCl_2]{CH_3CH_2Cl}$? $\xrightarrow{Cl_2}$?

(8) 2-苯基噻吩 $\xrightarrow[\text{室温}]{H_2SO_4}$?

解：(1) 2-呋喃甲醇（呋喃-CH_2OH）+ 2-呋喃甲酸钠（呋喃-COONa）

(2) （2-甲基呋喃与顺丁烯二酸酐的 Diels-Alder 加成产物，桥头 CH_3）

(3) 2,3,4,5-四溴吡咯（N—H），2,3,4,5-四溴吡咯钾盐（N^-K^+）

(4) 2-噻吩基苯基甲酮（噻吩-CO-苯），5-氯-2-噻吩基苯基甲酮（Cl-噻吩-CO-苯）

(5) 四氢吡咯（N—H），N-亚硝基四氢吡咯（N—NO）

(6) 3-溴吡啶（吡啶-Br），3-溴-5-硝基吡啶（O_2N-吡啶-Br）

(7) 3-乙基吲哚（$-CH_2CH_3$，N—H），2-氯-3-乙基吲哚（$-CH_2CH_3$，$-Cl$，N—H）

(8) 5-苯基-2-噻吩磺酸（苯-噻吩-SO_3H）

7. 用指定原料合成下列化合物。

(1) 由呋喃合成己二酸和己二胺

(2) 由 γ-甲基吡啶合成 γ-苯甲酰基吡啶

解：(1) 呋喃 $\xrightarrow[Ni]{H_2}$ 四氢呋喃 $\xrightarrow[\text{过量}]{HCl}$ $CH_2Cl(CH_2)_2CH_2Cl$ $\xrightarrow[\text{乙醇},\triangle]{KCN}$

$(CH_2)_4(CN)_2$ $\xrightarrow{H_3^+O}$ $HOOC(CH_2)_4COOH$

$(CH_2)_4(CN)_2$ $\xrightarrow[Ni]{H_2}$ $H_2NCH_2(CH_2)_4CH_2NH_2$

(2) 4-甲基吡啶（CH_3） $\xrightarrow[H^+]{KMnO_4}$ 4-吡啶甲酸（COOH） $\xrightarrow{SOCl_2}$ 4-吡啶甲酰氯（COCl） $\xrightarrow[AlCl_3]{\text{苯}}$ 4-苯甲酰基吡啶（O=C-苯）

8. 某甲基喹啉经高锰酸钾氧化后得三元羧酸，这种羧酸在脱水剂作用下能生成两种酸酐。试推测此甲基喹啉的构造式。

解：根据题意甲基应在吡啶环上才可能得氧化产物三元羧酸，那么它有三种可能的构造式，分别反应如下。

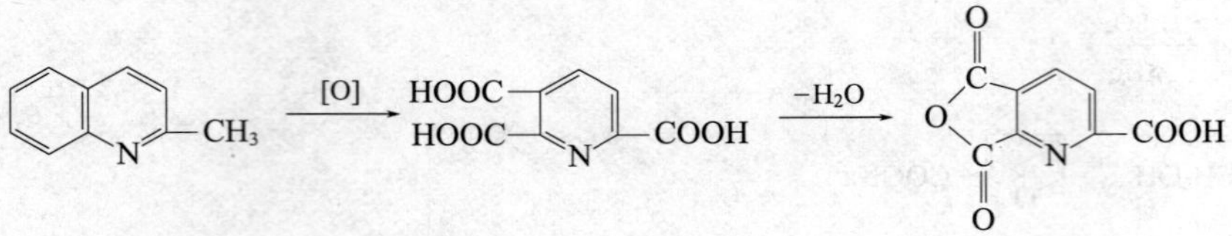

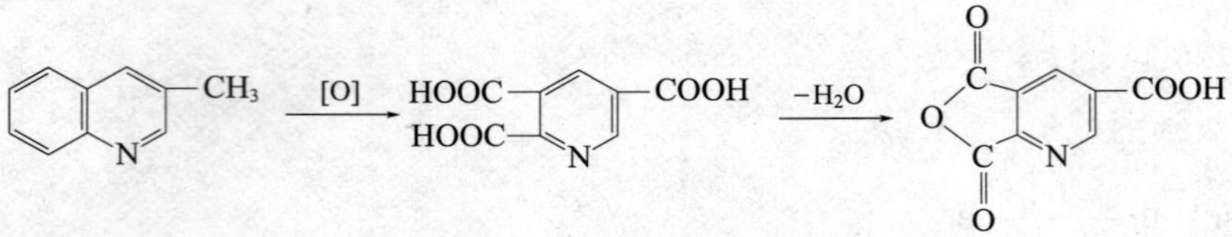

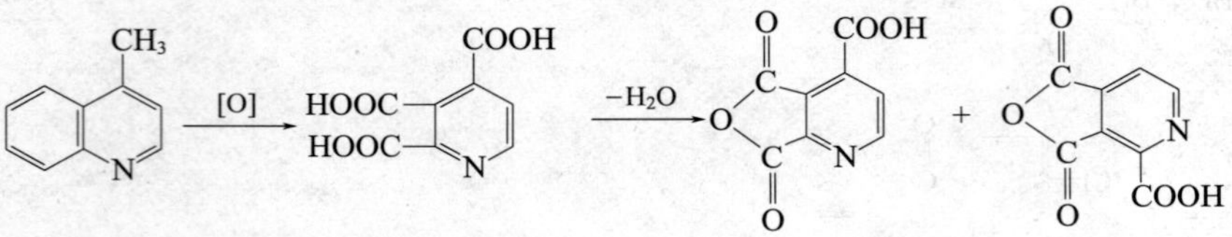

从最后的成酐反应看出只有4-甲基喹啉符合题意。

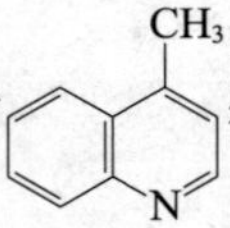

11.4 参考答案

11.4.1 思考题

1. 杂环化合物是一类环状化合物，由于组成环的原子除碳原子外，还有其他杂原子（常见 N，O，S），所以称为杂环化合物。

若根据杂环化合物所含环的数目多少可分为单杂环和稠杂环两大类。

2. 生物碱是一类从生物体内取得，对人和动物有强烈生理作用的碱性含氮有机化合物。从结构上看，绝大多数是含氮杂环，但也有少数的氮原子是以脂肪胺的形式存在的。

从植物中提取生物碱的一般方法是：将干燥植物捣碎，用稀盐酸（或稀硫酸）浸泡，使生物碱生成盐而溶于水中，然后在分离出的盐溶液中加入碱，使生物碱游离析出，再用适当的有机溶剂进行提取，并蒸出溶剂，可得浓缩的生物碱粗制品。粗制品再经分离、精制可得较纯的生物碱。

3. 因为这些杂环化合物中的杂原子的电负性的大小顺序是 O>N>S。但从共轭角度看，N 与芳环的共轭效果最好，S 与芳环的共轭效果最差，综合诱导效应与共轭效应，N 使芳环电子云密度增加得最多，S 使芳环电子云密度增加得最少。

4. 由于吡啶环上的杂原子 N 上未共用电子对未参与环上所形成的大 π 键，因此这对电子可以接受质子而呈碱性。但吡咯环上的杂原子 N 上未共用电子对参与环上所组成的大 π 键，故不能接受质子因而没有碱性。此外，由于 N 上未共用电子对参与环的共轭，使 N 上电子云密度降低，与 N 相连的 H 易以质子的形成解离，而呈现出弱酸性。

11.4.2 习题

1. （1）2-异丙基-4-溴呋喃　　（2）4-叔丁基-2-呋喃甲酸

（3）α-噻吩磺酰氯　　（4）α-苯甲酰基噻吩

（5）3-氯-2-吡咯甲醛　　（6）*N*-甲基-5-硝基-2-吡咯乙酸

（7）5-硝基咪唑（或 4-硝基咪唑）
（8）*N*-甲基氢化吡啶
（9）*β*-吡啶甲酰胺
（10）*γ*-羟基吡喃
（11）4-甲基-2-硝基嘧啶
（12）5-溴-3-吲哚甲酸
（13）7-羟基苯并呋喃
（14）6-亚硝基异喹啉
（15）2,7-二苯基喹啉
（16）6-氨基-8-甲氧基嘌呤
（17）4-甲基苯并吡喃
（18）苯并噻唑
（19）3-乙基吡咯
（20）2-呋喃甲醛
（21）2-噻吩磺酸
（22）*β*-吲哚乙酸
（23）*N*-甲基氯化吡啶
（24）2,6-二羟基嘌呤
（25）4-甲基嘧啶

2.（1）2-呋喃甲醛 $+ CH_3CHO \xrightarrow[\triangle]{稀 NaOH}$ 2-呋喃基-$CH{=}CHCHO$

（2）2-呋喃甲醛 $\xrightarrow[\triangle]{浓 NaOH}$ 2-呋喃基-CH_2OH + 2-呋喃基-$COONa$

（3）吡啶 $\xrightarrow[Pt]{H_2}$ 哌啶 $\xrightarrow{过量 CH_3I}$ *N*,*N*-二甲基哌啶鎓 I^-

（4）3-甲基噻吩 $\xrightarrow[H_2SO_4]{CH_3COONO_2}$ 3-甲基-2-硝基噻吩（CH_3，NO_2）

（5）呋喃 $\xrightarrow[Pt]{H_2}$ 四氢呋喃 $\xrightarrow{过量 HI} ICH_2(CH_2)_2CH_2I \xrightarrow{2NaCN} \xrightarrow[H^+]{H_2O} HOOC(CH_2)_4COOH$

（6）吡咯（N—H）$\xrightarrow{KOH}$ 吡咯钾（N—K）

（7）2-甲基吡啶 $\xrightarrow{KMnO_4}$ 2-吡啶-$COOH$ $\xrightarrow{PCl_5}$ 2-吡啶-$COCl$ $\xrightarrow{C_2H_5OH}$ 2-吡啶-$COOC_2H_5$

（8）喹啉 $\xrightarrow{KMnO_4}$ 2,3-吡啶二甲酸（$COOH$，$COOH$）

（9）吡啶 $+ HCl \longrightarrow$ 吡啶鎓（N⁺—H）Cl^-

（10）吡啶 $+ CH_3I \longrightarrow$ *N*-甲基吡啶鎓（N⁺—CH_3）I^-

（11）吡啶 $+$ (浓)$H_2SO_4(SO_3) \xrightarrow{\triangle}$ 3-吡啶-SO_3H

（12）四氢吡咯（N—H）$+ CH_3-\overset{O}{\overset{\|}{C}}-Cl \longrightarrow$ 四氢吡咯-$N-\overset{O}{\overset{\|}{C}}-CH_2$

（13）2-吡啶-$CH(CH_3)_2 \xrightarrow[\triangle]{KMnO_4}$ 2-吡啶-$COOH \xrightarrow{CH_3NH_2}$ 2-吡啶-$CONH-CH_3$

(14) 呋喃 + SO_2 $\xrightarrow[100℃]{吡啶}$ 2-呋喃磺酸（SO_3H）

(15) 4-甲基喹啉 $\xrightarrow[H^+ \triangle]{KMnO_4}$ 4-喹啉甲酸（COOH），2,3,4-吡啶三甲酸（COOH, COOH, COOH）

3. (1) 2-甲基四氢呋喃（CH_3）　(2) 4-氯-2-呋喃甲醛（Cl, CHO）　(3) CH_3CH_2O-噻唑（N, S）

(4) 2,4-二溴吡咯（Br, Br, NH）　(5) 4,5-二甲基-2-噻吩甲酸（CH_3, CH_3, COOH, S）　(6) 3-吡啶甲酸（COOH, N）

(7) 异烟肼（$CONHNH_2$, N）　(8) 烟碱（N, N, CH_3）　(9) 8-羟基喹啉（OH, N）

(10) 2-苯基-2H-色烯（C_6H_5, O）　(11) 咖啡因（CH_3—N, N—CH_3, O, O, N, N, CH_3）

(12) H_2N-苯-SO_2—NH—嘧啶（N, N）　(13) 四氢吡咯（NH）

(14) 胞嘧啶（NH_2, N, O, NH）　(15) 腺嘌呤（NH_2, N, N, N, NH）　(16) N-甲基哌啶（N, CH_3）

4. (1) 环己胺＞氨＞苯胺＞吲哚

(2) 苄胺＞吡啶＞苯胺＞α-甲基吡咯

(3) 吡咯烷＞喹啉＞邻甲基苯胺＞嘌呤

5. 化合物 (1)，(2)，(4)，(11)，(12) 有芳香性，其他化合物没有芳香性。

6. (1) 甲苯、噻吩、苯酚、β-萘酚 $\xrightarrow{FeCl_3}$ 甲苯 ×、噻吩 ×、苯酚 呈紫色、β-萘酚 呈绿色；甲苯、噻吩 $\xrightarrow[浓 H_2SO_4]{靛红}$ 甲苯 ×、噻吩 呈蓝色

(2) 苯乙醛、苯甲醛、糠酸、糠醛 $\xrightarrow[醋酸]{苯胺}$ ×、×、×、红色；苯乙醛、苯甲醛、糠酸 $\xrightarrow{斐林试剂}$ $Cu_2O\downarrow$、×、×；苯甲醛、糠酸 $\xrightarrow{托伦试剂}$ $Ag\downarrow$、×

(3) 吡咯、呋喃、吡啶、β-甲基吡啶 $\xrightarrow[松木片]{HCl}$ 红色、绿色、×、×；吡啶、β-甲基吡啶 $\xrightarrow[H^+,\triangle]{KMnO_4}$ ×、紫色褪色

11.4.3 教材习题

1. (1) 3-乙基吡咯　　(2) 2-呋喃甲醛

（3）α-噻吩磺酸　（4）4-甲基-2-呋喃甲酸

（5）β-吲哚乙酸　（6）氯化-N-甲基吡啶（N-甲基氯化吡啶）

（7）2,6-二羟基嘌呤　（8）4-甲基嘧啶

2.（1）COOH N　（2）O C_6H_5

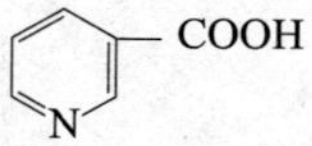

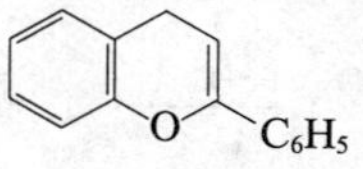

（3）N H　（4）NH_2 N O N H

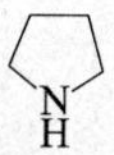

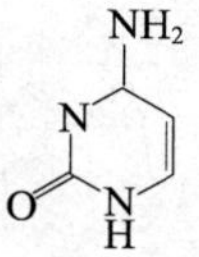

（5）NH_2 N N N N H　（6）N CH_3

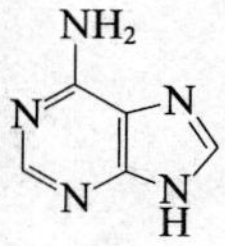

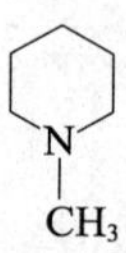

3.（1）O CH_2OH + O COONa　（2）O CH=CHCHO

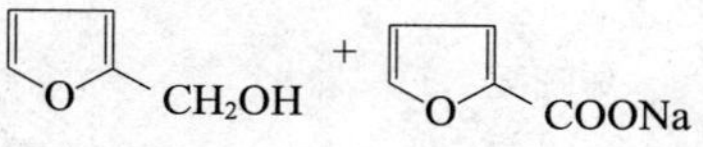

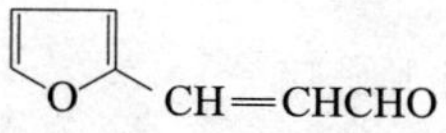

（3）N—C(=O)—CH_3　（4）N COOH　N CONH—CH_3

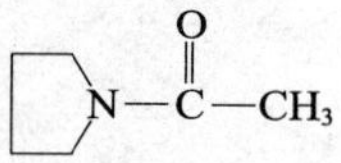

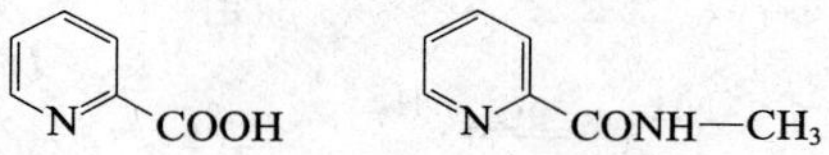

（5）O　$ICH_2(CH_2)_2CH_2OH$　（6）O SO_3H

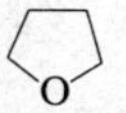

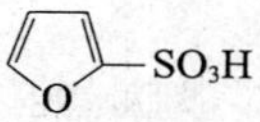

（7）COOH COOH COOH N

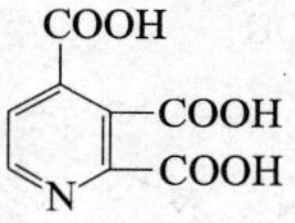

4.（1）苯、噻吩、苯酚 $\xrightarrow{FeCl_3}$ ×、×、呈紫色；×、× $\xrightarrow[浓 H_2SO_4]{靛红}$ ×、呈蓝色

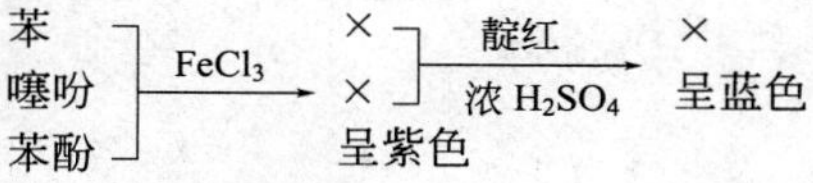

（2）糠醛、呋喃 $\xrightarrow{苯肼}$ 黄色结晶、×

（3）吡咯、吡啶、苯 $\xrightarrow{盐酸松木片}$ 红色、×、×；×、× $\xrightarrow{浓HCl}$ 溶、×

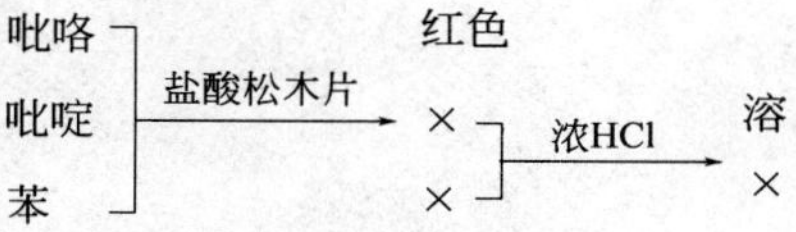

5. 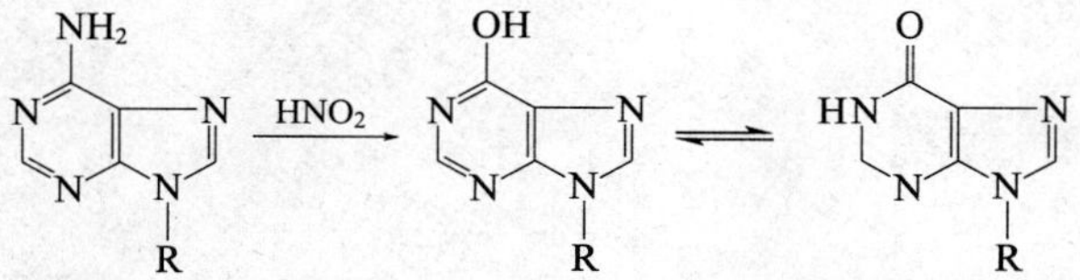 NH_2 N N N N R $\xrightarrow{HNO_2}$ OH N N N N R ⇌ O HN N N N R

6. 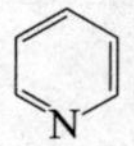 N 更难发生硝化。

7. 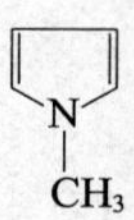 N CH_3 更容易发生卤代反应。

8. 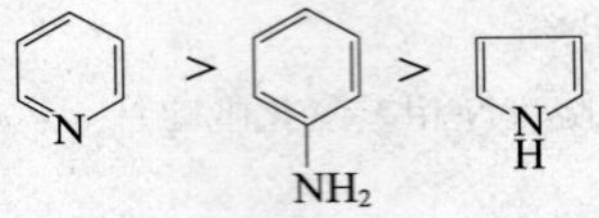 N > NH_2 > $\underset{H}{N}$

9. 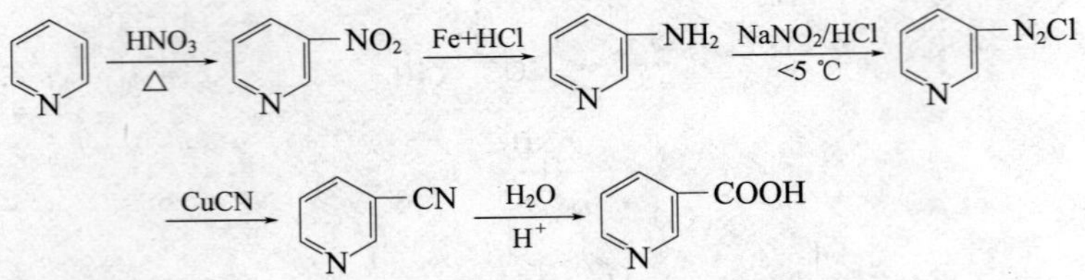 N $\xrightarrow[\triangle]{HNO_3}$ NO_2 $\xrightarrow{Fe+HCl}$ NH_2 $\xrightarrow[<5\ ℃]{NaNO_2/HCl}$ N_2Cl

$\xrightarrow{CuCN}$ CN $\xrightarrow[H^+]{H_2O}$ COOH

10.

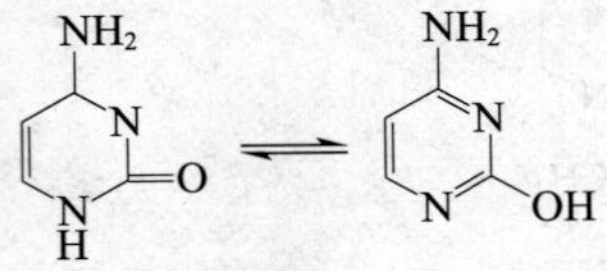

NH_2 ⇌ NH_2 OH

胞嘧啶

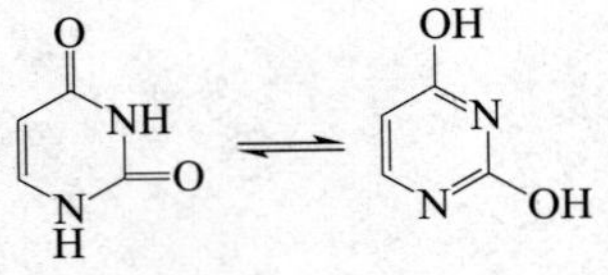

O NH O ⇌ OH OH

尿嘧啶

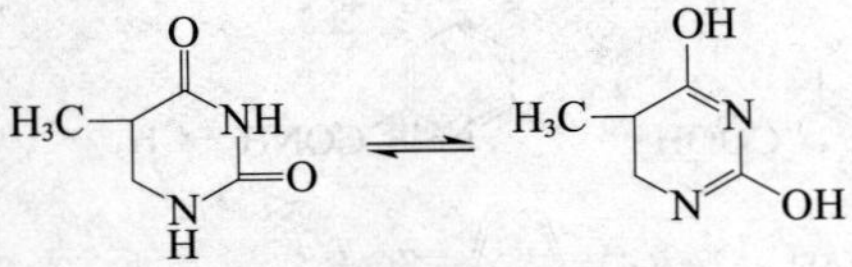

H_3C O NH O ⇌ H_3C OH OH

胸腺嘧啶

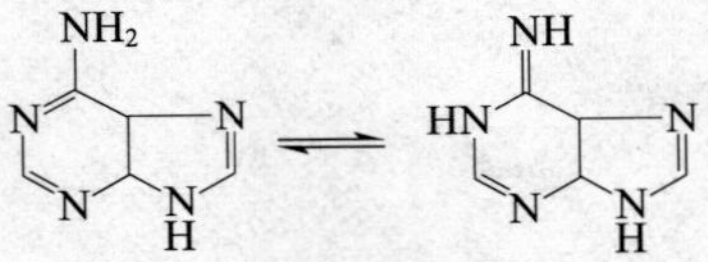

NH_2 ⇌ NH HN

腺嘌呤

O HN H_2N ⇌ OH H_2N

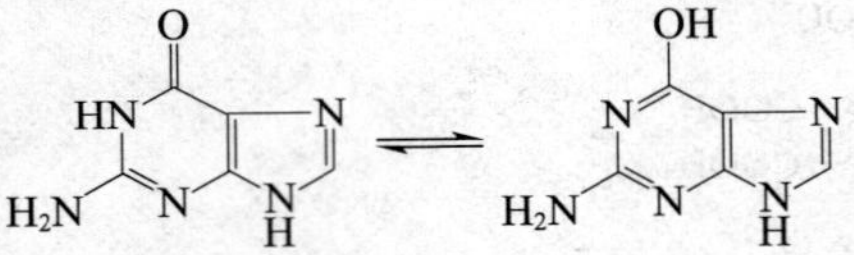

鸟嘌呤

第12章 油脂和类脂化合物

12.1 思考题

1. 油脂的主要成分是什么？哪些脂肪酸在油脂中存在较为普遍？
2. 油脂具有哪些化学性质？有哪几个重要化学常数？它们各有何用途？
3. 试述蜡、磷脂和甾体化合物的结构特点。
4. 卵磷脂和脑磷脂在结构上有何异同？
5. 何谓表面活性剂？试述表面活性剂的结构特点。
6. 写出甾体化合物的基本骨架，并标出碳原子的编号顺序。举出几种重要的甾体化合物。

12.2 习题

1. 命名下列化合物。

(1) $CH_3(CH_2)_{16}COOH$

(2) （键线式：含一个顺式双键的长链脂肪酸）—COOH

(3)
$$\begin{array}{l} CH_2-O-\overset{O}{\overset{\|}{C}}-(CH_2)_{14}CH_3 \\ | \\ CH-O-\overset{O}{\overset{\|}{C}}-(CH_2)_{14}CH_3 \\ | \\ CH_2-O-\overset{O}{\overset{\|}{C}}-(CH_2)_{14}CH_3 \end{array}$$

(4)
$$\begin{array}{l} CH_2-O-\overset{O}{\overset{\|}{C}}-(CH_2)_{16}CH_3 \\ | \\ CH-O-\overset{O}{\overset{\|}{C}}-(CH_2)_7CH=CH(CH_2)_7CH_3 \\ | \\ CH_2-O-\overset{O}{\overset{\|}{C}}-(CH_2)_7CH=CH(CH_2)_7CH_3 \end{array}$$

2. 写出下列化合物的构造式。

(1) 软脂酸　(2) 亚油酸

(3) α-硬脂酸-β-软脂酸-α'-油酸甘油酯　(4) 蓖麻油酸

3. 说明下列各组两个名词含义有何不同。

(1) 酯与油脂　(2) 蜡与石蜡　(3) 脂质与类脂

(4) 菜油和煤油　(5) 磷脂酸和磷酸酯

4. 写出卵磷脂的完全水解产物。

5. 解释下列名词。

(1) 皂化值　(2) 碘值　(3) 非干性油

(4) 酸值　(5) 乳化　(6) 非离子表面活性剂

6. 用化学方法鉴别三硬脂酸甘油酯和三油酸甘油酯。

7. 水解 10 kg 皂化值为 193 的油脂，需要多少的氢氧化钾？

8. 某一合成磷脂，水解产物为甘油、磷酸、胆碱及硬脂酸，且无旋光性，请写出它的构造式。

9. 蛋黄中含卵磷脂和脑磷脂，试设计一个将它们提取出来并予以分离的方案。

10. 判断题（正确的在括号中写上“√”，错误的在括号中写上“×”）。

(1) 油脂没有恒定的沸点和熔点，因为它们一般都是混合物。(　　)

(2) 一般碘值越小，表示油脂的不饱和程度就越高。(　　)

(3) 皂化值越大，油脂的平均相对分子质量越小。(　　)

(4) 桐油中的桐油酸和亚麻油中的亚麻酸都是十八碳三烯酸，所以这两种油的干性是相同的。(　　)

(5) 蜡和石蜡的化学组成完全相同。(　　)

(6) 表面活性剂具有去污作用的主要原因是由于其分子中同时具有亲水基团和疏水基团。(　　)

(7) 甾体化合物中，A，B 两环反式构型时为优势构象。(　　)

(8) 类脂化合物是物理性质和化学性质都与油脂相类似的化合物。(　　)

11. 油脂酸败的原因是什么？如何防止油脂的酸败？

12. 鲸蜡中的一种主要成分是十六酸十六醇酯，它可被用作肥皂及化妆品中的润滑剂。怎样以三软脂酸甘油酯为唯一的有机原料合成它。

13. 利用石油工业的副产物十二烷及苯合成阴离子表面活性剂十二烷基苯磺酸钠。

14. 溴与胆固醇进行反式加成生成的两种非对映异构体是什么？用构象式表示出来。

15. 甾体化合物的 5α，5β 系有何意义？它们是怎样确定的？

12.3 参考答案

12.3.1 思考题

1. 油脂的主要成分是高级脂肪酸甘油酯。软脂酸、硬脂酸、油酸、亚油酸等高级脂肪酸在油脂中存在较为普遍。

2. 油脂可以发生水解、加成等反应，也可以发生酸败。重要的化学常数有皂化值、碘值、酸值。皂化值主要用于推算油脂的平均相对分子质量，也可以用于检验油脂的皂化程度和纯度。碘值主要用于判断油脂中不饱和脂肪酸的含量高低或不饱和程度高低。酸值主要用于判断油脂中游离脂肪酸的含量，它是油脂品质好坏的参数之一。

3. 蜡是由高级脂肪酸和高级饱和一元醇形成的酯。磷脂是一类含磷的类脂化合物。甾体化合物结构中都含有一个环戊烷多氢菲的基本骨架，并且一般带有三个侧链。

4. 结构区别在于跟磷酸结合的含氮化合物不同。

5. 表面活性剂是指能降低液体表面张力的物质。表面活性剂的结构特点是分子中有较长的亲脂基和较强的亲水基。

6. 甾体化合物的基本骨架为

R
12 17
11 13 16
C D
1 14 15
2 9 8
A 10 B
3 5 7
4 6

重要的甾体化合物有胆固醇、麦角固醇、维生素 D、甾体激素（睾丸酮、黄体酮）、昆虫蜕皮激素等。

12.3.2　习题

1. (1) 硬脂酸　　(2) 顺-△^{9}-十八碳烯酸（油酸）

　(3) 三软脂酸甘油酯　　(4) α-硬脂酸-β,α'-二油酸甘油酯

2. (1) $CH_3(CH_2)_{14}COOOH$　　(2)  COOH

(3)

$CH_2-O-C(=O)-(CH_2)_{16}CH_3$

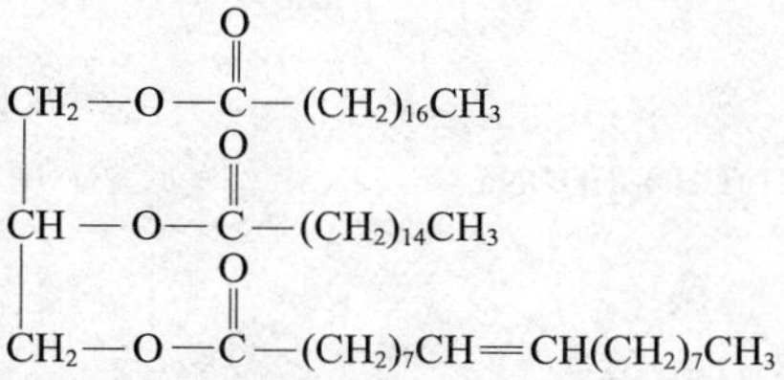

$CH-O-C(=O)-(CH_2)_{14}CH_3$

$CH_2-O-C(=O)-(CH_2)_7CH=CH(CH_2)_7CH_3$

(4) $CH_3(CH_2)_5CH(OH)CH_2CH=CH(CH_2)_7COOH$

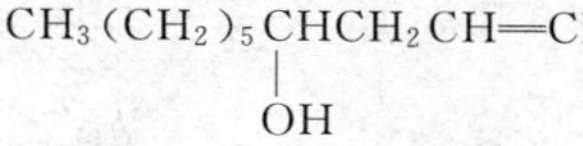

3. (1) 酯是一类由醇和酸相互作用失水后生成的有机化合物。油脂是指由生物体内取得的脂肪，主要是多种脂肪酸的甘油酯。

(2) 蜡是由高级脂肪酸和高级一元醇所组成的酯类，在常温下多为固体。石蜡是固体烷烃的混合物，是石油加工产品的一种。

(3) 油脂和类脂总称为脂质。油脂是高级脂肪酸甘油酯的通称。类脂化合物则常常包括一些从化学结构上看来毫不相干的物质，如磷脂、蜡、甾体化合物等，由于它们在物态及物理性质方面与油脂相似，故叫作类脂化合物。

(4) 菜油是从菜籽中提取得到的油脂。而煤油则是 $C_9\sim C_{17}$ 的烷烃。

(5) 磷脂酸是由甘油、磷酸和高级脂肪酸组成的化合物。而磷酸酯是由磷酸和醇反应形成的酯类物质。

4. 卵磷脂的完全水解产物有甘油、磷酸、高级脂肪酸和胆碱。

5. (1) 皂化值——使 1 g 油脂完全皂化所需要的氢氧化钾的质量（单位：mg），叫作皂化值。

(2) 碘值——一般将 100 g 油脂所能吸收碘的质量（单位：g），叫作碘值。

(3) 干性油，非干性油——某些油在空气中放置，能形成一层干燥而有韧性的薄膜，这种现象叫作干化，具有这种性质的油叫干性油，如桐油。不具有这种性质的油，叫作非干性油。

(4) 酸值——中和 1 g 油脂中游离脂肪酸所需的氢氧化钾的质量（单位：mg）。

(5) 乳化——如果在肥皂水溶液中加入一些油，搅动后油被分散成细小的颗粒，肥皂分子中的烃基就溶入油中，而羧基部分就留在油珠外面，像这样每一个细小的油珠外面都被许多肥皂的亲水基包围着而悬浮于水中，这种现象叫作乳化。

(6) 非离子表面活性剂——这一类表面活性剂在水中不形成离子，其亲水部分都含有羟基及多个醚键。

6. 三硬脂酸甘油酯、三油酸甘油酯 $\xrightarrow{Br_2/CCl_4}$ 三硬脂酸甘油酯：×；三油酸甘油酯：溴的红棕色褪去

7. 1.93 kg 的 KOH。

8.

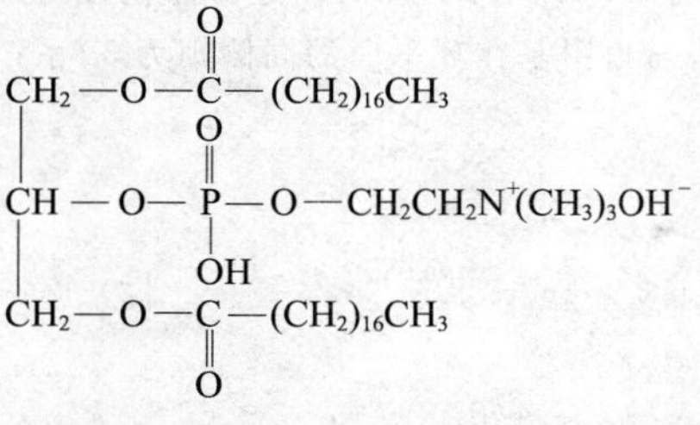

$CH_2-O-C(=O)-(CH_2)_{16}CH_3$

$CH-O-P(=O)(OH)-O-CH_2CH_2\overset{+}{N}(CH_3)_3OH^-$

$CH_2-O-C(=O)-(CH_2)_{16}CH_3$

9. 因为这两种磷脂都溶于乙醚，可将它们从蛋黄中提取出来，然后再用乙醇处理，脑磷脂在乙醇中不

溶，而卵磷脂则溶于乙醇，利用两种磷脂在乙醇中溶解性质的差异可将它们分离开。

10. (1) √ (2) × (3) √ (4) × (5) × (6) √ (7) √ (8) ×

11. 引起油脂酸败的主要原因是空气中的氧以及细菌的作用，使油脂氧化分解产生低级醛、酮、羧酸等，分解出的产物具有特殊的气味。因此，在有水、光、热及微生物的条件下，油脂容易酸败，所以，贮存油脂时应保存在干燥、避光的密封容器中。为了防止酸败，可在油脂中加入少量抗氧化剂，如维生素 E 等。

12.
$$\begin{array}{l} CH_2-O-\overset{O}{\overset{\|}{C}}-(CH_2)_{14}CH_3 \\ | \\ CH-O-\overset{O}{\overset{\|}{C}}-(CH_2)_{14}CH_3 \\ | \\ CH_2-O-\overset{O}{\overset{\|}{C}}-(CH_2)_{14}CH_3 \end{array} \xrightarrow[\triangle]{NaOH} \begin{array}{l} CH_2-OH \\ | \\ CH-OH \\ | \\ CH_2-OH \end{array} + 3CH_3(CH_2)_{14}COONa$$

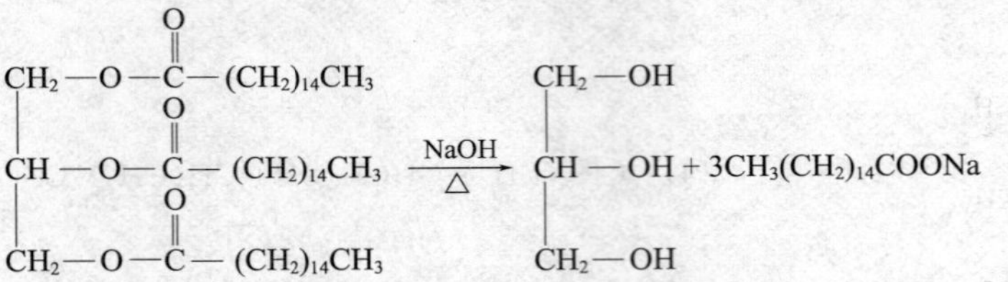

$$CH_3(CH_2)_{14}COONa \xrightarrow{H^+} CH_3(CH_2)_{14}COOH \xrightarrow{LiAlH_4} CH_3(CH_2)_{14}CH_2OH$$

$$CH_3(CH_2)_{14}CH_2OH + CH_3(CH_2)_{14}COOH \xrightarrow[\triangle]{H_2SO_4} \text{十六酸十六醇酯}$$

13. $C_{12}H_{26} + Cl_2 \xrightarrow{\text{紫外光}} C_{12}H_{25}Cl$

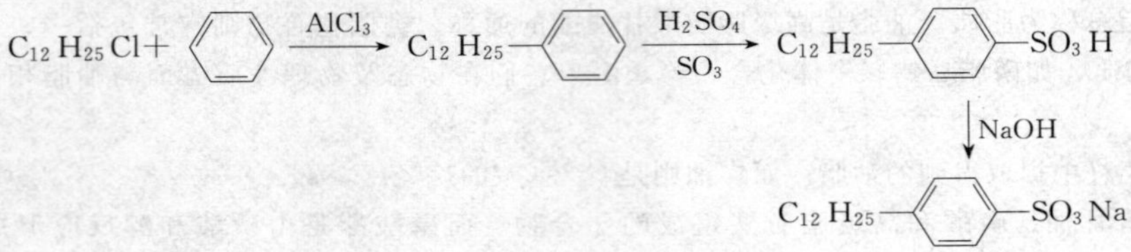

$$C_{12}H_{25}Cl + C_6H_6 \xrightarrow{AlCl_3} C_{12}H_{25}-C_6H_5 \xrightarrow[SO_3]{H_2SO_4} C_{12}H_{25}-C_6H_4-SO_3H \xrightarrow{NaOH} C_{12}H_{25}-C_6H_4-SO_3Na$$

14.

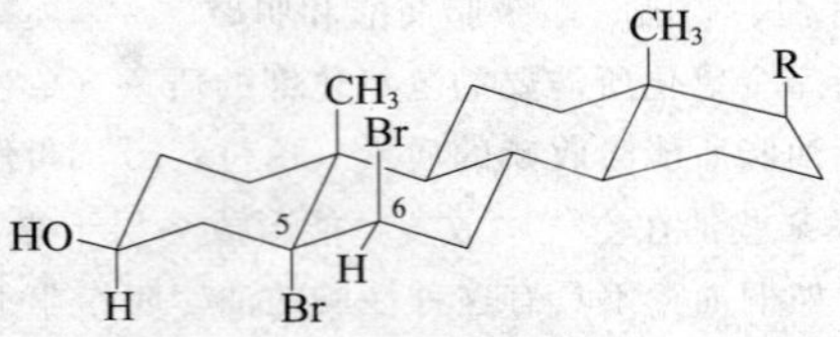

5α,6β-二溴-3β-羟基胆甾烷

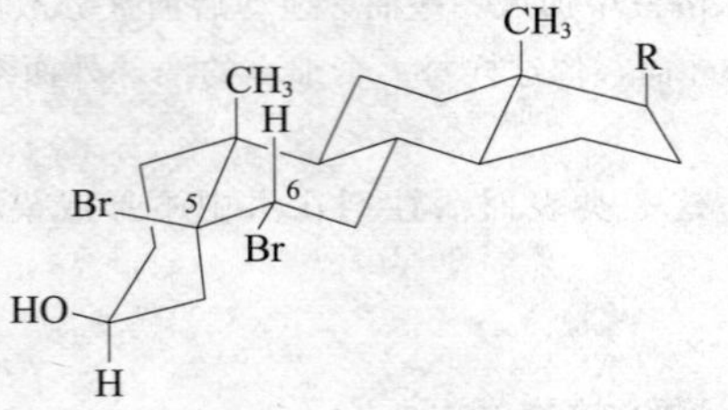

5β,6α-二溴-3β-羟基粪甾烷

15. 甾体化合物的 5α 系说明 A，B 两环为反式，5β 系则说明 A，B 两环为顺式，是甾体化合物的两种不同构型，确定方法是以角甲基为准，5 位上的取代基或氢原子若与角甲基在环平面的同侧则为 5β 系，反之为 5α 系。

12.3.3 教材习题

同 12.3.2 习题。

第13章 糖类

13.1 思考题

1. 解释下列名词。

(1) 还原性糖　　(2) 差向异构体

(3) 异头物　　(4) 呋喃糖和吡喃糖

2. 用费歇尔投影式的环氧式和哈沃斯式分别表示 α-D-葡萄糖和 β-D-葡萄糖的结构并思考其结构上的不同。

3. 为什么果糖可以被托伦试剂、斐林试剂和本尼地试剂氧化，却不能被溴水氧化?

4. 己醛糖有多少种旋光异构体? 它们能组成多少对外消旋体?

5. 醛糖和酮糖常用哪两种方法鉴别?

6. 还原性双糖结构上有什么特点?

7. 非还原性双糖为什么无变旋现象? 它们在稀酸溶液中为什么还能还原斐林试剂?

8. 多糖分子中有半缩醛羟基存在却无还原性，为什么?

9. 淀粉与纤维素中苷键类型有何不同?

10. 为什么不能用结构简式表示糖分子的结构? 糖分子结构常用哪些结构式表示? 哪种形式最接近分子真实结构?

11. α-D-(+)-吡喃葡萄糖和 β-D-(+)-吡喃葡萄糖互为何种异构体? 互为差向异构体吗?

12. 单糖的相对构型如何确定?

13.2 习题

1. 填空题。

(1) 经氧化能生成内消旋糖二酸的D-戊醛糖是__________，D-己醛糖是__________。

(2) 第二位手性碳原子构型不同的差向异构体叫__________。

(3) 单糖的相对构型在哈沃斯式中按顺时针方式排列，编号最大的手性碳原子的羟甲基在环平面上方为__________构型，下方为__________构型，逆时针则相反。

(4) D-葡萄糖在水溶液中以__________和__________两种构型共存，以__________构型为最稳定，因其中的羟基均处在椅型构象的__________键上。

（5）单糖的差向异构化是在__________作用下，通过__________中间体完成的。

（6）麦芽糖是还原性__________糖，它分子中含一个__________。

（7）蔗糖可水解为葡萄糖和果糖，它__________还原性双糖（填“是”或“不是”）。

（8）单糖能被 HIO_4 氧化是因为其分子中含有__________结构。

（9）D-甘露糖和 D-葡萄糖互为__________。

（10）葡萄糖和果糖与斐林试剂__________反应，与希夫试剂__________反应（填“可”或“不可”）。

2. 判断下列说法是否正确（正确的在括号中写上“√”，错误的在括号中写上“×”）。

（1）单糖是不能水解为更小分子的多羟基醛或酮。（　　）

（2）D-甘露糖和 D-果糖互为差向异构体。（　　）

（3）D-甘露糖和 D-葡萄糖互为对映异构体。（　　）

（4）因单糖分子中距羰基最远的手性碳原子是 D 构型的，同时也是 R 构型的，故 D 与 *R* 构型是等同的。（　　）

（5）D 构型的糖必为右旋体（+），L 构型的糖必为左旋体（−）。（　　）

（6）等碳原子数的醛糖和酮糖具有相同数目的旋光异构体。（　　）

（7）在任何单糖的哈沃斯式中，其半缩醛羟基必处于直接与氧桥相连的碳原子上。（　　）

（8）单糖中有内消旋化合物。（　　）

3.（1）写出下列各六碳糖吡喃环式及链状 Fischer 投影式的互变平衡体系。

① D-果糖　　② D-甘露糖　　③ D-葡萄糖　　④ D-半乳糖

（2）写出 α-D-核糖和 β-D-脱氧核糖呋喃环式结构式。

（3）① 写出麦芽糖和蔗糖的哈沃斯式。

② 写出 α-D-吡喃葡萄糖和 β-D-吡喃葡萄糖的稳定构象式（椅型）。

4. 指出下列各糖中哪种是 α 型，哪种是 β 型？哪种是 D 构型？哪种是 L 构型。

（1）

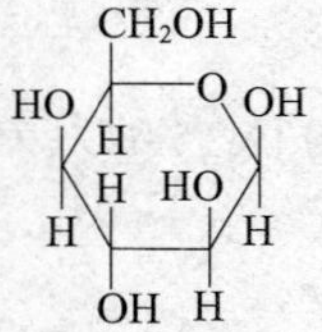

（2）

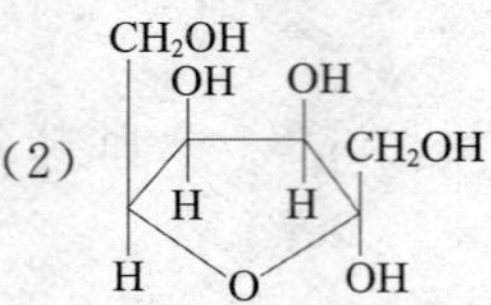

（3）

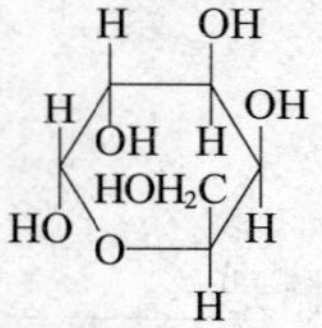

（4）

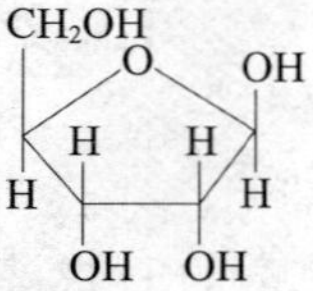

5. 画出下列化合物的哈沃斯式。

（1）α-D-呋喃果糖　　（2）α-L-吡喃葡萄糖

（3）β-D-吡喃甘露糖　　（4）β-L-呋喃果糖

6. 如何区分 D-半乳糖和 D-葡萄糖（设计一个简单实验）？

7. 下列单糖哪些互为差向异构体？

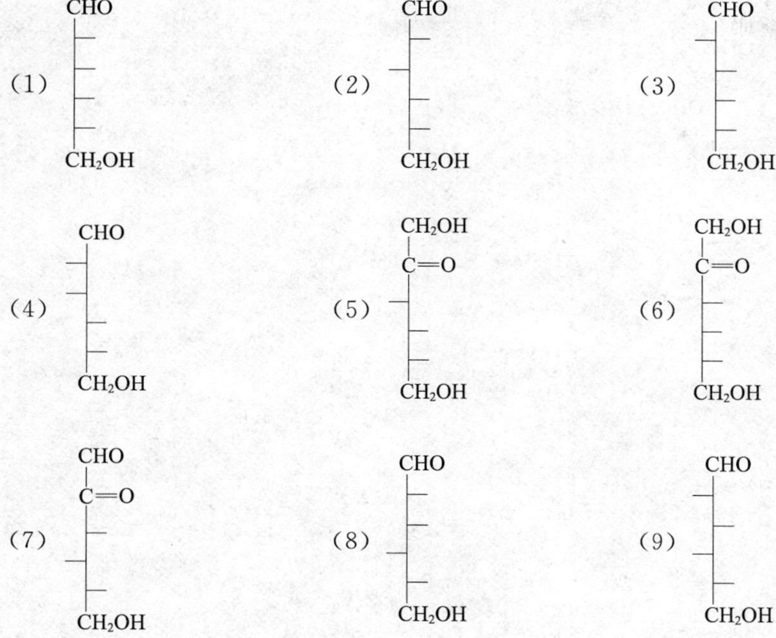

8. 写出 D-甘露糖与下列试剂反应的主要产物。

(1) 羟胺　(2) 苯肼（过量）　(3) 溴水　(4) HNO_3

(5) CH_3OH/无水 HCl　(6) $NaBH_4$　(7) CN^-，H^+/H_2O　(8) $NaOH/H_2O$

9. 用简单化学方法鉴别下列各组化合物。

(1) D-葡萄糖和 D-果糖　(2) 葡萄糖和蔗糖

(3) 麦芽糖和蔗糖　(4) 果糖和淀粉

(5) 纤维素和淀粉　(6) 淀粉液和蛋白质液

(7) D-果糖与甲基-β-D-葡萄糖苷

(8) CHO, CH_2, CH_2OH (Ⅰ)　CHO, CH_2, CH_2OH (Ⅱ)

(9) CH_2OH, O, OCH_3, H_3CO, H_3CO, OCH_3 (Ⅰ) 和 CH_2OH, O, OH, H_3CO, H_3CO, OCH_3 (Ⅱ)

(10) CH_2OH, O, HO, OH, OH, O, HOH_2C, OH, OH, OH (Ⅰ) 和 CH_2OH, O, HO, OH, OH, O, CH_2OH, O, OH, OH, OH (Ⅱ)

(11) 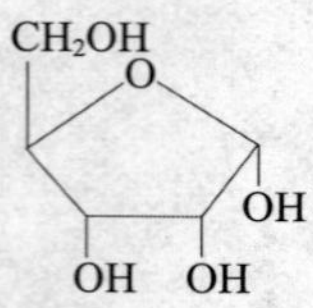 (Ⅰ) 和 (Ⅱ)

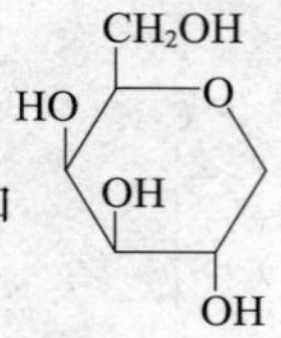

10. 完成下列反应。

(1) 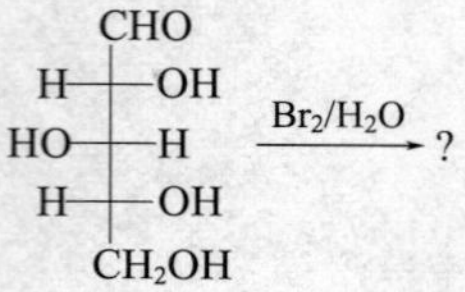 D-葡萄糖 $\xrightarrow{Br_2/H_2O}$?

(2) $\xrightarrow[过量]{苯肼}$?

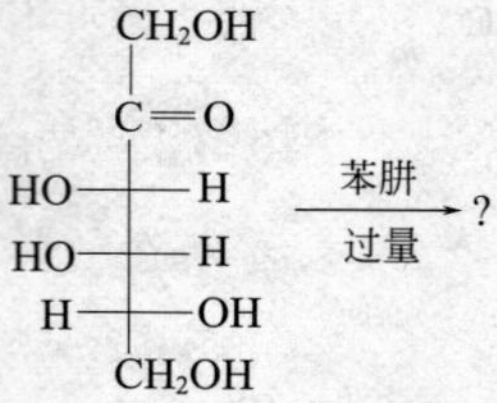

(3) 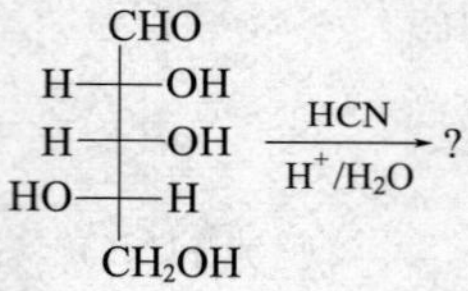 $\xrightarrow[H^+/H_2O]{HCN}$?

(4) $\xrightarrow{?}$ $\xrightarrow[NaOH]{(CH_3)_2SO_4}$ 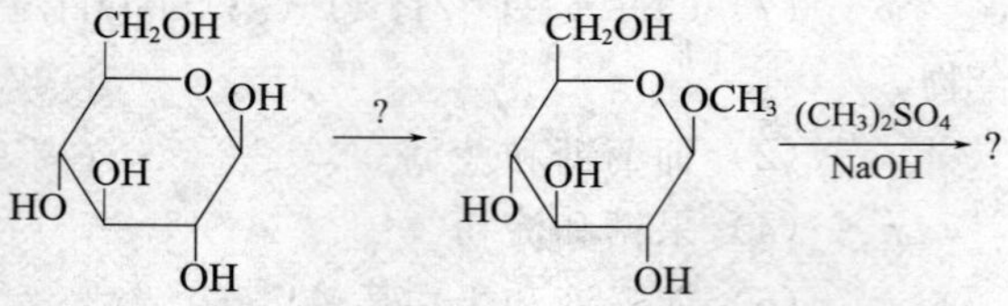 ?

(5) 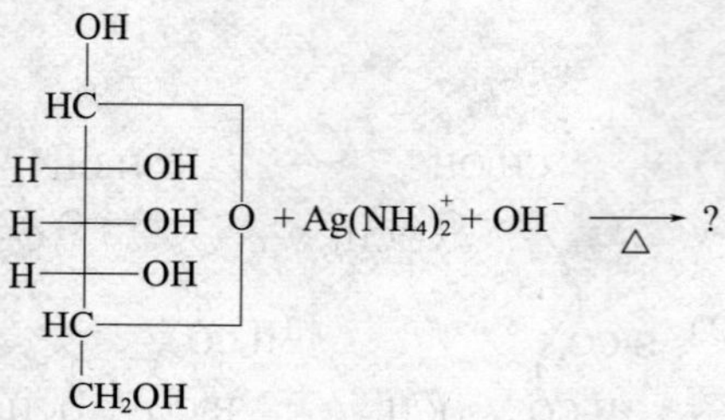 $+ Ag(NH_4)_2^+ + OH^- \xrightarrow{\triangle}$?

(6) 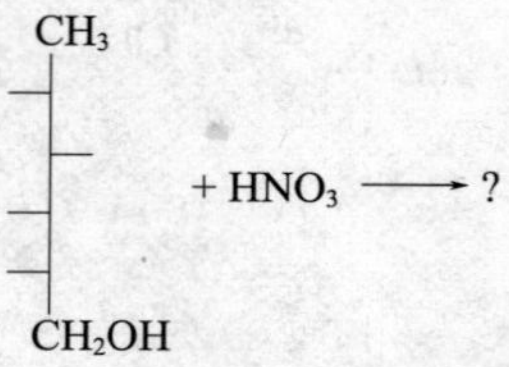 $+ HNO_3 \longrightarrow$?

11. 某丁醛糖经稀 HNO_3 氧化后可得内消旋体，且第三个碳原子为 R 构型，试写出该丁醛糖的费歇尔投影式。

12. 某己醛糖 A 氧化得旋光的糖二酸 B，将 A 降解为戊醛糖后再氧化后得无旋光性的糖二酸 C。与 A 有相同糖脎的另一己醛糖 D 氧化后得无旋光性的糖二酸 E。试推测 A，B，C，D，E 的结构。

13. 指出下列双糖中苷键的类型。

(1) 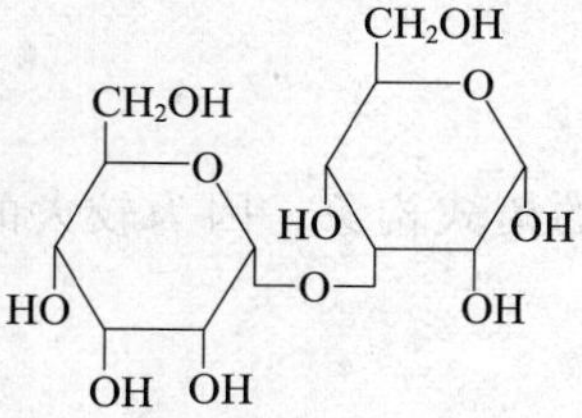　(2)

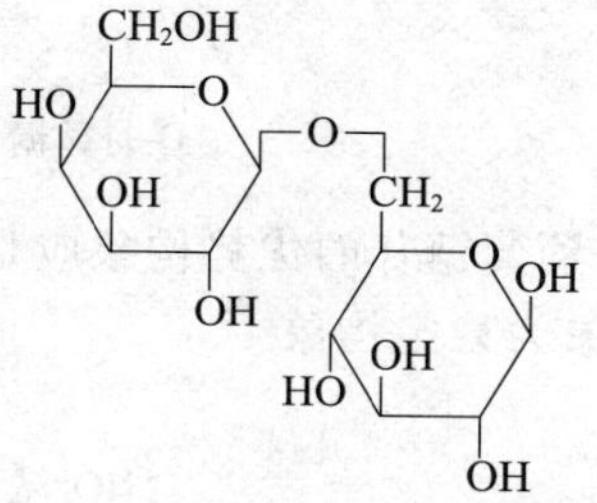

(3) 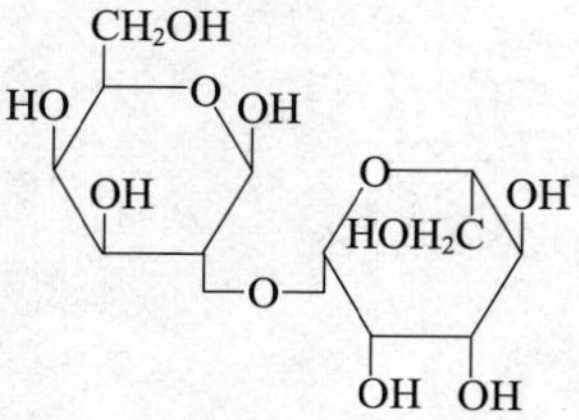　(4)

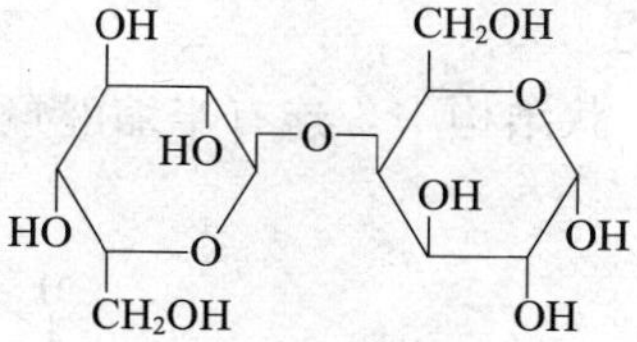

14. 两种有旋光性的化合物 A 和 B，与苯肼作用得相同的糖脎。用 HNO_3 氧化后，A 和 B 都生成含有四个碳原子的二元酸，但 A 氧化后得到的二元酸有旋光性，B 氧化后得到的二元酸没有旋光性，写出 A 与 B 的结构式。

15. 已知 A，B，C 三种 D-戊醛糖，当它们分别用硝酸氧化时，A 和 B 生成无旋光性的戊糖二酸。当它们与过量的苯肼作用时，B 和 C 生成相同的糖脎，写出 A，B，C 的费歇尔投影式。

16. 下列化合物中，哪些可还原托伦试剂和斐林试剂？

(1) 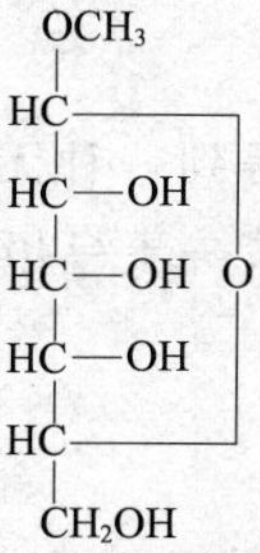　(2) 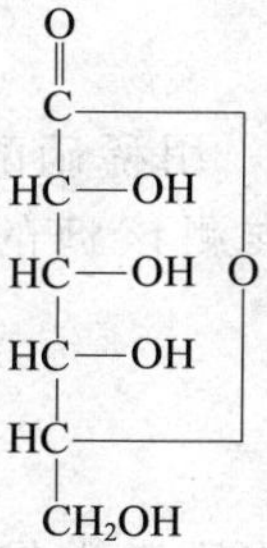　(3) 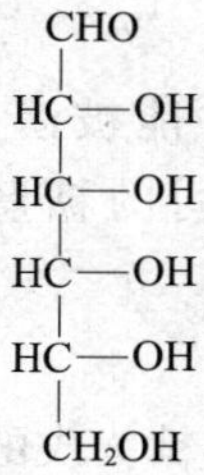　(4)

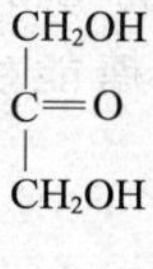

13.3　解题示例

1. 写出下列化合物的结构式。

(1) L-甘露糖的简化 Fischer 投影式

(2) 甲基-D-葡萄糖苷的优势构象式

(3) 2-乙酰氨基-β-D-葡萄糖的哈沃斯透视式

(4) 2,3,4,6-四-O-甲基-β-D-葡萄糖的哈沃斯透视式

解：

(1) L-甘露糖是 D-甘露糖的对映体

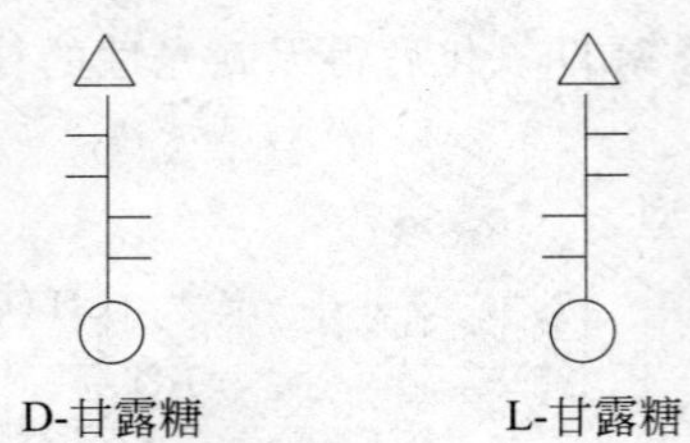

D-甘露糖　　L-甘露糖

（2）甲基-D-葡萄糖苷的优势构象应是β-D-吡喃葡萄糖苷的椅式构象，因为较大的基团均位于 e 键上的构象为稳定构象

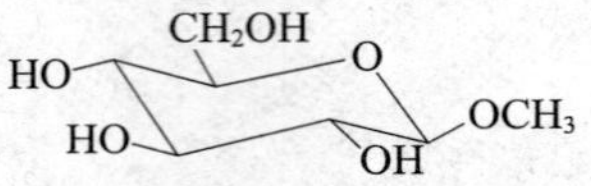

（3）单糖环状结构中，连有半缩醛羟基的碳原子编号为 1

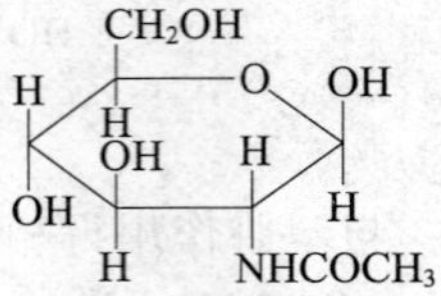

（4）烃基名称前注明的“-O-”表示烃基连在氧原子上；汉字数字表示相同烃基的数目；阿拉伯数字表示氧原子所处位置，即醚键的位置

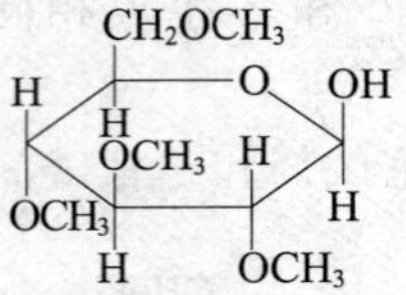

2. 有一单糖的分子式为 $C_5H_{10}O_5$，能被溴水氧化，用稀硝酸氧化得到一种无旋光性的二元酸，该糖与 D-来苏糖能生成相同的糖脎。试推测该糖的结构式，并写出相关反应式。

解：分析如下：

（1）由分子式和能被溴水氧化推测该糖为戊醛糖

（2）由该糖与 D-来苏糖形成相同的糖脎，可知它可能是 D-来苏糖或 D-来苏糖的 2-差向异构体。

（3）由该糖被稀硝酸氧化生成的糖二酸无旋光性，说明该糖不是 D-来苏糖，而是 D-来苏糖的 2-差向异构体。

D-来苏糖　　D-来苏糖的2-差向异构体即D-木糖

相关反应式如下：

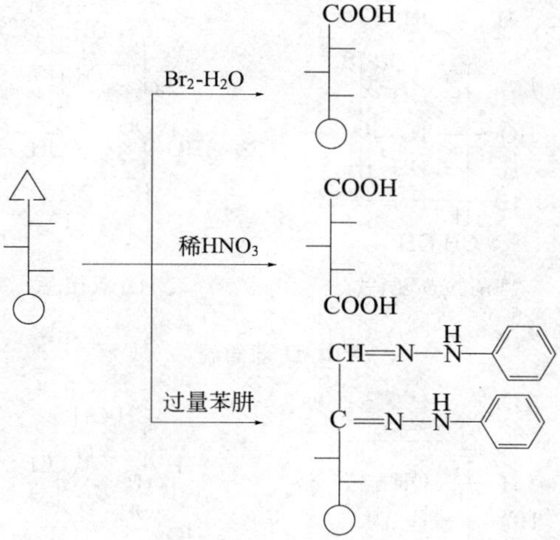

3. 下列有关糖苷性质的叙述是否正确？为什么？

（1）在稀盐酸溶液中稳定；　　　　（2）在稀氢氧化钠溶液中稳定；

（3）能还原斐林试剂，是还原性糖；　（4）不能与苯肼作用生成糖脎；

（5）有旋光性，但无变旋现象。

解：糖苷在稀碱溶液中稳定，稀酸或酶的作用下会发生水解，故（1）不正确，（2）正确；因糖苷无活泼的半缩醛羟基或半缩酮羟基，不能开环形成具有醛基或酮基的链状结构。因此无还原性，不能成脎，也无变旋现象。但糖苷仍和糖一样为手性分子具有旋光性，故（3）不正确，（4）、（5）正确。

13.4　参考答案

13.4.1　思考题

1.（1）还原性糖包括还原性单糖和还原性双糖，多糖一般无明显的还原性。还原性单糖包括醛糖和能通过差向异构化转变为醛糖的酮糖，还原性双糖是含半缩醛羟基的双糖。总之还原性糖性质上是能被弱氧化的糖。

（2）差向异构体：含有多个手性碳原子的旋光异构体中，只有一个手性碳原子的构型相反，而其他手性碳原子的构型则完全相同的异构体叫差向异构体。

（3）异头物：仅存在第一个手性碳原子的构型不同而其他手性碳原子的构型完全相同的差向异构体互为异头物，又叫端基异构体。

（4）在糖的 Harworth 式中六元环的形式称为吡喃糖，五元环的形式称为呋喃糖。例如：

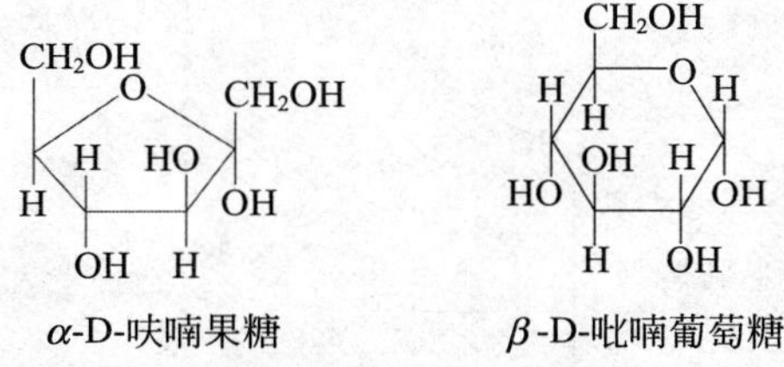

α-D-呋喃果糖　　　　β-D-吡喃葡萄糖

2. 用 Fischer 投影式的环氧式和哈沃斯分别表示如下：

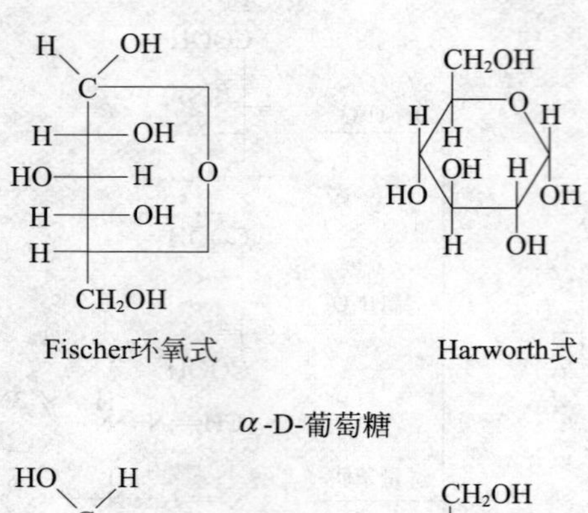

Fischer环氧式　　　　Harworth式

α-D-葡萄糖

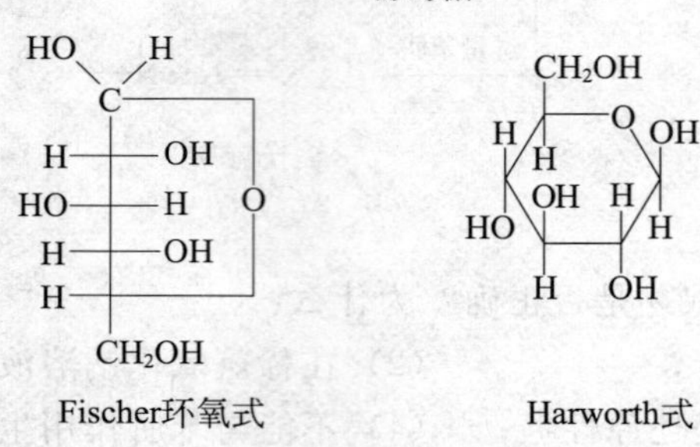

Fischer环氧式　　　　Harworth式

β-D-葡萄糖

3. 因为 $-\overset{\overset{\displaystyle O}{\|}}{C}-$ 和—OH 形成半缩醛结构而使得原 $-\overset{\overset{\displaystyle O}{\|}}{C}-$ 上可能发生的羟醛缩合、与希夫试剂反应、与 $NaHSO_3$ 反应等可逆反应均变得很困难（氧化反应和糖脎反应除外）。

溴水试剂是酸性的，其他试剂是碱性的，碱性条件下 D-果糖才发生差向异构化变为含醛基的 D-葡萄糖和 D-甘露糖。

4. 己醛糖有四种手性碳原子，有 $2^4=16$ 种旋光异构体，可组成 8 对外消旋体。

5. 可使用溴水和间苯二酚盐酸溶液两种方法鉴别醛糖和酮糖，溴水只能氧化醛糖而自身褪色，间苯二酚盐酸溶液滴入酮糖溶液中 2 min 内显红色，醛糖则无此现象。

6. 有半缩醛羟基。

7. 分子中不存在半缩醛羟基，稀酸中因水解产生了还原性单糖。

8. 半缩醛羟基所占比例太小，还原性不明显。

9. 淀粉是 α-1,4-苷键，纤维素是 β-1,4-苷键，其水解产物都是 D-葡萄糖。

10. 因为糖同一结构简式存在多种旋光异构体，它们构型不同，无法区分其结构。所以常用 Fischer 投影式、哈沃斯式、开链环氧式和构象式（透视式）来表示糖分子结构。其中构象式（透视式）最接近糖分子真实结构。

11. 它们是非对映异构体；也是 C_1 差向异构体。

12. 由 Fischer 投影式中离羰基最远的手性碳原子上—OH 位置确定：—OH 在右为 D 构型，—OH 在左为 L 构型。

13.4.2 习题

1. (1) D-核糖（CHO ┤ ┤ ┤ CH_2OH）；D-半乳糖（CHO ├ ┤ ├ ┤ CH_2OH）

(2) 2-差向异构体。

(3) D；L。

(4) α-D-吡喃葡萄糖；β-D-吡喃葡萄糖；β；e（或平伏）。

(5) 稀碱；烯醇式。

(6) 二（或双）；半缩醛羟基。

(7) 不是。

(8) 邻二醇或 α-羟基醛或酮。

(9) 差向异构体（或端基异构体）。

(10) 可；不可。

2. (1) √　(2) ×　(3) ×　(4) ×　(5) ×　(6) ×　(7) √　(8) ×

3. (1)

①

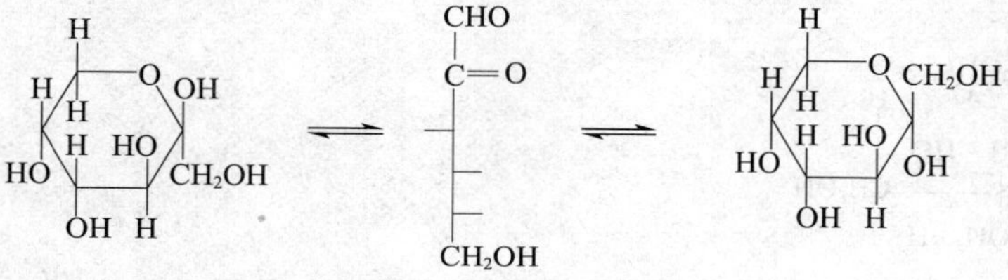

β-D-吡喃果糖　(开链式)　α-D-吡喃果糖

②

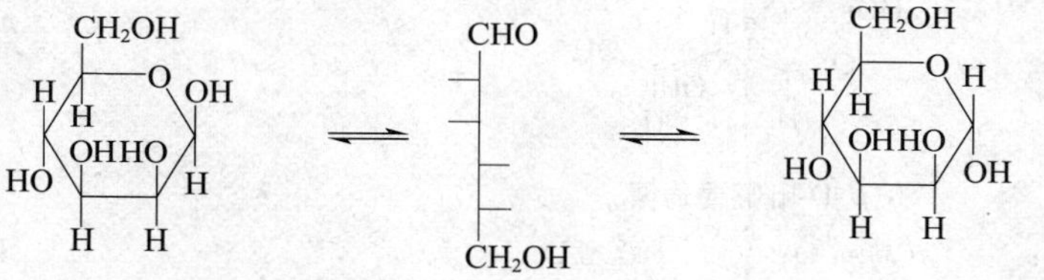

β-D-吡喃甘露糖　(开链式)　α-D-吡喃甘露糖

③

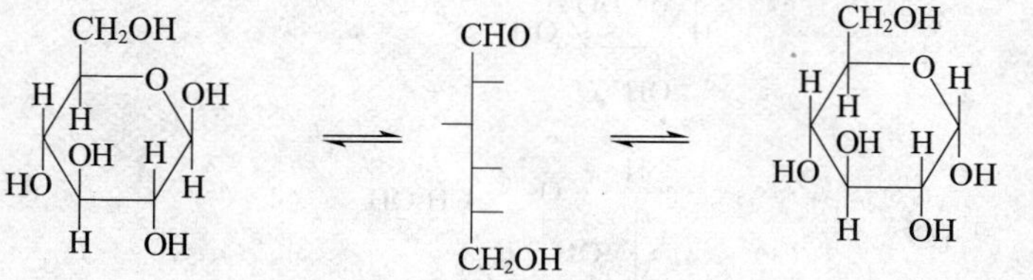

β-D-吡喃葡萄糖　(开链式)　α-D-吡喃葡萄糖

④

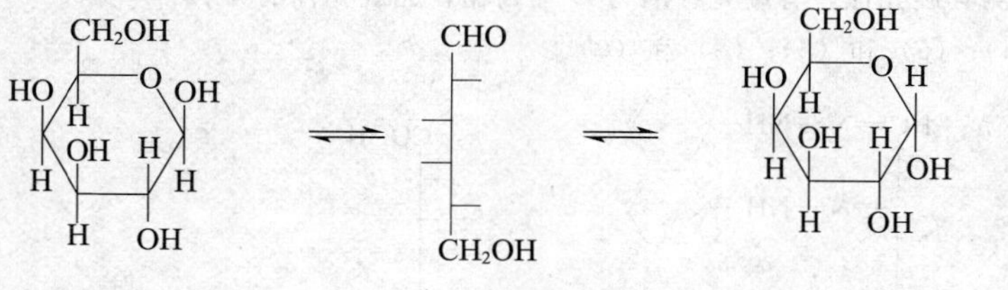

β-D-吡喃半乳糖　(开链式)　α-D-吡喃半乳糖

(2)

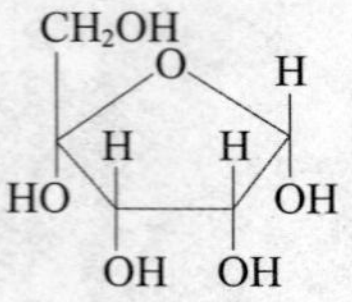

α-D-核糖 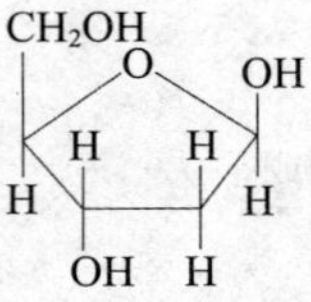　　β-D-脱氧核糖

(3)

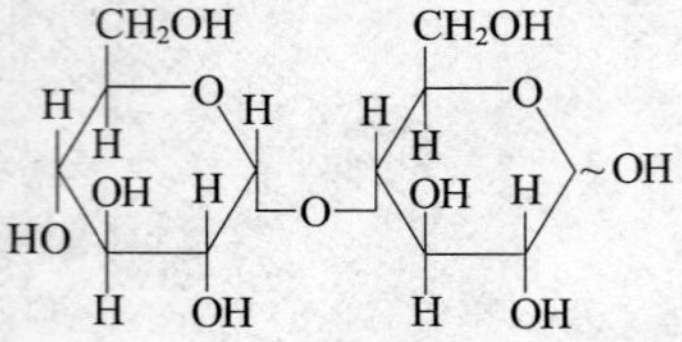

麦芽糖

①

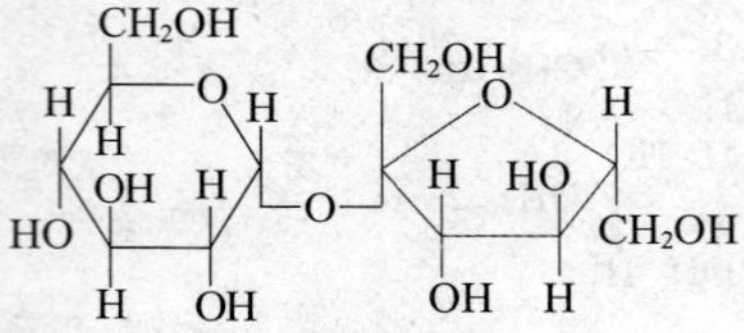

蔗糖

②

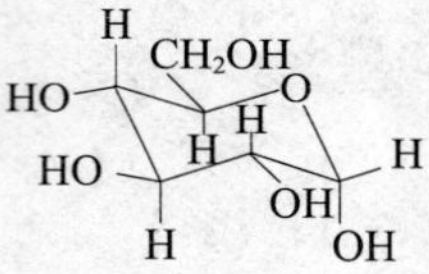

α-D-吡喃葡萄糖 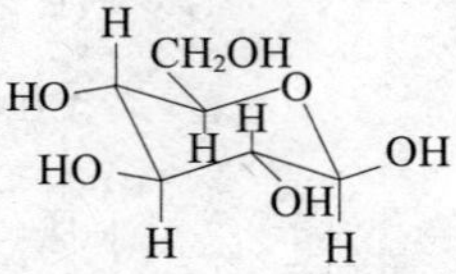　　β-D-吡喃葡萄糖

4. (1) β-D;　(2) α-L;　(3) α-D;　(4) β-D

5. (1) 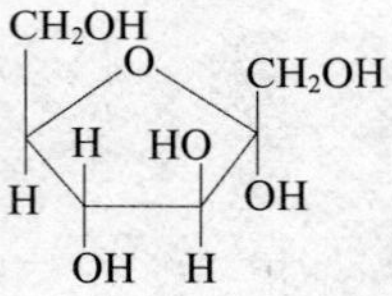　(2)

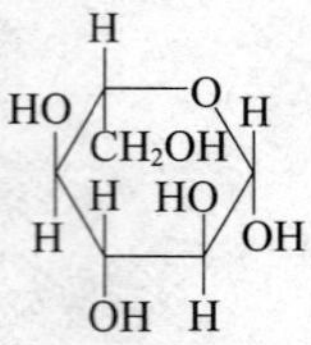

(3) 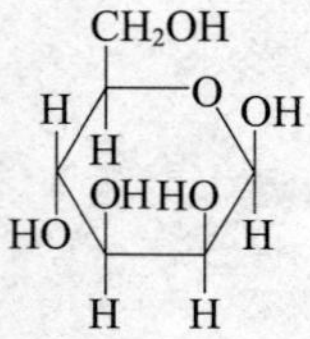　(4)

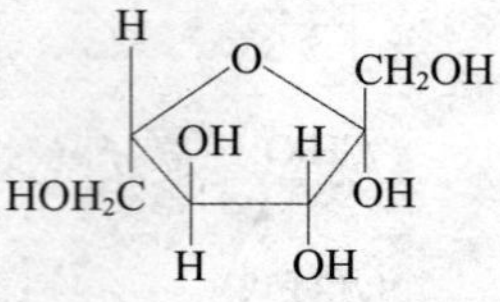

6. 用 HNO_3 将它们氧化后测其旋光性，有旋光性的为D-葡萄糖，无旋光性的为D-半乳糖。

7. (1) 和 (3); (2) 和 (4); (5) 和 (6); (8) 和 (9)

8. (1) 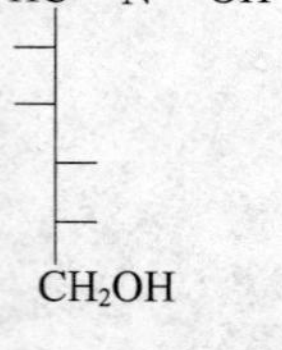　(2) 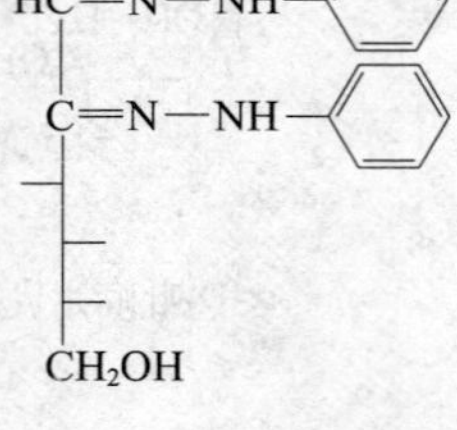　(3)

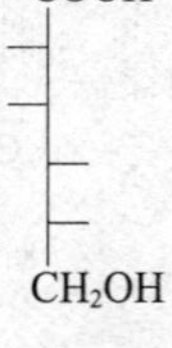

(4) 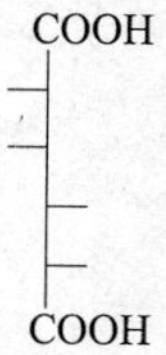 COOH … COOH (Fischer projection)

(5) 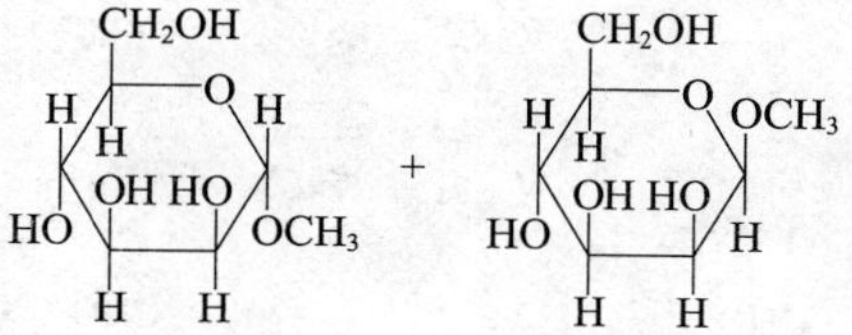 [methyl glycoside, pyranose ring: CH_2OH, O, H, OCH_3, OH, HO, H] + [methyl glycoside anomer: CH_2OH, O, OCH_3, OH, HO, H]

(6) 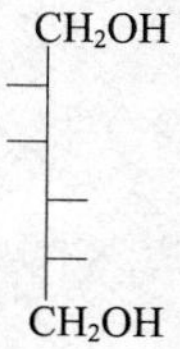 CH_2OH … CH_2OH (Fischer projection)

(7) 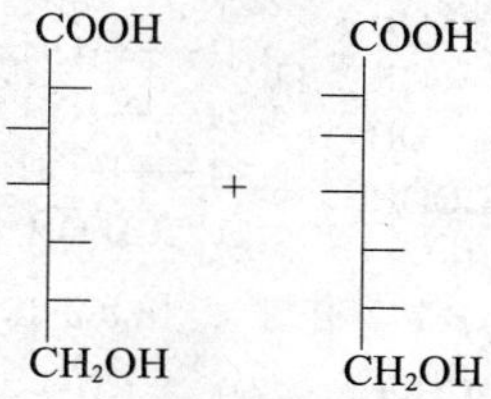 COOH … CH_2OH + COOH … CH_2OH

(8) 差向异构：CH_2OH, C=O, …, CH_2OH + CHO … CH_2OH

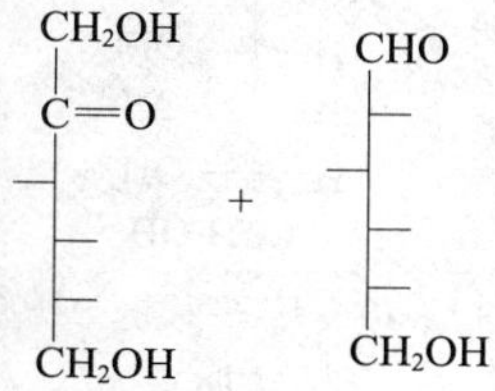

9. (1) D-葡萄糖、D-果糖 —Br_2/H_2O→ 褪色；×

(2) 葡萄糖、蔗糖 —斐林试剂，△→ 砖红色沉淀；×

(3) 麦芽糖、蔗糖 —斐林试剂，△→ 砖红色沉淀；×

(4) 果糖、淀粉 —I_2→ ×；蓝色

(5) 纤维素、淀粉 —I_2→ ×；蓝色

(6) 淀粉、蛋白质 —I_2→ 蓝色；×

(7) D-果糖、甲基-β-D-葡萄糖苷 —斐林试剂，△→ 砖红色沉淀；×

(8) (Ⅰ)、(Ⅱ) —过量苯肼→ ×；黄色结晶

(9) (Ⅰ)、(Ⅱ) —斐林试剂，△→ ×；砖红色沉淀

(10) (Ⅰ)、(Ⅱ) —斐林试剂，△→ ×；砖红色沉淀

(11) (Ⅰ)、(Ⅱ) —斐林试剂，△→ 砖红色沉淀；×

10. (1)

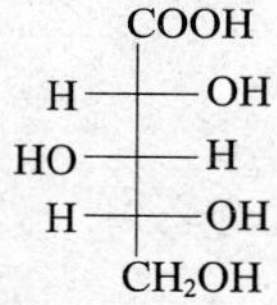

COOH	
H	OH
HO	H
H	OH
CH_2OH	

(2) 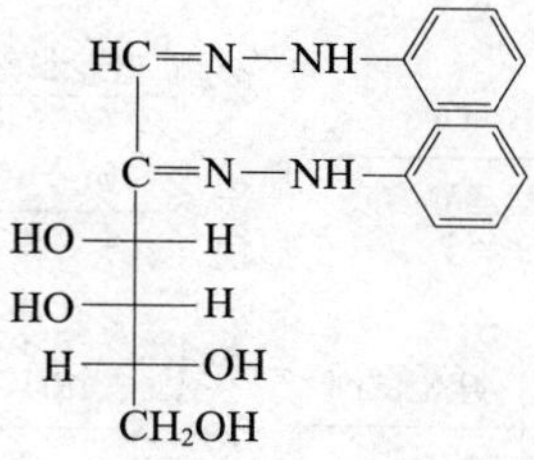 HC=N—NH—C_6H_5；C=N—NH—C_6H_5；HO—H；HO—H；H—OH；CH_2OH

(3)

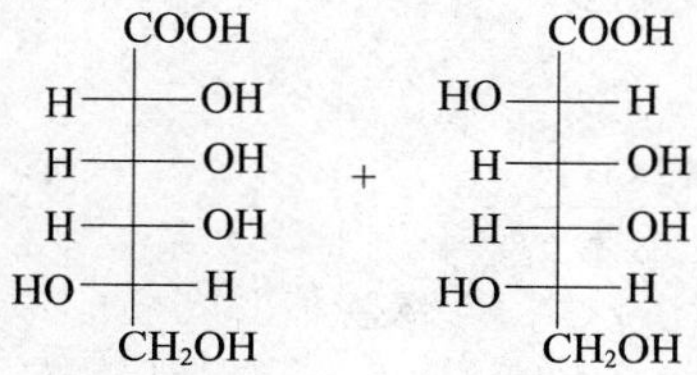

COOH	
H	OH
H	OH
H	OH
HO	H
CH_2OH	

+

COOH	
HO	H
H	OH
H	OH
HO	H
CH_2OH	

(4) CH_3OH/干燥 HCl，[pyranose: CH_2OCH_3, O, OCH_3, OCH_3, H_3CO, OCH_3]

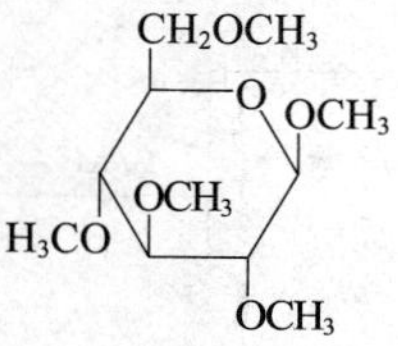

(5) 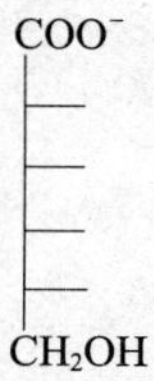 COO^- … CH_2OH + Ag↓

(6) 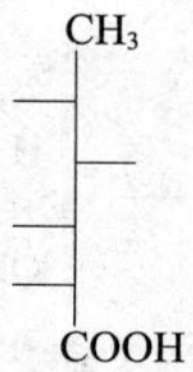 CH_3 … COOH

11.
CHO
H—OH
H—OH
CH_2OH

12.
A. CHO; HO—H; H—OH; H—OH; H—OH; CH_2OH
B. CHO; HO—H; H—OH; H—OH; H—OH; COOH
C. COOH; H—OH; H—OH; H—OH; COOH
D. CHO; H—OH; H—OH; H—OH; H—OH; CH_2OH
E. COOH; H—OH; H—OH; H—OH; H—OH; COOH

13. (1) α-1,3-苷键 (2) β-1,6-苷键 (3) β-1,2-苷键 (4) α-1,4-苷键

14. 1. CHO; HO—H; H—OH; CH_2OH (或 CHO; H—OH; HO—H; CH_2OH) B. CHO; H—OH; H—OH; CH_2OH (或 CHO; HO—H; HO—H; CH_2OH)

15. A. CHO; ⊢; ⊢; ⊢; CH_2OH B. CHO; ⊢; ⊣; ⊢; CH_2OH C. CHO; ⊢; ⊣; ⊢; CH_2OH

(或 A. CHO; ⊢; ⊣; ⊢; CH_2OH B. CHO; ⊢; ⊢; ⊢; CH_2OH C. CHO; ⊢; ⊢; ⊢; CH_2OH (以及对映体))

16. (3),(4) 可以,说明:(4) 差向异构化可改变为醛。(1),(2) 无半缩醛羟基,(2) 为内酯。

13.4.3 教材习题

1.

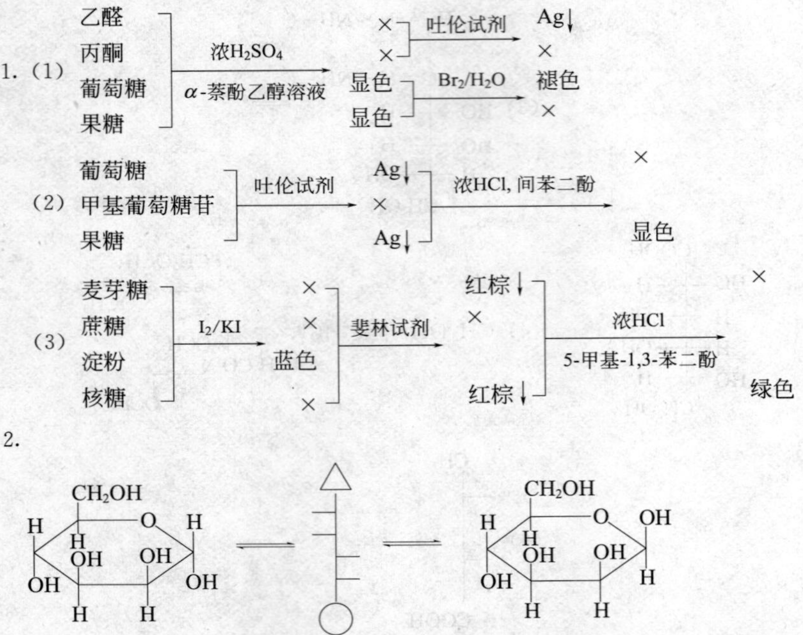

3. 题中 b，c，e 有变旋现象，因为它们具有半缩醛或半缩酮结构，α 构型和 β 构型的异构体之间可相互变化。d 和 f 虽有半缩醛结构，但所占比例极小，由其引起的变旋现象呈现不出来，而 a 不能发生构型转化。

4.（1）

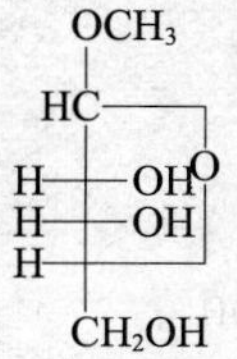

OCH_3
HC
H—OH O
H—OH
H
CH_2OH

（2）

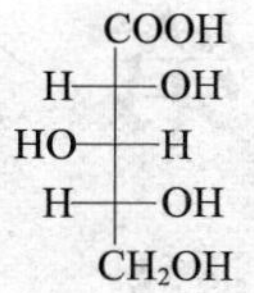

COOH
H—OH
HO—H
H—OH
CH_2OH

（3）

CH_2—O—C(=O)—CH_3
H　O　H
H　O—C(=O)—CH_3　H
CH_3—C(=O)—O　O—C(=O)—CH_3
H
O—C(=O)—CH_3

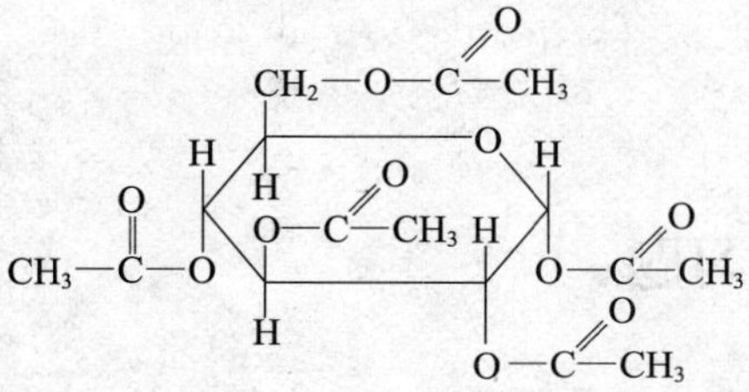

（4）

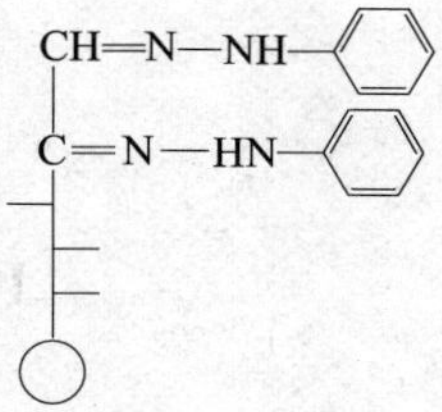

CH=N—NH—C_6H_5
C=N—HN—C_6H_5

5.

CH_2OH
OH　O　H
H
OH　H
H　O—CH_2
H　OH　H　O　H
H
OH　H
OH　OH
H　OH

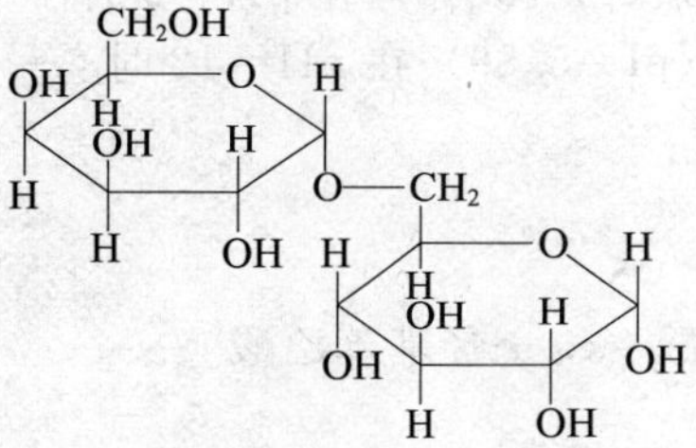

第 14 章

氨基酸、蛋白质与核酸

14.1 习题

1. 写出下列氨基酸在指定 pH 值溶液中的构造式，并判断它们在电场中的移动方向。

(1) 丙氨酸（pI=6.00）在 pH=12 时　(2) 苯丙氨酸（pI=5.48）在 pH=2 时

(3) 丝氨酸（pI=5.68）在 pH=1 时　(4) 色氨酸（pI=5.89）在 pH=12 时

2. 用简便化学方法鉴别下列各组化合物。

(1) 甘氨酸和 β-氨基丙酸

(2) β-羟基-α-氨基丙酸和 β-羟基-α-氨基丁酸

(3) a. α-氨基苯乙酸　b. α-氨基-α-（4-羟基苯基）乙酸　c. α-羟基苯乙酸

3. 如何用化学方法测定氨基和羧基的含量?

4. 甘氨酸和丙氨酸可组成几种二肽?

5. 一个五肽分子部分水解得三个三肽，即谷-精-甘，甘-谷-精，精-甘-苯丙，经 N 端分析发现 N 端为甘氨酸。请写出该五肽中氨基酸连接的顺序。

14.2 解题示例

1. 命名或写结构式。

(1) $H_3C—CH(CH_3)—CH(NH_2)—COOH$　(2) 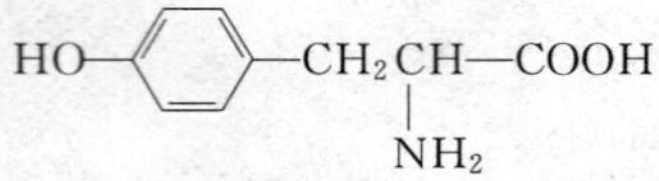 $HO—C_6H_4—CH_2CH(NH_2)—COOH$（对位）

(3) $HOOCCH_2CH_2CH(NH_2)—COOH$　(4) $H_2NCH_2CH_2CH_2CH_2CH(NH_2)—COOH$

(5) 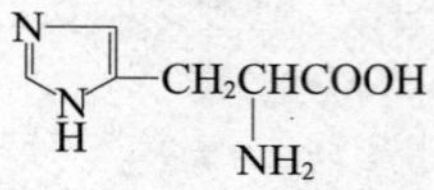 咪唑基—$CH_2CH(NH_2)COOH$　(6) 谷氨酰-甘氨酰-丙氨酸

解：

(1) 3-甲基-2-氨基丁酸　(2) 3-（对羟基苯基）-2-氨基丙酸

(3) 2-氨基戊二酸　(4) 2,6-二氨基己酸　(5) 2-氨基-3（5′-咪唑）丙酸

(6) $HOOC—CH(NH_2)—CH_2CH_2—C(=O)—NHCH_2—C(=O)—NH—CH(NH_2)—COOH$

2. 下列氨基酸在纯水中的 pH 值大于还是小于 7？在电场中怎样移动？如果将溶液 pH 值调到 pI，需加酸还是加碱？

（1）甘氨酸　（2）半胱氨酸　（3）天门冬氨酸　（4）精氨酸

解：

—COOH 的离解略强于—NH_2，故中性氨基酸的水溶液呈微弱的酸性（pH 值在 6.0 左右）。当 pH＝pI 时，氨基酸主要以偶极离子存在，pH＜pI 时主要以阳离子形式存在，pH＞pI 时主要以负离子形式存在。

序号	氨基酸	类型	水溶液 pH 值	电场中移动方向	调到 pI 需加试剂
1	甘氨酸	中性	＜7	正极	酸
2	半胱氨酸	中性	＜7	正极	酸
3	天门冬氨酸	酸性	＜7	正极	酸
4	精氨酸	碱性	＞7	负极	碱

14.3　参考答案

14.3.1　习题

1. （1）$H_2N—CH(CH_3)—COO^-$　向正极移动

（2）$H_3\overset{+}{N}—CH(CH_2C_6H_5)—COOH$　向负极移动

（3）$H_3\overset{+}{N}—CH(CH_2OH)—COOH$　向负极移动

（4）（3-吲哚基）$—CH_2—CH(NH_2)—COO^-$　向正极移动

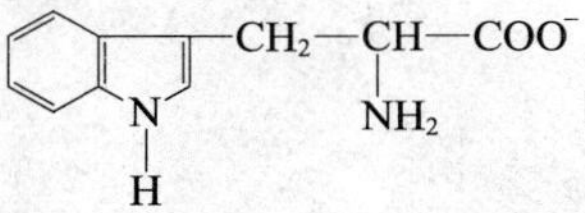

2. （1）与水合茚三酮共热生成蓝紫色物质的为甘氨酸。

（2）与 I_2-NaOH 溶液形成黄色沉淀（CHI_3）的为 β-羟基-α-氨基丁酸。

（3）不能与亚硝酸反应放出 N_2 的为 c，与 $FeCl_3$ 显色的为 b。

3. 可用范斯莱克氨基测定法测定氨基的含量；将氨基酸与甲醛作用后，再用标准碱滴定，可测定羰基的含量。

4. 能形成两种二肽。

5. N 端为甘氨酸，所以

甘—谷—精
　　谷—精—甘
　　　　精—甘—苯丙

因此，该五肽为：甘—谷—精—甘—苯丙

14.3.2　教材习题

同 14.3.1 习题。

第 15 章 有机化合物波谱知识简介

15.1 习题

1. 用红外光谱区别下列各组化合物。

（1） CH_3CHO 和 $CH_3CH(OCH_3)_2$

（2） $CH_3CH_2CH_2CH_3$ 和 $CH_3CH_2CH{=}CH_2$

（3） $C_6H_5-C{\equiv}CH$ 和 $C_6H_5-CH{=}CH_2$

（4） 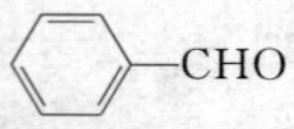 C_6H_5-CHO 和 $C_6H_5-CH{=}CH-CHO$

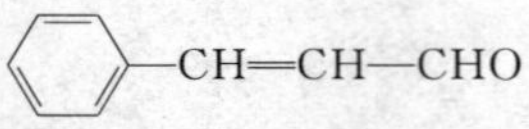

2. 下列化合物各有几组不同的质子。

（1） $CH_3CH_2CH_2Br$　　（2） $BrCH_2CH_2CCl$

（3） $C_6H_5-CH(CH_3)-CH_3$ 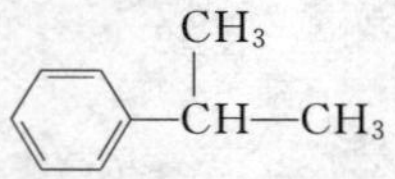　　（4） CH_3CH_2CHO

3. 指出下列化合物能量最低的跃迁是什么？

（1） $CH_3CH{=}CH_2$　　（2） 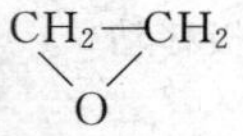 CH_2-CH_2（环氧乙烷，两个 CH_2 通过 O 相连）

（3） 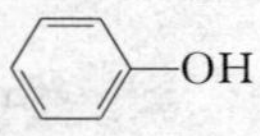 C_6H_5-OH　　（4） $CH_3CH{=}CHCHO$

4. 下列信息各由何种谱图提供？

（1） 官能团　（2） 质子的化学环境　（3） 相对分子质量　（4） 共轭体系

5. 下列化合物在核磁共振谱图中有几组峰？裂分情况如何？

（1） $(CH_3)_3C-C(=O)-CH_2CH_3$　　（2） $(CH_3CH_2CH_2)_2O$

6. 比较 2-丁酮和 3-丁烯-2-酮 λ_{max} 的大小并说明原因。

7. 某混合物分子式为 C_7H_8O，其红外光谱在 3 300 cm^{-1} 处有一强吸收峰，其核磁共振谱 δ=3.65，4.4 与 7.2 处有共振峰，其相对面积为 1∶2∶5。推测该化合物的可能结构。

8. 某混合物可能是 $CH_3CH_2CH_2Cl$ 或 $CH_3CH(Cl)CH_3$，其核磁共振谱在 δ=3.40（面积=1）处有七重峰，而在 δ=1.27（面积=6）处有一双重峰。试判断该化合物是上述化合物的哪一种。

15.2　解题示例

1. 从二苯乙烯异构体的最大吸收波长：294 nm 和 278 nm，确定异构体的立体结构。

解：顺式异构体中的空间位阻阻碍两个苯环处于同一平面，减弱了共轭效应。共轭效应越弱，$\pi \rightarrow \pi^*$ 跃迁所需能量越大，最大吸收波长越小。因此，顺-二苯乙烯的最大吸收波长为 278nm。

2. 指出苯、苯甲醛和 β-苯基丙烯醛的 λ_{max} 大小顺序。

解：已知共轭体系越大，λ_{max} 越大。所以题中所给三个化合物的 λ_{max} 从大到小的顺序为：β-苯基丙烯醛＞苯甲醛＞苯。

3. 从下列化合物的 λ_{max} 数据总结分子的结构与 λ_{max} 之间的关系。

	乙烯	1,3-丁二烯	2,3-二甲基-1,3-丁二烯
λ_{max}/nm	171	217	226

	1,3-环己二烯	1,3,5-己三烯
λ_{max}/nm	250	258

解：

（1）共轭 π 键的分子 λ_{max} 较大；

（2）共轭 π 键的数量增加，λ_{max} 大；

（3）环状多烯的 λ_{max} 比非环多烯的 λ_{max} 大；

（4）C═C 双键上有烷基相连时，将使 λ_{max} 向长波方向移动。

4. 环己烷和环己烯的红外谱图有何区别？

解：环己烯的分子有双键碳上的 C—H 伸缩振动在 3 000 cm^{-1} 以上，环己烷中所有 C—H伸缩振动都在 3 000 cm^{-1} 以下；环己烯在 1 650 cm^{-1} 处有 C═C 的伸缩振动。

5. 指出乙酸乙酯的红外光谱图中罗马数字所标的各吸收峰的归属。

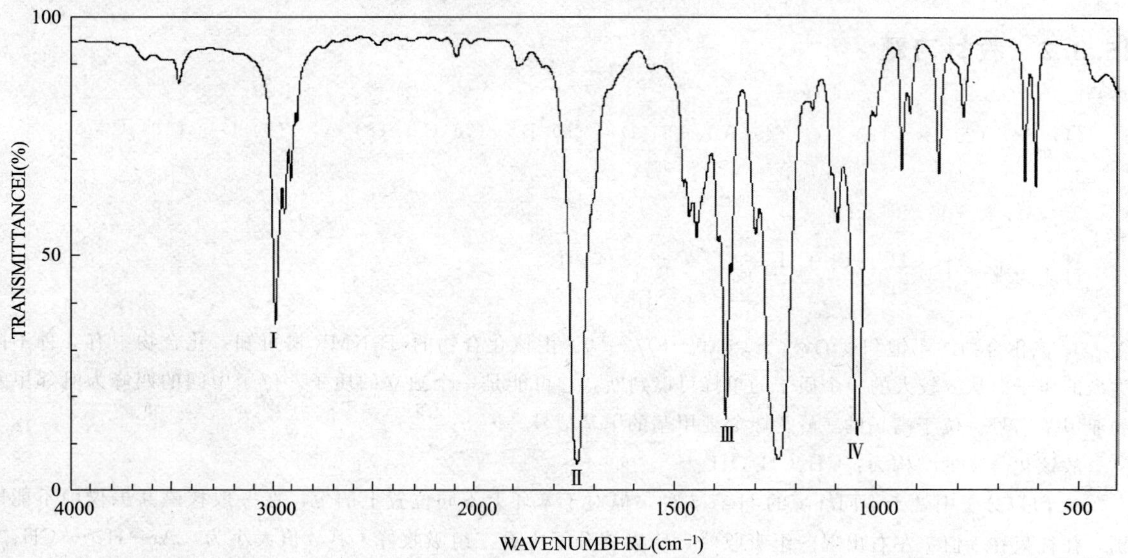

解：在约 3 000 cm^{-1} 处峰Ⅰ为甲基的 C—H 伸缩振动；1 700 cm^{-1} 左右的峰Ⅱ为 C═O 的

伸缩振动；1 300～1 500 cm^{-1}间的两谱带即峰Ⅲ为C—H的弯曲振动；1 250 cm^{-1}处的峰Ⅳ为C—O伸缩振动。

15.3 参考答案

15.3.1 习题

1. (1) CH_3CHO在1 700 cm^{-1}附近有强吸收。

(2) 在3 000～3 100 cm^{-1}处有吸收的是烯烃。

(3) Ar—C≡C—H 中的 C≡C 在2 000～2 300 cm^{-1}有弱的吸收，而 Ar—CH═CH_2 在该区无吸收。此外 C≡C—H ，在3 300 cm^{-1}有吸收。

(4) 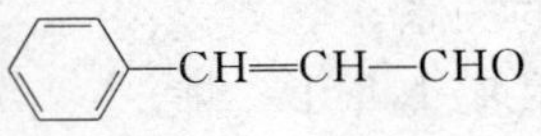 C_6H_5—CH═CH—CHO 在900 cm^{-1}以下有强的吸收，并在1 600 cm^{-1}附近有吸收。此外，Ar—H及C═C—H在3 000～3 100 cm^{-1}有吸收，而 C_6H_5—CHO 在上述区域无吸收。

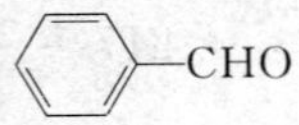

2. (1) 三组　(2) 两组　(3) 五组　(4) 三组

3. (1) $\pi\rightarrow\pi^*$　(2) $n\rightarrow\sigma^*$　(3) $n\rightarrow\pi^*$　(4) $n\rightarrow\pi^*$

4. (1) 红外光谱图　(2) 核磁共振谱图　(3) 质谱图　(4) 紫外光谱图

5. (1) $\underset{a}{(CH_3)_3}C—\overset{O}{\overset{\|}{C}}—\underset{b}{CH_2}\underset{c}{CH_3}$ 有三组峰，其中a为单峰，b为四重峰，c为三重峰。

(2) $\underset{a}{CH_3}\underset{b}{CH_2}\underset{c}{CH_2}OCH_2CH_2CH_3$ 有三组峰，其中a为三重峰，b为多重峰，c为三重峰。

6. 具有共轭体系的化合物可产生红移，故3-丁烯-2-酮的λ_{max}较大。

7. 该化合物可能的结构为：C_6H_5—CH_2OH

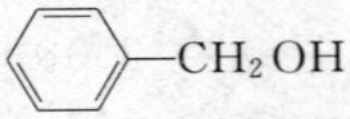

8. 该化合物应是：$CH_3—\underset{Cl}{\underset{|}{CH}}—CH_3$

15.3.2 教材习题

1.

(1) B　(2) B　(3) A　(4) A　(5) D　(6) B　(7) C　(8) A　(9) D　(10) C

2.

可能为 C_6H_5—$CH_2—\overset{O}{\overset{\|}{C}}—CH_2$ 或 C_6H_5—$\underset{O}{\underset{\|}{C}}—C_2H_5$

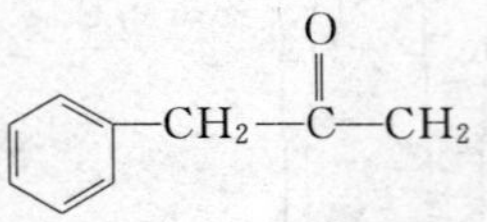

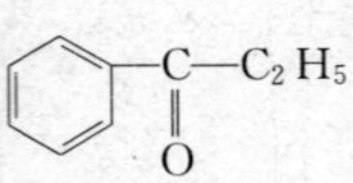

3. 该化合物的不饱和度$\Omega=1+2+(0-6)/2=0$。由该化合物的^{1}H-NMR谱可知：化合物中有3种不同类型的质子。从δ较大的一个质子的单峰可以判断，它可能是一个独立的质子。位于中间的四峰为毗邻甲基的亚甲基信号。位于高场的三峰为毗邻亚甲基的甲基信号。

故该化合物的结构为：CH_3CH_2OH

4. (1) 分子中处于不同环境的H有6种，但对于苯环上不同位置上的氢，在一般核磁共振仪中不能区别，往往只在δ值7左右出现一组吸收峰，所以该分子中有三组吸收峰。其δ值大小为：Ar—H＞—CH_3＞—$C(CH_3)_3$；峰强度比为：4∶3∶9，—CH_3和—$C(CH_3)_3$均为单峰。

(2) 分子中有两种不同的质子，即

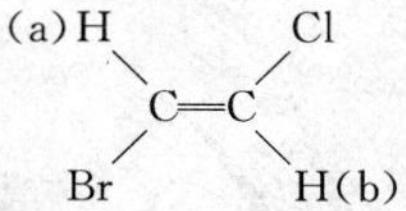

(a)H　　　Cl
　　\　　/
　　C═C
　　/　　\
Br　　　H(b)

；δ值(b)H＞(a)H；峰强度比为 1∶1；(a)H 和 (b) H 互相耦合产生裂分，裂分峰均为二重峰。

5. 三种不同类型的 H 原子的相对峰面积分别除以 1.4，得到 5∶2∶1。也就是说 $\delta=7.3$ 归属为 5 个 H 原子，$\delta=4.4$ 归属为 2 个 H 原子，$\delta=3.7$ 归属为 1 个 H 原子，H 原子总数为 8，符合分子式。$\delta=7.3$ 的 5 个 H 原子为苯环上的 H 原子，即分子中存在苯基 C_6H_5—，分子式的剩余部分由 CH_3O 组成。$\delta=3.7$ 的 H 归属—OH 中的氢原子，$\delta=4.4$ 的 2 个 H 原子归属为苄位 H 原子，且是—OH 的 α 位。该化合物为苄醇。

6. m/e 值为 15 对应 CH_3^+；由 43－15＝28 说明值为 CH_3^+CO，即分子中还有乙酰基；最大值为 148，为相对分子质量，减去乙酰基质量得 105，这一数值质谱图中也有。比 105 小的数值为 91，两者相差 14，可推断质量数为 57 的离子峰可能是 $^+CH_2COCH_3$；148－57＝91，这正好解释了产生 91 峰的原因，该峰可能是 $C_7H_7^+$，即稳定的苄基正离子 $C_6H_5^+CH_2$。根据上述推导，该化合物的结构式为：$C_6H_5CH_2CH_2COCH_3$。

第16章 综合练习及参考答案

16.1 综合练习

综合练习（一）

一、单项选择题

1. 甲烷在光照下与溴发生反应，其反应类型是（　　）。

A. 自由基取代　　B. 亲电取代　　C. 亲电加成　　D. 亲核加成

2. 下列化合物中最容易发生亲电加成反应的是（　　）。

A. 1-丁烯　　B. 2-丁烯　　C. 正丁烷　　D. 2-甲基-2-丁烯

3. El 反应是（　　）。

A. 单分子亲核取代反应　　B. 双分子亲核取代反应

C. 单分子消除反应　　D. 双分子消除反应

4. 下列醇与金属 Na 反应，活性最大的是（　　）。

A. 甲醇　　B. 乙醇　　C. 异丙醇　　D. 叔丁醇

5. 下列化合物中最易发生亲电取代的是（　　）。

A. 苯酚　　B. 甲苯　　C. 硝基苯　　D. 氯苯

6. 下列化合物中能使溴水褪色，但不能被高锰酸钾溶液氧化的是（　　）。

A. 乙烯　　B. 乙炔　　C. 环已烷　　D. 环丙烷

7. 下列化合物中不能发生碘仿反应的是（　　）。

A. 乙醇　　B. 乙醛　　C. 丙酮　　D. 丙醛

8. 下列卤代烃进行亲核取代反应活性最强的是（　　）。

A. 苄氯　　B. 氯乙烯　　C. 2-氯丙烷　　D. 4-氯-1-戊烯

9. 下列化合物中不能与斐林试剂反应的是（　　）。

A. 乙醛　　B. 苯甲醛　　C. 葡萄糖　　D. 麦芽糖

10. 按照次序规则，下列基团的优先顺序是（　　）。

A. $-Cl>-COOH>-CH_2SH>-CH_3$　　B. $-COOH>-Cl>-CH_2SH>-CH_3$

C. $-Cl>-CH_2SH>-COOH>-CH_3$　　D. $-CH_2SH>-Cl>-COOH>-CH_3$

11. 下列杂环化合物中，最难发生亲电取代反应的是（　　）。

A. 吡啶　　B. 2-硝基吡啶　　C. 2-甲基吡啶　　D. 吡咯

12. 戊醛糖（Ⅰ）与（Ⅱ）的构型分别为（2*S*，3*R*，4*S*）和（2*R*，3*R*，4*S*），则（Ⅰ）

与（Ⅱ）的关系是（　　）。

A. 对映异构体　　B. 相同化合物　　C. 差向异构体　　D. 结构异构体

13. 下列化合物中碱性最强的是（　　）。

A. 二甲胺　　B. 苯胺　　C. 苯甲酰胺　　D. 吡咯

14. 下列碳正离子最稳定的是（　　）。

A. H_3C^+　　B. $(CH_3)_3C^+$　　C. $H_3CH_2C^+$　　D. $(CH_3)_2HC^+$

15. 已知某三种蛋白质的等电点分别为 2.5，7.0，9.4，若要使这三种蛋白质在混合液中均以负离子形式存在，应调 pH 值等于（　　）。

A. 2.5　　B. 9.4　　C. 10.0　　D. 2.0

二、多项选择题

1. 下列糖中，可以形成相同的糖脎的有（　　）。

A. 葡萄糖和核糖　　B. 葡萄糖和果糖　　C. 葡萄糖和甘露糖　　D. 甘露糖和果糖

2. 下列化合物中不具有芳香性的有（　　）。

A. 甲苯　　B. 环戊二烯　　C. 环戊二烯负离子　　D. 吡咯

3. 下列化合物中与溴水反应，立即产生白色沉淀的有（　　）。

A. 苯酚　　B. 苯胺　　C. 氯苯　　D. 甲苯

4. 用化学方法区别苯甲醛和乙醛可选用的化学试剂有（　　）。

A. 硝酸银的氨溶液　　B. 斐林试剂　　C. 碘和氢氧化钠　　D. 饱和亚硫酸氢钠

5. DNA 水解后得到的化合物可以是（　　）。

A. 胸腺嘧啶　　B. 尿嘧啶　　C. D-2-脱氧核糖　　D. 腺嘌呤

6. 下列糖类中有变旋现象的有（　　）。

A. 果糖　　B. 乳糖　　C. 麦芽糖　　D. 蔗糖

7. 下列二烯烃中属于共轭二烯烃的有（　　）。

A. 1,5-己二烯　　B. 1,3-丁二烯　　C. 1,4-己二烯　　D. 2,4-己二烯

8. 下列化合物中的手性碳原子是 S 构型的有（　　）。

A. $\begin{array}{c} H \\ Br-\!\!\!+\!\!\!-Cl \\ CH_3 \end{array}$　　B. $\begin{array}{c} H \\ Br-\!\!\!+\!\!\!-CH_3 \\ Cl \end{array}$　　C. $\begin{array}{c} Cl \\ H-\!\!\!+\!\!\!-Br \\ CH_3 \end{array}$　　D. $\begin{array}{c} CH_3 \\ Br-\!\!\!+\!\!\!-Cl \\ H \end{array}$

9. 下列化合物中能被高锰酸钾溶液氧化的有（　　）。

A. 乙醇　　B. 叔丁醇　　C. 2-甲基-1-丙醇　　D. 乙醛

10. 为提取有生理活性的蛋白质，可采用的试剂有（　　）。

A. NaCl　　B. $AgNO_3$　　C. $(NH_4)_2SO_4$　　D. $PbSO_4$

三、完成下列反应

1. $H_3C-\overset{\displaystyle CH_3}{\underset{\displaystyle Cl}{\overset{|}{\underset{|}{C}}}}-CH_2-CH_3 \xrightarrow[C_2H_5OH]{KOH} (\quad) \xrightarrow{H_2O/H^+} (\quad)$

2. $C_6H_5-CH_3 + Cl_2 \xrightarrow{光照} (\quad)$

3. $o\text{-}Cl-C_6H_4-CH_2Cl \xrightarrow[CH_3CH_2OH]{NaCN} (\quad) \xrightarrow{H_2O/H^+} (\quad)$

4. $C_6H_5-O-CH_3 \xrightarrow{HI} (\quad) + (\quad)$

5. $CH_3CHO \xrightarrow{稀\ NaOH} (\quad) \xrightarrow{-H_2O} (\quad)$

6. $CH_3-\overset{O}{\overset{\|}{C}}-CH_2COOH \xrightarrow[\triangle]{脱\ CO_2} (\quad) \xrightarrow[-H_2O]{NH_2-OH} (\quad)$

7. $CH_3CH_2CH_2CONH_2 + Br_2 \xrightarrow{NaOH} (\quad)$

8. 邻苯二甲醛（$C_6H_4(CHO)_2$）$\xrightarrow{浓\ NaOH} (\quad)$

9. 吡啶 $+ HNO_3(浓) \xrightarrow{H_2SO_4(浓)} (\quad) \xrightarrow{Fe/HCl} (\quad)$

10. D-果糖（费歇尔投影式：CH_2OH；$C=O$；HO—H；H—OH；H—OH；CH_2OH）$\xrightarrow{C_6H_5-NH-NH_2\ (过量)} (\quad)$

四、命名或写出结构式

1. (*E*)-3-甲基-2-戊烯

2. D-甘油醛

3. α-D-葡萄糖(哈沃斯式)

4. *N*-溴代丁二酰亚胺(NBS)

5. $CH_3CH_2COCH_2CH(CH_3)_2$

6. $(H_3C-CH_2)(H)C=C(Cl)(C\equiv CH)$

7. 萘环结构：1-位 CH_3，7-位 OH，3-位 Br

8. 呋喃环 —CHO

9. $C_6H_5-\overset{O}{\overset{\|}{C}}-O-CH_2-CH_3$

10. $C_6H_5-N_2^+Cl^-$

五、简要回答下列问题

1. 用简单的化学方法区别：2-戊醇，2-戊酮，3-戊酮，戊醛。

2. 在合成乙酸乙酯的反应中，常用乙酸和乙醇制备，一般加入过量乙醇，当反应完毕，蒸馏并收集 100 ℃以前的馏分。在馏出液中慢慢加入饱和碳酸钠溶液，并不断摇动容器，直到酯层不显酸性为止。用分液漏斗分出下层液。酯层依次用等体积的饱和食盐水溶液洗涤，放出下层液；再用氯化钙溶液洗涤两次，放出下层液；将酯层用无水硫酸钠干燥，过滤后进行蒸馏，收集 73～78 ℃馏分。问：

(1) 写出反应式，过量乙醇的作用是什么？

(2) 后处理过程中加入饱和碳酸钠溶液的作用是什么？

(3) 用饱和食盐水洗涤的作用是什么？

(4) 用饱和氯化钙溶液洗涤的作用是什么？

六、合成题

1. 由乙醛合成丁酸。

2. 由苯酚合成 3,5-二溴苯酚。

3. 由 $H_3C—\overset{\overset{O}{\|}}{C}—CH_2—\overset{\overset{O}{\|}}{C}—O—CH_2—CH_3$ 合成 3-甲基-2-环己烯-1-酮（环己烯酮，环上 3 位带 CH_3，1 位为 C=O）

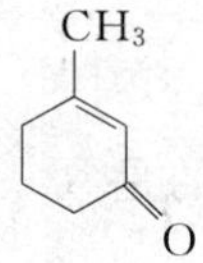

七、推导结构

1. 化合物 A 的相对分子质量是 100，与 $NaBH_4$ 作用后得 B，B 的相对分子质量为 102。B 的蒸气于高温通过 Al_2O_3 可得 C，C 的相对分子质量为 84。C 臭氧化分解后得 D 和 E，D 能发生碘仿反应而 E 不能。试根据以上化学反应和 A 的如下图谱数据，推测 A，B，C，D，E 的构造式。

A 的 IR：1 712 cm^{-1}，1 383 cm^{-1}，1 376 cm^{-1}

A 的 NMR (δ)：	1.00	1.13	2.13	3.52
峰形	三	双	四	多
峰面积	7.1	13.9	4.5	3.52

2. 化合物 A 和 B 的分子式均为 $C_4H_6O_2$，它们不溶于碳酸钠和氢氧化钠的水溶液；都可以使溴水褪色，且都有类似于乙酸乙酯的香味。和氢氧化钠的水溶液共热后发生反应：A 的反应产物为乙酸钠和乙醛，B 的反应产物为甲醇和一种羧酸钠盐，将这种羧酸钠盐用酸中和后蒸馏所得的有机物 C 可使溴水褪色。试推测 A，B，C 的构造式。

八、完成反应并写出反应机理

$$H_3C—\overset{\overset{O}{\|}}{C}—O—CH_2—CH_3 + H_2O \xrightarrow[\triangle]{OH^-}$$

综合练习（二）

一、单项选择题

1. 下列烯烃中电子离域程度最大的是（　　）。

A. 1,4-己二烯　　B. 2,4-己二烯　　C. 1,5-己二烯　　D. 2,5-己二烯

2. 甲烷的氯代反应历程属于（　　）。

A. 亲电取代　　B. 亲核取代　　C. 自由基取代　　D. 自由基加成

3. 下列烯烃中具有顺反异构的是（　　）。

A. 丙烯　　B. 1-丁烯　　C. 2-甲基丙烯　　D. 2-丁烯

4. 沸点由高到低排序：a. 2,3-二甲基戊烷；b. 2 甲基己烷；c. 正癸烷；d. 正庚烷。正确的（　　）。

A. a>b>c>d　　B. d>c>b>a　　C. c>d>a>b　　D. c>d>b>a

5. 下列化合物按 S_N1 反应，速率最快的是（　　）。

A. 2-甲基-2-溴丁烷　　B. 1-溴丁烷

C. 2-溴丁烷　　D. 3-溴戊烷

6. 要使分子没有旋光性，需要具备的条件是（　　）。

A. 不含手性碳原子　　B. 含有对称因素

C. 含有两个相同的手性碳原子　　D. A或B或C

7. 下列化合物中沸点最高的是（　　）。

A. 乙醛　　B. 乙醇　　C. 乙酸　　D. 乙烷

8. 下列醛、酮中，羰基活性最大的是（　　）。

A. 甲醛　　B. 丙酮　　C. 三氯乙醛　　D. 乙醛

9. 下列化合物中在水中溶解度最大的是（　　）。

A. 已酸　　B. 已二酸　　C. 乙酸甲酯　　D. 已二酸二乙酯

10. 下列化合物中在水溶液中碱性最强的是（　　）。

A. 氨　　B. 甲胺　　C. 二甲胺　　D. 三甲胺

11. 吡啶进行硝化反应时，硝基主要进入吡啶的（　　）。

A. 1位　　B. 2位　　C. 3位　　D. 1位和3位

12. 皂化0.5 g油脂需要消耗0.1 mol·L^{-1}的氢氧化钾10 mL，该油脂的皂化值为（　　）。

A. 56　　B. 112　　C. 28　　D. 224

13. 要除去乙烷中混有的少量乙烯，应采用的方法是（　　）。

A. 加入Br_2+CCl_4　　B. 加入浓硫酸　　C. 加入Br_2　　D. 加入浓碱

14. 下列几种氨基酸的pH值分别为甘氨酸5.97，谷氨酸2.33，精氨酸10.6，在pH 5.97的溶液中，下列说法正确的是（　　）。

A. 甘氨酸为偶极离子，谷氨酸带正电，精氨酸带负电

B. 甘氨酸为偶极离子，谷氨酸带负电，精氨酸带正电

C. 甘氨酸为偶极离子，谷氨酸、精氨酸都带负电

D. 甘氨酸为偶极离子，谷氨酸、精氨酸都带正电

15. 反-1-甲基-2-乙基环已烷的椅型构象中，以（　　）构象最稳定。

A. 甲基在a键，乙基在e键　　B. 甲基和乙基均在a键

C. 甲基和乙基均在e键　　D. 甲基在e键，乙基在a键

二、多项选择题

1. 下列化学试剂中可以区别尿素和乙酰胺的是（　　）。

A. 浓硝酸　　B. 缩二脲反应　　C. Br_2+CCl_4　　D. 氢氧化钠

2. 下列基团中具有吸电子诱导效应的是（　　）

A. 硝基　　B. 甲基　　C. 羧基　　D. 磺酸基

3. 结构异构包括（　　）。

A. 顺反异构　　B. 位置异构　　C. 旋光异构　　D. 互变异构

4. 下列化合物中的手性碳原子是S构型的是（　　）。

A. $\begin{array}{c} \quad H \\ CH_3CH_2-\!\!\!+\!\!\!-CH{=}CH_2 \\ \quad CH_3 \end{array}$　　B. $\begin{array}{c} \quad H \\ CH_2{=}CH-\!\!\!+\!\!\!-CH_3 \\ \quad CH_2CH_3 \end{array}$

C. $\begin{array}{c} CH_3CH_2 \\ H-\!\!\!+\!\!\!-CH{=}CH_2 \\ CH_3 \end{array}$　　D. $\begin{array}{c} CH_3 \\ H_2C{=}HC-\!\!\!+\!\!\!-CH_2CH_3 \\ H \end{array}$

5. 下列糖中，可以形成相同糖脎的有（　　）。

A. D-葡萄糖和 D-核糖　　B. D-葡萄糖和 D-果糖

C. D-葡萄糖和 D-甘露糖　　D. D-甘露糖和 D-果糖

6. 下列化合物中不能发生碘仿反应的是（　　）。

A. 乙醇　　B. 丙酮　　C. 乙醛　　D. 丙醛

7. 用化学方法区别乙酰乙酸乙酯和丙酮，可采用的试剂有（　　）。

A. 三氯化铁　　B. 溴水　　C. 苯肼　　D. 亚硫酸氢钠

8. 用化学方法区别乙醇、乙醛、乙酸可选用的方法和试剂有（　　）。

A. 碘仿反应和碳酸氢钠　　B. 碘仿反应和苯肼

C. 碳酸氢钠和高锰酸钾　　D. 银镜反应和高锰酸钾

9. 下列化合物中有芳香性的有（　　）。

A. 吡咯　　B. 环戊二烯　　C. 环戊二烯负离子　　D. 环丙烯正离子

10. 下列糖中有还原性的有（　　）。

A. 淀粉　　B. 果糖　　C. 蔗糖　　D. 麦芽糖

三、完成下列反应

1. 1-甲基环戊烯（CH_3 取代的环戊烯）$+ O_3 \longrightarrow$（　　）$\xrightarrow{Zn/H_2O}$（　　）

2. $H_3C-O-\overset{O}{\overset{\|}{C}}-Cl + NH_3$（1 分子）$\longrightarrow$（　　）

3. $H_3C-\underset{H_3C}{\underset{|}{CH}}-\underset{HO}{\underset{|}{CH}}-CH_3 \xrightarrow[170\ ℃]{浓硫酸}$（　　）$\xrightarrow{HCl}$（　　）

4. 异丙苯（苯环上 $CH(CH_3)_2$）$+ (CH_3CO)_2O \xrightarrow{无水\ AlCl_3}$（　　）

5. 环己烷（H_3C、H 与 CH_3、Br 取代）$\xrightarrow[S_N1]{NaOH/H_2O}$（　　）+（　　）

6. 1,4-环己二酮 + 2 邻苯二甲醛（CHO、CHO）$\xrightarrow{稀NaOH}$（　　）

7. $H_3C-CH=CH_2 + B_2H_6 \xrightarrow{THF}$（　　）$\xrightarrow[H_2O/OH^-]{H_2O_2}$（　　）

8. $C_6H_5-O-CH_2-CH_3 + HI \longrightarrow$（　　）+（　　）

9. $H_3C-\overset{O}{\overset{\|}{C}}-CH_2-\overset{O}{\overset{\|}{C}}-O-CH_2-CH_3 \xrightarrow{Zn-Hg,HCl}$（　　）

10. 2-甲基吡咯（H_3C、N—H）$+ SO_4 \xrightarrow{吡啶}$（　　）

四、命名或写出结构式

1. L-甘油醛　　2. 对羟基苯甲酸甲酯

3. 甘-丙肽　　4. D-葡萄糖脎

5. 甘油　　6. O

7. $C_6H_5-C(=O)-N(CH_3)-CH_2-CH_3$　　8. $H_3C-C(=O)-O-C(=O)-CH_3$

9. C_2H_5　SO_3H　CH_3　　10. H_3C　CH_3　C=C　H　CH_2-CH_2-OH

五、简要回答下列问题

1. 用化学方法区别：丁烷，1-丁烯，1-丁炔，甲基环丙烷。

2. 进行水蒸气蒸馏时，对分离的有机物有什么要求？什么情况下适宜用水蒸气蒸馏法分离提纯有机物？

六、合成题

1. 由 $H_3C-C(=O)-CH_2-CH_2Cl$ 合成 $H_3C-C(=O)-CH_2-CH_2-CH(OH)-CH_3$ 。

2. 由 CH_3（甲苯）合成 COOH，Br，Br（3,5-二溴苯甲酸）。

3. 由丙二酸二乙酸合成 2-甲基丁酸。

七、推导结构

1. 某化合物 A($C_5H_8O_2$)，既能发生碘仿反应，又能发生银镜反应，经硼氢化钠还原后生成 B($C_5H_{12}O_2$)，B 与浓硫酸共热生成 C(C_5H_8)；C 能使溴水褪色，但不与硝酸银的氨溶液作用，C 经强氧化剂氧化后除得一分子 CO_2 和 H_2O 外，还得到乙酸和乙二酸，试写出 A，B，C 的构造式。

2. 化合物 A 分子式为 $C_5H_{12}O$，有旋光性，IR 谱表明 3 299～3 400 cm^{-1}处有一宽而强的吸收峰，A 用碱性 $KMnO_4$ 氧化时变为无旋光性的化合物 B。B 的分子式为 $C_5H_{10}O$，B 的 IR 谱表明 1 705～1 725 cm^{-1}处有强吸收峰，B 的 NMR 谱表明 $\delta=1.1$(二重峰,6H)，$\delta=2.1$(单峰,3H)，$\delta=2.5$(七重峰,1H)。化合物 B 与 $CH_3CH_2CH_2CH_2MgBr$ 反应后经水解生成 C，C 是外消旋体。试写出 A，B，C 的构造式。

八、写出下面反应的反应机理

$$H-C(=O)-CH_2-CH_2-CH_2-CH_2-CH(CH_3)-C(=O)-H \xrightarrow[\triangle]{\text{稀 NaOH}} \text{CHO, } CH_3$$

综合练习（三）

一、用系统命名法命名下列化合物（有立体异构者要标明其构型或构象）

1. 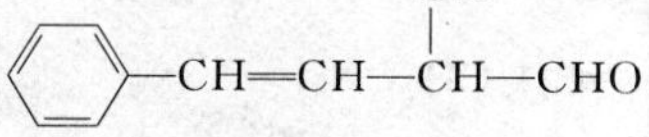 $C_6H_5-CH=CH-CH(OH)-CHO$

2. 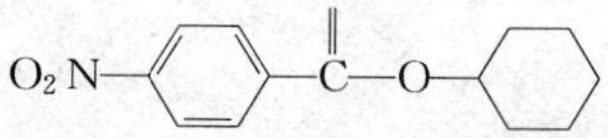 $O_2N-C_6H_4-C(=O)-O-C_6H_{11}$

3. $Br-C_6H_4-CH_2NHCH_3$

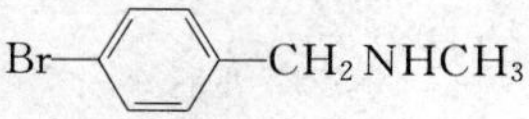

4. 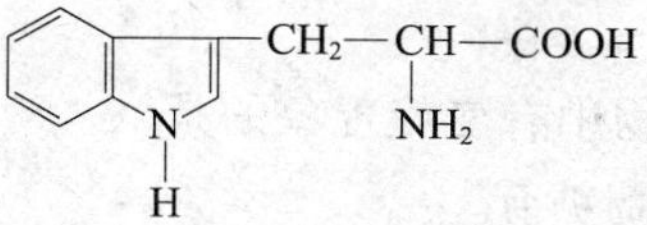 吲哚-3-基 $-CH_2-CH(NH_2)-COOH$

5. 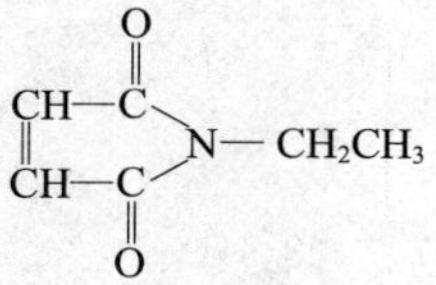 $CH=CH$ 与两个 $C=O$ 成环，$N-CH_2CH_3$

6. 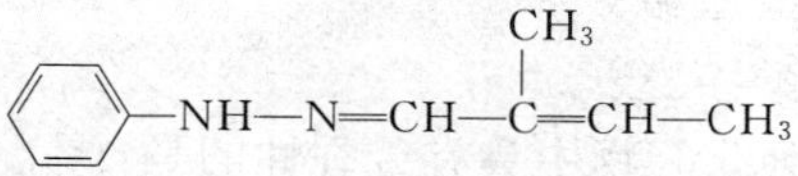 $C_6H_5-NH-N=CH-C(CH_3)=CH-CH_3$

7. 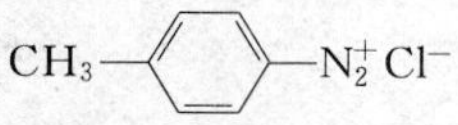 $CH_3-C_6H_4-N_2^+Cl^-$

8. 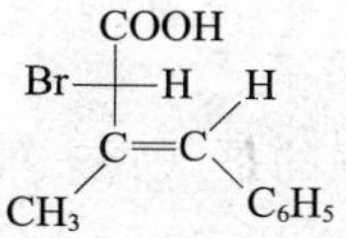 Br—C(H)(COOH)—C(CH_3)=C(H)—C_6H_5

9. 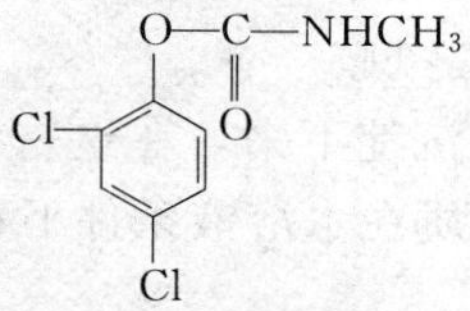 2,4-二氯苯基 $-O-C(=O)-NHCH_3$

10. 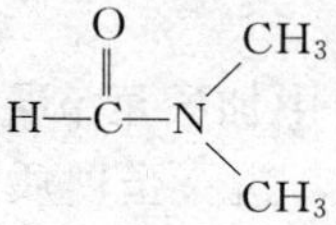 $H-C(=O)-N(CH_3)_2$

二、按要求写出下列化合物的结构式

1. (2*R*,3*S*)-2,3-二溴丁二醛
2. 反-2-甲基-顺-4-氯环己醇的优势构象
3. β-吡啶甲酰胺
4. (2*E*, 4*Z*)-5-溴-2,4-己二烯酸
5. *N*-甲基对氯苯磺酰胺
6. 苄基-α-D-核糖苷的哈沃斯透视式
7. $HO-CH_2-CH_2-Br$ 的优势构象
8. 水合茚三酮
9. 3-甲基-5-硝基-2-萘磺酸
10. 溴化十二烷基二甲基苄铵

三、用化学方法鉴别下列化合物

1. 苯酚，苯胺，2-戊醇，3-戊醇，2-戊酮
2. 1-丁炔，1-丁烯，1-氯丁烷，1-丁酸
3. 乙酰乙酸乙酯，丙二酸二乙酯，乙酰氯，乙酸酐
4. 核糖，甘露糖，果糖，蔗糖

四、选择填空

1. 按 S_N1 反应，下列化合物中活性最大的是（　　），最小的是（　　）。

A. 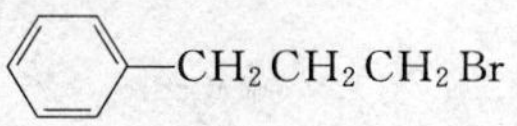 $C_6H_5-CH_2CH_2CH_2Br$　　B. 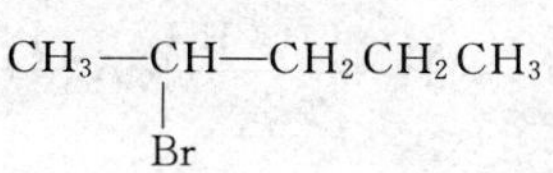 $CH_3-CH(Br)-CH_2CH_2CH_3$

C. $CH_3—CH(CH_3)—CH_2—CH_2Br$

D. $CH_3CH_2—C(Br)=C(CH_3)—CH_3$

E. CH_3Br

F. $C_6H_5—C(CH_3)(Br)—CH_2CH_2CH_3$

2. 下列化合物中有变旋现象的是（　　），能发生互变异构的是（　　）。

A. α-甲基葡萄糖苷

B. β-D-呋喃果糖

C. 乙酸乙酯

D. 蔗糖

E. 乳酸

F. 乙酰乙酸乙酯

3. 下列化合物中具有芳香性的是（　　）和（　　）。

A. 呋喃　B. 四氢呋喃　C. 环丙烯（三元环）　D. 环戊二烯正离子（+）　E. $C_6H_5—CH_2—C_6H_5$

4. 下列化合物中碱性最强的是（　　），最弱的是（　　）。

A. 乙胺

B. 二乙胺

C. 氢氧化四甲基铵

D. 氨　　E. 乙酰胺

5. 在某蛋白质的水溶液中加酸至 pH<7 时，可观察到蛋白质沉淀下来，在这一 pH 值时蛋白质以（　　）形式存在，这一蛋白质的 pI（　　）7，该蛋白质在水溶液条件下在电场中向（　　）移动。

6. 维持蛋白质一级结构的作用力称为（　　），维持核酸一级结构的作用力是（　　）。

五、完成下列反应

1. $Cl—C_6H_4—CH_2Cl + NaCN \xrightarrow{C_2H_5OH}$

2. 2-甲基-2-羧基环戊酮（1-甲基-2-氧代环戊烷甲酸，含 COOH、CH_3） $\xrightarrow{\triangle}$

3. 环己基—$NHCH_3$ + $CH_3—\overset{O}{\overset{\|}{C}}—Cl$ $\longrightarrow$

4. 1,3-丁二烯 + 顺丁烯二酸酐（CH_2—C(=O)—O—C(=O)—CH_2） $\longrightarrow$

5. 环己基—$\overset{O}{\overset{\|}{C}}—NH_2$ $\xrightarrow{Br_2/OH^-}$

6. 3-(1-甲基-2-吡咯烷基)吡啶（N—CH_3） $\xrightarrow{KMnO_4/H^+}$

7. 2,4-二氯苯酚（OH, Cl, Cl） $+ClCH_2COOH \xrightarrow{NaOH}$

8. $C_6H_5—CH_3 + Cl_2 \xrightarrow{光照} A \xrightarrow[C_6H_6]{AlCl_3(无水)} B$

9. $(CH_3CH_2CH_2)_2NCH_3 \xrightarrow{CH_3CH_2I} A \xrightarrow[②\triangle]{①AgOH} B+C$

六、分离提纯

1. 分离提纯苯甲酸、苯甲醛和苯乙醚的混合物。

2. 分离提纯苯胺、苯酚和甲苯的混合物。

七、用指定的原料合成下列化合物（溶剂及无机试剂任选）

1. $CH\equiv CH \longrightarrow CH_3CH{=}CH{-}\underset{}{\overset{OH}{\overset{|}{C}H}}{-}CH_2{-}CH_3$

2. $CH_3CH{=}CH_2 \longrightarrow CH_3{-}\overset{OH}{\underset{CH_3}{C}}{-}CH_2{-}CH_2{-}CH_3$

3. —OH $\longrightarrow$ CH_2NH_2 / —OH

4. —CH_3 $\longrightarrow$ —OH, Br

八、结构推断

1. 具有旋光性的化合物 A，分子式为 $C_4H_8O_3$，A 与碳酸氢钠溶液反应放出 CO_2 气体，A 受热时转变成不具有旋光活性的化合物 B，B 的分子式 $C_4H_6O_2$。A 被酸性 $K_2Cr_2O_7$ 氧化得化合物 C，C 受热时放出 CO_2 气体，并生成化合物 D，D 可以发生碘仿反应。试推断 A，B，C，D 的构造式和各步反应。

2. 从柠檬油中分离出某一分子式为 $C_{10}H_{18}O$ 的链萜类化合物，能起下列反应：与溴的 CCl_4 溶液作用可得 $C_{10}H_{18}Br_2O$；催化加氢可得 $C_{10}H_{22}O$；弱氧化剂氧化生成 $C_{10}H_{18}O_2$；强氧化剂氧化生成丙酮和 3-甲基己二酸。试写出它的构造式。

3. 某化合物 A 分子式为 $C_7H_6O_3$，A 能溶于碳酸钠溶液中，加热时易发生分解反应，它与 $FeCl_3$ 有颜色反应，A 与 $(CH_3CO)_2O$ 反应生成分子式为 $C_9H_8O_4$ 的化合物 B，A 与甲醇反应生成一种香料 C，C 的分子式为 $C_8H_8O_3$，C 经硝化后得到两种一元硝基化合物，试写出化合物 A，B，C 的构造式。

综合练习（四）

一、写出下列化合物的名称或结构式（有构型的要注明其构型）

1. $H_3C{-}\underset{CH_3}{CH}{-}CH_2{-}CH_2{-}\overset{CH_3}{C}{-}CH_2{-}CH_2{-}CH_2{-}CH_3$，C 上连 $CH{-}CH_3$，$CH{-}CH_3$，CH_3

2. C(=O)—O—CH_3（苯环）

3. CHO，H，CH_3，H，CH_3，Cl

4. CH_3，Cl

5. 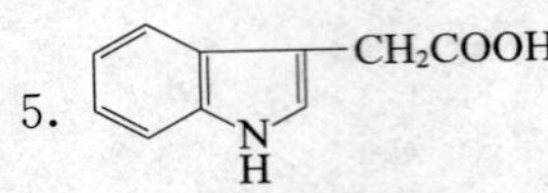

6. α-D-甘露糖

7. 顺-1-甲基-3-异丙基环己烷的优势构象

8. 胆胺

9. β-呋喃甲酸乙酯

10. 柠檬酸

二、单项选择题

1. 下列化合物中最容易发生 S_N1 反应的是（　　）。

A. 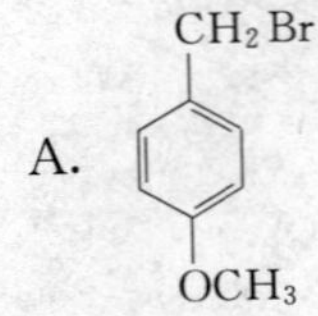

B. 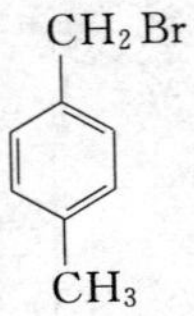 （CH_2Br，CH_3）

C. 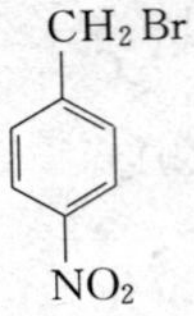 （CH_2Br，NO_2）

D. 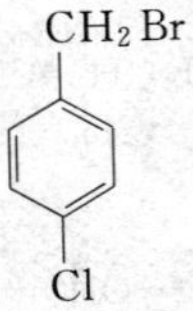 （CH_2Br，Cl）

2. 下列化合物中具有芳香性的是（　　）。

A. 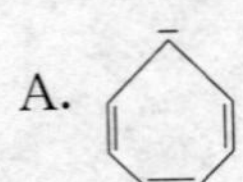

B. 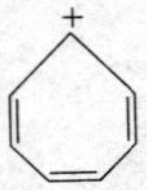 （+）

C. □

D. （−）

3. 与苯酚、苯胺、水杨酸溶液反应出现相同反应现象的试剂是（　　）。

A. 蓝色石蕊试剂　B. 酚酞试剂　C. 溴水　D. 卢卡斯试剂

4. 能把伯、仲、叔胺分离开的试剂是（　　）。

A. 斐林试剂　B. 硝酸银的乙醇溶液

C. 苯磺酰氯的氢氧化钠溶液　D. 碘的氢氧化钠溶液

5. 下列化合物中酸性最强的是（　　）。

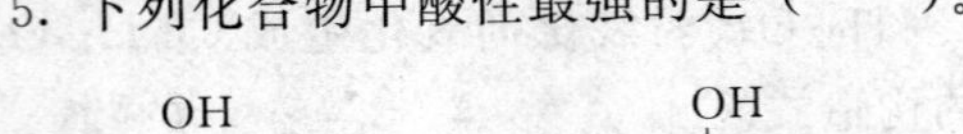

A. 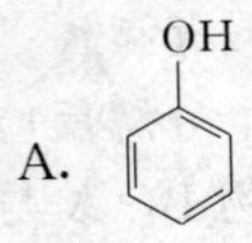

B. 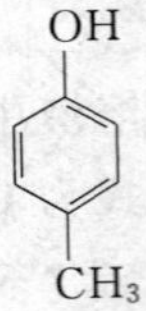 （OH，CH_3）

C. 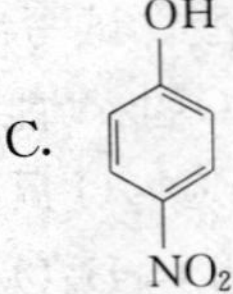

D. 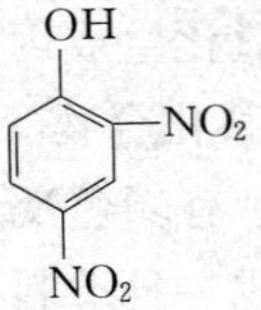 （OH，NO_2，NO_2）

6. 下列化合物中能和 $FeCl_3$ 溶液发生显色反应的是（　　）。

A. 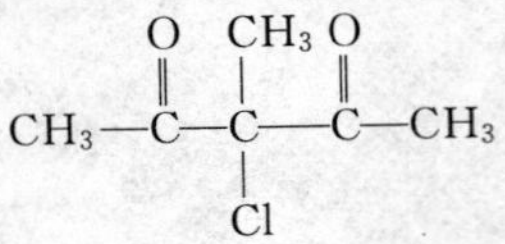 $CH_3-\overset{O}{\overset{\|}{C}}-\underset{Cl}{\overset{CH_3}{C}}-\overset{O}{\overset{\|}{C}}-CH_3$

B. $H_3C-\overset{O}{\overset{\|}{C}}-H$

C. $CH_3-\overset{O}{\overset{\|}{C}}-CH_2-\overset{O}{\overset{\|}{C}}-CH_3$

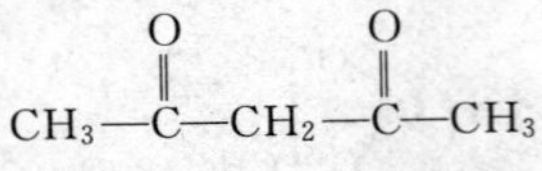

D. 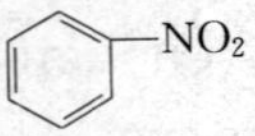 （NO_2）

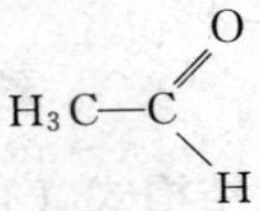

7. 下列化合物中碱性最强的是（　　）。

A. 苯胺　B. 乙胺　C. 吡咯　D. 乙酰苯胺

8. 下列化合物中属于甾体化合物的是（　　）。

A.

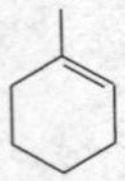

B. 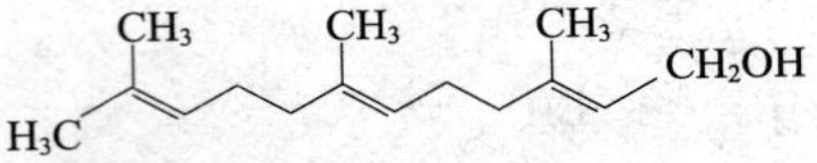 （CH_3，CH_3，CH_3，CH_2OH，H_3C）

C. 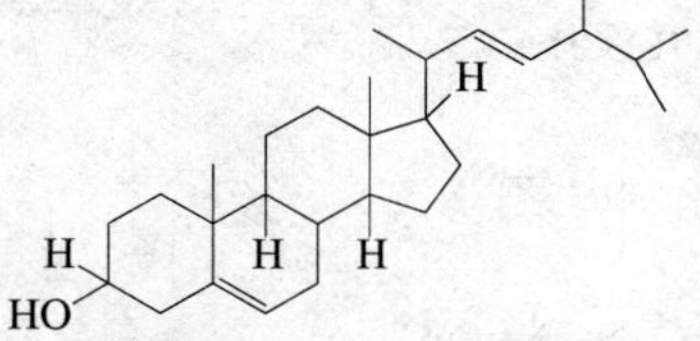　　　　　　　　　　　　D.

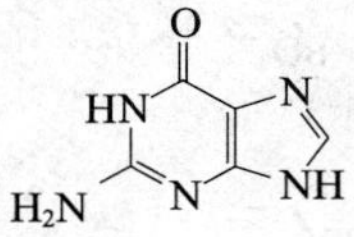

9. 下列化合物中能发生碘仿反应的是（　　）。

A. 甲醛　　B. 乙醛　　C. 丙醛　　D. 3-戊酮

10. 组成蛋白质的氨基酸的结构特点是（　　）。

A. L 型，α-氨基酸　B. L 型，β-氨基酸　C. D 型，α-氨基酸　D. D 型，β-氨基酸

三、回答下列问题

1. 写出胞嘧啶酮式与烯醇式的互变平衡体系。
2. 写出下列反应的主要产物。

$$H_3C-\underset{CH_3}{\overset{CH_3}{C}}-\overset{OH}{CH}-CH_3 \xrightarrow[\triangle]{H_2SO_4}$$

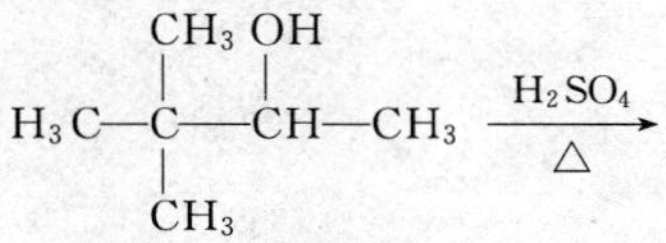

3. 实验室测定有机固体化合物熔点的方法有几种？分别是什么？
4. 写出下列反应的主要产物。

H_3C, Cl, H, H, CH_3 $\xrightarrow[C_2H_5OH]{NaOH}$

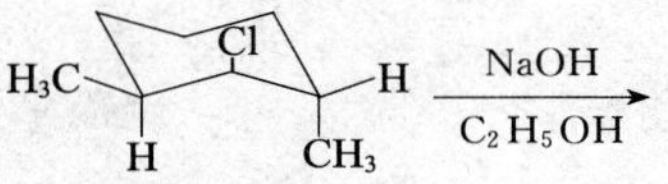

5. 用化学方法鉴别丙醇、丙醛、丙酮、丙酸。

四、用所给有机试剂合成下列化合物（无机试剂任选）

1. 由环己烯和乙醛合成 $C_5H_9-\overset{O}{\overset{\|}{C}}-CH_3$。
2. 由丙烯合成丁酸。
3. 由苯和氯甲烷合成邻甲基苯甲酸。
4. 由乙酸和乙醇合成丙二酸二乙酯。

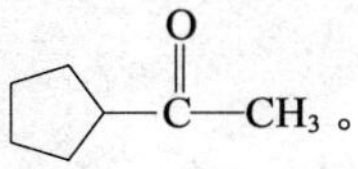

综合练习（五）

一、命名下列化合物

1. 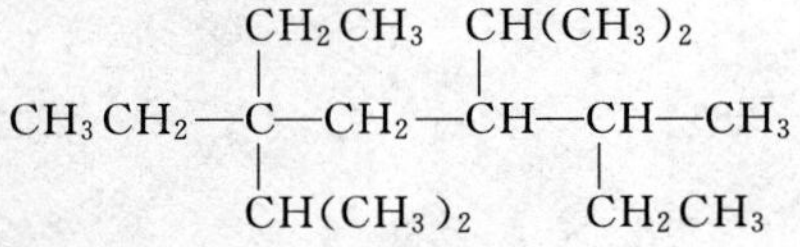 $CH_3CH_2-\underset{CH(CH_3)_2}{\overset{CH_2CH_3}{C}}-CH_2-\overset{CH(CH_3)_2}{CH}-\underset{CH_2CH_3}{CH}-CH_3$

2. $HO-C_6H_4-CH_2OH$

3. $\overset{Cl}{C}=\overset{CH_3}{C}$，$H-C(C_6H_5)-CH_3$，$CH_2CH_2CH_3$（标明构型）

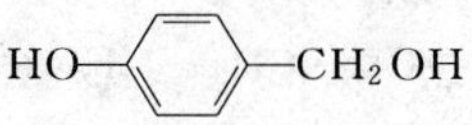

4. 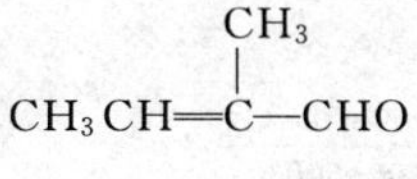 $CH_3CH=\overset{CH_3}{C}-CHO$

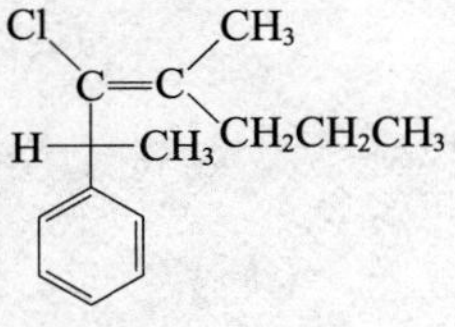

5. 2,6-二磺酸基蒽醌结构：HO_3S—（蒽醌，9,10位为 O）—SO_3H

6. $(CH_3)_2CH—C(=O)—O—C(=O)—CH_3$

7. $C_6H_5—CH_2OCH_2CH=CH_2$

8. $C_6H_5—\overset{+}{N}\equiv NCl^-$

二、写出下列化合物的结构式

1. 丙酮-2,4-二硝基苯腙　　2. α-萘乙酸

3. α-甲基-β′-溴吡咯　　4. β-D-葡萄糖的稳定构象

三、完成下列反应

1. $CH\equiv CH + H_2O \xrightarrow[HgSO_4]{H_2SO_4} ? \xrightarrow[②\triangle,-H_2O]{①HCHO,稀\ OH^-} ? \longrightarrow ? \xrightarrow{?} CH_2=CH—CH_2OH$

2. $C_6H_6 + CH_3—\overset{O}{\overset{\|}{C}}—O—\overset{O}{\overset{\|}{C}}—CH_3 \xrightarrow{无水\ AlCl_3} ? \xrightarrow[NaOH]{I_2} \longrightarrow ? + ?$

3. 环己酮 $\xrightarrow[干醚]{CH_3MgBr} ? \xrightarrow[②\triangle]{①H_3O^+} ? \longrightarrow \xrightarrow[(或?)]{?}$ 2-甲基环己醇（—OH，—CH_3）

4. $CH_3CH_2—\underset{OH}{\underset{|}{CH}}—COOH \xrightarrow[\triangle]{稀\ H_2SO_4} ?$

5. 间二硝基苯（NO_2，NO_2）$\xrightarrow{?}$ 间硝基苯胺（NH_2，NO_2）$\xrightarrow[0\sim5\ ℃]{NaNO_2,HCl} ? \longrightarrow \xrightarrow{CuCN} ?$

6. 糠醛（呋喃—CHO）$\xrightarrow{浓\ NaOH} ?$

7. 环戊烷衍生物（CH_3 CH_3，H，Br）$\xrightarrow[S_N1]{H_2O,OH^-} ?$

8. $CH_3—C_6H_4—SO_2Cl + HN(CH_3)_2 \xrightarrow{NaOH} ?$

9. $CH_2=CH—\overset{CH_3}{\overset{|}{CH}}—CH_2—NH_2 \xrightarrow[②湿\ Ag_2O]{①过量\ CH_3I} ? \longrightarrow \xrightarrow{\triangle} ?$

10. $CH_3CH_2COOH \xrightarrow[P]{Br_2} ?$

11. 萘 $\xrightarrow[400\sim500℃]{V_2O_5(空气)} ?$

12. 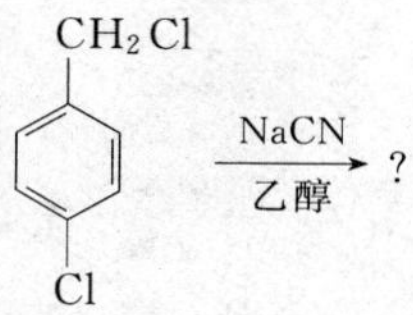 对氯苄氯（CH_2Cl 与 Cl 处于苯环对位）$\xrightarrow[\text{乙醇}]{NaCN}$?

四、比较或选择

1. 比较下列各化合物在水中的溶解度。

① $CH_3CH_2CH_2OH$　② $HOCH_2CH_2CH_2OH$　③ $CH_3OCH_2CH_3$

④ $CH_2(OH)—CH(OH)—CH_2(OH)$　⑤ $CH_3CH_2CH_3$

2. 比较下列各离子的亲核性大小。

① HO^-　② $CH_3CH_2O^-$　③ $C_6H_5O^-$

④ $(CH_3)_3C—O^-$　⑤ CH_3COO^-

3. 比较下列化合物在水溶液中的碱性强弱。

① CH_3NH_2　② $(CH_3)_2NH$　③ $C_6H_5—NHCH_3$

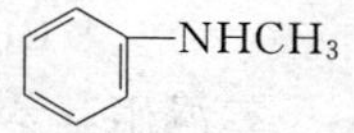

④ $(CH_3)_3N^+OH^-$　⑤ $C_6H_5—C(=O)—NH_2$

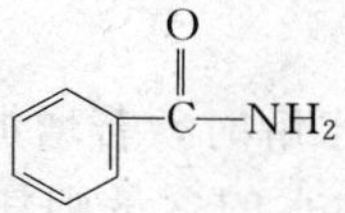

4. 内消旋酒石酸的构型是（　　）。

A. $2S,3R$　B. $2R,3S$　C. $2S,3S$

5. 克莱门森还原使用的还原剂是（　　）。

A. Fe+HCl　B. $NaBH_4$　C. Zn—Hg，HCl　D. $LiAlH_4$

6. 在实验室的合成实验中对酯类（如 $CH_3—COOC_4H_9$）进行干燥，常用的干燥剂是（　　）。

A. 无水 K_2CO_3　B. 无水 $CaCl_2$　C. 粒状 NaOH　D. 无水 $MgSO_4$

7. S_N2 反应历程的特点是（　　）。

A. 反应分两步进行　B. 反应速率与碱的浓度无关

C. 反应过程中生成活性中间体 R^+　D. 产物的构型完全转化

8. 下列化合物中具有旋光性的是（　　）。

A. 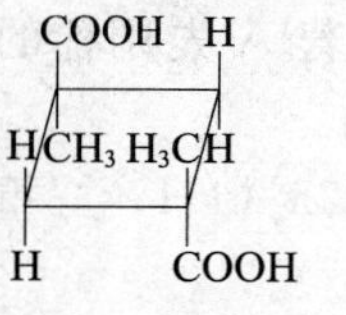 （环丁烷结构：COOH、H；HCH_3、H_3CH；H、COOH）　B. 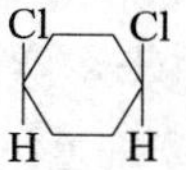 （环己烷结构：Cl、Cl；H、H）

C. 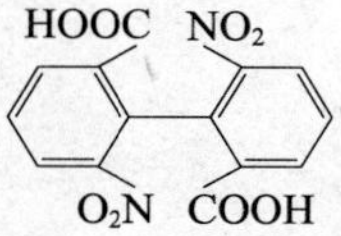 （联苯结构：HOOC、NO_2；O_2N、COOH）　D. 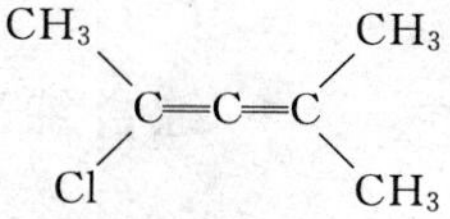 $CH_3(Cl)C=C=C(CH_3)_2$

五、用化学方法区别下列各组化合物

1. 乙基乙酰乙酸乙酯，二乙基乙酰乙酸乙酯

2. 甲酸，乙酸，丙二酸

3. 邻苯二甲酰亚胺，苯甲酰胺，苯胺，*N*-乙基苯胺

4. 2-戊酮，3-戊酮，苯乙酮，乙醛

六、合成题

用指定的原料合成下列化合物（溶剂及无机试剂任选）：

1. 以乙烯和丙烯为原料合成 $CH_3CHCH_2CH_2OH$（CH_3 位于 2 位）。

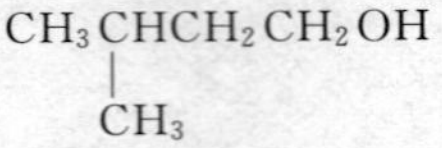

2. 以乙炔为原料合成 $CH_3CH_2—CCl_2—CH_3$。

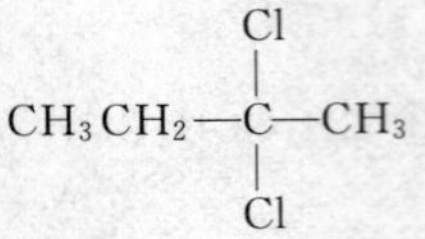

3. 以甲苯为原料合成 间氯苯胺（NH_2、Cl）。

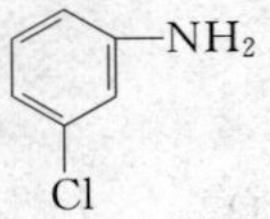

4. 以乙烯为原料合成 $CH_3CH_2—CO—CH(CH_3)—CH_2CH_3$。

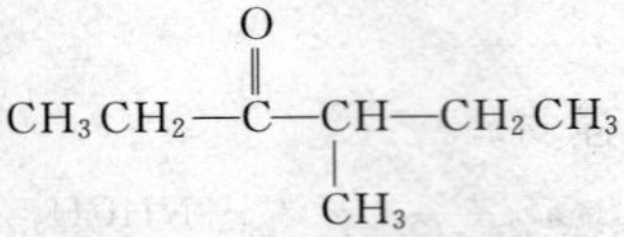

5. 以苯胺为原料合成 3,5-二溴硝基苯。

七、问答题

1. CH_3I 和 CH_3CH_2I 在含水乙醇中进行碱性水解时，若增加水的含量，则使反应速率减小；$(CH_3)_3CCl$ 在含水乙醇中进行水解时，若增加水的含量则使反应速率增大，为什么？试简要解释之。

2. 1,3-丁二烯与 HBr 发生加成反应时，为什么有 1,2-加成和 1,4-加成两种方式？为什么 HBr 中的 H^+ 首先进攻 C_1 原子，而不进攻 C_2 原子？

3. 为什么 2-丁烯基氯与 NaOH 水溶液反应时，生成 2-丁烯-1-醇和 3-丁烯-2-醇两种产物？

八、结构推断

1. 由化合物 A（$C_6H_{13}Br$）所制得的格利雅试剂与丙酮作用水解后，可生成 2,4-二甲基-3-乙基-2-戊醇。A 与 KOH-乙醇溶液加热可生成两种互为异构体的产物 B 和 C。将 B 臭氧化后，再在锌粉存在下水解，则得到相同碳原子数的醛（D）和酮（E）。试写出 A～E 的构造式及各步反应式。

2. 化合物 A 分子式为 $C_6H_{12}O_3$，在 1 710 cm^{-1} 处有强的红外吸收峰。A 用碘的氢氧化钠溶液处理时，得到黄色沉淀，与托伦试剂作用，不发生银镜反应，然而若 A 先用稀的 H_2SO_4 处理，然后再与托伦试剂作用，有银镜产生。A 的核磁共振谱数据如下：

$\delta 2.1$（3H，单峰）　$\delta 3.2$（6H，单峰）　$\delta 2.6$（2H，双重峰）　$\delta 4.75$（1H，三重峰）

试写出 A 的构造式。

综合练习（六）

一、命名下列化合物

1. 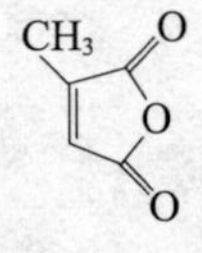 （CH_3，O，O，O）　2. （O，N—CH_2CH_3，O）　3. （O，CH_3，O）

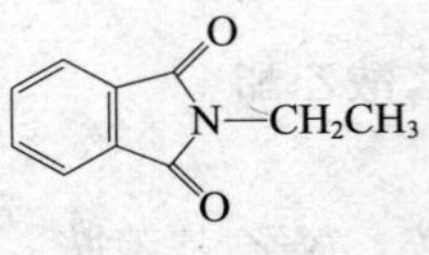

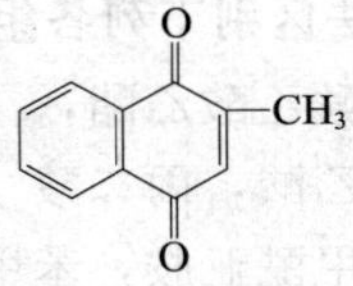

4. (structure)　5. (structure) CH_3 … CHO　6. (structure) CH_2OH, OH, HO, OCH_3, HO

7. (structure) CH_2COOH, N, H　8. $CH_3CH_2N^+(CH_3)_3Cl^-$　9. (structure)

10. (Newman projection: CHO, H, H, H, OH, H)（标出构型）

二、写出下列化合物的结构式

1. 二丙酸乙二醇酯　2. 3-甲基吡啶　3. 2-甲基-δ-内酯
4. *N*-甲基对硝基苯甲酰胺　5. (*Z*,*Z*)-2,4-己二烯二醛　6. L-谷氨酸
7. 丙氨酰甘氨酰甘氨酸　8. 水杨酸　9. (*S*)-乳酸
10. 丙酰乙酸异丁酯

三、完成下列反应

1. $C_6H_5COCl + C_6H_5NHCH_3 \longrightarrow ?$

2. (邻位 CHO 与 CH_2CH_2CHO 取代苯) $\xrightarrow{NaOH}$?

3. C_6H_5CHO + $HOCH_2CH_2OH$ $\xrightarrow{无水\ HCl}$?

4. (环己烯基)COOH $\xrightarrow{LiAlH_4}$?

5. (2-氧代-1-甲基环戊烷甲酸：O, COOH, CH_3) $\xrightarrow{\triangle}$?

6. $H_2NCH_2CH_3 + ClCH_2COONa \longrightarrow ?$

7. (呋喃糖：CH_3OCH_2, OCH_3, CH_2OCH_3, CH_3O, OCH_3) $\xrightarrow{H_3O^+}$?

8. (邻苯二甲酸酐：O, O, O) + $CH_3CH(NH_2)CH_3$ $\longrightarrow$?

9. (吡啶：N) + $CH_3CH_2I \longrightarrow ?$

10. （4-甲基四氢吡喃-2-酮）$\xrightarrow[H_2O]{OH^-}$?

11. $CH_3CH_2COOC_2H_5 \xrightarrow{NaOC_2H_5}$?

12. $C_6H_5NH_2 \xrightarrow[H^+,0\sim5^\circ C]{HNO_2}$? $\xrightarrow{\text{吡咯}}$?

13. $CHO(CHOH)_4CH_2OH + H_2N-NH-C_6H_5$（过量）$\longrightarrow$?

14. $CH_2OH-CO-CH(OH)-CH_2OH \xrightarrow[H_2O]{NaOH}$?

15. 外消旋丙氨酸＋（*S*）-2-丁醇$\longrightarrow$?

四、用化学方法鉴别下列各组化合物

1. C_6H_5-OH，C_6H_5-COOH，$C_6H_5-CH_2OH$
2. 2-戊酮，3-戊酮，戊醛
3. $C_6H_5-NH_2$，$C_6H_{11}-NH_2$，$C_6H_{11}-NHCH_3$
4. 乙酰乙酸乙酯，乙酸乙酯，丁酮
5. 淀粉，蛋白质，蔗糖

五、单项选择或填空

1. 下列物质中，（　　）可以和三氯化铁显色。

A. $CH_3CH(OH)CH_2CH(OH)CH_3$　　B. $CH_3COCH_2CH_2COCH_3$

C. $CH_3COCH_2COCH_3$　　D. $CH_3OCOCH_2COCH_3$

2. 下列化合物中具有对映异构体的是（　　）。

A. 乳酸　　B. 甘油　　C. 氯代环己烷　　D. 内消旋酒石酸

3. 下面的脂肪酸中，（　　）属于不饱和脂肪酸。

A. 油酸　　B. 硬脂酸　　C. 软脂酸　　D. 十二烷酸

4. 下列羧酸中，（　　）可以还原高锰酸钾。

A. CH_3COOH　　B. $HOOC-COOH$　　C. $HOOC-CH_2COOH$　　D. C_6H_5-COOH

5. 下列物质中，（　　）可以形成糖脎。

A. （HOH_2C-取代五元含氧环，环上两个取代基）　B. （HOH_2C-取代五元含氧环，环上一个取代基）　C. （HOH_2C-取代五元含氧环，环上两个取代基）　D. （HOH_2C-取代五元内酯环，$=O$，环上两个取代基）

6. 两个二糖 A 和 B，其中（　　）是还原性二糖；A 的连接关系是（　　）；B 的连接关系是（　　）。

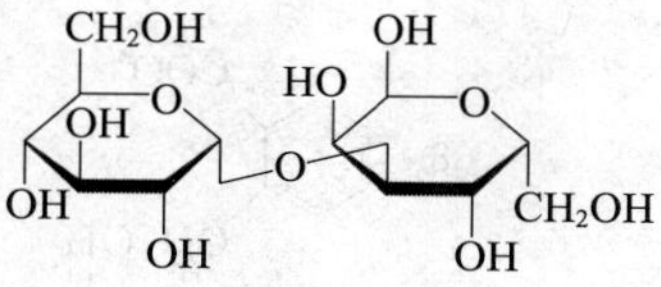

A 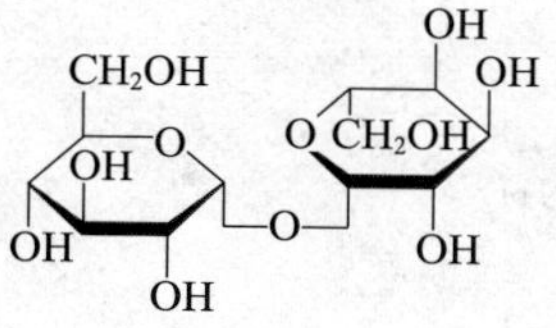　　　　B

7. 蛋白质的一级结构是由（　　）维系；其二级结构是由（　　）维系。

六、由指定试剂制备所需化合物（其他有机、无机试剂自选）

1. 由乙酰乙酸乙酯制备 2-戊酮。

2. 由 $C_6H_5-CH_3$ 制备 $C_6H_5-CH_2-C(CH_3)(OH)-CH_3$。

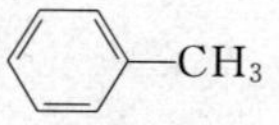

3. 由 C_6H_6 制备 Cl-C_6H_3(Cl)-NO_2（2,4-二氯硝基苯）。

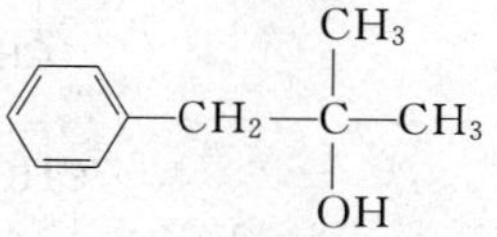

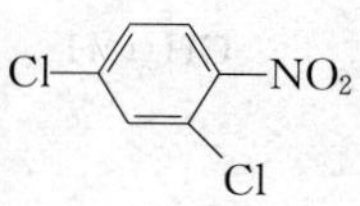

七、推断结构

1. 化合物 A（$C_5H_{11}Br$），有旋光性，与氢氧化钾乙醇溶液一起加热，得到化合物 B（C_5H_{10}），B 用酸性高锰酸钾在加热下处理，得到丙酮和醋酸。B 与溴化氢加成，得到 A 的异构体 C，C 没有旋光性。试写出 A，B，C 的构造式。

2. 某化合物 $C_4H_8O_2$，在碱性条件下稳定，酸性条件下可以水解。水解产物之一能够还原斐林试剂。另一种产物（分子式为 $C_2H_6O_2$）不能还原斐林试剂，但可以和 $KMnO_4$ 等强氧化剂作用。试写出该化合物的构造式，写出水解反应式。

16.2　综合练习答案

综合练习（一）答案

一、1. A　2. D　3. C　4. A　5. A　6. D　7. D　8. A　9. B　10. C　11. B　12. C　13. A　14. B　15. C

二、1. BCD　2. BD　3. AB　4. AC　5. ACD　6. ABC　7. BD　8. BD　9. ACD　10. AC

三、1. $(H_3C)_2C=CH-CH_3$，$H_3C-C(CH_3)(OH)-CH_2-CH_3$　2. $C_6H_5CH_2Cl$

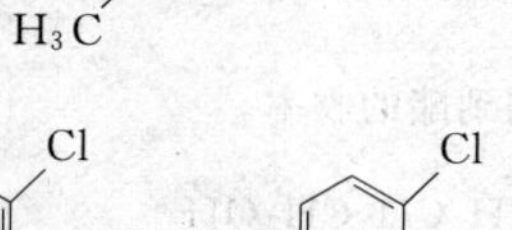

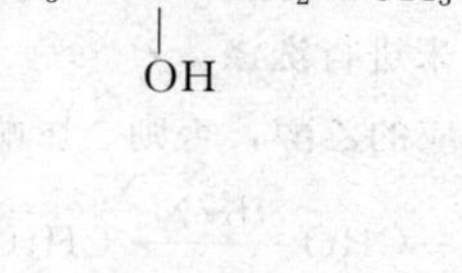

3. 邻-Cl-C_6H_4-CH_2CN，邻-Cl-C_6H_4-CH_2COOH　4. C_6H_5OH，CH_3I

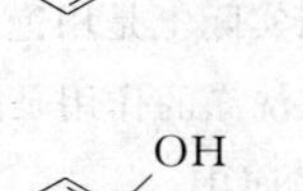

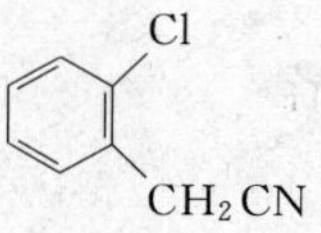

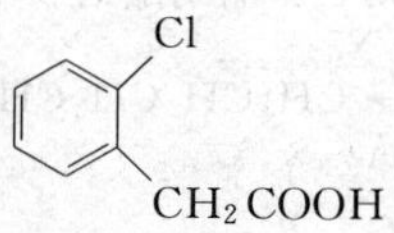

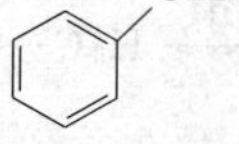

5. $H_3C—CH(OH)—CH_2—CHO$ ， $H_3C—CH═CH—CHO$

6. 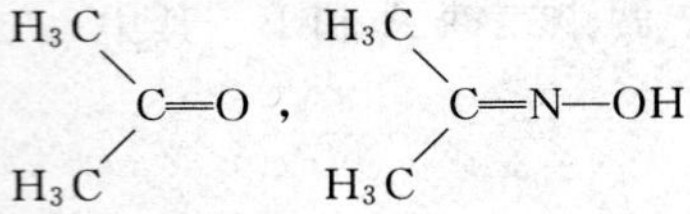 $(H_3C)_2C═O$ ， $(H_3C)_2C═N—OH$

7. $CH_3CH_2CH_2NH_2$

8. 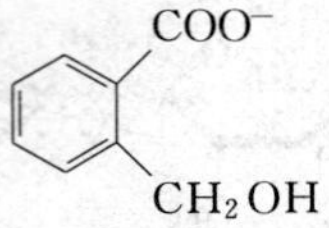 邻羟甲基苯甲酸根（苯环上 COO^- 与 CH_2OH 处于邻位）

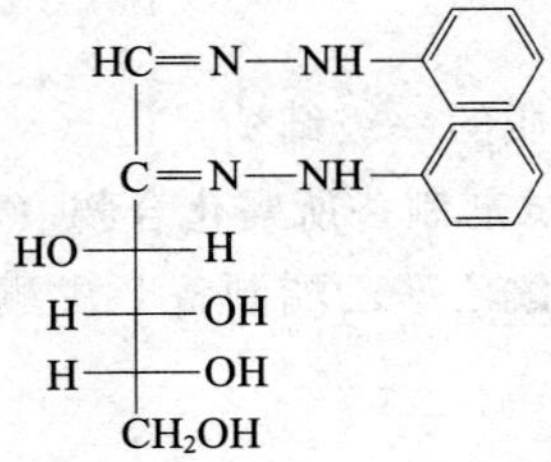

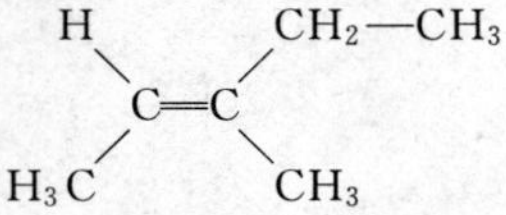

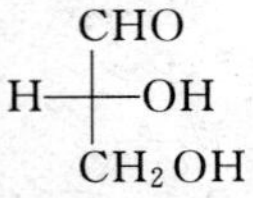

9. 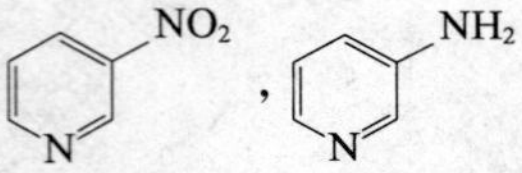 3-硝基吡啶（NO_2）， 3-氨基吡啶（NH_2）

10. $HC═N—NH—C_6H_5$；$C═N—NH—C_6H_5$；HO—H；H—OH；H—OH；CH_2OH

四、1. (H)(H_3C)C═C($CH_2—CH_3$)(CH_3)

2. CHO；H—OH；CH_2OH

3. 吡喃糖结构式：CH_2OH，O，H，H，H，OH，H，HO，OH，H，OH

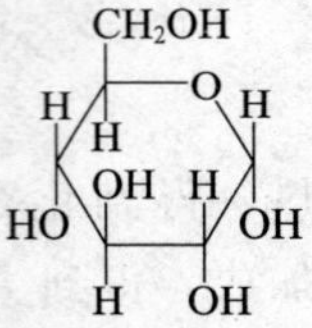

4. 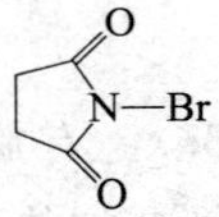 N—Br（N-溴代丁二酰亚胺）

5. 5-甲基-3-己酮

6. (*Z*)-3-氯-3-己烯-1-炔

7. 8-甲基-6-溴-2-萘酚

8. *α*-呋喃甲醛（糖醛）

9. 苯甲酸乙酯

10. 氯化重氮苯

五、1. 2-戊醇、2-戊酮、3-戊酮、戊醛 $\xrightarrow{I_2,NaOH}$

	I_2,NaOH		
2-戊醇	亮黄色↓	卢卡斯试剂	慢慢浑浊
2-戊酮	亮黄色↓		×
3-戊酮	×	$Ag(NH_3)_2OH$	×
戊醛	×		银镜生成

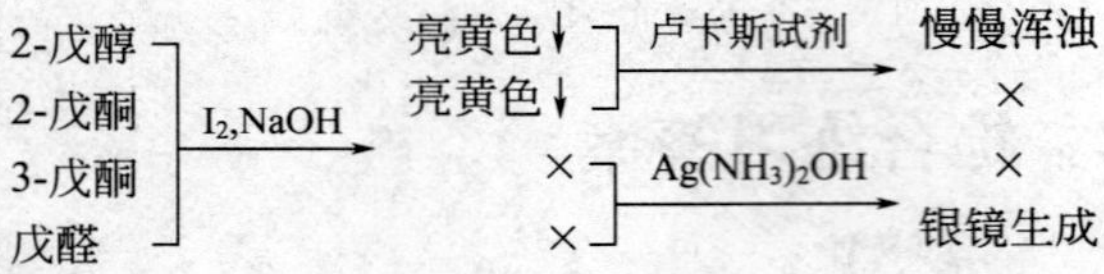

2. (1) $CH_3COOH+CH_3CH_2OH \underset{回流}{\overset{H_2SO_4}{\rightleftharpoons}} CH_3COOCH_2CH_3+H_2O$

过量乙醇的作用是使反应进行得彻底。

(2) 加入饱和 Na_2CO_3 溶液的作用是除去未反应的乙酸，否则会影响到酯的收率。

(3) 当有机层用 Na_2CO_3 溶液洗涤后，若紧接着就用 $CaCl_2$ 溶液洗涤，有可能产生 $CaCO_3$ 絮状沉淀，使进一步分离变难，故在两步操作之间必须用水洗一下。由于乙酸乙酯在水中有一定的溶解度，为了尽可能减少由此而造成的损失，所以实际上是用饱和食盐水来进行洗涤。

(4) 用饱和 $CaCl_2$ 溶液洗涤的作用是除去未反应的乙醇，否则会影响到酯的收率。

六、1. $2CH_3CHO \xrightarrow[\triangle]{稀\ NaOH} H_3C—CH═CH—CHO \xrightarrow{H_2/Ni} CH_3CH_2CH_2CH_2OH$

$\xrightarrow{KMnO_4/H^+} CH_3CH_2CH_2COOH$

2. 苯酚 $\xrightarrow{(CH_3)_2SO_4}$ 苯甲醚 $\xrightarrow{混酸}$ 对硝基苯甲醚 $\xrightarrow{Fe/HCl}$ 对氨基苯甲醚 $\xrightarrow{Br_2}$ 2,6-二溴-4-甲氧基苯胺 $\xrightarrow{NaNO_2/HCl}\xrightarrow{H_3PO_2}$ 3,5-二溴苯甲醚 $\xrightarrow{HI}$ 3,5-二溴苯酚

3. $2H_3C-\overset{O}{\overset{\|}{C}}-CH_2-\overset{O}{\overset{\|}{C}}-O-CH_2-CH_3 \xrightarrow{2C_2H_5ONa} 2H_3C-\overset{O}{\overset{\|}{C}}-\overset{-}{C}H-\overset{O}{\overset{\|}{C}}-O-CH_2-CH_3 \xrightarrow{CH_2Br_2}$

$H_3C-\overset{O}{\overset{\|}{C}}-\underset{H_5C_2OOC}{\underset{|}{C}H}-CH_2-\underset{COOC_2H_5}{\underset{|}{C}H}-\overset{O}{\overset{\|}{C}}-CH_3 \xrightarrow{5\%NaOH} H_3C-\overset{O}{\overset{\|}{C}}-(CH_2)_3-\overset{O}{\overset{\|}{C}}-CH_3 \xrightarrow[\triangle]{稀\ NaOH}$ 3-甲基-2-环己烯-1-酮

七、1. A. $H_3C-\underset{}{\overset{CH_3}{\overset{|}{C}H}}-\overset{O}{\overset{\|}{C}}-CH_2-CH_3$　B. $H_3C-\overset{H_3C}{\overset{|}{C}H}-\overset{OH}{\overset{|}{C}H}-CH_2-CH_3$

C. $H_3C-\overset{CH_3}{\overset{|}{C}}=CH-CH_2-CH_3$　D. $H_3C-\overset{O}{\overset{\|}{C}}-CH_3$　E. CH_3CH_2CHO

2. A. $CH_3COOCH=CH_2$　B. $H_2C=CHCOOCH_3$　C. $H_2C=CHCOOH$

八、$H_3C-\overset{O}{\overset{\|}{C}}-O-CH_2-CH_3+H_2O \xrightarrow[\triangle]{OH^-} H_3C-COO^-+CH_3CH_2OH$

$H_3C-\overset{O}{\overset{\|}{C}}-O-CH_2-CH_3 \underset{慢}{\overset{OH^-}{\rightleftharpoons}} H_3C-\underset{OH}{\underset{|}{\overset{O^-}{\overset{|}{C}}}}-O-CH_2-CH_3 \underset{快}{\rightleftharpoons} H_3C-\overset{O}{\overset{\|}{C}}-OH+{}^-OCH_2CH_3$

$\longrightarrow H_3C-\overset{O}{\overset{\|}{C}}-O^-+CH_3CH_2OH$

综合练习（二）答案

一、1. B　2. C　3. D　4. D　5. A　6. B　7. C　8. C　9. B　10. C　11. C　12. B　13. B　14. B　15. C

二、1. AB　2. ACD　3. BD　4. BD　5. BCD　6. ABC　7. AB　8. BD　9. ACD　10. BD

三、1. （甲基取代的臭氧化物环状结构，含 CH_3、O—O），CH_3—C(=O)—$CH_2CH_2CH_2$—CHO　　2. $H_3C-O-\overset{O}{\overset{\|}{C}}-NH_2$

3. $(H_3C)_2C=CH-CH_3$，$H_3C-\underset{Cl}{\underset{|}{\overset{CH_3}{\overset{|}{C}}}}-CH_2-CH_3$　　4. $H_3C-\overset{O}{\overset{\|}{C}}-C_6H_4-CH(CH_3)_2$（对位）

5. (cyclohexane structures: H_3C, CH_3, H, OH ; H_3C, OH, H, CH_3)

6. (structure with two benzene rings, CH—OH groups and two C=O)

7. $(CH_3CH_2CH_2)_3B$，$CH_3CH_2CH_2OH$

8. C_6H_5—OH ，CH_3CH_2I

9. $H_3C—CH_2—CH_2—\overset{O}{\overset{\|}{C}}—O—C_2H_5$

10. (pyrrole ring: H_3C, N—H, SO_3H)

四、1. CHO / HO—C—H / CH_2OH

2. HO—C_6H_4—$\overset{O}{\overset{\|}{C}}$—$OCH_3$

3. $H_2N—CH_2—\overset{O}{\overset{\|}{C}}—NH—\underset{CH_3}{\underset{|}{CH}}—COOH$

4. HC=N—NH—C_6H_5 / C=N—NH—C_6H_5 / HO—C—H / H—C—OH / H—C—OH / CH_2OH

5. $H_2C—OH$ / HC—OH / $H_2C—OH$

6. 双环[2.2.1]-2-庚酮

7. *N*-甲基-*N*-乙基苯甲酰胺

8. 乙酸酐

9. 5-甲基-8-乙基-2-萘磺酸

10. (*E*)-3-甲基-3-戊烯-1-醇

五、1. 丁烷、1-丁烯、1-丁炔、甲基环丙烷 $\xrightarrow{Br_2/CCl_4}$ 丁烷 ×；其余褪色、褪色、褪色 $\xrightarrow{KMnO_4/稀H^+}$ 甲基环丙烷 ×；褪色、褪色 $\xrightarrow{Ag(NH_3)_2OH}$ 1-丁烯 ×；1-丁炔 白色↓

2. 进行水蒸气蒸馏时，对分离的有机物有以下要求：

(1) 不溶于水或难溶于水；

(2) 可长时间与水共沸，但不与水反应；

(3) 在 100 ℃左右时，必须有一定的蒸气压，一般不少于 1 333 Pa。

水蒸气蒸馏常用于如下情况：

(1) 常压下蒸馏易分解、变质或变色的高沸点有机物；

(2) 反应混合物中含有大量树脂状物质；

(3) 从固体混合物中分离易挥发或除去易挥发的杂质。

六、1. $H_3C—\overset{O}{\overset{\|}{C}}—CH_2—CH_2Cl \xrightarrow[HCl]{HOCH_2CH_2OH}$ $H_3C—C(OCH_2CH_2O)—CH_2—CH_2Cl$

$\xrightarrow[(CH_3CH_2)_2O]{Mg}$ $H_3C—C(OCH_2CH_2O)—CH_2—CH_2MgCl$ $\xrightarrow[(CH_3CH_2)_2O]{CH_3CHO}$ $H_3C—C(OCH_2CH_2O)—CH_2—CH_2—\overset{OMgCl}{\overset{|}{CH}}—CH_3$

$\xrightarrow{H_3^+O}$ $H_3C—\overset{O}{\overset{\|}{C}}—CH_2—CH_2—\overset{OH}{\overset{|}{CH}}—CH_3$

2. 甲苯 $\xrightarrow{\text{混酸}}\xrightarrow{Fe/HCl}$ 对甲基苯胺 $\xrightarrow{(CH_3CH_2)O}$ $p\text{-}CH_3C_6H_4NH-C(=O)-CH_3$ $\xrightarrow{KMnO_4/H^+}$ $p\text{-}HOOCC_6H_4NH-C(=O)-CH_3$

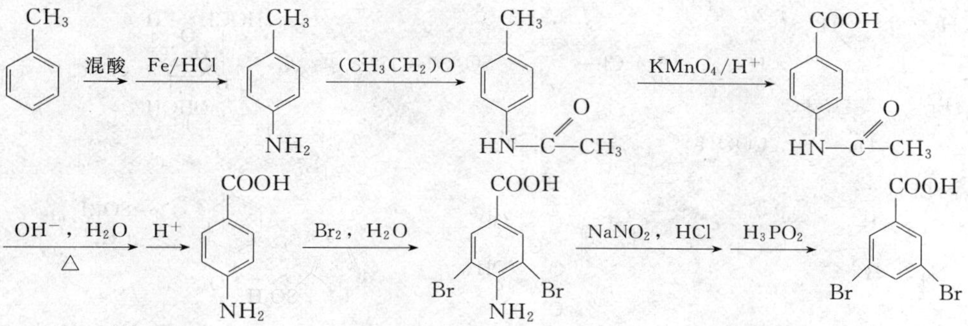

$\xrightarrow[\triangle]{OH^-,\ H_2O}\xrightarrow{H^+}$ 对氨基苯甲酸 $\xrightarrow{Br_2,\ H_2O}$ 3,5-二溴-4-氨基苯甲酸 $\xrightarrow{NaNO_2,\ HCl}\xrightarrow{H_3PO_2}$ 3,5-二溴苯甲酸

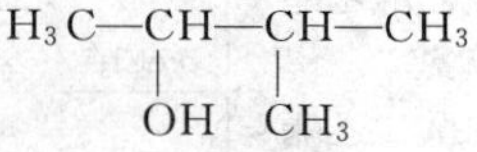

3. $H_2C(COOC_2H_5)_2 \xrightarrow{C_2H_5ONa} H\bar{C}(COOC_2H_5)_2 \xrightarrow{H_3C-CHBr-CH_3} (CH_3)_2HC-HC(COOC_2H_5)_2$

$\xrightarrow{H_3^+O}\xrightarrow[\triangle]{-CO_2} H_3C-CH(CH_3)-CH_2-COOH$

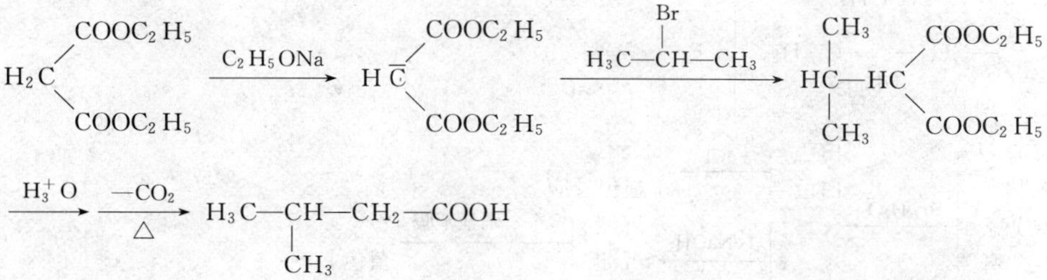

七、1. A. 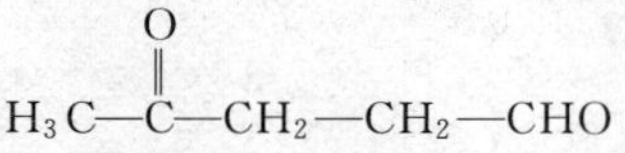 $H_3C-C(=O)-CH_2-CH_2-CHO$　B. 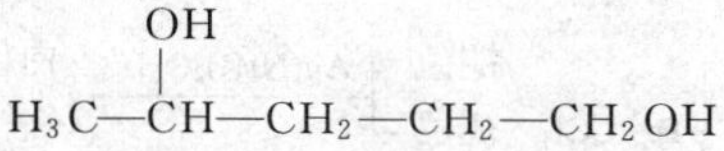 $H_3C-CH(OH)-CH_2-CH_2-CH_2OH$

C. $H_3C-CH=CH-CH=CH_2$

2. A. 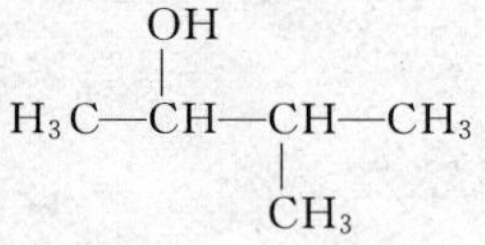 $H_3C-CH(OH)-CH(CH_3)-CH_3$　B. 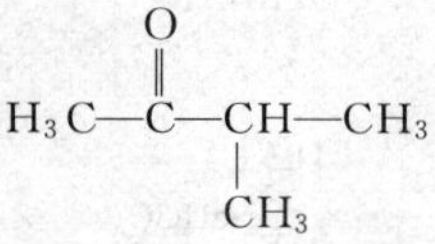 $H_3C-C(=O)-CH(CH_3)-CH_3$　C. $H_3C-CH(OH)-CH(CH_3)-CH_3$

八、$H-C(=O)-CH_2-CH_2-CH_2-CH_2-CH(CH_3)-C(=O)-H \xrightarrow{OH^-}$

$H-C(=O)-\bar{C}H-CH_2-CH_2-CH_2-CH(CH_3)-C(=O)-H \longrightarrow$ 2-羟基-3-甲基环己基甲醛 $\xrightarrow[\triangle]{-H_2O}$ 5-甲基-1-环己烯甲醛

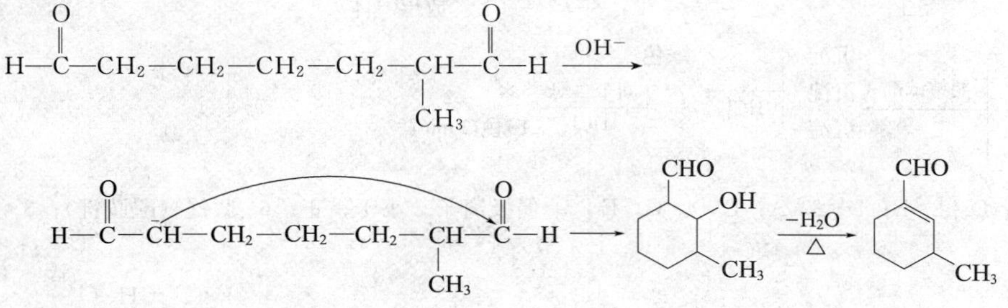

综合练习（三）答案

一、1. 4-苯基-2-羟基-3-丁烯醛　　2. 对硝基苯甲酸环己酯

3. N-甲基对溴苄胺　　4. α-氨基-β-（3-吲哚）丙酸（或色氨酸）

5. N-乙基丁烯二酰亚胺　　6. 2-甲基-2-丁烯醛苯腙

7. 氯化对甲基重氮苯　　8. （2S，3E）-3-甲基-4-苯基-2-溴-3-丁烯酸

9. N-甲基氨基甲酸-2,4-二氯苯酯　　10. N,N-二甲基甲酰胺

二、1. Fischer 投影式：CHO（上），Br—C—H，Br—C—H，CHO（下）　　2. 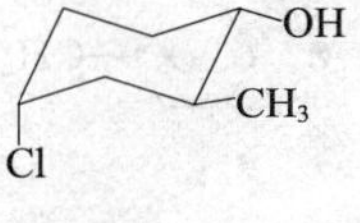 椅式环己烷：OH、CH_3、Cl 取代　　3. 吡啶-3-C(=O)—NH_2

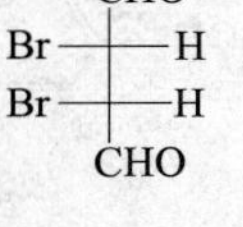

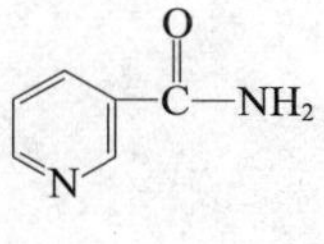

4. 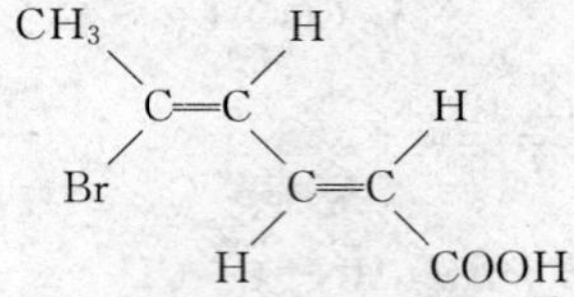 CH_3, Br, C=C, H; C=C, H, H, COOH

5. 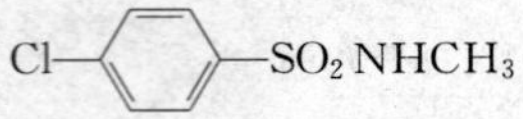 Cl—C_6H_4—SO_2NHCH_3

6. 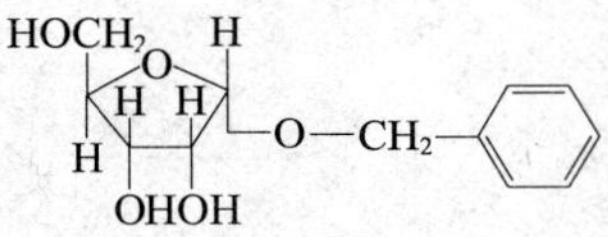 $HOCH_2$, O, H, H, H, H, OH OH, —O—CH_2—C_6H_5

7. 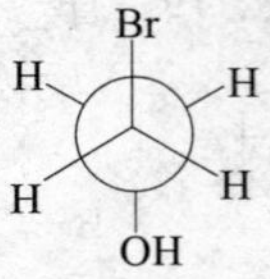 Br, H, H, H, H, OH

8. 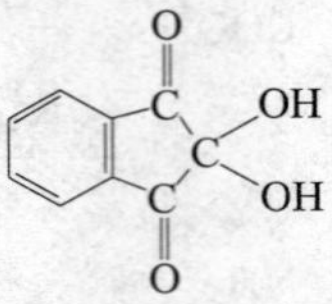 O, C, OH, C, OH, C, O

9. 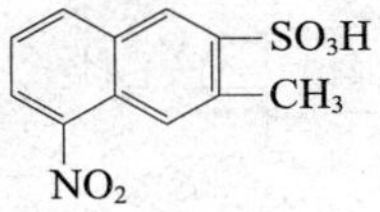 SO_3H, CH_3, NO_2

10. 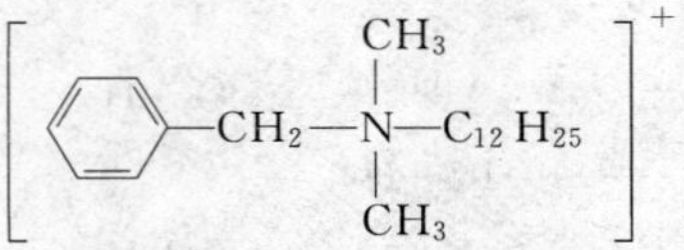 $[C_6H_5—CH_2—N(CH_3)_2—C_{12}H_{25}]^+$ Br^-

三、1.

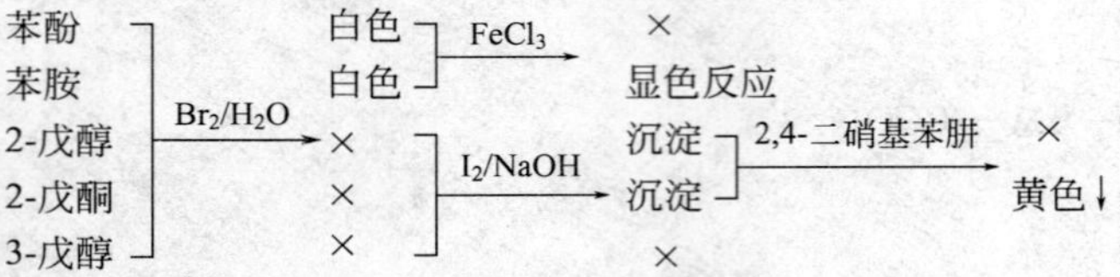

苯酚、苯胺、2-戊醇、2-戊酮、3-戊醇 $\xrightarrow{Br_2/H_2O}$ 白色、白色、×、×、×

白色、白色 $\xrightarrow{FeCl_3}$ ×、显色反应

×、×、× $\xrightarrow{I_2/NaOH}$ 沉淀、沉淀、×

沉淀、沉淀 $\xrightarrow{2,4-二硝基苯肼}$ ×、黄色↓

2.

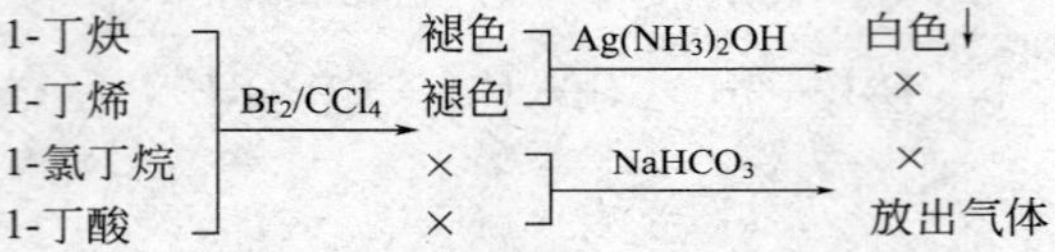

1-丁炔、1-丁烯、1-氯丁烷、1-丁酸 $\xrightarrow{Br_2/CCl_4}$ 褪色、褪色、×、×

褪色、褪色 $\xrightarrow{Ag(NH_3)_2OH}$ 白色↓、×

×、× $\xrightarrow{NaHCO_3}$ ×、放出气体

3.

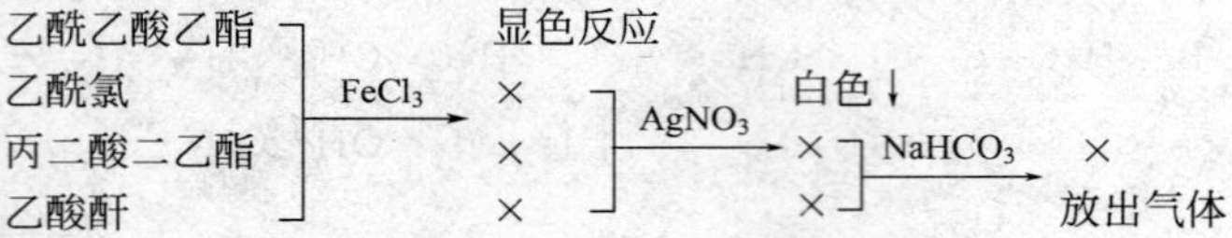

乙酰乙酸乙酯、乙酰氯、丙二酸二乙酯、乙酸酐 $\xrightarrow{FeCl_3}$ 显色反应、×、×、×

×、×、× $\xrightarrow{AgNO_3}$ 白色↓、×、×

×、× $\xrightarrow{NaHCO_3}$ ×、放出气体

4.

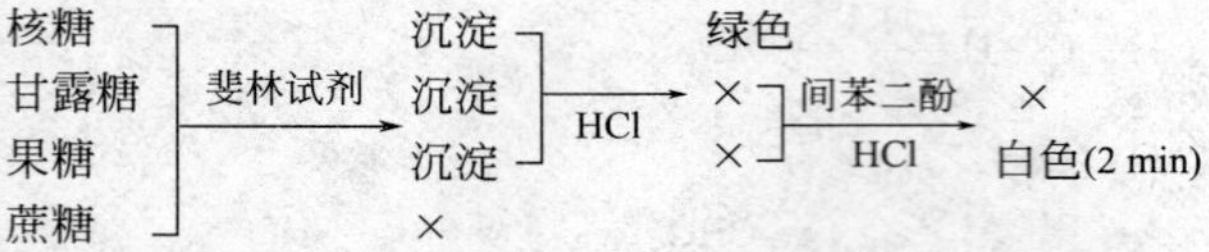

核糖、甘露糖、果糖、蔗糖 $\xrightarrow{斐林试剂}$ 沉淀、沉淀、沉淀、×

沉淀、沉淀、沉淀 $\xrightarrow{HCl}$ 绿色、×、×

×、× $\xrightarrow[HCl]{间苯二酚}$ ×、白色(2 min)

四、1. F；D　2. B；F　3. A；E　4. C；E　5. 偶极离子；小于；正　6. 肽键（酰胺键）；3′,5′-磷酸二酯键

五、1. Cl—C_6H_4—CH_2CN

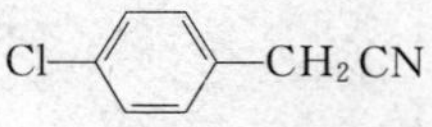

2. 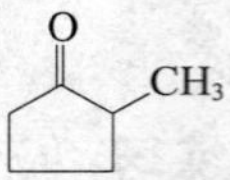 2-甲基环戊酮（O，CH_3）

3. C_6H_{11}—N(CH_3)—C(=O)—CH_3

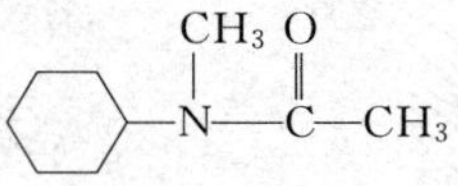

4. 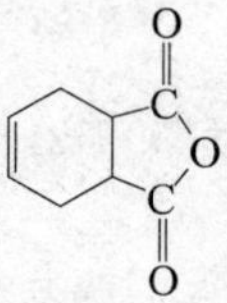 O, C, O, C, O

5. 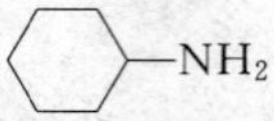 C_6H_{11}—NH_2

6. 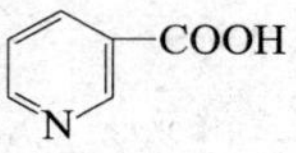 COOH, N

7. 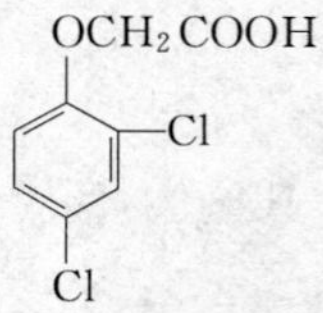 OCH_2COOH, Cl, Cl

8. A. 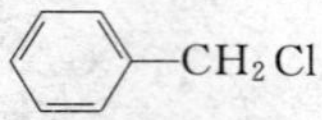 C_6H_5—CH_2Cl　B. 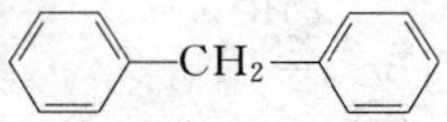 C_6H_5—CH_2—C_6H_5

9. A. $\left[\begin{array}{c} CH_2CH_3 \\ | \\ (CH_3CH_2CH_2)_2NCH_3 \end{array}\right]^+ I^-$　B. B＋C：$(CH_3CH_2CH_2)_2NCH_3 + CH_2{=}CH_2$

六、1.

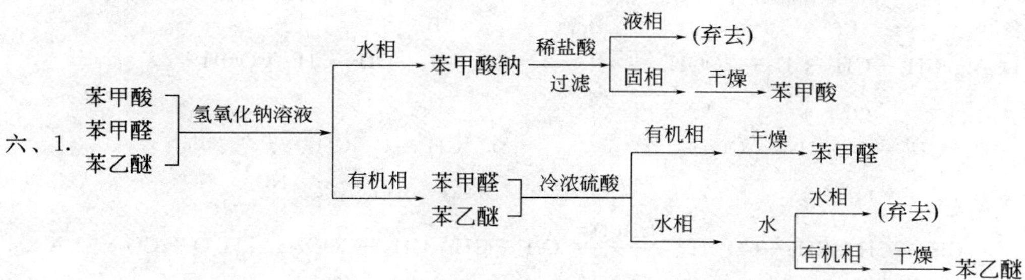

2. 苯胺、苯酚、甲苯 $\xrightarrow{\text{氢氧化钠溶液}}$

- 水相：苯酚钠 $\xrightarrow[\text{过滤}]{CO_2}$ 液相 → (弃去)；固相 $\xrightarrow{\text{干燥}}$ 苯酚
- 有机相：苯胺、甲苯 $\xrightarrow{\text{稀盐酸}}$
  - 有机相 $\xrightarrow{\text{干燥}}$ 甲苯
  - 水相 $\xrightarrow{\text{氢氧化钠溶液}}$ 有机相 $\xrightarrow{\text{干燥}}$ 苯胺；水相 → (弃去)

七、1. $CH{\equiv}CH \xrightarrow[H_2]{Pd/PdO} CH_2{=}CH_2 \xrightarrow{HCl} CH_3CH_2Cl \xrightarrow[Et_2O]{Mg} CH_3CH_2MgCl$

$$CH{\equiv}CH \xrightarrow[HgSO_4]{H_2SO_4} CH_3CHO \xrightarrow{OH^-} CH_4{-}\underset{}{\overset{OH}{\overset{|}{C}}}H{-}CH_2CHO \xrightarrow{\triangle} CH_3CH{=}CHCHO$$

$$CH_3CH{=}CHCHO + CH_3CH_2MgCl \longrightarrow CH_3CH{=}CH\underset{OMgCl}{\underset{|}{C}}H{-}CH_2CH_3 \xrightarrow[H_2O]{H^+}$$

$$CH_3CH{=}CH\underset{OH}{\underset{|}{C}}H{-}CH_2CH_3$$

2. $CH_3CH{=}CH_2 \xrightarrow[H_2O_2]{HBr} CH_3CH_2CH_2Br \xrightarrow[Et_2O]{Mg} CH_3CH_2CH_2MgBr$

$$CH_3CH{=}CH_2 \xrightarrow[H_2O]{H^+} CH_3\overset{OH}{\overset{|}{C}}HCH_3 \xrightarrow{[O]} CH_3{-}\overset{O}{\overset{\|}{C}}{-}CH_3$$

$$CH_3{-}\overset{O}{\overset{\|}{C}}{-}CH_3 + CH_3CH_2CH_2MgBr \longrightarrow CH_3{-}\underset{CH_3}{\underset{|}{\overset{OMgBr}{\overset{|}{C}}}}{-}CH_2CH_2CH_3 \xrightarrow[H_2O]{H^+} CH_3{-}\underset{CH_3}{\underset{|}{\overset{OH}{\overset{|}{C}}}}{-}CH_2CH_2CH_3$$

3. 环戊醇（C₅H₉—OH） $\xrightarrow{[O]}$ 环戊酮（=O） $\xrightarrow{HCN}$ 1-羟基环戊基甲腈（CN, OH） $\xrightarrow[Ni]{H_2}$ 1-(氨甲基)环戊醇（CH_2NH_2, OH）

4. 甲苯（CH_3） $\xrightarrow{KMnO_4/H^+}$ 苯甲酸（COOH） $\xrightarrow{Br_2/Fe}$ 间溴苯甲酸（COOH, Br） $\xrightarrow[\text{②}P_2O_5,\triangle]{\text{①}NH_3}$ 间溴苯甲酰胺（$CONH_2$, Br）

$\xrightarrow[NaOH]{Br_2}$ 3-溴苯胺（NH_2, Br） $\xrightarrow[0\sim5\ ℃]{NaNO_2/HCl}$ 3-溴重氮苯盐酸盐（$N_2^+Cl^-$, Br） $\xrightarrow[\triangle]{H_2O}$ 3-溴苯酚（OH, Br）

八、1. A. $CH_3-CH(OH)-CH_2-COOH$　　B. $CH_3-CH=CH-COOH$

C. $CH_3-C(=O)-CH_2-COOH$　　D. $CH_3-C(=O)-CH_3$

$$\underset{A}{CH_3-CH(OH)-CH_2-COOH} \xrightarrow{NaHCO_3} CH_3-CH(OH)-CH_2-COONa + H_2O + CO_2$$

$$\underset{A}{CH_3-CH(OH)-CH_2-COOH} \xrightarrow{\triangle} \underset{B}{CH_3-CH=CH-COOH}$$

$$\underset{A}{CH_3-CH(OH)-CH_2-COOH} \xrightarrow{K_2Cr_2O_7/H^+} \underset{C}{CH_3-C(=O)-CH_2-COOH}$$

$$CH_3-C(=O)-CH_2-COOH \xrightarrow{\triangle} \underset{D}{CH_3-C(=O)-CH_3} + CO_2$$

$$CH_3-C(=O)-CH_3 \xrightarrow[H_2O,\ I_2]{NaOH} CH_3COONa + CHI_3\downarrow$$

2. $(CH_3)_2C=CH-CH_2CH_2-CH(CH_3)-CH_2-CHO$

3. A. $HO-C_6H_4-COOH$（对位）　B. $HO-C_6H_4-C(=O)-O-C(=O)-CH_3$　C. $HO-C_6H_4-C(=O)-OCH_3$

综合练习（四）答案

一、1. 2,5-二甲基-5-(1,2-二甲基丙基) 壬烷　　2. 苯甲酸苄酯

3. (2*R*，3*R*)-2-甲基-3-氯丁醛　　4. 8-甲基-2-氯二环 [3.2.1]-6-辛烯

5. *β*-吲哚乙酸　　6. （吡喃糖环结构：CH_2OH；H，H，H；OH HO；HO，OH；H，H）

7. H_3C—（环己烷椅式）—$CH(CH_3)_2$　　8. $HOCH_2CH_2NH_2$

9. 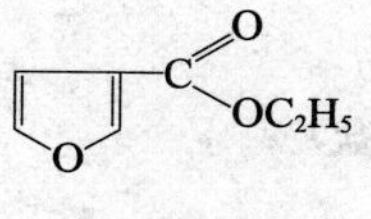 (3-呋喃甲酸乙酯：呋喃环 3 位连 $-COOC_2H_5$)

10. $HO-C(CH_2COOH)_2-COOH$

$$\begin{array}{c} CH_2COOH \\ | \\ HO-C-COOH \\ | \\ CH_2COOH \end{array}$$

二、1. A　2. B　3. C　4. C　5. D　6. C　7. B　8. C　9. B　10. A

三、1. (4-氨基-2-羟基嘧啶 $\rightleftharpoons$ 4-氨基-2(1H)-嘧啶酮，结构式：NH_2，HO，N ⇌ NH_2，O，N—H)

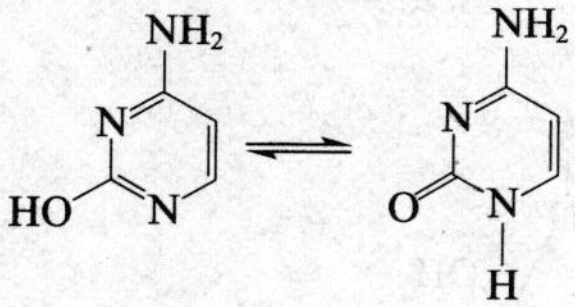

2. $(H_3C)_2C{=}CHCH_3$

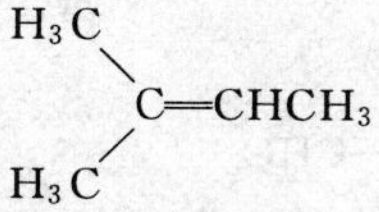

3. 有两种：①毛细管法；②显微熔点测定仪法。

4. 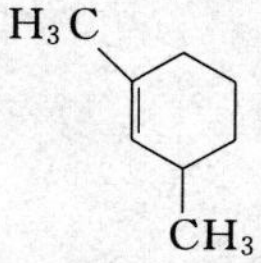 (1,3-二甲基环己烯：H_3C，CH_3)

5. 加斐林试剂，有 $Cu_2O\downarrow$（砖红色）者为丙醛。加 I_2+NaOH 有黄色 CHI_3 晶体出现的为丙酮。加蓝色石蕊试剂，溶液变红者为丙酸。

四、1. 环戊烯 $\xrightarrow{HBr}$ 环戊基—Br $\xrightarrow[\text{无水乙醚}]{Mg}$ 环戊基—MgBr $\xrightarrow[\text{② } H_2O]{\text{① } CH_3CHO}$

环戊基—CH(OH)—CH_3 $\xrightarrow[H_2SO_4]{K_2Cr_2O_7}$ 环戊基—C(=O)—CH_3

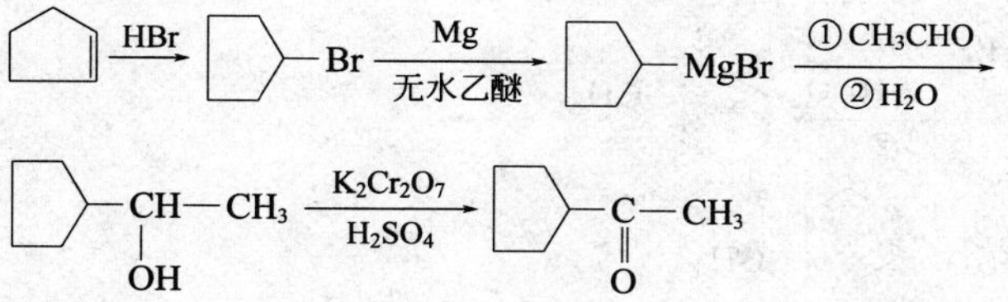

2. $CH_3CH{=}CH_2 \xrightarrow[R_2O_2]{HBr} CH_3CH_2CH_2Br \xrightarrow{NaCN} CH_3CH_2CH_2CN \xrightarrow[H^+]{H_2O} CH_3CH_2CH_2COOH$

3. 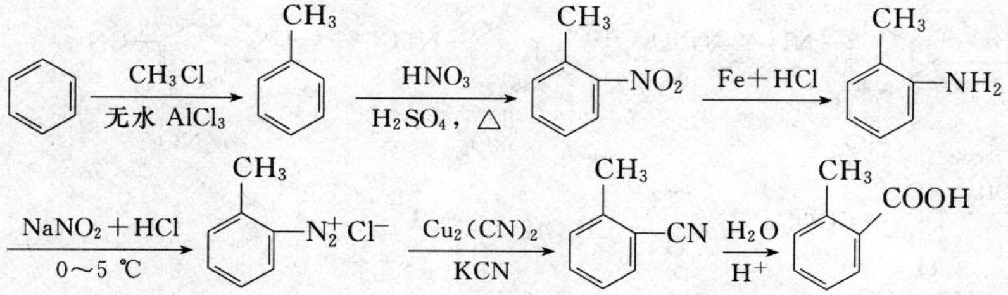 苯 $\xrightarrow[\text{无水 } AlCl_3]{CH_3Cl}$ 甲苯 $\xrightarrow[H_2SO_4,\ \triangle]{HNO_3}$ 邻硝基甲苯（CH_3，$-NO_2$） $\xrightarrow{Fe+HCl}$ 邻甲苯胺（CH_3，$-NH_2$）

$\xrightarrow[0\sim5\ ℃]{NaNO_2+HCl}$ 邻甲基重氮苯（CH_3，$-N_2^+Cl^-$） $\xrightarrow[KCN]{Cu_2(CN)_2}$ 邻甲基苯甲腈（CH_3，$-CN$） $\xrightarrow[H^+]{H_2O}$ 邻甲基苯甲酸（CH_3，$COOH$）

4. $CH_3COOH \xrightarrow[\text{红磷},\ h\nu]{Cl_2} CH_2(Cl)-COOH \xrightarrow{NaCN} CH_2(CN)-COOH$

$\xrightarrow[H^+]{H_2O} CH_2(COOH)_2 \xrightarrow[H_2SO_4,\ \triangle]{C_2H_5OH} CH_2(COOC_2H_5)_2$

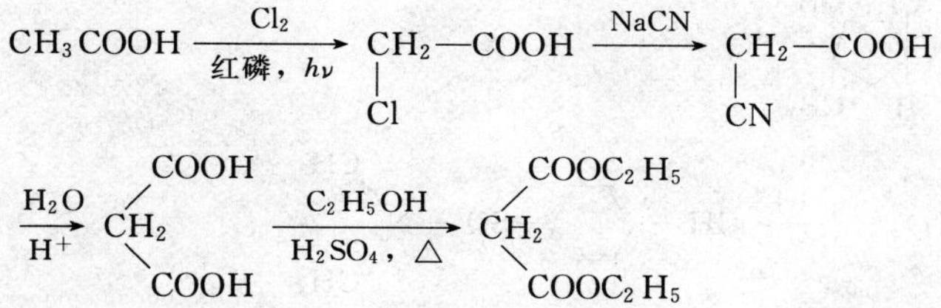

综合练习（五）答案

一、1. 2,6-二甲基-3,3-二乙基-5-异丙基辛烷　2. 对羟基苯甲醇

3. (2*R*，3*E*)-4-甲基-2-苯基-3-氯-3-庚烯

4. 2-甲基-2-丁烯醛

5. 2,6-蒽醌二磺酸

6. 乙异丁酸酐

7. 苄基烯丙基醚

8. 氯化重氮苯（或重氮苯盐酸盐）

二、1. $O_2N-C_6H_3(NO_2)-NH-N=C(CH_3)_2$

2. 1-萘乙酸（CH_2COOH 取代于萘环 1 位）

3. 4-溴-2-甲基吡咯（Br，CH_3，N—H）

4. 吡喃糖椅式构象（H，CH_2OH，O，HO，H，OH，HO，H，OH，H）

三、1. $CH\equiv CH + H_2O \xrightarrow[HgSO_4]{H_2SO_4} CH_3CHO \xrightarrow[②\triangle，-H_2O]{①HCHO，稀 OH^-} CH_2=CH-CHO$

$\xrightarrow{NaBH_4} CH_2=CH-CH_2OH$

2. $C_6H_6 + CH_3-\overset{O}{\overset{\|}{C}}-O-\overset{O}{\overset{\|}{C}}-CH_3 \xrightarrow{无水 AlCl_3} C_6H_5-\overset{O}{\overset{\|}{C}}-CH_3 \xrightarrow[NaOH/H_2O]{I_2}$

$C_6H_5-\overset{O}{\overset{\|}{C}}-ONa + CHI_3\downarrow$

3. 环己酮 $\xrightarrow[干醚]{CH_3MgBr}$ 1-甲基环己基-OMgBr（CH_3） $\xrightarrow[②\triangle]{①H_3^+O}$ 1-甲基环己烯（$-CH_3$） $\longrightarrow$

$\xrightarrow[(或①HBr，ROOR ②NaOH，H_2O)]{①B_2H_6，H_2O_2 ②OH^-}$ 2-甲基环己醇（$-OH$，$-CH_3$）

4. $CH_3CH_2-\underset{OH}{\underset{|}{CH}}-COOH \xrightarrow[\triangle]{稀 H_2SO_4} CH_3CH_2-CHO + HCOOH$

$HCOOH \longrightarrow CO + H_2O$

5. 间二硝基苯（$-NO_2$，NO_2） $\xrightarrow{(NH_4)_2S}$ 间硝基苯胺（$-NH_2$，NO_2） $\xrightarrow[0\sim5\ ℃]{NaNO_2，HCl}$ 间硝基氯化重氮苯（$-N_2^+Cl^-$，NO_2） $\xrightarrow{CuCN}$ 间硝基苯甲腈（$-CN$，NO_2）

6. 呋喃-2-CHO $\xrightarrow{浓 NaOH}$ 呋喃-2-COONa + 呋喃-2-CH_2OH

7. 环戊烷（CH_3，CH_3，H，Br） $\xrightarrow[S_N1]{H_2O,OH^-}$ 环戊醇（CH_3，CH_3，H，OH） + 环戊醇（CH_3，OH，H，CH_3）

8. $CH_3-C_6H_4-SO_2Cl + HN(CH_3)_2 \xrightarrow{NaOH} CH_3-C_6H_4-SO_2-N(CH_3)_2$

9. $CH_2=CH-\underset{}{\overset{CH_3}{\overset{|}{CH}}}-CH_2-NH_2 \xrightarrow[②湿 Ag_2O]{①过量 CH_3I} CH_2=CH-\overset{CH_3}{\overset{|}{CH}}-CH_2-\overset{CH_3}{\overset{|}{\underset{CH_3}{\underset{|}{N^+}}}}-CH_3\ I^-$

$\xrightarrow{\triangle} CH_3=CH-\underset{}{\overset{CH_3}{\overset{|}{C}}}=CH_2 + N(CH_3)_3$

10. $CH_3CH_2COOH \xrightarrow[P]{Br_2} CH_3-\underset{\underset{Br}{|}}{CH}-COOH$

11. 萘 $\xrightarrow[400\sim500\ ℃]{V_2O_5(空气)}$ 邻苯二甲酸酐

12. 对氯苄氯（CH_2Cl，Cl）$\xrightarrow[乙醇]{NaCN}$ 对氯苯乙腈（CH_2CN，Cl）

四、1. ④>②>①>③>⑤

2. ④>②>①>③>⑤

3. ④>②>①>③>⑤

4. B　5. C　6. D　7. D　8. C

五、1. 乙基乙酰乙酸乙酯、二乙基乙酰乙酸乙酯 $\xrightarrow{FeCl_3 溶液}$ 出现紫蓝色；×

2. 甲酸、乙酸、丙二酸 $\xrightarrow{托伦试剂}$ Ag↓(出现银镜)；×；×

×、× $\xrightarrow{分别加热}$ ×；CO_2↓(使石灰水变浑浊)

3. 邻苯二甲酰亚胺、苯甲酰胺、苯胺、*N*-乙基苯胺 $\xrightarrow{NaOH 溶液}$ 溶解；×；×；×

×、×、× $\xrightarrow[C_6H_5-SO_2Cl]{NaOH 溶液}$ ×；溶液；晶体↓

4. 乙醛、2-戊酮、3-戊酮、苯乙酮 $\xrightarrow{饱和 NaHSO_3 溶液}$ 晶体；晶体；×；×

晶体、晶体 $\xrightarrow{托伦试剂}$ Ag↓(出现银镜)；×

×、× $\xrightarrow{I_2/NaOH}$ ×；CHI_3↓

六、1. $CH_2=CH_2 \xrightarrow[250\ ℃]{Ag} \underset{\diagdown O \diagup}{CH_2-CH_2}$

$CH_3CH=CH_2 + HBr \longrightarrow CH_3-\underset{\underset{CH_3}{|}}{CH}-Br \xrightarrow[干醚]{Mg} CH_3-\underset{\underset{CH_3}{|}}{CH}-MgBr$

$\xrightarrow[①干醚\ ②H_3^+O]{\underset{\diagdown O \diagup}{CH_2-CH_2}} CH_3-\underset{\underset{CH_3}{|}}{CH}-CH_2-CH_2OH$

2. $HC\equiv CH \xrightarrow[液氨]{Na-NH_2} HC\equiv C-Na$

$HC\equiv CH + H_2 \xrightarrow{林德拉催化剂} CH_2=CH_2 \xrightarrow{HCl} CH_3-CH_2-Cl$

$$\xrightarrow{HC\equiv C-Na} CH_3-CH_2-C\equiv CH \xrightarrow{2HCl} CH_3-CH_2-CCl_2-CH_3$$

3. $C_6H_5-CH_3 \xrightarrow[KMnO_4]{[O]} C_6H_5-COOH \xrightarrow[FeCl_3]{Cl_2}$ m-$ClC_6H_4-COOH \xrightarrow[②\triangle]{①NH_3}$

m-$ClC_6H_4-CO-NH_2 \xrightarrow{Br_2+NaOH}$ m-$ClC_6H_4-NH_2 + CO_2 + NaBr$

*4. $CH_2=CH_2 + CO_2 + H_2 \xrightarrow[\triangle，压力]{[Co(CO)_4]_2} CH_3CH_2CHO$

$$CH_2=CH_2 + \frac{1}{2}O_2 \xrightarrow[PdCl_2]{CuCl_2} CH_3-CHO$$

$$CH_2=CH_2 + HBr \longrightarrow CH_3CH_2Br \xrightarrow[干醚]{Mg} CH_3-CH_2-MgBr \xrightarrow[①干醚\ ②H_3^+O]{CH_3-CHO}$$

$$CH_3-CH_2-CH(OH)-CH_3 \xrightarrow{HBr} CH_3-CH_2-CH(Br)-CH_3 \xrightarrow[干醚]{Mg} CH_3-CH_2-CH(MgBr)-CH_3$$

$$\xrightarrow[①干醚\ ②H_3^+O]{CH_3CH_2CHO} CH_3-CH_2-CH(OH)-CH(CH_3)-CH_2CH_3 \xrightarrow{[O]} CH_3-CH_2-CO-CH(CH_3)-CH_2CH_3$$

5. $C_6H_5-NH_2 \xrightarrow[AlCl_3]{CH_3-CO-Cl} C_6H_5-NH-CO-CH_3 \xrightarrow[\geqslant 100\ ℃]{浓\ H_2SO_4}$ p-$HO_3S-C_6H_4-NH-CO-CH_3$

$\xrightarrow{Br_2}$ 2,6-二溴-4-磺酸基乙酰苯胺（$NH-CO-CH_3$；Br，Br；SO_3H）$\xrightarrow[150\ ℃]{H_3^+O}$ 2,6-二溴苯胺（NH_2；Br，Br）$\xrightarrow[AlCl_3]{CH_3-CO-Cl}$ 2,6-二溴乙酰苯胺（$NH-CO-CH_3$；Br，Br）

$\xrightarrow[浓\ HNO_3]{浓\ H_2SO_4}$ 2,6-二溴-4-硝基乙酰苯胺（$NH-CO-CH_3$；Br，Br；NO_2）$\xrightarrow{H_3^+O}$ 2,6-二溴-4-硝基苯胺（NH_2；Br，Br；NO_2）$\xrightarrow[0\sim5\ ℃]{NaNO_2，HCl}$ 2,6-二溴-4-硝基氯化重氮苯（N_2Cl；Br，Br；NO_2）

$\xrightarrow[\triangle]{H_3PO_2}$ 3,5-二溴硝基苯（Br，Br；NO_2）

七、1. 因为CH_3I和CH_3CH_2I的水解反应均是按S_N2历程进行的，当增加水的含量时，溶剂的极性增强，有利于S_N1历程，而不利于S_N2历程，故使反应速率减小，$(CH_3)_3C-Cl$水解时则按S_N1历程进行，增加水含量，使溶剂的极性增高，故反应速率增大。

2. 因为1,3-丁二烯是一个π-π共轭体系，它与HBr的加成反应是亲电加成反应，当亲电试剂HBr中的H^+进攻1,3-丁二烯分子中的C_1原子时，由于电子的离域，使C_2及C_4原子上带有正电荷，所以在形成的反应活性中间体碳正离子中就出现两个正电中心，因此Br^-负离子既可以进攻带正电荷的C_2原子也可进攻带正

电荷的 C_4 原子，于是便产生了两种加成方式，如下所示：

$$\overset{\delta^+}{\underset{4}{CH_2}}=\overset{\delta^-}{\underset{3}{CH}}-\overset{\delta^+}{\underset{2}{CH}}=\overset{\delta^-}{\underset{1}{CH_2}} + \overset{+\,-}{HBr} \longrightarrow \overset{\delta^+}{CH_2}\text{---}\overset{\delta^-}{CH}\text{---}\overset{\delta^+}{CH}-CH_3 \xrightarrow{Br^-} \begin{cases} \xrightarrow{1,2\text{-加成}} CH_2=CH-CH(Br)-CH_3 \\ \xrightarrow{1,4\text{-加成}} CH_2(Br)-CH=CH-CH_3 \end{cases}$$

$$(\text{或}\ \underbrace{CH_2\text{---}CH\text{---}CH}_{+}-CH_3)$$

亲电试剂 HBr 中的 H^+ 之所以首先进攻 C_1 原子而不进攻 C_2 原子，是因为前者所形成的反应活性中间体碳正离子比后者的能量更低、更稳定，因而更易生成。

$$\underset{4}{CH_2}=\underset{3}{CH}-\underset{2}{CH}=\underset{1}{CH_2} + H^+ \begin{cases} \xrightarrow{①} CH_2=CH-\overset{+}{C}H-CH_3\ (\text{p-}\pi\text{共轭}) \\ \xrightarrow{②} CH_2=CH-CH_2-\overset{+}{C}H_2 \end{cases}$$

3. 该反应是亲核取代反应，是按 S_N1 历程进行的。反应的第一步 R—X 键断裂，生成稳定的烯丙基碳正离子：

$$Cl-\underset{1}{CH_2}-\underset{2}{CH}=\underset{3}{CH}-\underset{4}{CH_3} \longrightarrow \overset{+}{\underset{1}{CH_2}}-\underset{2}{CH}=\underset{3}{CH}-\underset{4}{CH_3}$$

由于 R^+ 离子中 C_1 原子的空 p 轨道可与 C_2，C_3 原子间的 π 键产生电子离域（p-π 共轭），结果使 C_1 上的正电荷离域到 C_3 上，生成一个离域的 R^+：

$$\overset{+}{\underset{1}{CH_2}}-\overset{\delta^-}{\underset{2}{CH}}=\overset{\delta^+}{\underset{3}{CH}}-\underset{4}{CH_3} \longrightarrow \overset{\delta^+}{CH_2}\text{---}\overset{\delta^-}{CH}\text{---}\overset{\delta^+}{CH}-CH_3$$

$$(\text{或}\ \overbrace{CH_2\text{---}CH\text{---}CH}^{+}-CH_3)$$

反应的第二步，带负电荷的 OH^- 既可进攻 C_1^+ 也可进攻 C_3^+，因而分别得到两种取代产物：

$$\overset{\delta^+}{CH_2}\text{---}\overset{\delta^-}{CH}\text{---}\overset{\delta^+}{CH}-CH_3 \xrightarrow{OH^-\ ①\ ②} \begin{cases} \xrightarrow{①} CH_2(OH)-CH=CH-CH_3\ (\text{2-丁烯-1-醇}) \\ \xrightarrow{②} CH_2=CH-CH(OH)-CH_3\ (\text{3-丁烯-2-醇}) \end{cases}$$

八、1. A. $CH_3-CH(CH_3)-CH(Br)-CH_2-CH_3$　　B. $CH_3-C(CH_3)=CH-CH_2-CH_3$

C. $CH_3-CH(CH_3)-CH=CH-CH_3$　　D. CH_3-CH_2-CHO

E. $CH_3-\underset{\|}{\overset{}{C}}(=O)-CH_3$

各步反应式如下：

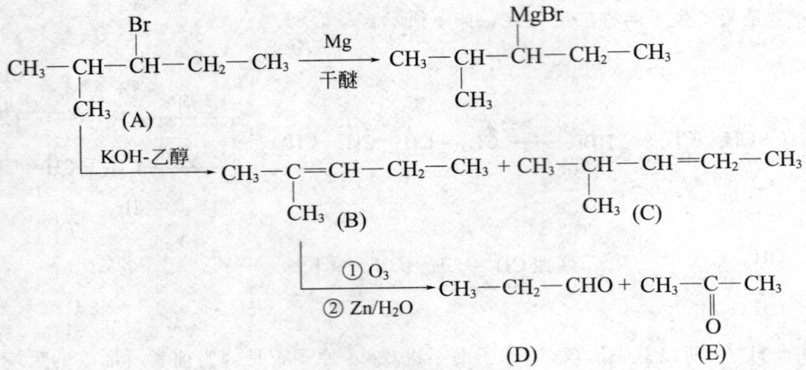

$$CH_3-\underset{CH_3\ (A)}{\underset{|}{CH}}-\overset{Br}{\overset{|}{CH}}-CH_2-CH_3 \xrightarrow[\text{干醚}]{Mg} CH_3-\underset{CH_3}{\underset{|}{CH}}-\overset{MgBr}{\overset{|}{CH}}-CH_2-CH_3$$

$$\xrightarrow{\text{KOH-乙醇}} CH_3-\underset{CH_3\ (B)}{\underset{|}{C}}=CH-CH_2-CH_3 + CH_3-\underset{CH_3\ (C)}{\underset{|}{CH}}-CH=CH_2-CH_3$$

$$\xrightarrow[\text{② Zn/H}_2\text{O}]{\text{① O}_3} \underset{(D)}{CH_3-CH_2-CHO} + \underset{(E)}{CH_3-\underset{O}{\underset{\|}{C}}-CH_3}$$

2. $A(C_6H_{12}O_3)$ 在 1 710 cm^{-1}处有强的红外吸收，说明 A 分子中含有一个羰基，A 用碘的氢氧化钠溶液处理时得到黄色沉淀，说明 A 是一种甲基酮。A 用稀硫酸处理后，再与托伦试剂作用有银镜反应产生，说明 A 是一种缩醛（或半缩醛），根据其分子式及核磁共振谱图数据，可推知 A 的构造式为

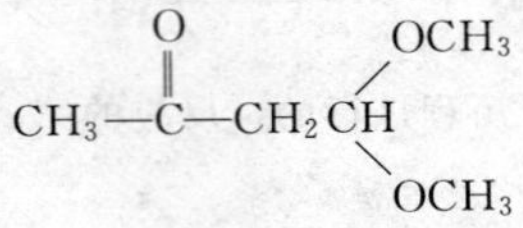

$$CH_3-\overset{O}{\overset{\|}{C}}-CH_2CH(OCH_3)_2$$

综合练习（六）答案

一、1. 甲基丁烯二酸酐
2. *N*-乙基邻苯二甲酰亚胺
3. 2-甲基-1,4-萘醌
4. *N*-甲基-*N*-乙基苯胺
5. 4-甲基-2-呋喃甲醛
6. 甲基-α-D-吡喃葡萄糖苷
7. β-吲哚乙酸
B. 氯化三甲基乙基铵
9. 6,6-二甲基二环［3.2.1］辛烷
10. (*R*)-甘油醛

二、1. $CH_3CH_2\overset{O}{\overset{\|}{C}}-O-CH_2$ / $CH_3CH_2-\underset{O}{\underset{\|}{C}}-O-CH_2$

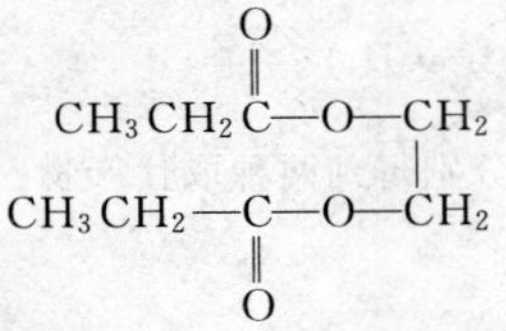

2. 3-甲基吡啶（CH_3）

3. 3-甲基四氢吡喃-2-酮（CH_3，O，O）

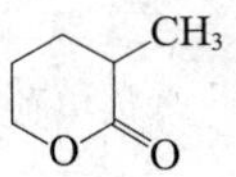

4. 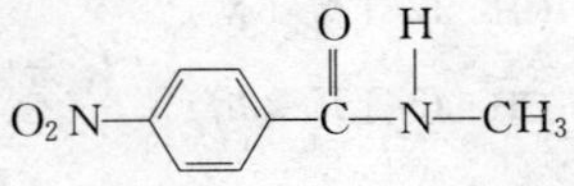 $O_2N-C_6H_4-\overset{O}{\overset{\|}{C}}-\overset{H}{\overset{|}{N}}-CH_3$

5. 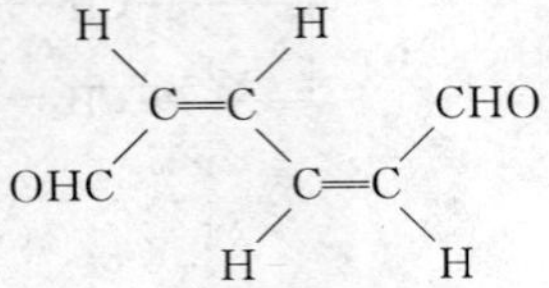 OHC(H)C=C(H)–C(H)=C(H)CHO

6. 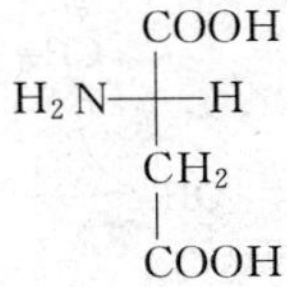 $H_2N-\overset{COOH}{C}-H$，CH_2，COOH

7. 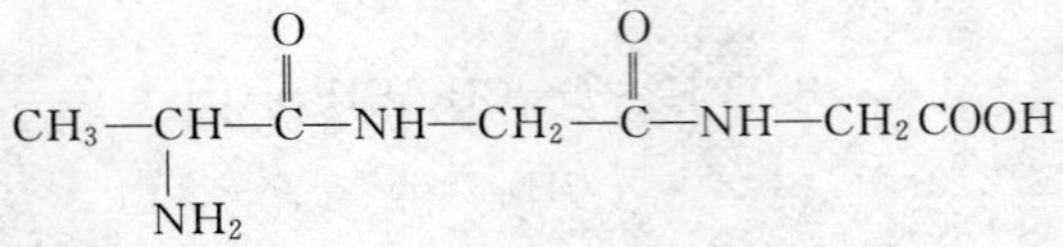 $CH_3-\underset{NH_2}{\underset{|}{CH}}-\overset{O}{\overset{\|}{C}}-NH-CH_2-\overset{O}{\overset{\|}{C}}-NH-CH_2COOH$

8. 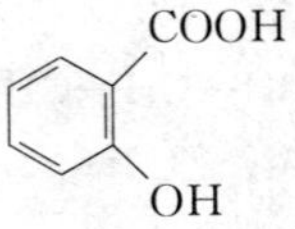 邻羟基苯甲酸（COOH，OH）

9. 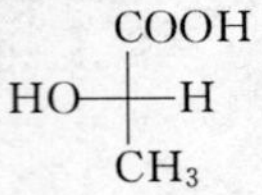 $HO-\overset{COOH}{C}-H$，CH_3

10. 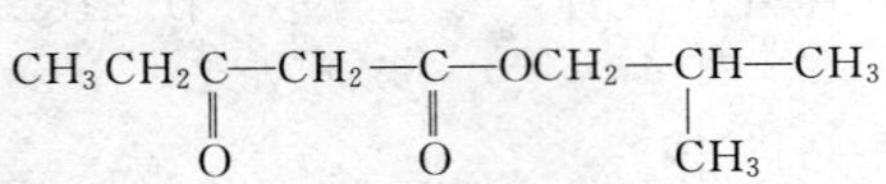 $CH_3CH_2\underset{O}{\underset{\|}{C}}-CH_2-\underset{O}{\underset{\|}{C}}-OCH_2-\underset{CH_3}{\underset{|}{CH}}-CH_3$

三、1. $C_6H_5-\underset{CH_3}{\underset{|}{N}}-\overset{O}{\overset{\|}{C}}-C_6H_5$

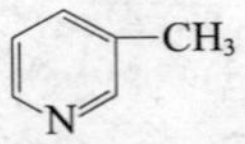

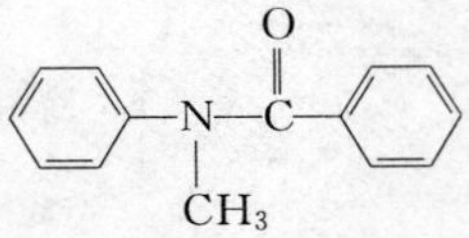

2. 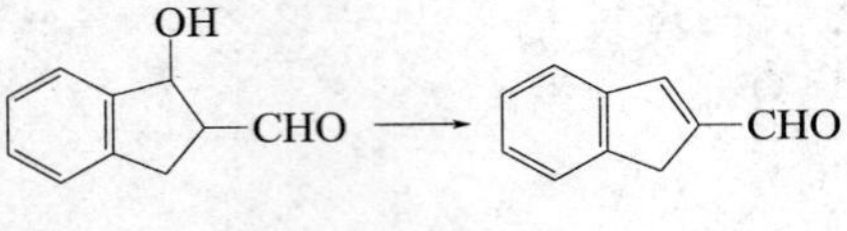 1-羟基茚满-2-甲醛（OH，CHO） ⟶ 茚-2-甲醛（CHO）

3. 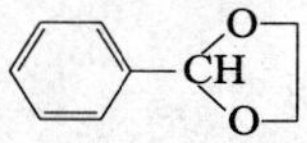 (苯基-CH 与两个 O 成环的缩醛结构)

4. 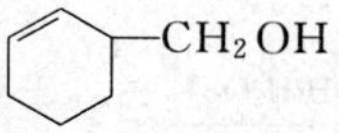 (环己烯基)—CH_2OH

5. 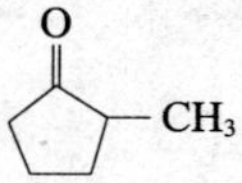 (2-甲基环戊酮) —CH_3

6. $CH_3CH_2NH—CH_2COONa$

7. 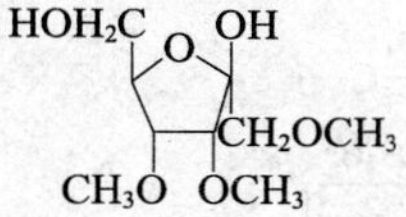 HOH_2C　OH　CH_2OCH_3　CH_3O　OCH_3

8. 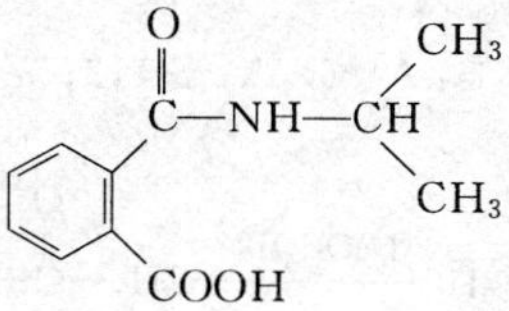 (苯环邻位) $C(=O)—NH—CH(CH_3)_2$，COOH

9. 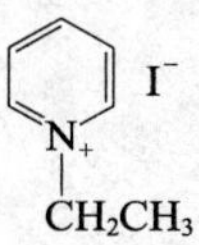 (吡啶鎓) N^+—CH_2CH_3　I^-

10. 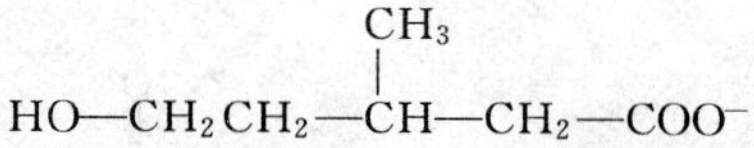 $HO—CH_2CH_2—CH(CH_3)—CH_2—COO^-$

11. 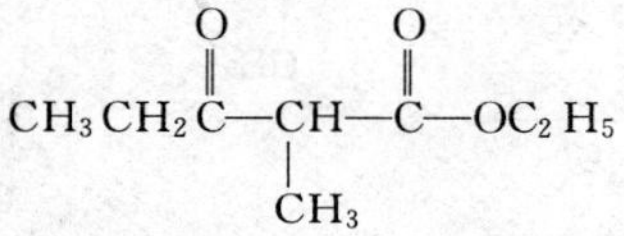 $CH_3CH_2C(=O)—CH(CH_3)—C(=O)—OC_2H_5$

12. 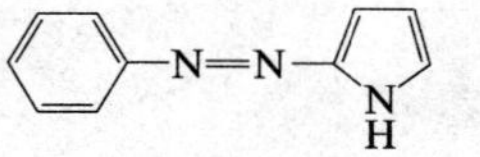 (苯基)—N=N—(吡咯-2-基，NH)

13. 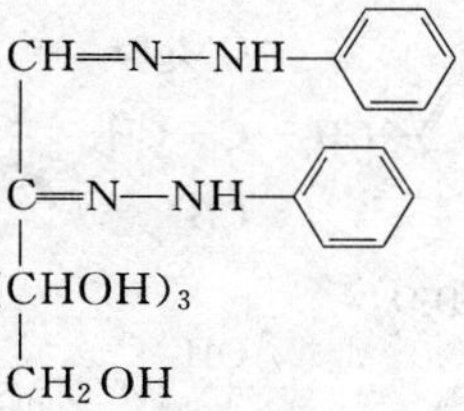 CH=N—NH—(苯基)
C=N—NH—(苯基)
$(CHOH)_3$
CH_2OH

14. 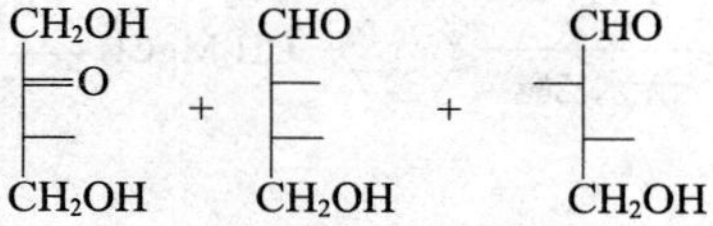 CH_2OH, C=O, CH_2OH + CHO, CH_2OH + CHO, CH_2OH

15. 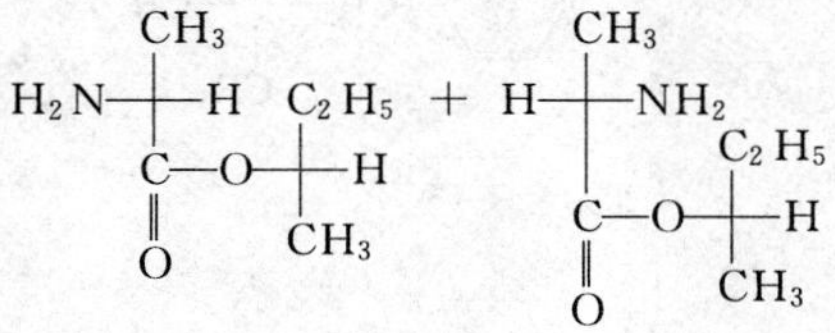 H_2N—C(CH_3)—H, C(=O)—O—C(C_2H_5)(H)CH_3 + H—C(CH_3)—NH_2, C(=O)—O—C(C_2H_5)(H)CH_3

四、1. 苯酚(OH)、苯甲酸(COOH)、苯甲醇(CH_2OH) $\xrightarrow{FeCl_3}$ 显色；×、× $\xrightarrow{稀铬酸}$ ×；蓝绿色

2. 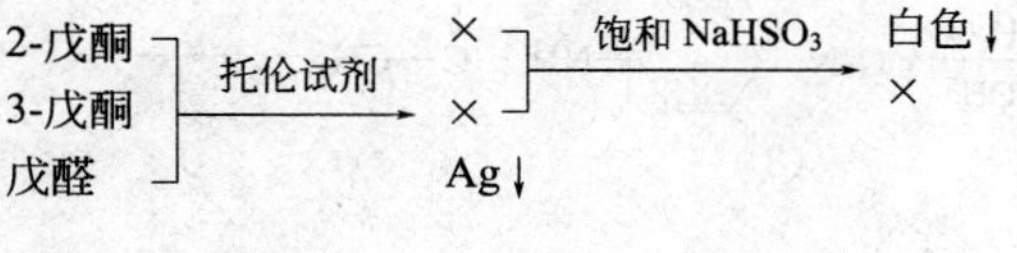 2-戊酮、3-戊酮、戊醛 $\xrightarrow{托伦试剂}$ ×、×、Ag↓；×、× $\xrightarrow{饱和 NaHSO_3}$ 白色↓；×

3. 苯胺(NH_2)、环己胺(NH_2)、N-甲基环己胺($NHCH_3$) $\xrightarrow{Br_2/H_2O}$ 白色↓；×、× $\xrightarrow{苯磺酰氯(SO_2Cl)}$ 溶解；沉淀

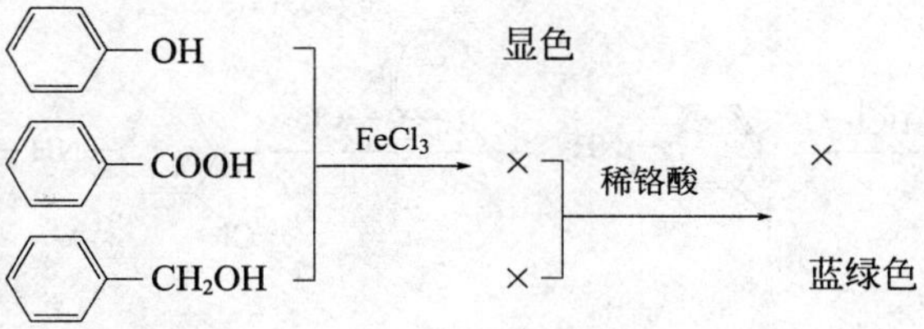

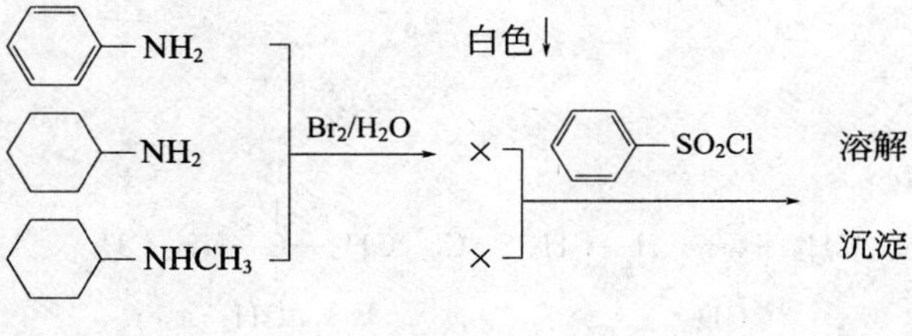

4. 乙酰乙酸乙酯、乙酸乙酯、丁酮 $\xrightarrow{FeCl_3}$ 显色、×、×；后两者 $\xrightarrow{I_2,NaOH/H_2O}$ ×、黄色↓

5. 淀粉、蛋白质、蔗糖 $\xrightarrow{I_2}$ 蓝色、×、×；后两者 $\xrightarrow{茚三酮}$ 显色、×

五、1. C 2. A 3. A 4. B 5. A 6. A；α-1,3；α-1,1 7. 肽键；氢键

六、1.

$$CH_3-\overset{O}{\overset{\|}{C}}-CH_2-\overset{O}{\overset{\|}{C}}-OC_2H_5 \xrightarrow{NaOC_2H_5} CH_3-\overset{O}{\overset{\|}{C}}-\bar{C}H-\overset{O}{\overset{\|}{C}}-OC_2H_5 \xrightarrow{CH_3CH_2Br} CH_3-\overset{O}{\overset{\|}{C}}-\underset{CH_2CH_3}{\underset{|}{CH}}-\overset{O}{\overset{\|}{C}}-OC_2H_5 \xrightarrow[\triangle]{稀H^+} CH_3-\overset{O}{\overset{\|}{C}}-CH_2CH_2CH_3$$

2.

$$C_6H_5-CH_3 \xrightarrow[h\nu]{Cl_2} C_6H_5-CH_2Cl \xrightarrow[无水乙醚]{Mg} C_6H_5-CH_2MgCl \xrightarrow{CH_3-\overset{O}{\overset{\|}{C}}-CH_3} C_6H_5-CH_2-\overset{OMgBr}{\overset{|}{\underset{CH_3}{\underset{|}{C}}}}-CH_3 \xrightarrow{H^+,\ H_2O} C_6H_5-CH_2-\overset{OH}{\overset{|}{\underset{CH_3}{\underset{|}{C}}}}-CH_3$$

3.

$$C_6H_6 \xrightarrow[浓H_2SO_4]{浓HNO_3} C_6H_5-NO_2 \xrightarrow[FeCl_3]{Cl_2} 3\text{-}Cl\text{-}C_6H_4-NO_2 \xrightarrow{Fe+HCl} 3\text{-}Cl\text{-}C_6H_4-NH_2 \xrightarrow{CH_3-\overset{O}{\overset{\|}{C}}-Cl} 3\text{-}Cl\text{-}C_6H_4-NH-\overset{O}{\overset{\|}{C}}-CH_3$$

$$\xrightarrow{HNO_3} O_2N\text{-}(3\text{-}Cl)C_6H_3-NH-\overset{O}{\overset{\|}{C}}-CH_3 \xrightarrow[OH^-]{H_2O} O_2N\text{-}(3\text{-}Cl)C_6H_3-NH_2 \xrightarrow[0\sim5\ ℃]{H^+/HNO_2} O_2N\text{-}(3\text{-}Cl)C_6H_3-N_2^+ \xrightarrow{CuCl_2} O_2N\text{-}(2\text{-}Cl)C_6H_3-Cl$$

七、1. A. $CH_3-\underset{CH_3}{\underset{|}{CH}}-\underset{Br}{\underset{|}{CH}}-CH_3$ B. $CH_3-\underset{CH_3}{\underset{|}{C}}=CH-CH_3$ C. $CH_3-\overset{Br}{\overset{|}{\underset{CH_3}{\underset{|}{C}}}}-CH_2CH_3$

2. 该化合物的构造式为

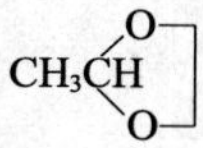

$$CH_3CH\langle\begin{matrix}O-\\O-\end{matrix}\rangle$$

（CH_3CH 与两个 O 相连，两个 O 之间以 $-CH_2-CH_2-$ 相连成五元环）

水解反应式为

$$CH_3CH\langle\begin{matrix}O-CH_2\\O-CH_2\end{matrix} \xrightarrow[H_2O]{H^+} CH_3CHO + \begin{matrix}CH_2-OH\\|\\CH_2-OH\end{matrix}$$

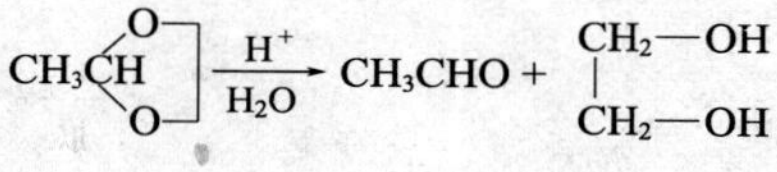

参考文献

李楠．2007．有机化学习题集［M］．北京：高等教育出版社．

赵建庄．2007．有机化学［M］．北京：高等教育出版社．

徐春祥．2010．有机化学习题解析［M］．北京：高等教育出版社．

邢其毅．2010．基础有机化学［M］．北京：高等教育出版社．

麦克默里．2012．有机化学基础［M］．北京：机械工业出版社．

邢其毅．2004．基础有机化学习题解答与解题示例［M］．北京：北京大学出版社．

裴伟伟．2002．有机化学例题与习题［M］．北京：高等教育出版社．

张宝申．2004．有机化学习题解［M］．天津：南开大学出版社．

章烨．2012．有机化学习题精解与考研指导［M］．上海：上海交通大学出版社．

王长凤．2003．有机化学例题与习题［M］．北京：高等教育出版社．

赵建庄，罗倩．2007．有机化学［M］．北京：高等教育出版社．

任贵忠．1991．有机化学学习指南［M］．天津：天津大学出版社．

汪小兰．1997．有机化学［M］．北京：高等教育出版社．

冯金城．1999．有机化学学习及解题指导［M］．北京：科学出版社．

王永梅．2003．高等有机化学习题解答［M］．天津：南开大学出版社．

樊杰．1995．有机化学习题精选［M］．北京：北京大学出版社．